高职高专“十二五”规划教材

21世纪全国高职高专土建系列技能型规划教材

工程项目招投标与合同管理

(第2版)

主 编 李洪军 杨志刚
源 军 张 斌

内 容 简 介

本书是“21世纪全国高职高专土建系列技能型规划教材”之一。全书共9章，主要内容包括建筑市场，建设工程施工招标，建设工程施工投标，建设工程施工开标、评标与定标，国际工程招投标，建设工程合同管理法律基础与合同法律制度，建设工程施工合同管理，建设工程相关合同管理，建设工程施工合同索赔。每章都有学习目标、学习要求及能力目标，并设计了与本章内容相关的案例或者应用实例作为引例，引出本章的知识点；每章后附有本章小结和习题。

本书可作为高等职业院校、高等专科学校建筑工程技术专业及相关专业的教材，也可供建设单位及政府主管部门从事建设工程招投标与合同管理的人员参考。

图书在版编目(CIP)数据

工程项目招投标与合同管理/李洪军等主编．—2版．—北京：北京大学出版社，2014.8

(21世纪全国高职高专土建系列技能型规划教材)

ISBN 978-7-301-24554-5

Ⅰ．①工… Ⅱ．①李… Ⅲ．①建筑工程—招标—高等职业教育—教材②建筑工程—投标—高等职业教育—教材③建筑工程—合同—管理—高等职业教育—教材 Ⅳ．①TU723

中国版本图书馆CIP数据核字(2014)第170638号

书　　名：工程项目招投标与合同管理(第2版)

著作责任者：李洪军　杨志刚　源　军　张　斌　主编

策 划 编 辑：赖　青　杨星璐

责 任 编 辑：刘晓东

标 准 书 号：ISBN 978-7-301-24554-5/TU·0419

出 版 发 行：北京大学出版社

地　　址：北京市海淀区成府路205号　100871

网　　址：http://www.pup.cn　　新浪官方微博:@北京大学出版社

电 子 信 箱：pup_6@163.com

电　　话：邮购部62752015　发行部62750672　编辑部62750667　出版部62754962

印　刷　者：北京鑫海金澳胶印有限公司

经　销　者：新华书店

787毫米×1092毫米　16开本　21.25印张　498千字

2009年8月第1版

2014年8月第2版　2016年4月第3次印刷（总第12次印刷）

定　　价：42.00元

第 2 版前言

《工程项目招投标与合同管理》自 2009 年出版以来，受到了广大读者的欢迎，也提出了一些宝贵意见。该教材经北京大学出版社评选获 2011 年度高职高专土建类优秀教材一等奖，编者甚感欣慰，同时也感到了一些压力，限于编者的水平，书中难免存在一些疏漏和缺陷。值此出版社委托改版之际，本书在第 1 版的基础上加以调整与改动，力求体现够用为度、重在实践能力和动手能力培养的教育特色，突出建设工程招投标与合同管理实践技能的培养。

本书除保持原有编写特色之外，对原有内容做了较大修改与补充。与第 1 版相比，第 1、8、9 章基本内容变化不大，只进行了少量的调整与完善；第 2、3、4、5、6、7 章的内容做了较大的修改与补充，并在 6.3 节中增加了部分案例；此外，每章都增加了一定数量的习题。

本书总学时分配表如下所示：

教学内容		学时分配		
章节	主要内容	讲授	技能训练	小计
第 1 章	建筑市场	2		2
第 2 章	建设工程施工招标	6	2	8
第 3 章	建设工程施工投标	8	2	10
第 4 章	建设工程施工开标、评标与定标	8	2	10
第 5 章	国际工程招投标	4	2	6
第 6 章	建设工程合同管理法律基础与合同法律制度	6	2	8
第 7 章	建设工程施工合同管理	8	2	10
第 8 章	建设工程相关合同管理	6	2	8
第 9 章	建设工程施工合同索赔	6	2	8
合计		54	16	70

本书由日照职业技术学院李洪军、杨志刚，番禺职业技术学院源军，淄博职业技术学院张斌担任主编。第 1、4、5、6、9 章由李洪军、杨志刚编写，第 2、3 章由源军编写，第 7、8 章由张斌编写。全书由李洪军统稿并定稿。

本书在编写过程中参考了众多的书籍、杂志，在此特向相关作者表示衷心的感谢！并对为本书付出辛勤劳动的编辑同志表示衷心的感谢！

尽管编者对改版工作做了较大努力，但由于水平有限，不妥之处在所难免，恳切希望广大读者批评指正，并表示衷心的感谢！

编　者

2014 年 4 月

第1版前言

本书是根据现行的《中华人民共和国招标投标法》《中华人民共和国合同法》《建设工程施工合同示范文本》等与工程建设相关的法律、法规、规范编写的。在内容编写上，注重理论联系实际，利用应用案例突出对实际问题的分析；在能力训练上，通过编写案例分析，突出建设工程招投标与合同管理实际技能的培养。

本书共分9章，主要内容包括：建筑市场，建设工程施工招标，建设工程施工投标，建设工程施工开标、评标与定标，国际工程招投标，建设工程合同管理法律基础与合同法律制度，建设工程施工合同管理，建设工程相关合同管理，建设工程施工合同索赔。

本书主要作为高职高专土建类专业的专业教材，也可供相关专业工作人员使用和参考。

本书总学时分配表如下所示：

教学内容		学时分配			
章节	主要内容	讲授	技能训练	其他	小计
第1章	建筑市场	2			2
第2章	建设工程施工招标	6	2		8
第3章	建设工程施工投标	8	2		10
第4章	建设工程施工开标、评标与定标	6	2		8
第5章	国际工程招投标	4	2		6
第6章	建设工程合同管理法律基础与合同法律制度	6	2		8
第7章	建设工程施工合同管理	8	2		10
第8章	建设工程相关合同管理	6	2		8
第9章	建设工程施工合同索赔	6	2		8
合计		52	16		68

本书由李洪军、源军主编，杨志刚、郭咏梅副主编。第1、5、9章由日照职业技术学院李洪军、杨志刚编写，第2、3章由番禺职业技术学院源军编写，第4章由日照职业技术学院郭咏梅编写，第6章由番禺职业技术学院简学灵编写，第7、8章由淄博职业技术学院张斌编写。全书由李洪军统稿并定稿。

本书在编写过程中参考了众多的书籍、杂志，在此特向相关作者表示衷心的感谢！并对为本书付出辛勤劳动的编辑同志表示衷心的感谢！

由于我们的水平有限，不妥之处在所难免，恳切希望广大读者批评指正，并表示衷心的感谢！

编　者

2009年3月

CONTENTS

目录

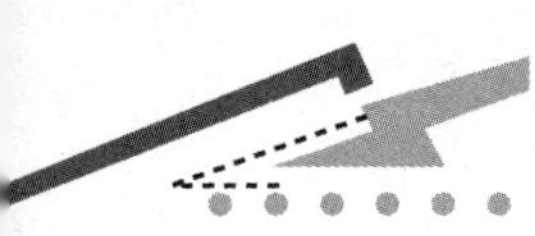

第1章

建筑市场

学习目标

(1) 建筑市场的概念、特点。
(2) 建筑市场的主体和客体。
(3) 建筑市场的资质管理。
(4) 建设工程交易中心的性质、作用、基本功能、运行原则。
(5) 建筑工程交易中心运作的一般程序。

学习要求

能力目标	知识要点	权重
了解建筑市场的概念、特点	我国建筑市场概述、建筑市场的特点、国际建筑市场概况	20%
掌握建筑市场的主体和客体	建筑市场的主体、客体	30%
掌握建筑市场的资质管理	从业企业的资质管理、专业人士资格管理	20%
掌握建设工程交易中心的性质、作用	建设工程交易中心的性质、作用、运行原则、运作的一般程序	30%

引例

某市机场是经过批准建设的国家重点工程，工程总投资12亿元人民币，建设工期36个月。建设内容包括航站楼、栈桥跑道、照明、电子信息、供油工程等，其中航站楼建筑面积64 000m²，其建筑安装工程合同估算价31 000万元人民币，飞行区欲建成4C级，其中飞行区跑道、滑行区地基处理工程即“地基强夯工程”，合同估算价为9 800万元人民币，机场场道工程合同估算价为4 200万元人民币，机场空管工程合同估算价为2 800万元人民币。问题：具备什么资质的施工承包商才有资格承揽以上工程？为什么施工承包商必须取得相应施工资质才能承揽相应业务？建筑业企业资质共分几个序列？各有多少个类别？本章将对以上问题做出阐述。

1.1 我国建筑市场概述

1.1.1 建筑市场的概念

建筑市场是以工程承发包交易活动为主要内容的市场，是建筑产品交换关系的总和，一般称作建筑工程市场或建设市场。

建筑市场有狭义和广义之分。狭义的建筑市场一般指有形建筑市场，是以建筑产品交换为内容的市场，它主要表现为建设项目业主通过招投标过程与承包商形成商品交换关系。一般指有形建设工程市场，即建设工程交易中心，是单一型建设工程市场。广义的建筑市场包括有形建筑市场和无形建筑市场，除有形建筑市场外，它还包括与建筑产品生产与交换相联系的无形建设工程市场，即勘察设计市场、建筑生产资料市场、资金市场和从事招标代理、工程监理和造价咨询等中介服务的市场，由此形成建筑市场体系。

建筑产品具有生产周期长、价值量大、生产过程的不同阶段对承包方的能力和特点要求不同等特点，这决定了建筑市场交易贯穿于建筑产品生产的整个过程。从工程建设的咨询、设计、施工任务的发包开始，一直到工程竣工、保修期结束为止，发包方与承包方、分包方进行的各种交易，以及相关的商品混凝土供应、构配件生产、建筑机械租赁等活动，都是在建筑市场中进行的。生产活动和交易活动交织在一起，使得建筑市场在许多方面不同于其他产品市场。

建筑市场经过近几年来的发展，已形成由发包方、承包方、为双方服务的咨询服务者和市场组织管理者组成的市场主体，以建筑产品和建筑生产过程为对象组成的市场客体，以招标投标为主要交易形式的市场竞争机制，以企业资质管理和从业人员资格管理为主要内容的市场监督管理体系，以及我国特有的有形建筑市场等。

1.1.2 建筑市场的特点

我国的建筑市场体系具有以下特点。

（1）建筑产品供求双方直接订货交易。建筑工程市场的这一特点，是由建筑产品的单件性和固定性决定的。市场上所需要的建筑产品的特征并不是由生产者决定，而是由业主的特定需要决定。在建设工程市场中，人们并不以具有实物形态的建筑产品作为交易对象，而是通过招投标先确定交易关系，然后按业主的要求进行施工生产过程。

(2) 建筑产品交易量的不稳定性和易于出现买方市场。建设工程市场最容易受到国家固定资产投资规模的影响。当社会经济发展速度较快时，建筑产品交易量就不断增大，而当社会经济发展处于调整与停滞时期时，固定资产投资规模减小就会使建筑产品交易量不断减少。因而建筑市场形势与国民经济形势紧密相关。从目前固定资产投资规模与建筑行业从业人员的数量看，从业人员队伍的数量偏大，这就决定了目前建设工程市场在某种程度上是买方市场。

(3) 以招投标为主的不完全竞争市场。为了给建设工程市场引入竞争机制，杜绝国有资产投资建设发包中的腐败现象，提高国有资产投资效益，同时也为了与国际工程市场接轨，我国于20世纪90年代初全面推行招投标制。1999年，我国出台了《中华人民共和国招标投标法》，进一步规范市场招投标行为，从而使我国建设工程承发包市场朝透明化、健康化和法制化方向发展。但是由于建筑产品的地域性、发包方的行业性和建筑产品自身的特殊性对施工资质的要求，决定了业主在发包时必然对承包方的投标行为设立很多限制性约束条件，从而使建设工程市场成为了一个不完全竞争的市场。

(4) 建设工程市场有独特的定价方式。建筑产品定价方式从目前的情况看有两种：一种是施工图预算定价方式，即按全国统一的建筑工程基础定额计算施工图纸的工程量，结合地方的单位估价表和建筑材料价格计算工程造价，在此基础上进行投标报价；另一种方式是根据业主给定的工程量清单由承包商自行制定综合单价，并汇总报价。2003年国家颁布《建设工程工程量清单计价规范》后，要求国有投资项目必须采用工程量清单招标与报价方式。

(5) 建设工程市场有严格的市场准入制度。为了保证建设工程市场有序进行，建设行政主管部门与行业协会都明文制定了相应的市场准入制度和生产经营规则，以规范业主、承包商及中介服务组织的生产经营行为。

1.1.3 建筑市场管理体制

建筑市场管理体制因社会制度、国情的不同而异，其管理内容也各具特色。例如，美国没有专门的建设主管部门，相应的职能由其他各部设立专门分支机构解决；管理并不具体针对行业，为规范市场行为制定的法令，如《公司法》《合同法》《破产法》《反垄断法》等并不仅限于建设市场管理。日本则有针对性比较强的法律，如《建设业法》《建筑基准法》等，对建筑物安全、审查培训制度、从业管理等均有详细规定，政府按照法律规定行使检查监督权。

很多发达国家建设主管部门对企业的行政管理并不占重要的地位。政府的作用是建立有效、公平的建筑市场，提高行业服务质量和促进建筑生产活动的安全、健康，推进整个行业的良性发展，而不是过多地干预企业的经营和生产。对建筑业的管理主要是通过政府引导、法律规范、市场调节、行业自律、专业组织辅助管理来实现，在市场机制下，经济手段和法律手段成为约束企业行为的首选方式，法制是政府管理的基础。

在管理职能方面，立法机构负责法律、法规的制定和颁布；行政机关负责监督检查、发展规划和对有关事情做出批准；司法部门负责执法和处理。此外，作为整个管理体制的补充，其行业协会和一些专业组织也承担了相当一部分工作，如制定有关技术标准、对合同的仲裁等。以国家颁布的法律为基础，地方政府往往也制定相对独立的法规。

我国的建设管理体制是建立在社会主义公有制基础之上的。计划经济时期，无论是建设单位，还是施工企业、材料供应部门，均隶属于不同的政府管理部门，各个政府部门主要是通过行政手段管理企业和企业行为，在一些基础设施部门则形成所谓的行业垄断。改革开放以后，虽然政府机构进行多次调整，但分行业进行管理的格局基本没有改变。国家各个部委均有本行业关于建设管理的规章，有各自的勘察、设计、施工、招标投标、质量监督等一套管理制度，形成对建筑市场的分割。随着社会主义市场经济体制的逐步建立，政府在机构设置上也进行了很大的调整。除保留了少量的行业管理部门外，撤销了众多的专业政府部门，并将政府部门与所属企业脱钩。这为建设管理体制的改革提供了良好的条件，使原先的部门管理逐步向行业管理转变。

1.1.4 政府对建筑市场的管理

建设项目根据资金来源的不同可分为两类：公共投资项目和私人投资项目。政府对于这两类项目的管理有很大区别。

公共投资项目是代表公共意愿的政府行为，政府既是业主，又是管理者。对此以不损害纳税人的利益和保证公务员廉洁为出发点，除了必须遵守一般法律外，通常规定必须公开招投标，并保证项目实施过程的透明。

私人投资项目是个人行为，对此一般只要求其在实施过程中遵守有关环境保护、规划、安全生产等方面的法律规定，对是否进行招投标不作规定。

不同国家由于体制的差异，建设行政主管部门的设置不同，管理范围和管理内容也各不相同。但综合各国的情况，政府对建筑市场的管理大致包括以下几个方面。

（1）制定建筑法律、法规。

（2）制定建筑规范与标准(国外大多由行业协会或专业组织编制）。

（3）对承包商、专业人士的资质进行管理。

（4）安全和质量管理(国外主要通过专业人士或机构进行监督检查）。

（5）行业资料统计。

（6）公共工程管理。

（7）国际合作和开拓国际市场。

我国通过近年来的学习和实践，已逐步摸索出一套适合我国国情的管理模式。但随着我国社会主义市场经济体制的确立和与国际接轨的需要日益迫切，目前的管理体制和管理内容、方式还将不断加以调整和完善。

1.2 建筑市场的主体与客体

1.2.1 建筑市场的主体

建筑市场的主体是指参与建筑生产交易过程的各方，即参与市场交易活动的当事人，主要有业主(建设单位或发包人)、承包商、工程咨询服务机构等。

1. 业主

业主是指既有某项工程建设需求，又具有该项工程建设相应的建设资金和各种准建手续，在建筑市场中发包工程建设的勘察、设计、施工任务，并最终得到建筑产品的政府部门、企事业单位或个人。

在我国工程建设中，业主也称为建设单位。业主只有在发包工程或组织工程建设时才成为市场主体，故又称为发包人或者招标人。因此，业主方作为市场主体具有不确定性。我国有些地方和部门曾提出过要对业主实行技术资质管理制度，以改善当前业主行为不规范的问题。但无论是从国际惯例还是从国内实践看，对业主资格实行审查约束是困难的，对其行为进行约束和规范，只能通过法律和经济的手段去实现。

项目法人责任制，又称业主责任制，它是在我国市场经济体制条件下，根据我国公有制部门占主体的情况，为了建立投资责任约束机制、规范项目法人行为提出的，由项目法人对项目建设过程负责管理，主要包括进度控制、质量控制、投资控制、合同管理和组织协调等内容。

项目业主的产生，主要有以下 3 种方式。

(1) 业主即原企业或单位。企业或机关、事业单位投资新建、扩建、改建工程，则该企业或单位即为项目业主。

(2) 业主是联合投资董事会。由不同投资方参股或共同投资的项目，则业主是共同投资方组成的董事会或管理委员会。

(3) 业主是各类开发公司。开发公司自行融资或由投资方协商组建或委托开发的工程管理公司也可成为业主。

业主在项目建设过程中主要具有如下职责。

(1) 建设项目可行性研究与决策。

(2) 建设项目的资金筹措与管理。

(3) 办理建设项目的有关手续(如征地、建筑许可等)。

(4) 建设项目的招标与合同管理。

(5) 建设项目的施工与质量管理。

(6) 建设项目的竣工验收与试运行。

(7) 建设项目的统计及文档管理。

2. 承包商

承包商是指拥有一定数量的建筑装备，流动资金，工程、技术及经济管理人员，取得建筑资质证书和营业执照的，能够按照业主的要求提供不同形态的建筑产品并最终得到相应工程价款的施工企业。

1) 承包商应具备的条件

承包商可分为不同的专业，如建筑、水电、铁路、市政工程等专业公司。按照承包方式，也可分为承包商和分包商。相对于业主，承包商作为建筑市场主体是长期和持续存在的。因此，无论是按国内还是按国际惯例，对承包商一般都要实行从业资格管理。承包商从事建筑生产，一般需具备 3 个方面的条件。

(1) 符合国家规定的注册资本。

(2) 有与其从事的建筑活动相适应的具有法定执业资格的专业技术人员和管理人员。

(3) 有从事相应建筑活动所应有的技术装备。

经资格审查合格，取得资质证书和营业执照的承包商，方可在批准的范围内承包工程。

2）承包商的实力

我国建立的社会主义市场经济体制，其特征是通过市场手段实现资源的优化配置。在市场经济条件下，承包商需要通过市场竞争(投标)取得施工项目，需要依靠自身的实力去赢得市场。承包商的实力主要包括以下 4 个方面。

(1) 技术方面的实力。有精通本行业的工程师、造价师、经济师、会计师、项目经理、合同管理员等专业人员队伍；有工程设计、施工专业装备，能够解决各类工程施工中的技术难题；有承揽不同类型项目施工的经验。

(2) 经济方面的实力。具有相当的周转资金用于工程准备，有一定的融资和垫付资金的能力；具有相当的固定资产和为完成项目需购入大型设备所需的资金；具有支付各种担保和保险的能力，有承担相应风险的能力；承担国际工程还需具备筹集外汇的能力。

(3) 管理方面的实力。建筑承包市场属于买方市场，承包商为打开局面，往往需要低利润报价取得项目。因此，必须在成本控制上下工夫，向管理要效益，并采用先进的施工方法提高工作效率和技术水平，必须具有一批高水平的项目经理和管理专家。

(4) 信誉方面的实力。承包商一定要有良好的信誉，它将直接影响企业的生存与发展。要建立良好的信誉，就必须遵守法律法规，能够认真履约，保证工程的质量、安全及工期，承担国外工程，能按国际惯例办事。

承包商承揽工程必须根据本企业的施工力量、机械设备、技术力量、施工经验等方面的条件，选择适合发挥自己优势的项目，避开企业不擅长或缺乏经验的项目，做到扬长避短，避免给企业带来不必要的风险和损失。

3. 咨询服务机构

工程咨询服务机构是指具有一定注册资金，具有一定数量的工程技术、经济、管理人员，取得建设咨询证书和营业执照，能为工程建设提供估算测量、管理咨询、建设监理等智力型服务，并获取相应费用的企业。

工程咨询服务机构包括勘察设计机构、工程造价(测量)咨询机构、招标代理机构、工程监理公司、工程管理公司等。这类企业主要是向业主提供工程咨询和管理服务，弥补业主对工程建设过程不熟悉的缺陷，在国际上一般称为咨询公司。在我国，目前数量最多并有明确资质标准的是勘察设计机构、工程监理公司和工程造价(测量)咨询机构、招标代理机构。工程管理和其他咨询类企业近年来也有所发展。

工程咨询服务机构虽然不是工程承发包的当事人，但其受业主委托或聘用，与业主签订协议书或合同，因而对项目的实施负有相当重要的责任。

4. 其他主体

除了业主、承包商、工程咨询服务机构作为建筑市场主要主体以外，其他单位也可成为建筑市场主体，例如银行、保险公司、物资供应商等。一般它们与业主一样，只有在置身建筑市场时才成为建筑市场的主体。所以，一般情况下它们不存在资质问题，但可能存在行业准入的问题。

1.2.2 建筑市场的客体

建筑市场的客体，一般称作建筑产品，是建筑市场的交易对象，既包括有形建筑产品，也包括无形建筑产品(咨询、监理等智力型服务)。

建筑产品不同于一般工业产品。因为，建筑产品本身及其生产过程具有不同于其他工业产品的特点。在不同的生产交易阶段，建筑产品表现为不同的形态。它可以是咨询公司提供的咨询报告、咨询意见或其他服务；可以是勘察设计单位提供的设计方案、施工图纸、勘察报告；可以是生产厂家提供的混凝土构件；也可以是承包商建造的各类建筑物和构筑物。

1. 建筑产品的特点

建筑产品一般具有如下特点。

(1) 建筑产品的固定性和生产过程的流动性。建筑物与土地相连，不可移动，这就要求施工人员和施工机械只能随建筑物不断流动，从而带来施工管理的多变性和复杂性。

(2) 建筑产品的单件性。由于业主对建筑产品的用途、性能要求不同以及建设地点的差异，决定了多数建筑产品都需要单独进行设计，不能批量生产。建筑市场的买方只能通过选择建筑产品的生产单位来完成交易。无论是设计、施工还是管理服务，发包方都只能以招标的方式向一个或一个以上的承包商提出自己对建筑产品的要求，并通过承包商之间在价格以及其他条件上的竞争，确定承发包关系。业主选择的不是产品，而是产品的生产单位。

(3) 建筑产品的整体性和分部分项工程的相对独立性。这个特点决定了总包和分包相结合的特殊承包形式。随着经济的发展和建筑技术的进步，施工生产的专业性越来越强。在建筑生产中，由各种专业施工企业分别承担工程的土建、安装、装饰、劳务分包，有利于施工生产技术和效率的提高。

(4) 建筑生产的不可逆性。建筑产品一旦进入生产阶段，其产品不可能退换，也难以重新建造。否则，双方都将承受极大的损失。所以，建筑生产的最终产品质量是由各阶段成果的质量决定的。设计、施工必须按照规范和标准进行，才能保证生产出合格的建筑产品。

(5) 建筑产品的社会性。绝大部分建筑产品都具有相当广泛的社会性，涉及公众的利益和生命财产的安全。即使是私人住宅，也会影响到环境，影响到进入或靠近它的人员的生活和安全。政府作为公众利益的代表，加强对建筑产品的规划、设计、交易、建造的管理是非常必要的，有关工程建设的市场行为都应受到管理部门的监督和审查。

2. 建筑产品的商品属性

长期以来，受计划经济体制的影响，工程建设由工程指挥部管理，工程任务由行政部门分配，建筑产品价格由国家规定，抹杀了建筑产品的商品属性。

改革开放以后，由于推行了一系列以市场为取向的改革措施，建筑企业成为独立的生产单位，建设投资由国家拨款改为多种渠道筹措，市场竞争代替行政分配任务，建筑产品价格也逐步走向以市场形成价格的价格机制。建筑产品的商品属性的观念已为大家所认识。这成为建筑市场发展的基础，并推动了建筑市场的价格机制、竞争机制和供求机制的形成，使实力强、素质高、经营好的建筑企业在市场上更具竞争性，能够更快地发展，实现资源的优化配置，提高了全社会的生产力水平。

3. 工程建设标准的法定性

建筑产品的质量不仅关系承发包双方的利益，也关系到国家和社会的公共利益，正是由于建筑产品的这种特殊性，其质量标准是以国家标准、国家规范等形式颁布实施的。从事建筑产品生产必须遵守这些标准规范的规定，违反这些标准规范将受到国家法律的制裁。

工程建设标准涉及面很广，包括房屋建筑、交通运输、水利、电力、通讯、采矿冶炼、石油化工、市政公用设施等诸多方面。

工程建设标准是指对工程勘察、设计、施工、验收、质量检验等各个环节的技术要求。它包括5个方面的内容。

(1) 工程建设勘察、设计、施工及验收等的质量要求和方法。

(2) 与工程建设有关的安全、卫生、环境保护的技术要求。

(3) 工程建设的术语、符号、代号、量与单位、建筑模数和制图方法。

(4) 工程建设的试验、检验和评定方法。

(5) 工程建设的信息技术要求。

在具体形式上，工程建设标准包括标准、规范、规程等。工程建设标准的独特作用在于，一方面通过有关的标准规范为相应的专业技术人员提供需要遵循的技术要求和方法；另一方面，标准的法律属性和权威属性保证了从事工程建设有关人员按照规定去执行，从而为保证工程质量打下基础。

1.3 建筑市场的管理

建筑活动的专业性、技术性都很强，而且建设工程投资大、周期长，一旦发生问题，将给社会和人民的生命财产安全造成极大损失。因此，为保证建设工程的质量和安全，对从事建设活动的单位和专业技术人员必须实行从业资格管理，即资质管理制度。

建筑市场中的资质管理包括两类：一类是对从业企业的资质管理；另一类是对专业人士的资格管理。

1.3.1 从业企业资质管理

在建筑市场中，围绕工程建设活动的主体主要有三方，即业主、承包商、工程咨询服务机构。我国《建筑法》规定，对从事建筑活动的施工企业、勘察单位、设计单位和工程咨询机构(含监理单位)实行资质管理。

1. 建筑业企业(承包商)资质管理

建筑业企业(承包商)是指从事土木工程、建筑工程、线路管道及设备安装工程、装修工程等的新建、扩建、改建活动的企业。我国的建筑业企业分为施工总承包企业、专业承包企业和劳务分包企业。施工总承包企业又按工程性质分为房屋、公路、铁路、港口、水利、电力、矿山、冶金、化工石油、市政公用、通讯、机电等12个类别；专业承包企业又根据工程性质和技术特点划分为60个类别；劳务分包企业按技术特点划分为13个类别。

从事房屋建筑工程施工总承包企业以及与之相关的专业承包企业资质等级在《建筑业企业资质等级标准》中大致是如下划分的(表1-1)。

(1) 工程施工总承包企业资质等级分为特级、一级、二级、三级。

(2) 施工专业承包企业资质等级分为一级、二级、三级。

(3) 劳务分包企业资质等级分为一级、二级。

表1-1 建筑业企业资质及承包工程范围

企业类别	等级	承包工程范围
施工总承包企业(12类)	等级	(以房屋建筑工程为例)可承担各类房屋建筑工程的施工
	一级	(以房屋建筑工程为例)可承担单项建安合同额不超过企业注册资本金5倍的下列房屋建筑工程的施工：①40层及以下、各类跨度的房屋建筑工程；②高度240米及以下的构筑物；③建筑面积20万平方米及以下的住宅小区或建筑群体
	二级	(以房屋建筑工程为例)可承担单项建安合同额不超过企业注册资本金5倍的下列房屋建筑工程的施工：①28层及以下、单距跨度36米以下的房屋建筑工程；②高度120米及以下的构筑物；③建筑面积12万平方米及以下的住宅小区或建筑群体
	三级	(以房屋建筑工程为例)可承担单项建安合同额不超过企业注册资本金5倍的下列房屋建筑工程的施工：①14层及以下、单距跨度24米以下的房屋建筑工程；②高度70米及以下的构筑物；③建筑面积6万平方米及以下的住宅小区或建筑群体
专业承包企业(60类)	一级	(以土石方工程为例)可承担各类土石方工程的施工
	二级	(以土石方工程为例)可承担单项合同额不超过企业注册资本金5倍且60万立方米及以下的土石方工程的施工
	三级	(以土石方工程为例)可承担单项合同额不超过企业注册资本金5倍且15万立方米及以下的的土石方工程的施工
劳务分包企业(13类)	一级	(以木工作业为例)可承担各类工程木工作业分包业务，但单项合同额不超过企业注册资本金的5倍
	二级	(以木工作业为例)可承担各类工程木工作业分包业务，但单项合同额不超过企业注册资本金的5倍

这三类企业的资质等级标准，由国家住建部统一组织制定和发布。工程施工总承包企业和施工专业承包企业的资质实行分级审批。特级、一级资质由国家住建部审批；二级以下资质由企业注册所在地省、自治区、直辖市人民政府建设行政主管部门审批；劳务分包系列企业资质由企业所在地省、自治区、直辖市人民政府建设行政主管部门审批。经审查合格的企业，由有权的资质管理部门颁发相应等级的建筑业企业(施工企业)资质证书。建筑业企业资质证书由国务院建设行政主管部门统一印制，分为正本(1本)和副本(若干本)，正本和副本具有同等法律效力。任何单位和个人不得涂改、伪造、出借、转让资质证书，复印的资质证书无效。

2. 工程勘察设计企业资质管理

我国建设工程勘察设计资质分为工程勘察资质、工程设计资质。工程勘察资质分为工程勘察综合资质、工程勘察专业资质、工程勘察劳务资质；工程设计资质分为工程设计综合资质、工程设计行业资质、工程设计专项资质，见表1－2。

表1－2　我国勘察、设计企业的资质及业务范围

企业类别	资质分类	等级	承担业务范围
勘察企业	综合资质	甲级	承担工程勘察业务范围和地区不受限制
	专业资质（分专业设立）	甲级	可承担本专业工程勘察，业务范围和地区不受限制
		乙级	可承担本专业工程勘察中、小型工程项目，承担工程勘察业务的地区不受限制
		丙级	可承担本专业工程勘察小型工程项目，承担工程勘察业务限定在省、自治区、直辖市所辖行政区范围内
	劳务资质	不分级	承担岩石工程治理、工程钻探、凿井等工程勘察劳务工作，承担工程勘察劳务工作的地区不受限制
设计企业	综合资质	不分级	承担工程设计业务范围和地区不受限制
	行业资质（分行业设立）	甲级	承担相应行业建设项目的工程设计范围和地区不受限制
		乙级	承担相应行业中、小型建设项目的工程设计任务，地区不受限制
		丙级	承担相应行业的小型建设项目的工程设计任务，地区限定在省、自治区、直辖市所辖行政区范围内
	专项资质	甲级	承担大、中、小型专项工程设计的项目，地区不受限制
		乙级	承担中、小型专项工程设计的项目，地区不受限制

建设工程勘察、设计企业应当按照其拥有的注册资本、专业技术人员、技术装备和勘察设计业绩等条件申请资质，经审查合格，取得建设工程勘察、设计资质证书后，方可在资质等级许可的范围内从事建设工程勘察、设计活动。

根据2001年建设部制定的《工程勘察资质分级标准》规定，工程勘察综合资质只设甲级；工程勘察专业资质原则上设甲、乙两个级别，确有必要设立丙级勘察资质的地区经过建设部批准后方可设置专业丙级；工程勘察劳务资质不分级别。

我国现行的《工程设计资质分级标准》规定，工程设计综合资质不设立级别；工程设计行业资质设立甲、乙、丙3个级别；工程设计专项资质设立甲、乙两个级别。

国务院建设行政主管部门及各地建设行政主管部门负责工程勘察、设计企业资质的审批、晋升和处罚。

3. 工程咨询单位资质管理

西方发达国家的工程咨询单位一般都具有民营化、专业化、小型化的特点，很多工程咨询单位都是以专业人员个人名义进行注册。由于工程咨询单位一般规模较小，很难承担因咨询错误而造成的经济风险，所以国际上的通行做法是通过让其购买专项的责任保险来分散其经济风险，在管理上则通过实行专业人士执业制度实现对工程咨询从业人员的管理，一般不对咨询单位实行资质管理制度。

我国对工程咨询单位实行资质管理。目前，已有明确资质等级评定条件的有工程监理、招标代理、工程造价等咨询机构。

工程监理企业，其资质等级划分为甲级、乙级和丙级3个级别。丙级监理单位只能监理本地区、本部门的三等工程；乙级监理单位只能监理本地区、本部门的二、三等工程；甲级监理单位可以跨地区、跨部门监理一、二、三等工程。

工程招标代理机构，其资质等级划分为甲级和乙级。乙级招标代理机构只能承担工程投资额(不含征地费、大市政配套费与拆迁补偿费)3 000万元以下的工程招标代理业务，地区不受限制；甲级招标代理机构承担工程的范围和地区不受限制。

工程造价咨询机构，其资质等级划分为甲级和乙级。乙级工程造价咨询机构在本省、自治区、直辖市行政区域范围内承接中、小型建筑项目的工程造价咨询业务；甲级工程造价咨询机构承担工程的范围和地区不受限制。

工程咨询机构的资质评定条件包括注册资金、专业技术人员和业绩三方面的内容，不同资质等级的标准均有具体规定。

1.3.2 专业人士资格管理

在建筑市场中，把具有从事工程咨询资格的专业工程师称为专业人士。专业人士在建筑市场管理中起着非常重要的作用，他们的工作水平对工程项目建设成败具有重要的影响，所以对专业人士的资格条件有很高要求。从某种意义上说，政府对建筑市场的管理，一方面要靠完善的建筑法规，另一方面要依靠专业人士。

我国专业人士制度是近几年才从发达国家引入的。目前，已经确定专业人士的种类有建筑师、结构工程师、监理工程师、造价工程师等。其资格和注册条件为：大专以上的专业学历；参加全国统一考试，成绩合格；具有相关专业的实践经验。

目前我国专业人士制度尚处在起步阶段，但随着建筑市场的进一步完善，对其管理会进一步规范化、制度化。

知识链接

香港特别行政区将经过注册的专业人士称作“注册授权人”；英国、德国、日本、新加坡等国家的法规甚至规定，业主和承包商向政府申报建筑许可、施工许可、使用许可等手续，必须由专业人士提出，申报手续除应符合有关法律规定外，还要有相应资格的专业人士签章。由此可见，专业人士在建筑市场运作中起着非常重要的作用。

对专业人士的资格管理，由于各国情况不同，专业人士的资格有的由学会或协会负责授予和管理(以欧洲一些国家为代表)，有的国家由政府负责确认和管理。

英国、德国政府不负责专业人士的资格管理，咨询工程师的执业资格由专业学会考试颁发，并由专业学会进行管理。

美国有专门的全国注册考试委员会，负责组织专业人士的考试。专业人士通过基础考试并经过数年专业实践后再通过专业考试，即可取得注册工程师资格。

法国和日本由政府管理专业人士的执业资格。法国在建设部内设有一个审查咨询工程师资格的“技术监督委员会”，该委员会首先审查申请人的资格和经验。申请人须高等学院毕业，并有10年以上的工作经验。资格审查通过后可参加全国考试，考试合格者，予以确认公布。一次确认的资格，有效期为两年。在日本，对参加统一考试的专业人士的学历、工作经历也都有明确的规定，执业资格的取得与法国相类似。

1.4 建设工程交易中心

建设工程交易中心是我国近几年来在改革中出现的使建设市场有形化的新型管理方式，这种管理方式在世界上是独一无二的，是具有开创意义的。

建设工程从投资性质上可分为两大类：一类是国家投资项目，另外一类是私人投资项目。在西方发达国家，私人投资占了绝大多数，工程项目管理是业主自己的事情，政府只是从宏观角度监督其是否依法建设。对国有投资项目，一般设置专门的管理部门，代为行使业主的职能。

我国是以社会主义公有制为主体的国家，政府部门、国有企业、事业单位投资在社会投资中占有主导地位。所以，建设单位所使用的大都是国有投资，目前我国国有资产管理体制的相对不完善和建设单位内部管理制度的薄弱，很容易造成工程发包中的腐败现象和不正之风。针对上述情况，我国建设工程的承发包管理不能照搬西方发达国家的做法，既不能像对私人投资项目那样放任不管，也不可能由某几个或者一个政府部门来管理。所以我国近几年出现了建设工程交易中心，把所有代表国家或国有企事业单位投资的业主请进建设工程交易中心进行招标，设置专门的监督机构，这成为我国解决国有建设项目交易透明度差的问题和加强建筑市场管理的一种独特方式。

1.4.1 建设工程交易中心的性质与作用

有形建筑市场的出现，促进了我国工程招投标制度的推行。但是，在建设工程交易中心出现之初，人们对其性质的认识存在两种看法：一种观点认为，建设工程交易中心是经政府授权的具备管理职能的机构，负责对工程交易活动实行监督管理；另一种观点认为，建设工程交易中心是服务性机构，不具备管理职能。这两种认识体现了在创建具有中国特色的市场经济条件下建设管理体制的一种探索过程。

1. 建设工程交易中心的性质

建设工程交易中心是服务性机构，不是政府管理部门，也不是政府授权的监督机构，本身并不具备监督管理职能。但建设工程交易中心又不是一般意义上的服务机构，它的设立需要得到政府或者政府授权主管部门的批准，并非任何单位和个人可随意成立；它不以营利为目的，旨在为建立公开、公正、平等竞争的招投标制度服务，只可经批准收取一定的服务费。建设工程交易行为不能在场外发生。

2. 建设工程交易中心的作用

按照我国有关法律的规定，所有建设项目都要在建设工程交易中心内报建、发布招标信息、进行合同授予、申领施工许可证。招投标活动都需在场内进行，并接受政府有关管理部门的监督。应该说建设工程交易中心的设立，对国有投资的监督制约机制的建立、规范建设工程承发包行为、将建筑市场纳入法制化的管理轨道起着至关重要的作用，是符合我国建筑行业特点的一种好形式。

建设工程交易中心建立以来，由于实行集中办公、公开办事制度和程序以及一条龙的“窗口”服务，不仅有力地促进了工程招投标制度的推行，而且遏制了违法违规行为，对于防止腐败、提高管理透明度发挥了重要的作用。

1.4.2 建设工程交易中心的基本功能

我国的建设工程交易中心是按照三大功能进行构建的。

1. 信息服务功能

建设工程交易中心的信息服务功能包括收集、存储和发布各类工程信息、法律法规、造价信息、建材价格、承包商信息、咨询单位和专业人士信息等。在设施配置上配备有大型电子墙、计算机网络工作站，能够为建筑工程承发包交易提供广泛的信息服务。

建设工程交易中心一般要定期公布工程造价指数和建筑材料价格、人工费、机械租赁费、工程咨询费以及各类工程指导价等，用以指导业主和承包商、咨询单位进行投资控制和投资报价。但在市场经济条件下，建设工程交易中心所公布的价格指数仅是一种参考，投标最终报价还是需要依靠承包商根据本企业的经验或者“企业定额”、企业机械装备和生产效率、管理能力和市场竞争的需要来决定。

2. 场所服务功能

对于政府部门、国有企业、事业单位的投资项目，我国法律法规明确规定，一般情况下都必须进行公开招标，只有在特殊情况下才允许采用邀请招标。所有的建设工程项目进行招标投标都必须在有形的建筑市场内进行，必须由有关的管理部门进行监督。按照这一要求，建设工程交易中心必须为工程承发包交易双方之间进行的建设工程的招标、评标、定标、合同谈判等活动提供设施和场所服务。建设部颁布的《建设工程交易中心管理办法》规定，建设工程交易中心应该具有信息发布大厅、洽谈室、开标室、会议室及相关设施，以满足业主和承包商、分包商、设备材料供应商之间的交易需要，同时也要为政府的有关管理部门进驻集中办公、办理相关手续和依法监督招标投标活动提供场所服务。

3. 集中办公功能

由于众多的建设项目要进入有形的建筑市场进行报建、招投标交易和办理有关批准手续，这样就要求政府有关建设行政管理部门进驻建设工程交易中心集中办理有关申报审批手续和进行相关管理。受理申报的内容一般包括工程报建、招标登记、承包商资质审查、合同登记、质量报监、施工许可证发放等。进驻建设工程交易中心的相关政府管理部门集中办公，公布各自的办事制度和程序，既能按职责依法对建设工程交易活动实施有力监督，也可方便当事人办事，有利于提高办公效率。

1.4.3 建设工程交易中心的运行原则

为了保证建设工程交易中心能够有良好的运行秩序和充分发挥市场功能，必须按照经济规律，坚持市场运行的基本原则。

1. 信息公开原则

建设工程交易中心必须充分掌握国家的政策法规，工程发包、承包商和咨询单位的资质、造价指数、招标规则、评标标准、专家评委库等各项相关信息，并保证市场各方主体都能够及时获得所需要的有效信息资料。

2. 依法管理原则

建设工程交易中心应该严格按照法律、法规开展工作，尊重建设单位依照法律规定选择投标单位和选定中标单位的权利，尊重符合资质条件的建筑企业提出的投标要求和接受邀请参加投标的权利。任何单位和个人都不得非法干预交易活动的正常进行。监察机关也应当依法进驻建设工程交易中心实施监督。总之，建设工程交易中心的一切活动都应该在法律规定的框架内进行。

3. 公平竞争原则

公平竞争是社会主义市场经济的基本要求。建筑市场也不例外，所以，建立公平竞争的市场秩序是建设工程交易中心的一项重要原则。进驻建设工程交易中心的有关行政监督管理部门应严格监督招标、投标单位的行为，防止地方保护主义、行业和部门垄断、官商勾结等各种不正当竞争行为的发生，不得侵犯交易活动各方的合法权益。

4. 办事公正原则

建设工程交易中心是政府建设行政主管部门批准建立的服务性机构，须配合进场各行政管理部门做好相应的工程交易活动的管理和服务工作。要建立监督制约机制，公开办事规则和程序，制定完善的规章制度和工作人员守则。一旦发现建设工程交易活动中的违法违规行为，应当向政府有关管理部门报告，并协助处理。

5. 属地进入原则

按照我国有关建筑市场的管理规定，建设工程交易实行属地进入。每个城市原则上只能设立一个建设工程交易中心，特大城市可以根据需要，设立区域性分中心，区域性分中心在业务上受中心领导。对于跨省、自治区、直辖市的铁路、公路、水利等工程，可在政府有关部门的监督下，通过公告由项目法人组织招标、投标。

1.4.4 建设工程交易中心运作的一般程序

按照有关规定，建设项目进入建设工程交易中心后，一般按照下列程序运行，如图1.1所示。

（1）拟建工程到计划管理部门立项批准后，到建设工程交易中心办理报建备案手续。工程建设项目的报建内容主要包括：工程名称、建设地点、投资规模、资金来源、当年投资额、工程规模、工程筹建情况、计划开工和竣工日期等。

（2）报建工程由招标监督部门依据《招标投标法》和有关规定确认招标方式。

（3）招标人依据《招标投标法》和有关规定，履行建设项目的勘察、设计、施工、监理以及与工程建设有关的重要设备、材料等的招标投标程序，具体程序如下。

① 由招标人组成符合要求的招标工作班子。招标人不具有编制招标文件和组织评标能力的，应委托招标代理机构办理有关招标事宜。

② 编制招标文件。招标文件应包括工程的综合说明、施工图纸等有关资料，工程量清单、工程价款执行的定额标准和支付方式，拟签订合同的主要条款等。

③ 招标人向招投标监督部门进行申请。招标申请书的主要内容包括：建设单位的资格、招标工程具备的条件、拟采用的招标方式和对投标人的要求、评标方式等，并附招标文件。

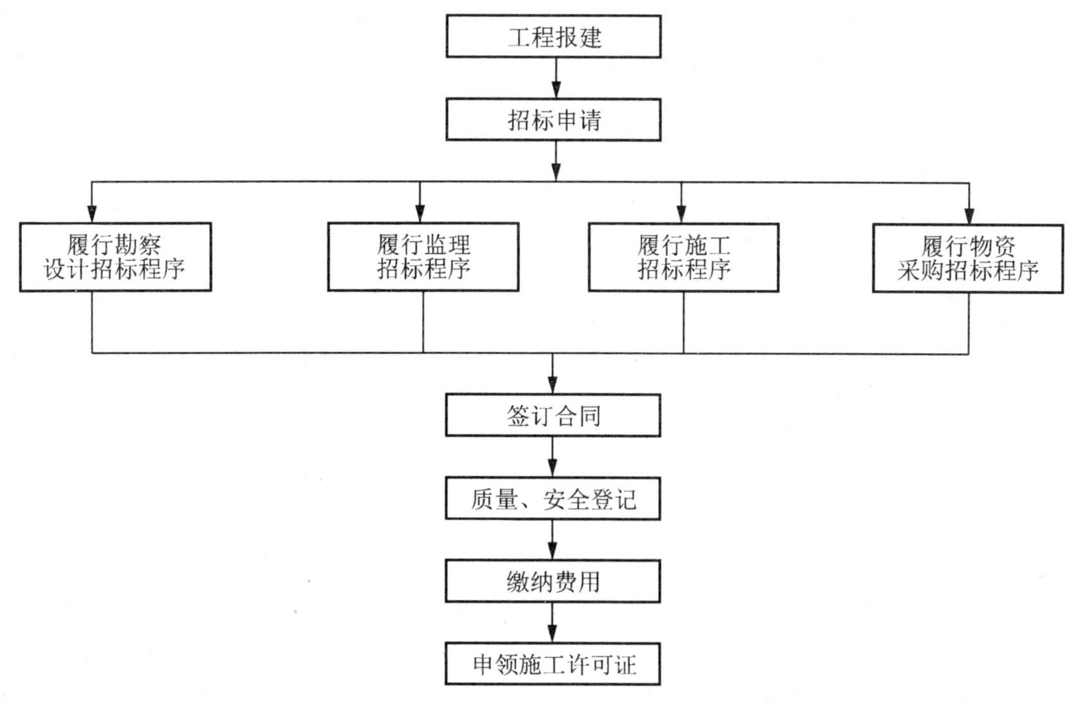

图 1.1 建设工程交易中心运行程序图

④ 招标人在建设工程交易中心统一发布招标公告。招标公告应当载明招标人的名称和地址，招标项目的性质、数量、实施地点和时间，以及获取招标文件的办法等事项。

⑤ 投标人申请投标。

⑥ 招标人对投标人进行资格预审，并将审查结果通知各申请投标的投标人。

⑦ 在交易中心内向合格的投标人分发招标文件及设计图纸、技术资料等。

⑧ 组织投标人踏勘现场，并对招标文件答疑。

⑨ 成立评标委员会，制定评标、定标办法。

⑩ 在交易中心内接受投标人提交的投标文件，并同时开标。

⑪ 在交易中心内组织评标，决定中标人。

⑫ 发布中标通知书。

(4) 自中标之日起 30 日内，发包单位与中标单位签订合同。

(5) 按规定进行质量、安全监督登记。

(6) 统一缴纳有关工程前期费用。

(7) 领取建设工程施工许可证。申请领取建设工程施工许可证，应当按照建设部第 71 号令规定，具备以下条件。

① 已经办理该建设工程用地批准手续。

② 在城市规划区的建设工程，已经取得规划许可证。

③ 施工场地已经基本具备施工条件；需要拆迁的，其拆迁进度符合施工要求。

④ 已经确定建筑施工企业。按照规定应该招标的工程没有招标，应该公开招标的工程没有公开招标，或者肢解发包工程，以及将工程发包给不具备相应资质条件单位的，所

确定的施工企业无效。

⑤ 有满足施工需要的施工图纸及技术资料；施工图设计文件已按规定进行了审查。

⑥ 有保证工程质量和安全的具体措施。施工企业编制的施工组织设计中有根据建筑工程特点制定的相应质量、技术、安全措施，专业性较强的工程项目编制了专项质量、安全施工组织设计，并按照规定办理了工程质量、安全监督手续。

⑦ 按照规定应该委托监理的工程已委托监理。

⑧ 建设资金已经落实。建设工期不足一年的，到位资金原则上不得少于工程合同价格的50%；建设工期超过一年的，到位资金原则上不得少于工程合同价格的30%。建设单位应当提供银行出具的到位资金证明，有条件的可以实行银行付款保函或者其他第三方担保。

⑨ 法律、行政法规规定的其他条件。

北京市有形建筑市场的建设和运行情况(《中国勘察设计》2001)

北京市的有形建筑市场自1997年成立以来，坚持以信息公开化、交易公平化、行为规范化、管理法制化为目标，严格健全市场机构，着力加强制度建设，实现了应具备的信息发布、提供场所、集中办公3项功能，使有形建筑市场真正成为推行招标投标的有效载体，在整顿和规范市场主体行为，规范统一开放、竞争有序的市场秩序，遏制不正之风和反腐倡廉方面发挥了重要作用。

1. 有形建筑市场运行情况

北京市的有形建筑市场自成立以来，始终坚持"以工程报建为龙头，以招标投标为核心，以提高工程质量为目的"的管理指导思想，实现了"一站式"管理和"一条龙"服务，使有形建筑市场在运行管理和综合治理方面取得了较好的成效。

1）统一发布工程信息，完善信息储存发布功能

为给建设工程交易各方当事人提供及时实用的工程交易信息，有形建筑市场采取了多项措施：一是在交易中心内设置了信息发布厅和由计算机控制的信息显示大屏幕，把招标信息、施工企业资质和信誉、材料价格、有关招投标的法律法规等输入数据库，以触摸屏的方式随时供交易各方查询和检索；二是通过建设部"中国建设和建筑业信息网"及北京市建委"北京建设网"发布工程信息；三是定期组织发布会发布招标信息；四是在交易中心内设置了建设单位发布工程信息和施工企业介绍自身情况的公告栏。

2）为承发包双方提供服务

有形建筑市场自成立以来，为承发包双方提供组织招标、投标、开标、评标、定标、签订合同等交易活动的场所和其他相关的服务，把管理和服务结合起来，确保发包、承包交易活动的公开进行，有效遏制了私下交易、暗箱操作现象的发生。

3）为承发包双方集中办理工程建设的有关手续

北京市的有形建筑市场，把工程建设管理及市场主体交易活动的全过程纳入其中，实行集约化封闭式管理，市建委招标办、工程处、市政处、质量监督站、市执法监察办公室等部门在市场内联合办公，为建设各方提供工程报建、招标投标、监理委托、质量监督、合同备案、开工审批、交纳费用等全方位、多功能、综合性的"一条龙"服务，使工程管

理做到程序化、规范化，提高了办事效率。

4）有形建筑市场计算机管理系统和信息网络建设情况

1999年有形建筑市场实现了中心内各部门之间以及与市建委、建设部各职能部门的计算机联网，达到了招标信息查询、数据报表生成、合同管理、档案管理、施工企业动态管理等系统联网，实现了管理科学化和办事高效化，不仅能及时向建设部报送报表，也能够使市场内各部门间的信息及时传递和沟通，更能够使工程信息及时准确地向社会发布。

2. 加强招标投标管理、规范市场行为的做法

招标投标管理是有形建筑市场的核心，也是市场管理中的一个关键环节，为了加强招标投标的管理，维护公开、公正、平等竞争的市场秩序，实现“业主组织招标、企业积极投标、评标专家认真评标、监督管理部门强化监督”的机制，在加强招投标管理和规范市场行为方面，主要采取了以下措施。

1）强化政府监督管理职能，规范市场监督与服务行为

北京市建委把建筑市场和招标投标的监督管理部门纳入了机关行政编制，设立了建设市场处，其主要职责是：对建筑市场的管理、对招标投标的监督管理、对招标代理机构的资格认定管理等。市场处的设立，增强了政府对建筑市场及招投标活动的监督管理力度；为政府监督职能与有形建筑市场服务职能的分离创造了条件，进一步规范了市场监督与市场服务的行为。

2）加强立法，逐步建立健全有形建筑市场的管理制度

有形建筑市场管理制度的建立健全，对建筑市场迈向法制化管理轨道起到了重要作用。

3）推行IC卡制度，把好市场准入关

为进一步开放市场，把好市场准入关，1999年下半年北京市有形建筑市场开始推行IC卡制度，实行对施工企业和招标信息的计算机管理。根据建筑市场的管理流程，IC卡对建设项目在各管理程序上设置节点，“前事未完、后事不办”，真正实现以建设项目为主线，完成有形市场的闭合管理。

4）制定定量制评标办法，增强评标、定标工作的透明度和科学性

1997年1月有形建筑市场推行了定量评标办法，增强了评标工作的透明度、客观性和科学性。评标办法是市场交易活动中的关键环节，关系到承发包双方的切身利益，是十分敏感的问题，搞得不好将会影响公平竞争和建筑市场秩序。定量评标办法将评标内容分为投标报价、工程质量、施工方案、企业信誉及实力等6项，评标时进行量化打分，增强透明度，保证评标工作的客观公正性。

5）实行专家评标，使评标工作更加规范和公正

对大、中型建设项目和技术、工艺复杂的工程，发挥专家懂技术、有特长的优势，实行相对独立的专家评标制度，评标工作由业主负责，业主在开标前将评标委员会名单报招标办备案，评标委员会中的专家不得少于三分之二，专家的产生则由招标单位从专家库中随机抽取，评标结束后业主将评标报告报招标办备案。让专家进行评标，增加了评标过程的透明度，保证了评标工作的客观公正性。

6）加强施工合同管理，提高合同备案率和履约率

在进一步加强施工合同签约管理的同时，加强对施工合同履约的管理力度，严格执行

合同履约报备制度，该制度包括合同终止报备、合同解除报备和合同变更报备。将合同备案工作作为有形建筑市场管理程序的重要环节，对于不签订合同、不备案的工程不批准开工；严格审核合同条款的合法性和公平性，对与中标内容不一致的条款、违法条款、显失公平的条款予以纠正，维护建设工程交易的严肃性和交易双方的合法权益；加强对施工合同履约情况的跟踪管理，督促当事人全面履行合同，加强对招投标工程建设项目的跟踪管理，保障工程质量、工期、结算价格等按合同履行；做好合同纠纷的行政调解工作，通过调解纠纷，一方面服务当事人，另一方面能够及时发现问题、调整管理措施；实行合同员持证上岗制度，从而提高了合同管理水平和合同履约率。

7）加强市场管理人员的自身建设，提高办事效率

8）加强招标投标统计工作，完善考核制度

有形建筑市场成立了信息管理部门，落实了招标投标工作责任制，把工程招标率、公开招标率列为工作目标和考核指标。

3. 有形建筑市场成立以来的运行效果

有形建筑市场成立以来所取得的效果主要表现在以下 4 个方面。

（1）规范了建筑市场，促进了建筑市场主体的公开、公平竞争。

（2）节约了建设资金。

（3）遏制了建设领域的腐败现象。

（4）有力地保证了建设工程质量。

1.5 国际建筑市场概况

一个国家的政府部门、企业或项目所有人(一般称工程业主或发包人)通过国际招标发包建设工程，和建筑企业进入他国从事工程承包的经营活动形成的承包市场，即国际建筑市场或称国际承包市场。国际建筑市场中建筑企业可承包的范围很广，包括各种建筑和土木工程的勘测、规划、设计、咨询、施工和劳务。世界上不同的国家，由于社会制度、国情的不同，建筑市场及管理体制也不相同。

1.5.1 国际建筑市场的形成与发展

经济全球化是从商品流通领域即对外贸易开始的，但是随着世界经济的发展，这种仅仅局限在流通领域的商品的交换已经远远不能适应经济发展的要求。由于自然地理条件(地理位置、资源)和经济、技术、生产力发展的不平衡，各国为了节约时间、降低费用、加速本国经济的发展，必然谋求国际间的经济合作，使生产要素在国际间重组与合理配置。伴随着资本国际化、生产国际化和跨国公司的迅速发展，信息、交通、运输、通讯、科技、劳务的国际化也相继获得迅速发展，生产要素从一个国家流向另一个国家。生产要素包括资源、土地、资本、劳动力、技术、管理和信息等。一个国家或地区的经济优势，取决于它所拥有的生产要素条件的优势，而任何一个国家和地区的生产要素都是一个动态概念，都会随时间、经济、技术而不断发展和变化。生产要素在国际间流动，取他国之长补已国之短，这在很大程度上缓和了生产要素条件对其经济发展的制约。这种根据双方的需要与可能有来有往的互惠合作，在国际间合理配置了生产要素，既有利于各国也有利于

世界经济的发展，符合人类社会发展的进步趋势，是经济生活日益国际化的必然结果，也使国际经济合作得到迅速发展。

国际经济合作涉及的领域很广，按业务性质可分为国际投资合作、国际贷款合作、国际科技合作、国际劳务合作和国际经济援助。国际工程承包是国际经济合作的一个方面，而且有时一项承包工程综合了各种业务性质的合作。

随着经济的日益国际化，各国之间在经济上的互相依赖逐渐成为普遍的国际现象。甲国经济建设的项目由于缺乏必要的技术、管理能力而无法实施；乙国具有建筑技术和管理的优势，希望承包工程获得收益。它们要实现各自的发展，必须借助国际承发包，甲国通过国际招标把工程项目委托给乙国建筑公司实施，乙国建筑公司通过国际投标承揽工程，输出技术、管理，获得收益。这种国际间的相互依赖，成为推动国际建筑市场发展的直接力量。建筑企业跨国经营的方式早在19世纪后期即已开始出现。第二次世界大战后，随着战后重建、大规模的经济开发和国际直接投资的迅速增加，国际建筑市场开始逐步形成，进入20世纪70年代以来有了较快的发展。

1.5.2 国际建筑市场的特点

1. 国际工程承包具有广泛的国际性

国际工程承包具有广泛的国际性，主要表现在以下几方面。

(1) 语言国际化。国际承包合同、协议、文件所用语言多为英文，有的采用两种以上的语言，则需明确不同语言文本是否具有同等效力，如果不具有同等效力则应规定哪种语言文本作为正式文本，哪种语言文本只用作译文。

(2) 法律国际化。承包商与不同国家的法人(或自然人)签订合同，涉及双方甚至第三方国家的法律，受多个国家法律制约，发生争议时通常需提交国际仲裁机构仲裁或向东道国法院、国际法院起诉。

(3) 资金国际化。建设资金除本国投资外，往往由联合国国际发展援助组织、国际开发银行或金融组织提供资金，或由跨国公司直接投资或由外国承包商筹借资金。付款条件大多数规定使用当地货币和国际通用货币。

(4) 招标国际化。为充分利用国际承包商的技术和人才，保证工程的顺利实施和节约资金，大型项目往往由几个国家的承包商组成承包集团联合承包。

(5) 设计国际化。委托拥有世界同类项目先进技术的设计咨询公司规划设计，保证项目的先进性、合理性。

(6) 技术标准国际化。国际承包要采用业主在合同中指定的技术标准与规程，常采用东道国或承包商国或第三国的技术标准与规程。

(7) 劳务国际化。使用价格较低、素质较高的外国劳务和本国短缺的技术劳务。

(8) 采购国际化。在国际市场寻求价廉物美的材料、设备。

在工程建设国际化进程中，世界各国的金融界、建筑界、制造业及劳务层都积极参与，发挥自己的优势，在竞争中寻找自己的位置，并获得相应的效益。

2. 国际工程承包具有很强的专业技术性

国际工程承包与一般商业贸易不同，要求承包商具有较高的专业技术能力和经营管理能力。凡进行国际招投标的工程项目，一般都要对参加投标的承包商进行严格的资格预审，承包商需提供资产、财务、技术人员、机械设备和承建类似工程的经历等情况。国际工程承包的投标报价也较一般商品贸易的报价复杂得多。在国际承包项目中，很多是技术密集型工程，除一般工业用建筑、公路、桥梁、港口等土木工程和基础设施外，还有海水淡化、核电站、电子通信、宇航等精尖项目，要求具有相应的技术能力和专业水平。不少国家根据承包商的专业范围和能力，分专业、等级颁发营业许可证书。国际承包要求承包商具有较高的经营管理水平，熟悉当地有关法律、外汇管理、税收、保险及有关社会状况、自然条件、风俗习惯等。根据工程项目的经济技术特征和业主要求，进行精心的调查分析，探讨技术上的可行性和最佳选择，进行详细的工期、成本计算，研究确定自己的实施方案。如果是“交钥匙”工程，还包括后期的试生产和技术工人培训。因此，国际工程承包是一项多因素、多目标(质量、工期、效益)的系统工程，其特点是价值高、周期长、一次运筹量大。承包商必须有较强的适应能力和较高的技术、管理、组织水平。

3. 国际工程承包是一项综合输出

国际工程承包不同于一般的国际商品贸易，输出的不是已完成的商品，而是通过输出人才、技术和管理，努力组织物化劳动，完成建筑产品，实现交换价值。国际工程承包通过工程实施，可以带动设备、施工机具、材料和劳务出口，并带动相关行业的发展。承包商要完成项目的建设，就要承担物资的采购、运输，提供安装机电设备及其他服务，这可带动银行、保险、海运、航运、商贸等部门业务的发展。特别是最近几年来，国际承包市场上盛行实物支付和延期付款——带资承包等方式，承包商必须了解所支付商品的价格、规格、产品质量、需求地域、异域差价及关税、配额等销售行情，才能消化实物换取现汇。承包商还必须能够准确预测未来国际金融市场的发展趋势和利率变化，避免风险。此外，资金输出项目无论是政府的中长期贷款或赠款，或金融组织以营利为目的的资金输出，都可使本国承包商获得优先承包工程的权利。

4. 国际工程承包是一项具有风险的事业

一项工程从签约到竣工，往往需要几年的时间，具有占用资金量大、运转周期长、可变因素多等特点。近几年，由于受股市风潮迭起、汇率变化无常、局部地区战火连绵、政局动荡不稳等因素影响，国际承包商遭受了巨大的损失。除人为风险外，还有自然风险，如恶劣的地质条件、自然灾害、不利的气候等，承包商必须采取避免风险损失和对付各种风险的有效措施，如加强市场调研、做好预测分析、进行工程保险、在合同中争取加入保值条款、做好各种索赔工作、报价中记入不可预见费用等。

5. 国际工程承包资金投入相对较少

国际工程承包输出的主要是管理和技术，一般用工程项目合同总价的1/3的资金即可完成项目。有的项目可获得一定比例的预付工程款、工程施工周转金和设备款，可随工程施工、安装交货进度结算，只要按期按质完工，一般可及时收回资金。国际承包的交易对象绝大部分是外国政府，一般不必担心发生贸易摩擦等问题。工程承包范围广泛，可带动的行业多，能够取得较好的经济效益。因此，尽管国际承包市场竞争激烈、条件苛刻，但建筑企业谋求跨国经营发展的却越来越多，许多国家政府积极扶持建筑企业发展国际承包。

1.5.3 促进国际建筑市场发展的直接因素

国际建筑市场一方面随世界形势发生变化，同时又受到一些直接因素的制约。从历史的、长远的观点来看，促进国际建筑市场发展的直接原因主要有以下几点。

1. 国际经济相互依赖

国际经济相互依赖是指国际间平等互利的双方面的相互依赖，而不是片面依赖，更不是单方面的依附。一方面，一些国家缺乏建设工程所需资金、技术、劳务和管理能力；而另一方面，资金、技术、劳务和管理能力占有优势的国家希望向别国输出这些优势，以取得收益，从而使双方通过工程发包进行平等互利的合作。国际间这种相互依赖的深化与发展，直接推进了国际建筑市场的兴旺发展。

2. 国际直接投资的发展

国际直接投资是指在国外直接开办各种企业或在有当地资本、别国资本参加的合营企业进行投资，不包括证券投资和借贷资本的输出。国际间的直接投资意味着国际建设项目增多。跨国公司在外国投资建厂时，由于当地技术、管理能力的限制或为保护本国的利益，一般都委托本国承包商或本国公司与当地公司联合承建。这是推进国际市场发展的重要因素之一。

3. 国际经济援助的发展

国际经济援助是指一国政府及其所属机构、国际组织或金融机构以及一些区域性、集团性的多边机构，出自各自的政治、军事、经济目的，向另一国家或地区提供用于经济和社会发展方面的赠与、中长期无息或低息贷款。国际经济援助大都规定必须采取国际竞争性招标的方法实施，对活跃国际承包市场起着不可忽视的作用。

4. 采取BOT方式实施建设的发展

BOT方式即建设—运营—转让的方式。采取这种方式，由国外或本国的公司融资或以股份制形式组建合资公司进行建设，项目建成后在合同规定期间进行经营，回收投资并获得利润，期满后移交当地政府(业主)。采取这种方式对所在国政府有以下好处：一是可解决建设资金短缺问题，且不形成债务；二是可解决本国或本地区缺乏建设、经管、管理能力等问题；三是不用承担建设、经营中的风险。因此，这种方式在许多发展中国家受到欢迎并得到推广，促进了国际工程承包市场的发展。

5. 国际建筑市场支付方式的发展

国际建筑市场盛行的实物支付、延期付款、带资承包等方式，有利于在业主资金短缺的情况下促成国际工程承包，这也是直接影响国际工程承包市场发展的一个因素。

1.5.4 国际工程承包的契约和经济协调

国际工程承包在完成建设项目过程中所产生的关系，涉及国与国之间、经济组织之间、法人之间、自然人之间相互交叉的经济合作关系，是涉及不同国际法律的一种法律关系，即合作主体的法定权利和义务关系。保护双方权利和保证义务的履行，使双方通过合作希望获得的物质利益能够得到切实保障，保持良好的合作环境和争议的合理解决，是国

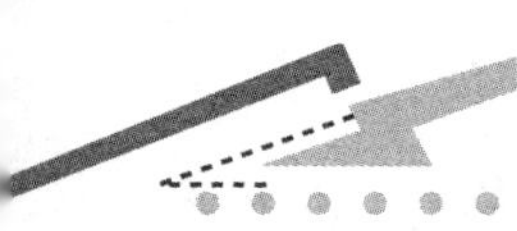

际工程承包的基础，否则合作无法进行。因此，存在根据哪个国家的法律，或根据哪个国际条约、国际惯例来确定双方权利义务和解决争端的法律适用问题。现实中的国际工程承包，除了国与国之间的条约外，基本是通过签订国际工程承包合同来实现的，也就是由合同双方在签订合同时明确双方的权利义务和所适用的法律。在国际工程承包合同中均专门列有应遵守的法律、条款和条例，争端的解决，合同所适用的法律等的具体条款。

国际工程承包的全过程可以归结为签订合同和执行合同两大环节。签订合同是承包商经过投标报价正式获得承包工程项目的合法权，明确权利和义务；执行合同是承包商完成工程项目的实施过程。前一环节是后一环节的基础，是执行合同的准则，任何一方不按合同规定的义务和条件履行合同，就要承担由此造成的损失。因此，承包商必须十分重视合同条款，以保护自身的合法权益。对可能构成和造成风险的因素应进行慎重、认真的分析研究；在合同谈判中尽量避免风险性和有损承包商权益的条款。

国际工程承包合同的法律适用原则如下。

（1）适用当事人选择的法律。即合作主体经协商一致，共同选择某国的法律为保护主体权利、解决双方争执的依据。但是选择适用的法律不能违反主体国籍的基本原则及社会公共利益和法律的规定。

（2）适用与合同有密切关系的国家的法律。由于法律的适用涉及各方主体利益，因而国际上对“最密切关系原则”有不同的主张，比较多的国家认为适用劳动实施地国家的法律，在国际司法和国际条约中都有这样的规定。

（3）适用东道国的法律。发展国际经济合作要求国与国相互之间给予对方合作者以平等的民事权利(在法律上反映为国民待遇原则)，即外国人同本国国民在享受权利和承担义务方面有同等地位。由于外国人在东道国取得的权利是依据东道国法律赋予的，它符合国家主权原则，公平合理，所以为大多数国家所公认，国际工程承包劳务合作都在东道国内履行，经济合作适用东道国法律已成为普通的适用原则。

（4）适用国际惯例或国际公约。根据法律适用原则应该适用某国法律，而该国实体法又没有这方面的法律规定，可以适用国际惯例或国际公约。我国经济合同法对适用法律问题规定如下：合同当事人可以选择合同争议所适用的法律；当事人没有选择的，适用与合同有最密切联系的国家的法律。中国最高人民法院对“适用与合同有最密切联系的国家的法律”的解释为：银行贷款或担保合同，适用贷款银行或担保银行所在地的法律；保险合同适用保险人营业所在地的法律；加工承揽合同，适用加工营业所在地的法律；工程承包合同，适用工程所在地的法律；科技咨询或者设计合同，适用委托人营业所在地的法律；劳务合同，适用劳务实施地的法律。在中国境内履行的涉外经济合同，中华人民共和国法律未作规定，可以适用国际惯例。

国际工程承包合同签订之后，由于各自的经济利益不同，在合同分工中所处的地位不同，在具体实施过程中经常会发生各种分歧、利益纠纷和矛盾，因此需要通过经济协调来解决，使合作得以继续。国际工程承包由于业主和其他方面的原因，或自然条件和社会原因，如地震、台风、洪水或战争、政变、罢工等，使承包商在工程实施中延误工期和承担额外的损失，承包商为了减少损失就要通过合法的途径和程序要求业主承担其损失，即工程索赔。在国际工程承包中，由此产生的分歧和矛盾常常是经济协调的主要内容。经济协调要依据合同条款的规定，以国际通用的方式解决，具体形式如下。

(1) 协商、谈判。协商是指签订合同的双方当事人直接进行接触、切磋，在互谅互让的基础上，以彼此都可接受的条件达成和解。谈判是指发生争端的有关国家政府派出代表进行外交谈判，解决分歧和矛盾。

(2) 调解。双方当事人在第三者的参与、主持下，由第三者进行斡旋和调停，协调当事人之间的意见，提出解决条件，以求达成解决争议的协议。调解争端的第三者不能对争议双方施加压力，调解协议完全取决于当事人的自愿。调解有仲裁、司法诉讼外的调解，也有仲裁判决和司法判决前仲裁机关、法院的调解。

(3) 仲裁。仲裁也称“公断”，是双方当事人根据有关规定和双方协议，通过仲裁组织按照仲裁程序，对所发生的争议做出判断，在权利义务上做出具有约束力的裁决。与调解不同，仲裁裁决地做出不以当事人的自愿为基础。

采用仲裁方式解决争端必须有双方当事人订立的书面协议，否则国际上各种仲裁组织不予受理。仲裁协议可以是：①合同中的仲裁条款；②仲裁协议书；③往来函电或其他有关文件内所作的有关仲裁特别约定。

仲裁协议的基本内容为：①规定仲裁地点，一般有3种，一是在原告国，二是在被告国，三是在双方同意的第三国；②规定仲裁机构；③规定仲裁事项；④规定仲裁的效力。指仲裁是否是终局的，对双方当事人的约束力，能否向法院起诉要求变更裁决等。

(4) 司法诉讼。在双方争端中任何一方当事人都有权向有管辖权的法院起诉。如属民事经济纠纷可向东道国法院起诉；如国家间的经济争议引起国家之间的权利义务关系时，可向国际法院起诉。法院判决具有法律约束和强制性，无任何商量的余地。通过司法程序解决争端，所需费用较多、时间较长，又不利于保守商业秘密，很少被采用。

在国际工程承包中双方发生争执时，大多数情况下都可通过友好协调、协商的方法解决，只有各执己见、无法达成妥协时，才会提交仲裁或诉诸法律。仲裁是国际上广泛使用的协调方式，与诉讼相比，具有许多优点：仲裁费用一般较低；处理问题比较及时；双方当事人在指定仲裁机构，选择仲裁程序、规则和指定仲裁员方面有较大的选择自由；而且仲裁一般是不公开进行的，有利于保守商业机密。因此，当双方通过友好协商或调解仍不能解决分歧时，一般都宁愿提交仲裁解决，而不愿提起司法诉讼。

应用案例1-1

背景

在我国的某水电工程中，承包商为国外某公司，我国某承包公司分包了隧道工程。分包合同规定：在隧道挖掘中，在设计挖方尺寸基础上，超挖不得超过40cm，在40cm以内的超挖工作量由总包负责，超过40cm的超挖工作量由分包负责。由于地质条件复杂，工期要求紧，分包商在施工中出现许多局部超挖超过40cm的情况，总包拒付超挖超过40cm部分的工程款。分包商就此向总包商提出索赔，因为分包商一直认为合同所规定的“40cm以内”是指平均的概念，即只要总超挖量在40cm以内，则不是分包的责任，总包应付款。而且分包商强调这是我国水电工程中的惯例解释。

案例评析

如果总包和分包都是中国的公司，这个惯例解释通常是可以被认可的。但在分包合同中，没有“平均”两字，在解释中就不能加上这两字，如果局部超挖达到50cm，则按本合同字面解释，40cm～

50cm的挖方工程量确实属于“超过40cm”的超挖，应由分包商负责。既然字面解释已经准确，则不必再引用惯例解释。结果承包商损失了数百万元。

本章小结

本章主要介绍了：①建筑市场的概念、特点、管理体制及政府对建筑市场的管理；②建筑市场的主体和客体；③建筑市场的管理；④建设工程交易中心的性质、作用、基本功能、运行原则及一般程序；⑤国际建筑市场的形成、发展、特点，促进国际建筑市场发展的直接因素及国际工程承包的契约和经济协调。

习题

1. 判断题

(1) 为了保证建设工程市场有序进行，建设行政主管部门与行业协会都明文制定了相应的市场准入制度和生产经营规则，以规范业主、承包商及中介服务组织的生产经营行为。 (　　)

(2) 经资格审查合格，取得资质证书和营业执照的承包商，方许可在批准的范围内承包工程。 (　　)

(3) 承包商为打开局面，往往需要低利润报价取得项目。因此，必须在成本控制上下工夫，向管理要效益，并采用先进的施工方法提高工作效率和技术水平。 (　　)

(4) 除了业主、承包商、工程咨询服务机构作为建筑市场主要主体以外，其他单位也可成为建筑市场的主体，例如银行、保险公司、物资供应商等。 (　　)

(5) 建筑生产的最终产品质量是由各阶段成果的质量决定的。因此，设计、施工必须按照规范和标准进行，才能保证生产出合格的建筑产品。 (　　)

(6) 政府作为公众利益的代表，加强对建筑产品的规划、设计、交易、建造的管理是非常必要的，有关工程建设的市场行为都应受到管理部门的监督和审查。 (　　)

(7) 工程建设标准的独特作用在于，一方面通过有关的标准规范为相应的专业技术人员提供了需要遵循的技术要求和方法；另一方面，标准的法律属性和权威属性保证了从事工程建设有关人员按照规定去执行，从而为保证工程质量打下了基础。 (　　)

(8) 我国《建筑法》规定，对从事建筑活动的施工企业、勘察单位、设计单位和工程咨询机构(含监理单位)实行资质管理。 (　　)

(9) 分包单位不需要相应的资质等级证书。 (　　)

(10) 我国对工程咨询单位实行资质管理。目前，已有明确资质等级评定条件的有工程监理、招标代理、工程造价等咨询机构。 (　　)

2. 单选题

(1)《中华人民共和国招标投标法》于(　　)起开始实施。

A. 2000年7月1日　　B. 1999年8月30日

C. 2000年1月1日　　D. 1999年10月1日

(2)《中华人民共和国建筑法》规定，从事建筑活动的专业技术人员，应当依法取得相应的(　　)证书，并在其许可的范围内从事建筑活动。

A. 技术职称　　B. 执业资格　　C. 注册　　D. 岗位

(3) 根据《建设工程勘察设计企业资质管理规定》，下列选项不属于工程勘察资质分类的是(　　)。

A. 工程勘察综合资质　　B. 工程勘察专业资质

C. 工程勘察专项资质　　D. 工程勘察劳务资质

(4) 根据《建设工程勘察设计企业资质管理规定》，下列选项中不属于工程设计资质分类的是(　　)。

A. 工程设计综合资质　　B. 工程设计专业资质

C. 工程设计行业资质　　D. 工程设计专项资质

(5) 国际上把建设监理单位所提供的服务归为(　　)服务。

A. 工程咨询　　B. 工程管理　　C. 工程监督　　D. 工程策划

(6) 全部使用国有资金投资，依法必须进行施工招标的工程项目，应当(　　)。

A. 进入有形建筑市场进行招标投标活动

B. 进入无形建筑市场进行招标投标活动

C. 进入有形建筑市场进行直接发包活动

D. 进入无形建筑市场进行直接发包活动

(7) 下列对施工总承包企业资质等级划分正确的是(　　)。

A. 一级、二级、三级　　B. 一级、二级、三级、四级

C. 特级、一级、二级、三级　　D. 特级、一级、二级

(8) 获得(　　)资质的企业，可以承接施工总承包企业分包的专业工程或者建设单位依法发包的专业工程。

A. 劳务分包　　B. 技术承包　　C. 专业承包　　D. 技术分包

(9) 建筑市场的进入，是指各类项目的(　　)进入建设工程交易市场，并展开建设工程交易活动的过程。

A. 业主、承包商、供应商　　B. 业主、承包商、中介机构

C. 承包商、供应商、交易机构　　D. 承包商、供应商、中介机构

3. 多选题

(1) 下列人员中，属于建筑工程从业人员的是(　　)。

A. 注册建筑师　　B. 注册结构工程师

C. 注册资产评估师　　D. 注册建造师

(2) 建设工程交易中心的运行原则是(　　)。

A. 信息公开原则　　B. 依法管理原则

C. 公平竞争原则　　D. 办事公正原则

(3) 建设工程交易中心的基本功能是(　　)。

A. 信息服务功能　　B. 场所服务功能

C. 集中办公功能

(4) 工程建设项目的报建内容主要包括(　　)。

A. 工程名称　　B. 建设地点　　C. 投资规模　　D. 资金来源

E. 工程规模　　F. 计划开工和竣工日期

(5) 申请领取建设工程施工许可证，按照规定，应当具备以下条件。(　　)

A. 已办理该建设工程用地批准手续

B. 已取得规划许可证

C. 施工场地已基本具备施工条件

D. 已确定建筑施工企业

E. 建设资金已经落实

F. 有满足施工需要的施工图纸及技术资料

(6) 我国的建筑业企业分为(　　)。

A. 工程监理企业　　B. 施工总承包企业

C. 专业承包企业　　D. 劳务分包企业

E. 工程招标代理机构

(7)《中华人民共和国建筑法》规定，必须取得相应等级的资质证书，方可从事建筑活动的单位或企业包括(　　)。

A. 工程总承包企业　　B. 建筑施工企业

C. 勘察单位　　D. 设计单位

E. 设备生产企业　　F. 工程监理单位

(8) 工程设计资质可以分为(　　)。

A. 工程设计综合资质　　B. 工程设计行业资质

C. 工程设计专业资质　　D. 工程设计专项资质

(9) 获得专业承包资质的企业，可以(　　)。

A. 对所承接的专业工程全部自行施工

B. 对主体工程实行施工承包

C. 承接施工总承包企业分包的专业工程

D. 承接建设单位按照规定依法发包的专业工程

E. 将劳务作业分包给具有劳务分包资质的其他企业

(10) 获得施工总承包资质的企业，可以(　　)。

A. 对工程实行施工总承包

B. 对主体工程实行施工承包

C. 对所承接的工程全部自行施工

D. 将劳务作业分包给具有相应资质的企业

E. 将主体工程分包给其他企业

4. 思考题

(1) 什么是建筑市场？建筑市场有哪些特征？

(2) 建筑市场体系的结构组成包括哪些内容？

(3) 什么是建筑市场的主体和客体？它们包括哪些具体内容？

(4) 如何进行建筑市场的管理?

(5) 什么是建设工程交易中心?建设工程交易中心的性质与作用是什么?

(6) 建设工程交易中心有哪些基本功能?

(7) 国际建筑市场有哪些特点?

第2章

建设工程施工招标

学习目标

(1) 了解建设工程招标的范围、规模标准、基本条件、基本原则、方式。
(2) 熟悉建筑工程施工招标的程序。
(3) 熟悉招标文件的主要内容、组成和编制。
(4) 熟悉标底文件的组成和编制依据、原则、方法。

学习要求

能力目标	知识要点	权重
了解建设工程招标的范围、规模标准、基本条件、基本原则、方式	工程施工招标的范围、规模标准、基本条件、基本原则、方式	15%
熟悉建筑工程施工招标的程序	建筑工程施工招标的程序	20%
熟悉招标文件的主要内容、组成和编制，标底文件的组成和编制依据、原则、方法	施工招标文件的主要内容、组成和编制，标底文件的组成和编制依据、原则、方法	30%
培养编制招标文件的能力	施工招标文件的主要内容、组成和编制	35%

引例

某高校要建设学生宿舍楼(3栋)，投资约5 000万元人民币，建筑面积约30 000平方米。前期已经完成了图纸的设计任务，接下去如何开展招标活动呢？是学院自己组织招标，还是委托招标代理机构进行招标？如果委托招标代理机构进行招标，招标代理机构又将如何开展招标活动呢？

2.1 工程施工招标概述

2.1.1 工程招标的基本知识

1. 工程招标的基本概念

工程招标是招标单位就拟建设的工程项目发出要约邀请，对应邀请参与竞争的承包(供应)商进行审查、评选，并择优作出承诺，从而确定工程项目建设承包人的活动。它是招标单位订立建设工程合同的准备活动，是承发包双方合同管理工程项目的第一个重要环节。

2. 建设工程的招标单位

建设工程招标单位是建设工程招标投标活动中起主导作用的一方当事人，是指作为建设工程投资责任者的法人或者依法成立的其他组织和个人。也就是说，工程项目的建设单位和个人，就是招标单位。

工程建设项目的投资，是固定资产投资的主要和最重要的组成部分。在我国，随着投资管理体制的改革，投资主体已由过去单一的政府投资，发展为国家、集体、个人多元化投资。与投资主体多元化相适应，建设工程招标单位也多种多样，包括各类机关、团体、企事业单位、其他组织和个人。从实践来看，建设工程招标单位主要是依法提出招标项目、进行招标的法人。但是没有法人资格的其他组织，如法人的分支机构、企业之间或企业与事业单位之间不具备法人条件的联营组织、合伙组织、个体工商户、农村承包经营户等作为建设工程招标单位的情形也相当普遍。

3. 招标代理机构

招标代理机构是自主经营、自负盈亏，依法在建设行政主管部门取得工程招标代理资质证书，在资质证书许可的范围内从事工程招标代理业务并提供相关服务，享有民事权利、承担民事责任的社会中介组织。

2.1.2 建设工程招标的范围和规模标准

1. 建设工程招标的范围

《招标投标法》规定，在中华人民共和国境内进行下列工程建设项目，包括项目的勘察、设计、施工、监理以及与工程建设有关的重要设备、材料等的采购，必须进行招标(表2-1)。

(1) 大型基础设施、公用事业等关系社会公共利益、公众安全的项目。

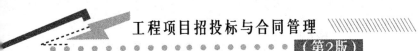

（2）全部或者部分使用国有资金投资或者国家融资的项目。

（3）使用国际组织或者外国政府贷款、援助资金的项目。

表2-1　我国建设工程招标范围

序号	项目类型	具体范围
1	关系社会公共利益、公众安全的基础设施项目	（1）煤炭、石油、天然气、电力、新能源等能源项目 （2）铁路、公路、管道、水运、航空以及其他交通运输业等交通运输项目 （3）邮政、电信枢纽、通信、信息网络等邮电通信项目 （4）防洪、灌溉、排涝、引(供)水、滩涂治理、水土保持、水利枢纽等水利项目 （5）道路、桥梁、地铁和轻轨交通、污水排放及处理、垃圾处理、地下管道、公共停车场等城市设施项目 （6）生态环境保护项目 （7）其他基础设施项目
2	关系社会公共利益、公众安全的公用事业项目	（1）供水、供电、供气、供热等市政工程项目 （2）科技、教育、文化等项目 （3）体育、旅游等项目 （4）卫生、社会福利等项目 （5）商品住宅，包括经济适用住房 （6）其他公用事业项目
3	使用国有资金投资的项目	（1）使用各级财政预算资金的项目 （2）使用纳入财政管理的各种政府性专项建设基金的项目 （3）使用国有企业事业单位自有资金，并且国有资产投资者实际拥有控制权的项目
4	使用国家融资的项目	（1）使用国家发行债券所筹资金的项目 （2）使用国家对外借款或者担保所筹资金的项目 （3）使用国家政策性贷款的项目 （4）国家授权投资主体融资的项目 （5）国家特许的融资项目
5	使用国际组织或者外国政府贷款、援助资金的项目	（1）使用世界银行、亚洲开发银行等国际组织贷款资金的项目 （2）使用外国政府及其机构贷款资金的项目 （3）使用国际组织或者外国政府援助资金的项目

2. 建设工程招标的规模标准(额度)

各类工程建设项目，包括项目的勘察、设计、施工、监理以及与工程建设有关的重要设备、材料等的采购，达到下列标准之一的，必须进行招标。

（1）施工单位合同估算价在200万元人民币以上的。

（2）重要设备、材料等货物的采购，单项合同估算价在100万元人民币以上的。

（3）勘察、设计、监理等服务的采购，单项合同估算价在50万元人民币以上的。

（4）单项合同估算价低于第(1)、(2)、(3)项规定的标准，但项目总投资额在3 000万元人民币以上的。

3. 可以不进行招标的建设项目范围

按照《招标投标法》规定，属于下列情形之一的，可以不进行招标，采用直接委托的方式发包建设任务。

(1) 涉及国家安全、国家秘密的工程。

(2) 抢险救灾工程。

(3) 利用扶贫资金实行以工代赈、需要使用农民工等特殊情况。

(4) 建筑造型有特殊要求的设计。

(5) 采用特定专利技术、专有技术进行勘察、设计或施工。

(6) 停建或缓建后恢复建设的单位工程，且承包人未发生变更的。

(7) 施工企业自建自用的工程，且该施工企业资质等级符合工程要求的。

(8) 在建工程追加的附属小型工程或主体加层工程，且承包人未发生变更的。

(9) 法律、法规、规章规定的其他情形。

2.1.3 建设工程招标的基本条件

1. 招标单位必须具备的条件

建设工程招标单位必须具备以下条件。

(1) 具有项目法人资格。

(2) 具有与招标项目规模和复杂程度相适应的工程技术、工程造价、财务和工程管理方面的专业技术力量。

(3) 有从事同类工程建设项目招标的经验。

(4) 设有专门的招标机构或者拥有3名以上专职招标业务人员。

(5) 熟悉和掌握《招标投标法》及有关法律法规。

2. 工程招标代理机构必须具备的条件

工程招标代理机构必须具备以下条件。

(1) 有从事招标代理业务的营业场所和相应资金。

(2) 有能够编制招标文件和组织评标的相应人员和专业力量。

(3) 具有可以作为评标委员会成员人选的技术、经济等方面的专家库。

(4) 与国家机关不得有隶属关系及利益关系。

3. 招标工程应当具备的条件

招标工程应当具备以下条件。

(1) 招标人已经依法成立。

(2) 初步设计及概算已履行审批手续。

(3) 招标范围、招标方式和招标组织形式等已履行核准手续。

(4) 有相应资金或者资金来源已落实。

(5) 有招标所需的设计图纸及技术资料。

2.1.4 建设工程招标投标的基本原则

招标与投标都是民事主体的民事法律行为，均应遵循《民法通则》的基本原则。《招标投标法》特别规定必须遵循以下原则。

1. 公平、公正、公开原则

招标投标活动必须做到公平、公正、公开，招标投标双方及评标委员会应当遵守下列行为规范。

(1) 招标单位及其代理人不得有下列行为。

① 泄露应当保密的与招标投标活动有关的情况和资料。

② 以不合理的条件限制或排斥潜在投标单位投标，或对某些潜在投标单位实行歧视待遇；强制投标单位组成联合体共同投标；或者限制投标单位之间的竞争等。

③ 向他人透露已获招标文件的潜在投标单位的名称、数量以及可能影响公平竞争的有关招标投标的其他情况(如泄露标底等)。

(2) 投标单位不得相互串通投标或者与招标单位串通投标。

(3) 对评标委员会及其成员有如下规定。

① 与投标单位有利害关系的人不得进入评标委员会，评标委员会成员的名单应当保密。

② 评标委员会成员不得收受投标单位的财物或其他好处。

(4) 任何单位和个人，不得限制或者排斥本地区、本系统以外的法人或者其他组织参加投标，不得为招标单位指定招标代理机构。

2. 诚实信用原则

招标投标双方应遵守下列规定。

(1) 投标单位不得以他人名义投标或者以其他方式弄虚作假骗取中标。

(2) 招标单位应当对招标文件的内容负责，必须在评标委员会依法推荐的中标候选人名单中确定中标人。

(3) 招标单位与中标人应当按照招标文件和中标人的投标文件订立合同，中标人不得将中标项目转让或肢解后转让给他人，也不得违法分包给他人。

2.1.5 建设工程的招标方式

我国自2000年1月1日施行的《招标投标法》明确规定了招标方式有两种，即公开招标和邀请招标。议标方式不是法定的招标形式，只是协商谈判的一种交易方式，它作为一种简单、便捷的方式，目前仍在我国建设工程咨询服务行业被广泛采用。

公开招标和邀请招标作为主要的招标方式，是由招标投标的本质特点决定的。这两种招标方式都具有竞争性，体现了招标投标本质特点的客观要求。

特别提示

现行国际市场上通用的建设工程招标方式大致有5种：公开招标、邀请招标、协议招标、综合性招标、国际竞争性招标。综合性招标、国际竞争性招标实质上都是公开招标和邀请招标。

1. 公开招标

公开招标又称无限竞争性招标，是由招标单位以招标公告的方式邀请不特定的法人或者其他组织投标。公开招标是由招标单位按照法定程序，在规定的媒体上发布招标公告，公开提供招标信息，使所有符合条件的潜在投标单位都可以平等参加投标竞争，招标单位则从中择优选定中标单位的一种招标方式。

1）公开招标的优点

投标的承包商多，可为承包商提供公平竞争的平台，竞争范围广，竞争激烈，使招标单位有较大的选择余地，有利于降低工程造价，缩短工期和保证工程质量。

2）公开招标的缺点

采用公开招标方式时，投标单位多且良莠不齐，招标工作量大，所需时间较长，组织工作复杂，需投入较多的人力、物力。因此采用公开招标方式时对投标单位进行严格的资格预审就特别重要。

3）公开招标的适用范围

全部使用国有资金投资，或国有资金投资占控制地位或主导地位的项目，应当实行公开招标。一般情况下，投资额度大、工艺或结构复杂的较大型建设项目，实行公开招标较为合适。

2. 邀请招标

邀请招标又称有限竞争性招标、选择性招标，是由招标单位以投标邀请书的方式邀请特定的法人或者其他组织投标。是招标单位根据自己掌握的情况，预先确定一定数量的符合招标项目基本要求的潜在投标单位，并向其发出投标邀请书，由被邀请的潜在投标单位参加投标竞争，招标单位从中择优确定中标单位的一种招标方式。招标单位一般邀请5～10家承包商参加投标，最少不得少于3家。

这种招标方式目标明确，经过选定的投标单位，在施工经验、施工技术和信誉上都比较可靠，基本上能保证工程质量和进度。邀请招标整个组织管理工作比公开招标相对简单一些，但前提是对承包商要充分了解。其报价也可能高于公开招标方式。

1）邀请招标的优点

目标集中，招标所需的时间较短，工作量较小，招标的组织工作较容易，被邀请的投标单位的中标概率较高。

2）邀请招标的缺点

由于参加的投标单位相对较少，竞争性较差，招标单位择优的余地较小，有可能找不到合适的承包单位。如果招标单位在选择被邀请的承包商前所掌握的信息资料不足，则会失去发现最适合承担该项目的承包商的机会，不利于招标单位获得最优报价，取得最佳投资效益。

3）邀请招标的适用范围

全部使用国有资金投资或国有资金投资占控制或主导地位的项目，必须经国家发改委或者省级人民政府批准方可实行邀请招标；其他工程项目则由招标单位自行选用邀请招标方式或公开招标方式。

3. 公开招标和邀请招标的区别

公开招标和邀请招标的区别如下。

(1) 发布信息的方式不同。公开招标是招标单位在国家指定的报刊、电子网络或其他媒体上发布招标公告。邀请招标采用投标邀请书的形式发布。

(2) 竞争的范围或效果不同。公开招标是所有潜在的投标单位竞争，范围较广，优势发挥较好，易获得最优效果。邀请招标的竞争范围有限，易造成中标价不合理，遗漏某些技术和报价有优势的潜在投标单位。

(3) 时间和费用不同。邀请招标的潜在投标单位一般为3～10家，同时又是招标单位自己选择的，从而缩短招标的时间和费用。公开招标的资格预审工作量大，时间长，费用高。

(4) 公开程度不同。公开招标必须按照规定程序和标准运行，透明度高。邀请招标的公开程度相对要低些。

2.1.6 建设工程招标投标中政府的职能

建设工程招标投标中，政府行政机关及其招标投标管理部门的职能，主要是实施行政监督，使招标投标活动能够依法进行，为招标投标市场的公平竞争创造一个良好的环境。招标投标法规定，招标投标活动及其当事人应当接受有关行政监督部门依法实施的监督。行政监督部门依法实施监督的内容如下。

1. 指导和协调招标投标工作的开展，制定招标投标法的配套法规

国家发展改革委员会指导和协调全国的招标投标工作，并会同有关行政主管部门进行下列工作。

(1) 拟定招标投标法的配套法规、综合性政策和必须进行招标的项目的具体范围、规模标准以及不适宜进行招标的项目，报国务院批准。

(2) 指定发布招标公告的报刊、信息网络及其他媒介。

(3) 有关行政主管部门根据招标法和国家的有关法规、政策等，制定具体的实施办法。

2. 审核自行招标或委托招标及招标范围

项目审批部门在审核必须进行招标的项目可行性研究报告时，核准项目是进行自行招标还是委托招标，以及国家出资项目的招标范围。

3. 对招标投标过程中的违法活动进行监督、执法

各有关行政主管部门按职责分工分别负责对招标投标过程中的违法活动进行监督和执法，并受理投标单位及其他利害关系人的投诉，有关规定如下。

(1) 招标投标过程包括招标、投标、开标、评标和中标。

(2) 招标投标过程中的违法活动主要有：泄露保密资料、泄露标底、串通招标、串通投标、设置“门槛”排斥投标等。

(3) 有关行政主管部门须将监督过程中发现的问题，及时通知项目审批部门，项目审批部门根据情况依法暂停项目执行或暂停资金拨付。

4. 认定招标代理机构的资格

(1) 工程建设项目招标代理机构资格的认定。从事各类工程建设项目招标代理业务的招标代理机构的资格，由建设行政主管部门认定。

（2）进口机电设备采购招标代理机构资格的认定。从事与工程建设有关的进口机电设备采购招标代理业务的招标代理机构的资格，由外经贸行政主管部门认定。

（3）其他招标代理业务的招标代理机构的资格的认定。从事其他招标代理业务的招标代理机构的资格，按职责分工，分别由有关行政主管部门认定。

5. 负责组织国家重大建设项目的稽查工作

国家发展改革委员会负责组织国家重大建设项目的稽查工作，对国家重大建设项目建设过程中的工程招标和投标进行全过程的监督检查。

6. 对招标投标活动的日常管理

工程所在地的县级以上地方人民政府有关行政主管部门，负责对招标投标活动实施监督。

2.2 建设工程施工招标程序

建设工程施工招标程序，是指建设工程招标活动按照一定的时间和空间应遵循的先后顺序，是以招标单位和其代理人为主进行的有关招标的活动程序。

建设工程招标程序包含下列3个阶段。

（1）招标准备阶段：主要工作有办理工程项目报建手续、审查招标单位资质、招标申请和资格预审文件、招标文件、标底的编审等。

（2）招标投标阶段：主要包括发布招标公告或发出投标邀请书、投标资格预审、发放招标文件和有关资料、组织现场勘察、标前会议和接受投标文件等。

（3）定标签约阶段：主要工作是开标、评标、定标和签约等。

应当注意，采用不同的招标方式，招标投标的运作过程不尽相同。这里，对公开招标、邀请招标的工作流程做一个概要的比较，见表2-2。

表2-2 建设工程招标投标工作流程比较表

阶段	公开招标流程	邀请招标流程	招标投标管理机构监管内容
招标准备阶段	1. 工程项目报建	1. 工程项目报建	备案登记
	2. 审查招标单位资质	2. 审查招标单位资质	审批发证
	3. 招标申请	3. 招标申请	审批
	4. 资格预审文件、招标文件、标底的编审	4. 招标文件、标底的编审	审定
投标阶段	5. 发布资格预审公告、招标公告	5. 发出投标邀请书	
	6. 资格预审		复核
	7. 发放招标文件	6. 发放招标文件	
	8. 勘察现场	7. 勘察现场	
	9. 投标预备会	8. 投标预备会	现场监督
	10. 投标文件的编制、递交	9. 投标文件的编制、递交	

续表

阶段	公开招标流程	邀请招标流程	招标投标管理机构监管内容
决标阶段	11. 开标	10. 开标（资格后审）	现场监督
	12. 评标	11. 评标	现场监督
	13. 中标	12. 中标	核准
	14. 合同签订	13. 合同签订	协调、审查

2.2.1 招标准备阶段

在招标准备阶段，主要做好下列工作。

1. 工程项目报建

工程项目报建是工程项目招标活动的前提。工程项目的立项批准文件或年度投资计划下达后，规划与设计审批完毕，建设单位应按规定向招投标管理机构或招投标交易中心履行工程项目报建手续。报建的内容主要包括：工程名称、建设地点、投资规模、资金来源、当年投资额、工程规模、结构类型、发包方式、计划开竣工日期和工程筹建情况等。见表2-3。

建设单位报建时应填写建设工程报建登记表，连同应交验的立项批准文件、固定资产投资许可证、建设工程规划许可证、土地使用权证、资金证明等文件资料一并报招投标管理机构审批。

2. 审查招标单位资质

资质审查主要是审查招标单位是否具备招标条件。具备招标条件的招标单位可自行办理招标事宜，并向其行政监督机关备案。不具备招标条件的招标单位必须委托具有相应资质的中介机构代理招标，招标单位与中介机构签订委托代理招标的协议，并报招标管理机构备案。

表2-3 建设工程项目报建登记表　　报建审字第________号

建设单位		单位地址		工程名称	
建设地点		结构类型		建设规模	
资金来源		发包方式		总投资（万元）	
当年投资额（万元）		立项或投资计划批准单位及文号		投资许可证文号及审批单位	
建设规划许可证批准单位及证号		计划开工日期	年　月　日	计划竣工日期	年　月　日

续表

工程筹建情况	建设用地		负责人		建设单位意见		所属主管部门意见	（盖章） 年 月 日	建设行政主管部门意见	（盖章） 年 月 日
	拆迁		经办人							
	勘探		联系电话							
	设计		报审日期							

注：本表一式三份，建设行政主管部门、招标管理机构、建设单位各一份。

3. 申请招标

当招标单位自行组织招标或委托招标代理机构代理招标确定后，招标单位填写建设工程招标申请表，并经上级主管部门批准后，连同工程项目报建审查登记表报招标管理机构审批后方可进行招标，见表2-4。

表2-4 建设工程施工招标申请表

工程名称					
建设地点					
工程规模		建筑面积		工程类别	
招标方式		联系人		联系电话	
项目资金落实情况			技术设计完成情况		
招标前期准备情况					
招标范围					
报名条件	企业资质		项目经理资质		
工期要求			质量要求		
投标保证金					
投标报名日期					

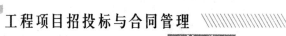

续表

开标日期		
工程量计算	□提供工程量清单　　□ 按施工图计算	
计价方法	□综合单价法　　□工料单价法	
评标方法	□ 复合标底法　　□ 经评审的最低投标价法　　□ 其他	
合同价调整		
建设单位(公章) 法定代表人(章) 年　月　日		招标管理机构(盖章) 负责人(章) 年　月　日

注：本表一式二份，建设单位一份、招标管理机构一份。

4. 编制资格预审文件、招标文件、标底与送审

资格预审文件和招标文件须招标管理机构审查，审查同意后发布资格预审公告、招标公告。

1）资格预审文件

资格预审是公开招标对投标单位进行的资格审查，指在发售招标文件前，招标单位对潜在的投标单位进行资质条件、业绩、技术、资金等方面的审查。资格预审文件的主要内容：资格预审公告的内容及格式、资格预审须知、资格预审申请书的内容及格式、资格预审合格通知书的内容及格式。

2）招标文件

招标文件是由招标单位或其委托相关的中介机构编制并发布的，它既是投标单位编制投标文件的依据，也是招标单位和投标单位签订工程承包合同的基础。招标文件主要内容包括投标须知、招标工程的技术要求和设计文件、工程量清单与报价表、投标文件的格式及附录、合同格式及主要合同条款、要求投标单位提交的其他材料等。

3）标底

标底是招标单位根据招标项目的具体情况，依据国家统一的工程量计算规则、计价依据和计价办法计算出来的工程造价，是招标单位对工程项目的预期价格。招标工程设有标底的，其标底的编制工作应按规定进行。标底由具有资质的招标单位自行编制或委托具有相应资质的招标代理机构编制。标底应控制在批准的总概算(或修正概算)及投资包干的限额内，由成本、利润、税金等组成。一个招标工程只能编制一个标底。

2.2.2 招标投标阶段

在招标投标阶段，招标投标双方分别或共同做好下列工作。

1. 发布招标公告或发出投标邀请书

实行公开招标的工程项目，招标单位要在报刊、杂志、广播、电视等大众媒体或工程交易中心公告栏上发布招标公告，邀请一切愿意参加工程投标的不特定的承包商申请投标

资格审查或申请投标。实行邀请招标的工程项目应向3家以上符合资质条件的、资信良好的承包商发出投标邀请书，邀请他们参加投标。

招标公告或投标邀请书应写明招标单位的名称和地址，招标工程的性质、规模、地点以及获取招标文件的办法等事项，见表2－5。

表2－5　招标公告

一、招标条件

本招标项目________(建设单位名称)的________工程已由________(项目审批、核准或备案机关名称)批准建设，招标人为________。项目已具备招标条件，现对该项目的施工进行公开招标，特邀有兴趣的潜在投标人报名。

二、项目概况与招标范围

________(标段划分、建设规模、结构类型、建设地点、计划工期、招标范围等)。

三、投标人资格要求

(1) 本次招标要求投标人须具备________资质，________施工业绩，并在人员、设备、资金等方面具备相应的施工能力。

(2) 本次招标________(接受或不接受)联合体投标。联合体投标的，应满足下列要求：________。

(3) 各投标人均可就上述标段中的________(具体数量)个标段投标。

(4) 本工程投标保证金额(币种，金额，单位)。

四、投标报名与招标文件的获取

(1) 凡有意参加投标者，请于________年________月________日至________年________月________日(法定节假日除外)，每日上午________时至________时；下午________时至________时(北京时间，下同)，携带________(营业执照、资质证书、法人授权委托书及被委托人身份证等)有关材料到________(详细地址)报名。

(2) 招标文件获取时间另行通知。招标文件每套售价(币种，金额，单位)，售后不退。图纸押金(币种，金额，单位)，在退还图纸时退回(不计利息)。邮购招标文件的，需另加手续费(含邮费)(币种，金额，单位)。招标人在收到邮购款(含手续费)后________日内寄送。

五、投标文件的递交

(1) 投标文件的递交的截止时间(投标截止时间，下同)为________年________月________日________时________分，地点为________。

(2) 逾期送达的或未送达指定地点的投标文件，招标人不予受理。

六、发布公告的媒介

本次招标公告同时在________(发布公告的媒体名称)上发布。

七、联系方式

招 标 人：________	招标代理机构：________
地　　址：________	地　　址：________
邮　　编：________	邮　　编：________
联 系 人：________	联 系 人：________
电　　话：________	电　　话：________
传　　真：________	传　　真：________

日 期：________年________月________日

2. 资格审查

招标单位或招标代理机构可以根据招标项目本身的要求，对潜在的投标单位进行资格审查。资格审查分为资格预审和资格后审两种。资格预审是指招标单位或招标代理机构在发放招标文件前，对报名参加投标的承包商的承包能力、业绩、资格和资质、注册建造

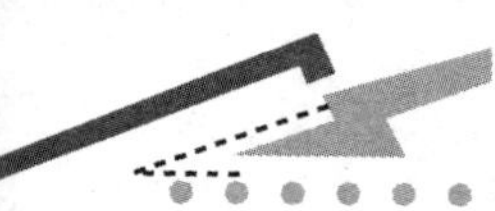

师、纳税、财务状况和信誉等进行审查，并确定合格的投标单位名单；在评标时进行的资格审查称为资格后审。两种资格审查的内容基本相同。通常公开招标采用资格预审方法，邀请招标采用资格后审方法。

1）资格预审文件

资格预审评审标准见表2－6和表2－7。表中反映了投标申请单位的合同工程营业收入、净资产和在建工程未完成部分合同金额，供招标单位对投标申请单位的财务状况进行评价。投标申请单位必须满足全部必要合格条件标准(表2－6)和至少一定比例的附加合格条件标准(表2－7)，才能通过资格预审。

表2－6　资格预审必要合格条件标准

序号	项目内容	合格条件	投标申请人具备的条件或说明
1	有效营业执照		
2	资质等级证书	________工程施工________承包________级以上或同等资质等级	
3	财务状况	开户银行资信证明和符合要求的财务表，________级资信评估证书	
4	流动资金	有合同总价________%以上的流动资金可投入本工程	
5	固定资产	不少于(币种，金额，单位)	
6	净资产总值	不小于在建工程未完合同额与本工程合同总价之和的______%	
7	履约情况	有无因投标申请人违约或不恰当履约引起的合同中止、纠纷、争议、仲裁和诉讼记录	
8	分包情况	符合《中华人民共和国建筑法》和《中华人民共和国招标投标法》的规定	
9			
10			

表2－7　资格预审附加合格条件标准

序　　号	附加合格条件项目	附加合格条件内容	投标申请人具备的条件或说明

实行资格预审的招标工程，招标单位应当在招标公告中载明资格预审的条件和获取资格预审文件的办法。资格预审文件一般包括下列组成部分。

(1) 资格预审申请书。资格预审申请书应当采用工程所在地招标投标管理部门编制的格式文本，可以参照范本2－1。

范本2-1 资格预审申请书

致：招标人名称

经授权作为代表，并以(投标申请人名称)(以下简称“投标申请人”)的名义，在充分理解《投标申请人资格预审须知》的基础上，本申请书签字人在此以(招标工程项目名称)下列标段投标申请人的身份，向你方提出资格预审申请。

资格预审申请书

项目名称	标段号

本申请书附有下列内容的正本文件的复印件：投标申请人的法人营业执照；投标申请人的(施工资质等级)证书。

按资格预审文件的要求，你方授权代表可调查、审核我方提交的与本申请书相关的声明、文件和资料，并通过我方的开户银行和客户，澄清本申请书中有关财务和技术方面的问题。本申请书还将授权给有关的任何个人或机构及其授权代表，按你方的要求，提供必要的相关资料，以核实本申请书中提交的或与本申请人的资金来源、经验和能力有关的声明和资料。

你方授权代表可通过下列人员得到进一步的资料。

一般质询和管理方面的质询：

联系人：　　　　　电话：

联系人：　　　　　电话：

本申请充分理解下列情况。

资格预审合格的申请人的投标，须以投标时提供的资格预审申请书主要内容的更新为准。

你方保留更改本招标项目的规模和金额的权利。前述情况发生时，投标仅面向资格预审合格且能满足变更后要求的投标申请人。

如为联合体投标，随本申请，我们提供联合体各方的详细情况，包括资金投入(及其他资源投入)和盈利(亏损)协议。我们还将说明各方在每个合同价中以百分比形式表示的财务方面以及合同履行方面的责任。

我们确认如果我方投标，则我方的投标文件和与之相应的合同将得到签署，从而使联合体各方共同地和分别地受到法律约束；随同提交一份联合体协议，该协议将规定，如果我方被授予合同，联合体各方共同的和分别的责任。

下述签字人在此声明，本申请书中所提交的声明和资料在各方面都是完整、真实和准确的。

签名：	签名：
姓名：	姓名：
兹代表(申请人或联合体主办人)	兹代表(联合体成员1)
申请人或联合体主办人盖章	联合体成员1盖章
签字日期	签字日期

(2) 资格预审须知。资格预审须知包括工程概况、资金来源、投标资格和合格条件要

求，对联营体的要求、分包的规定、资格预审文件递送的时间和地点等，以及要求申请人提供的企业资质、业绩、技术装备、财务状况和拟派出的项目经理及主要技术人员的简历、业绩等证明材料。

(3) 资格预审合格通知书。资格预审合格通知书的内容包括确定投标报名人具备投标资格、领取招标文件的时间和地点、投标保证金的形式和额度、投标截止时间、开标时间和地点等，参照范本 2－2。

范本 2－2　投标申请人资格预审合格通知书

致：(预审合格的投标申请人名称)

鉴于你方参加了我方组织的招标工程项目编号为________的(招标工程名称) 工程施工技术投标资格预审，经我方审定，资格预审合格。现通知你方作为资格预审合格的投标人就上述工程施工进行密封投标，并将其他有关事宜告知如下。

(1) 凭本通知书于________年________月________日至________年________月________日，每天上午________时________分至________时________分，下午________时________分至________时________分(公休日、节假日除外)到(地点和单位名称)购买招标文件。招标文件每套售价为(币种，金额，单位)，无论是否中标，该费用不予退还。另需交纳图纸押金(币种，金额，单位)，当投标人退回图纸时，该押金将同时退还给投标人(不计利息)。上述资料如需邮寄，可以书面形式通知招标人，并另加邮费每套(币种，金额，单位)。招标人在收到邮购款________日内，以快递方式向投标人寄送上述资料。

(2) 收到本通知书后________日内，请以书面形式予以确认。如果你方不准备参加本次投标，请于________年________月________日前通知我方。

招 标 人：____________________________(盖章)
办公地址：__________________________________
邮政编码：________　　　　　联系电话：________
传　　真：________　　　　　联 系 人：________

招标代理机构：______________________________
办 公 地 址：______________________________
邮 政 编 码：________　　　　　联系电话：________
传　　　真：________　　　　　联 系 人：________
日期：________年________月________日

---

2) 资格预审的方法

(1) 投标合格条件。投标合格条件包括必要合格条件和附加合格条件。

① 必要合格条件包括以下内容。

a. 营业执照。准许承接业务的范围符合招标工程的要求。

b. 资质等级。达到或超过招标工程的技术要求。

c. 财务状况和流动资金。资金信用良好。

d. 以往履约情况。无毁约或被驱逐的历史。

e. 分包情况。

② 附加合格条件。对于大型复杂工程或有特殊专业技术要求的项目，资格审查可以

设立合格条件。例如要求投标单位具有同类工程的建设经验和能力，对主要管理人员和专业技术人员的要求，针对工程所需的特别措施或工艺的专长、环境保护方针和保证体系等。

(2) 确定合格投标单位名单的方法。确定合格投标单位名单一般采取以下方法。

① 综合评议法。通过专家评议，把符合投标合格条件的投标单位名称全部列入合格投标单位名单，淘汰所有不符合投标条件的投标单位。

② 加权评分量化审查法。对必要合格条件和附加合格条件所列的资格审查的项目确定加权系数，并用这些条件评价投标申请人，计算出每个投标申请人的审查总分，按总分从高到低的次序将投标申请人排序，取前 n 名为合格投标单位。

③ 对工程项目较大，投标单位数量很多的项目，在资格预审后都符合投标条件的情况下，也可以采用摇珠的方式，选择 n 家入围，确定投标单位名单。

3. 发放招标文件

招标单位或招标代理机构按照资格预审确定的合格投标单位名单或者投标邀请书发放招标文件。

招标文件是全面反映招标单位建设意图的技术经济文件，又是投标单位编制标书的主要依据。招标文件的内容必须正确，原则上不能修改或补充。如果必须修改或补充的，须报招标投标管理机构备案，并在投标截止前 15 天以书面形式通知每一个投标单位。

招标单位发放招标文件可以收取工本费，对其中的设计文件可以收取押金，宣布中标人后收回设计文件并退还押金。

4. 现场勘察

招标单位应当组织投标单位进行现场勘察，了解工程场地和周围环境情况，收集有关信息，使投标单位能结合现场提出合理的报价。现场勘察可安排在招标预备会议前进行，以便在会上解答现场勘察中提出的疑问。现场勘察费用由各投标单位自行承担。

现场勘察时招标单位应介绍以下情况。

(1) 现场是否已经达到招标文件规定的条件。

(2) 现场的自然条件：包括地形地貌、水文地质、土质、地下水位及气温、风、雨、雪等气候条件。

(3) 工程建设条件：工程性质和标段、可提供的施工临时用地和临时设施、料场开采、污水排放、通信、交通、电力、水源等条件。

(4) 现场的生活条件和工地附近的治安情况等。

5. 标前会议

标前会议，又称招标预备会、答疑会，主要用来澄清招标文件中的疑问，解答投标单位提出的有关招标文件和现场勘察的问题。

(1) 投标单位有关招标文件和现场勘察的疑问，应在招标预备会议前以书面形式提出。

(2) 对于投标单位有关招标文件的疑问，招标单位只能采取会议形式公开答复，不得私下单独作解释。

(3) 标前会议应当形成书面的会议纪要，并送达每一个投标单位。它与招标文件具有同等的效力。

2.2.3 定标签约阶段

定标签约阶段有开标、评标、定标、签约4项工作，见本书第4章。

2.3 建设工程施工招标文件的组成与编制

建设工程招标文件是建设工程招标单位单方面阐述自己的招标条件和具体要求的意思表示，是招标单位确定、修改和解释有关招标事项的各种书面表达形式的统称。从合同订立过程来分析，建设工程招标文件在性质上属于一种要约邀请，其目的在于唤起投标单位的注意，希望投标单位能按照招标单位的要求向招标单位发出要约。凡不满足招标文件要求的投标书，将被招标单位拒绝。

2.3.1 施工招标文件的组成、编制原则和意义

1. 施工招标文件的组成

我国近年来在工程招标中逐步走向规范化，在招标文件编制中，有的部委提供了指导性的招标文件范本，为规范招标工作起到了积极作用。住建部在1996年12月发布了《工程建设施工招标文件范本》，2003年1月1日《房屋建筑和市政基础设施工程施工招标文件范本》正式实施。2007年11月1日国家发改委令第56号发布《中华人民共和国标准施工招标文件(2007年版)》，由国家发改委、财政部、住建部等九部委联合编制，自2008年5月1日起试行。

工程施工招标文件规定了选择投标单位的方法和原则，根据招标文件完成的投标文件将成为施工承包合同条件的有机组成部分。为了使招标规范、公正、公开、公平，使工程施工管理顺利进行，招标文件必须表明：招标单位选择投标单位的原则和程序，如何投标，建设背景和环境，项目技术经济特点，招标单位对项目在进度、质量等方面的要求，工程管理方式等，归纳起来包括商务、技术、经济、合同等方面。

一般来说，施工招标文件在形式上的构成，主要包括正式文本、对正式文本的解释和对正式文本的修改三部分。

施工招标文件正式文本的形式结构通常分卷、章、节，格式见表2-8。

表2-8 招标正式文件格式

卷	章	节
第一卷 投标须知、合同条件及合同格式	第一章 投标邀请书	①招标条件；②项目概况与招标范围；③投标单位资格要求……
	第二章 投标须知(投标须知前附表)	①总则；②招标文件；③投标文件……
	第三章 合同通用条款	
	第四章 合同专用条款	
	第五章 合同格式	

续表

卷	章	节
第二卷 技术规范	第六章 技术规范	
第三卷 投标文件	第七章 投标书及其附录、投标保证格式	
	第八章 工程量清单与报价表	
	第九章 辅助资料表	
	第十章 资格审查表	
第四卷 图纸	第十一章 图纸	

2. 施工招标文件的编制原则

招标文件的编制必须系统、完整、准确、明了，即目标明确，使投标单位一目了然。编制招标文件一般应遵循以下原则。

(1) 招标单位、招标代理机构及建设项目应具备的招标条件。住建部1992年颁发的《工程建设施工招标投标管理办法》对建设单位、招标代理机构及建设项目的招标条件作了明确规定，其目的在于规范招标单位的行为，确保招标工作有条不紊地进行，稳定招投标市场秩序。

(2) 必须遵守国家的法律、法规及贷款组织的要求。招标文件是中标人签订合同的基础，也是进行施工进度控制、质量控制、成本控制及合同管理等的基本依据。按《合同法》规定，凡违反法律、法规和国家有关规定的合同属无效合同。因此，招标文件必须遵守《合同法》、《招标投标法》等有关法律法规。如果建设项目是贷款项目，必须按该组织的各种规定和审批程序来编制招标文件。

(3) 公平、公正处理招标单位和承包商的关系，保护双方的利益。在招标文件中过多地将招标单位风险转移给投标单位一方，势必使投标单位风险费加大，提高了投标报价，最终反而使招标单位增加支出。

(4) 招标文件的内容要力求统一，避免文件之间的矛盾。招标文件涉及投标单位须知、合同条件、技术规范、工程量清单等多项内容。当项目规模大、技术构成复杂、合同段较多时，编制招标文件应重视内容的统一性。如果各部分之间矛盾多，就会增加投标工作和履行合同过程中的争议，影响工程施工，造成经济损失。

(5) 详尽地反映项目的客观和真实情况。只有客观、真实的招标文件才能使投标单位的投标建立在可靠的基础上，减少签约和履约过程中的争议。

(6) 招标文件的用词应准确、简洁、明了。招标文件是投标文件的编制依据，投标文件是工程承包合同的组成部分，客观上要求在编写中必须使用规范用语、本专业术语，做到用词准确、简洁和明了，避免歧义。

(7) 尽量采用行业招标范本格式或其他贷款组织要求的范本格式编制招标文件。

3. 施工招标文件的意义

建设工程施工招标文件的意义主要体现在以下3个方面。

(1) 建设工程招标文件是投标的主要依据和信息源。招标文件是提供给投标单位的投标依据，是投标单位获取招标单位意图和工程招标各方面信息的主要途径。投标单位只有认真研读招标文件，领会其精神实质，掌握其各项具体要求和界限，才能保证投标文件对招标文件的实质性响应，顺利通过对投标文件的符合性鉴定。

（2）建设工程招标文件是合同签订的基础。招标文件是一种要约邀请，其目的在于引出潜在投标单位的要约(即投标文件)，并据以对要约进行比较、评价(即评标)，做出承诺(即定标)。因而，招标文件是工程招标中要约和承诺的基础。在招标投标过程中，无论是招标单位还是投标单位，都可能对招标文件提出这样那样的修改和补充的意见或建议，但不管怎样修改和补充，其基本的内容和要求通常是不会变的，也是不能变的，所以，招标文件的绝大部分内容，事实上都将会变成合同的内容。招标文件是招标单位与中标人签订合同的基础。

（3）建设工程招标文件是政府监督的对象。招标文件既是招标投标管理机构的审查对象，同时也是招标投标管理机构对招标投标活动进行监管的一个重要依据。即招标投标管理机构对招标投标活动的监督，在很大程度上就是监督招标投标活动是否符合已经审定的招标文件的规定。

2.3.2 施工招标文件的主要内容

施工招标文件一般包含下列几个方面的内容：投标邀请书、投标须知、合同通用条款、合同专用条款、合同格式、技术规范、投标书及其附录与投标保证格式、工程量清单与报价表、辅助资料表、资格审查表、图纸等，下面分别进行介绍。

1. 投标邀请书

投标邀请书是指采用邀请招标方式的招标人向3个以上具备承担招标项目能力、资信良好特定的法人或者其他组织发出投标邀请的通知。它一般应包括以下内容。

（1）招标单位名称、地址。

（2）招标项目的内容、规模、资金来源。

（3）招标项目的地点、工期。

（4）获取招标文件的时间、地点、费用。

（5）投标文件送交的地点、份数、截止时间。

（6）提交投标保证金的规定额度、时间。

（7）开标的时间、地点。

（8）现场勘察和召开标前会议的时间、地点。

2. 投标须知前附表及投标须知

1）须知前附表

投标须知中首先应列出前附表，将项目招标主要内容列在表中，便于投标单位了解招标基本情况，见表2-9。

2）投标须知

投标须知是指导投标单位进行报价的依据，规定编制投标文件和投标的一般要求，招标文件范本关于投标须知内容规定有7个部分：①总则；②招标文件；③投标文件的编制；④投标文件的提交；⑤开标；⑥评标；⑦合同的授予。

表2-9 投标须知前附表

项号	条款号	内容	说明与要求
1		工程名称	
2		建设地点	
3		建设规模	
4		承包方式	
5		质量标准	
6		招标范围	
7		工期要求	年________月________日计划开工，________年________月________日计划竣工，施工总工期________日历天________
8		资金来源	
9		投标单位资质等级要求	
10		资格审查方式	
11		工程报价方式	
12		投标有效期	________日历天(从投标截止之日算起)
13		投标单位担保	不少于投标总价的________%或________(币种、金额、单位)
14		勘察现场	集合时间：________年________月________日________时________分 集合地点：________________
15		投标单位的替代方案	
16		投标文件份数	一份正本，________份副本
17		投标文件递交地点及截止时间	收件人：________________ 时间：________年________月________日________时________分
18		开标	开始时间：________年________月________日________时________分 地　　点：________________
19		评标方法及标准	
20		履约担保金额	投标单位提供的履约担保金额为(合同价款的__%)或________(币种、金额、单位) 投标单位提供的支付担保金额为(合同价款的________%)或________(币种、金额、单位)

注：招标人根据需要填写“说明与要求”的具体内容，对相应的栏竖向可根据需要扩展。

(1) 总则。

① 工程说明：见表 2－9 第 1～5 项。

② 招标范围及工期：见表 2－9 第 6、7 项。

③ 资金来源：见表 2－9 第 8 项。

④ 合格的投标单位：见表 2－9 第 9、10 项。

⑤ 勘察现场：见表 2－9 第 14 项。

⑥ 投标费用：由投标单位承担。

(2) 招标文件。

① 招标文件的澄清。投标单位提出的疑问和招标单位自行澄清的内容，都应规定于投标截止时间多少日内以书面形式说明，并向各投标单位发送，投标单位收到后以书面形式确认。澄清的内容是招标文件的组成部分。

② 招标文件的修改。指招标单位对招标文件的修改，修改的内容应以书面形式发送至每一投标单位，修改的内容为招标文件的组成部分，修改的时间应在招标文件中明确。

(3) 投标文件的编制。

投标文件的编制应符合以下要求。

① 投标文件的语言及度量衡单位。招标文件应规定投标文件适用何种语言；国内项目投标文件使用中华人民共和国法定的计量单位。

② 投标文件的组成。投标文件由投标函、商务和技术三部分组成。如采用资格后审还包括资格审查文件。

投标函部分主要包括法定代表人身份证明书、投标文件签署授权委托书、投标函、投标函附录、投标担保银行保函、投标担保书以及其他投标资料(包括营业执照、房屋建筑工程施工总承包三级及以上资质、安全生产许可证等)。

商务部分分两种情况。

采用综合单价形式的，包括投标报价说明、投标报价汇总表、主要材料清单报价表、设备清单报价表、工程量清单报价表、措施项目报价表、其他项目报价表、工程量清单项目价格计算表、投标报价需要的其他资料。

采用工料单价形式的，包括投标报价说明、投标报价汇总表、主要材料清单报价表、设备清单报价表、分部工程工料价格计算表、分部工程费用计算表、投标报价需要的其他资料。

技术部分主要包括下列内容。

施工组织设计或施工方案，包括各分部分项工程的施工方法、拟投入的主要施工机械设备及进场计划、劳动力安排计划、确保工程质量的技术组织措施、确保安全生产的技术组织措施、确保文明施工的技术组织措施、确保工期的技术组织措施、计划开竣工日期、施工进度网络图和施工总平面图等。

项目管理机构配备情况，包括项目管理机构配备情况表、项目经理简历表、项目技术负责人简历表、项目管理机构配备情况辅助说明资料、拟分包项目名称和分包人情况等。

③ 投标担保。投标单位提交投标文件的同时，按照表 2－9 第 13 项的规定提交投标担保。投标担保的方式有银行保函(由在中国境内注册并经招标单位认可的银行出具)和投标

保证金(由具有担保资格和能力的担保机构出具)两种。具体方式由招标单位在招标文件中规定。投标保证金有银行汇票、支票和现金3种形式。投标保证金一般不超过投标总价的2%，最高不得超过80万元人民币。

④ 投标单位的替代方案。如果表2-9中第15项允许投标单位提交替代方案，投标单位除提交正式投标文件外，还可提交替代方案。替代方案应包括设计计算书、技术规范、单价分析表、替代方案报价书、所建议的施工方案等资料。

⑤ 投标文件的份数和签署见表2-9第16项。

(4) 投标文件的递交：投标文件的递交包括以下内容。

① 投标文件的装订、密封和标记。

② 投标文件的递交，见表2-9第17项规定。

③ 投标文件递交的截止时间，见表2-9第17项规定。

④ 迟交的投标文件：将被拒绝投标并退回给投标单位。

⑤ 投标文件的补充、修改与撤回。

⑥ 资格预审申请书材料的更新。

(5) 开标：开标包括以下内容。

① 开标见表2-9第18项规定，并邀请所有投标单位参加。

② 审查投标文件的有效性。

(6) 评标：评标包括以下内容。

① 评标委员会与评标。

② 评标过程的保密。

③ 资格后审。

④ 投标文件的澄清。

⑤ 投标文件的初步评审。

⑥ 投标文件计算错误的修正。

⑦ 投标文件的评审、比较和否决。

(7) 合同的授予：合同的授予包括以下内容。

① 合同授予标准。招标单位不承诺将合同授予投标报价最低的投标单位。招标单位发出中标通知书前，有权依评标委员会的评标报告拒绝不合格的投标。

② 中标通知书。中标单位确定后，招标单位将于15日内向工程所在地的县级以上地方人民政府建设行政主管部门提交施工招标情况的书面报告；建设行政主管部门收到该报告之日起5日内，未通知招标单位在招标投标活动中有违法行为的，招标单位向中标单位发出中标通知书，同时通知所有未中标单位；招标单位与中标单位订立合同后5日内向未中标单位退还投标保证金。

③ 合同协议书的订立。中标通知书发出之日起30日内，根据招标文件和中标单位的投标文件订立合同。

④ 履约担保，见表2-9第20项。

3. 合同条款

合同条款包括合同通用条款和合同专用条款。

4. 合同格式

合同文件格式有：合同协议书，房屋建设工程质量保修书，承包方银行履约保函或承包方履约担保书、承包方履约保证金，承包方预付款银行保函，发包方支付担保银行保函或发包方支付担保书等。

5. 技术规范

技术规范主要包括说明工程现场的自然条件、施工条件及本工程的施工技术要求和采用的技术规范。

1）工程现场的自然条件

应说明工程所处的地理位置、现场环境、地形、地貌、地质与水文条件、地震烈度、气温、雨雪量、风向、风力等。

2）施工条件

应说明建设用地面积、建筑物占地面积、现场拆迁及平整情况，施工交通、水电、通信情况，现场地下埋设物及有关勘探资料等。

3）施工技术要求

应主要说明施工的工期、材料供应、技术质量标准，以及工程管理中对分包、各类工程报告(如开工报告、测量报告、试验报告、材料检验报告、工程自检报告、工程进度报告、竣工报告、工程事故报告等)、测量、试验、施工机械、工程记录、工程检验、施工安装、竣工数据的要求等。

4）技术规范

一般采用国际国内公认的标准规范以及施工图中规定的施工技术要求，一般由招标单位委托咨询设计单位编写。

6. 投标书及其附录、投标保证格式

1）投标书格式

投标书是由投标单位授权的代表签署的一份投标文件，是对承包商具有约束力的合同重要部分。

投标书应附有投标书附录，投标书附录是对合同条件中重要条款的具体化，如列出条款号并列出履约保证金、误期赔偿费、预付款、保留金、竣工时间、保修期等。

2）投标保函格式

投标保函决定投标单位的投标文件能否为招标单位所接收。

7. 工程量清单与报价表

1）工程量清单与报价表的编制

(1) 按工程的施工要求将工作分解立项。注意将不同性质的工程分开，不同等级的工程分开，不同部位的工程分开，不同报价的工程分开，单价、合价分开。

(2) 尽可能不遗漏招标文件规定需施工并报价的项目。

(3) 既便于报价，又便于工程进度款的结算与支付。

2）工程量清单与报价表的前言说明

工程量清单与报价表的前言说明既指导投标单位报价，又对合同价及结算支付控制具有重要作用，通常应作如下说明。

（1）工程量清单应与投标须知、合同条件、技术规范和图纸一并理解使用。

（2）工程量清单中的工程量是暂定工程量，仅为报价所用。施工时支付工程款以监理工程师核实的实际完成的工程量为依据。

（3）工程量清单的单价、合价已经包括了人工费、材料费、施工机械费、管理费、利润、税金、风险等全部费用。

（4）工程量清单中的每一项目必须填写，未填写项目不予支付。因为此项费用已包含在工程量清单中的其他单价和合价中。

3）报价表

（1）报价汇总表。

（2）工程量清单报价表。

（3）单价分析表。

（4）计日工表。

8. 辅助资料表

辅助资料表是投标单位除报价以外的其他投标资料。辅助资料表一般包括如下内容。

（1）施工组织设计。

① 投标单位编制的施工组织设计。

② 拟投入的主要施工机械设备表。

③ 劳动力计划表。

④ 计划开、竣工日期和施工进度网络图。

⑤ 施工总平面图。

（2）项目管理机构配备情况。

① 项目管理机构配备情况表。

② 项目经理简历表。

③ 项目技术负责人简历表。

④ 项目管理机构配备情况辅助说明资料。

（3）拟分包项目情况表。

（4）价格指数和权重表。

（5）资金流估算表。

9. 资格审查表

资格审查申请书格式如下。

① 申请资格预审人简介(表 2－10)。

② 近 5 年已完成和在建的类似工程情况(表 2－11)。

③ 拟用于本工程项目的主要施工机械设备(表 2－12)。

④ 财务状况表(范本 2－3)。

⑤ 提供资格审查证明材料清单(表 2－13)。

⑥ 其他。

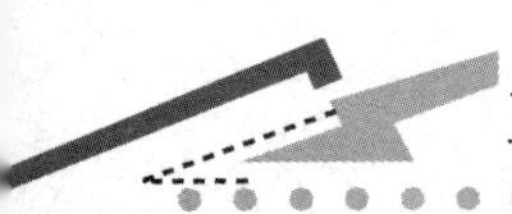

表 2-10 申请资格预审人简介

<table>
<tr><td colspan="2">企业名称</td><td colspan="5"></td></tr>
<tr><td colspan="2">法定代表人</td><td colspan="2"></td><td>职称</td><td colspan="2"></td></tr>
<tr><td colspan="2">技术负责人</td><td colspan="2"></td><td>职称</td><td colspan="2"></td></tr>
<tr><td colspan="2">成立时间</td><td colspan="2"></td><td>企业性质</td><td colspan="2"></td></tr>
<tr><td colspan="2">企业资质</td><td colspan="2"></td><td>资质等级</td><td colspan="2"></td></tr>
<tr><td colspan="2">批准部门</td><td colspan="2"></td><td>营业执照</td><td colspan="2"></td></tr>
<tr><td colspan="2">资质证书号</td><td colspan="2"></td><td>注册号</td><td colspan="2"></td></tr>
<tr><td colspan="2">单位地址</td><td colspan="2"></td><td>邮政编码</td><td colspan="2"></td></tr>
<tr><td colspan="2">联系电话</td><td colspan="2"></td><td>传真</td><td colspan="2"></td></tr>
<tr><td colspan="2">职工总人数/人</td><td>项目经理/人</td><td>高级职称
人员/人</td><td>中级职称
人员/人</td><td>初级职称
人员/人</td><td>技工/人</td></tr>
<tr><td rowspan="10">拟派工程管理技术人员</td><td>岗位职务</td><td>姓名</td><td>职称</td><td>专业</td><td>证书编号</td><td>主要承担
过的项目</td></tr>
<tr><td>项目经理</td><td></td><td></td><td></td><td></td><td></td></tr>
<tr><td>项目技术
负责人</td><td></td><td></td><td></td><td></td><td></td></tr>
<tr><td>质检员</td><td></td><td></td><td></td><td></td><td></td></tr>
<tr><td>安全员</td><td></td><td></td><td></td><td></td><td></td></tr>
<tr><td>预算员</td><td></td><td></td><td></td><td></td><td></td></tr>
<tr><td>试验员</td><td></td><td></td><td></td><td></td><td></td></tr>
<tr><td>材料员</td><td></td><td></td><td></td><td></td><td></td></tr>
<tr><td>施工员</td><td></td><td></td><td></td><td></td><td></td></tr>
<tr><td>资料员</td><td></td><td></td><td></td><td></td><td></td></tr>
</table>

投标单位(盖章)：________

表 2-11 近 5 年已完成和在建的类似工程情况

序号	项目名称	建设单位	造价/万元	规模/m^2	质量达到标准	开、竣工日期	履约情况

投标单位(盖章)：________

表 2-12 拟用于本工程项目的主要施工机械设备

序号	机械设备名称	型号及规格	数量	单位	国别产地	制造年份	设备所有权	备注

投标单位(盖章)：________

范本 2-3 财务状况表

近两个年度财务会计报表中的资产负债表和损益表复印件(附审计报告或其他证明材料)。

投标单位：(单位公章)

法定代表人(或委托代理人)：(签名)

________年________月________日

表 2-13 提供资格审查证明材料清单

序号	证明材料名称	页码	原件验核情况	备注

投标单位(盖章)：________

10. 图纸

图纸是招标文件的重要组成部分，是投标单位拟定施工方案、确定施工方法、提出替代方案、填报工程量清单和计算投标报价的重要资料。图纸的详细程度取决于设计的深度与合同的类型。

2.4 建设工程招标标底的编制

2.4.1 建设工程招标标底概述

招标标底是由招标单位或委托建设行政主管部门批准的具有编制标底资格和能力的中

介机构，根据国家(或地方)公布的统一的工程项目划分、统一的计量单位、统一的计算规则以及施工图纸、招标文件，并参照国家规定的技术标准、经济定额所编制的工程价格。标底是招标单位估算的拟发包工程总价，是招标单位评标、决标的参考依据，是招标单位的“绝密”资料，不得以任何方式向任何投标单位及其人员泄露。在评标过程中，为了对投标报价进行评价，特别是在采用标底上下一定幅度内投标报价进行有效报价时，招标单位应编制工程标底。招标单位必须在发布招标消息后、开标前确定工程标底。标底是招标单位对未来工程项目的预期价格。

标底必须控制在合适的价格水平。标底过高造成招标单位资金浪费；标底过低难以找到合适的工程承包人，项目无法实施。所以在确定标底时，一定要详细地进行大量工程承包市场的行情调查，掌握较多的与该地区条件相近地区同类工程项目的造价资料，经过认真研究与计算，将工程标底的水平控制在低于社会同类工程项目的平均水平。

2.4.2 建设工程招标标底的作用

建设工程招标标底的编制、审定和公布，是建设工程招标投标程序中的重要环节，在建设工程招标投标工作中具有十分重要的地位和作用。标底的作用主要体现在以下几方面。

(1) 标底价格是招标单位和上级主管部门核实建设规模的依据。

(2) 标底价格是招标单位控制建设工程投资、确定工程合同价格的参考依据。

(3) 标底价格是衡量、评审投标单位投标报价是否合理的尺度和依据。

2.4.3 建设工程招标标底的编制依据和原则

1. 建设工程招标标底的编制依据

建设工程招标标底受多方面因素影响，如项目划分、设计标准、材料价差、施工方案、定额、取费标准、工程量计算准确程度等。综合考虑可能影响标底的各种因素，编制标底时应依据以下内容。

(1) 国家的有关法律、法规以及国务院和省、自治区、直辖市人民政府建设行政主管部门制定的有关工程造价的文件、规定。

(2) 工程招标文件中确定的计价依据和计价方法，招标文件的商务条款，包括施工合同中规定由工程承包方应承担义务而可能发生的费用，以及招标文件的澄清、答疑等补充文件和资料。在标底计算时，计算口径和取费内容必须与招标文件中有关取费的要求一致。

(3) 工程设计文件、图纸、技术说明及招标时的设计交底，按设计图纸确定的或招标单位提供的工程量清单等相关基础资料。

(4) 国家、行业、地方的工程建设标准，包括建设工程施工必须执行的建设技术标准、规范和规程。

(5) 工程采用的施工组织设计、施工方案、施工技术措施等。

(6) 工程施工现场地质、水文勘探资料，现场环境和条件及反映相关情况的有关资料。

(7) 招标时的人工、材料、设备及施工机械台班等要素的市场价格信息，以及国家或地方有关政策性调价文件的规定。

2. 建设工程招标标底的编制原则

编制标底应遵循以下原则。

(1) 根据设计图纸及有关资料、招标文件，参照国家制定的基础定额和国家、行业、地方规定的技术标准规范，以及市场价格确定工程量和编制标底。

(2) 标底价格应由成本、利润、税金组成，一般应控制在批准的总概算及投资包干的限额内。标底的计价内容、计价依据应与招标文件一致。

(3) 标底价格作为建设单位的期望计划价格，应力求与市场的实际变化吻合，要有利于实现竞争和保证工程质量。

(4) 标底应考虑人工、材料、机械台班等变动因素，还应包括施工不可预见费、预算包干费、措施费、现场因素费用、保险以及采用固定价格时的风险金等。

(5) 根据我国现行的工程造价计算方法，并考虑到向国际惯例靠拢，提倡优质优价。

(6) 一个工程只能编制一个标底，并经招标投标管理机构审定。

(7) 标底审定后必须及时妥善封存、严格保密、不得泄露。

2.4.4 建设工程招标标底文件的组成

建设工程招标标底文件是反映招标单位对招标工程交易预期控制要求的文字说明、数据、指标、图表的统称，是有关标底的定性要求和定量要求的各种书面表达形式。其核心内容是一系列数据指标。由于工程交易最终主要是用价格或酬金来体现的，所以，实践中，建设工程招标标底文件，主要是指有关标底价格的文件。一般来说，建设工程招标标底文件，主要由标底报审表和标底正文两部分组成，其格式见表 2-14。

表 2-14 建设工程招标标底文件格式

章	节	内　容
第一章		标底报审表
第二章		标底正文
	第一节	总则
	第二节	标底各项要求及其编制说明
	第三节	标底价格计算用表
	第四节	施工方案及现场条件

1. 标底报审表

标底报审表是招标文件和标底正文内容的综合摘要，通常包括以下主要内容。

(1) 招标工程综合说明：包括招标工程的名称、报建建筑面积、结构类型、建筑物层数、设计概算或修正概算总金额、施工质量要求、定额工期、计划工期、计划开工竣工时间等，必要时要附上招标工程(单项工程、单位工程等)一览表。

(2) 标底价格：包括招标工程的总造价、单方造价，钢材、木材、水泥等主要材料的总用量及其单方用量。

（3）招标工程总造价中各项费用的说明：包括对包干系数、不可预见费用、工程特殊技术措施费等的说明，以及对增加或减少的项目的审定意见和说明。

采用工料单价和综合单价的标底报审表，在内容（栏目设置）上不尽相同，其样式分别见表 2－15 和表 2－16。

表 2－15　标底报审表(1)

（采用工料单价）

<table>
<tr><td>建设单位</td><td></td><td>工程名称</td><td></td><td>报建建筑面积/m²</td><td></td><td>层数</td><td></td><td>结构类型</td><td></td></tr>
<tr><td>标底价格编制单位</td><td></td><td>编制人员</td><td></td><td>报审时间</td><td colspan="2">年　月　日</td><td>工程类别</td><td colspan="2"></td></tr>
<tr><td rowspan="10">报送标底价格</td><td colspan="2">建筑面积/m²</td><td colspan="2"></td><td rowspan="10">审定标底价格</td><td colspan="2">建筑面积/m²</td><td colspan="2"></td></tr>
<tr><td colspan="2">项　目</td><td>单方价/(元/m²)</td><td>合价/元</td><td colspan="2">项　目</td><td>单方价/(元/m²)</td><td>合价/元</td></tr>
<tr><td colspan="2">工程直接费合计</td><td></td><td></td><td colspan="2">工程直接费合计</td><td></td><td></td></tr>
<tr><td colspan="2">工程间接费</td><td></td><td></td><td colspan="2">工程间接费</td><td></td><td></td></tr>
<tr><td colspan="2">利　润</td><td></td><td></td><td colspan="2">利　润</td><td></td><td></td></tr>
<tr><td colspan="2">其他费</td><td></td><td></td><td colspan="2">其他费</td><td></td><td></td></tr>
<tr><td colspan="2">税　金</td><td></td><td></td><td colspan="2">税　金</td><td></td><td></td></tr>
<tr><td colspan="2">标底价格总价</td><td></td><td></td><td colspan="2">标底价格总价</td><td></td><td></td></tr>
<tr><td rowspan="2">主要材料总量</td><td>钢材/t</td><td>木材/m³</td><td>水泥/t</td><td rowspan="2">主要材料总量</td><td>钢材/t</td><td>木材/m³</td><td>水泥/t</td></tr>
<tr><td></td><td></td><td></td><td></td><td></td><td></td></tr>
<tr><td colspan="5">审　定　意　见</td><td colspan="5">审　定　说　明</td></tr>
<tr><td colspan="3">增加项目
小计______元</td><td colspan="2">减少项目
小计______元</td><td colspan="5" rowspan="2"></td></tr>
<tr><td colspan="5">合计______元</td></tr>
<tr><td>审定人</td><td></td><td>复核人</td><td></td><td>审定单位盖章</td><td></td><td>审定时间</td><td colspan="3">年　　月　　日</td></tr>
</table>

2. 标底正文

标底正文是详细反映招标单位对工程价格、工期等的预期控制数据和具体要求的部分。一般包括以下内容。

1）总则

总则主要是说明标底编制单位的名称，持有的标底编制资质等级证书，标底编制的人员及其执业资格证书，标底应具备的条件，编制标底的原则和方法，标底的审定机构，对标底的封存、保密要求等内容。

表 2-16　标底报审表(2)

(采用综合单价)

<table>
<tr><td>建设单位</td><td></td><td>工程名称</td><td></td><td>报建建筑面积/m²</td><td></td><td>层数</td><td></td><td>结构类型</td><td></td></tr>
<tr><td>标底价格编制单位</td><td colspan="2"></td><td>编制人员</td><td></td><td>报审时间</td><td colspan="2">年　月　日</td><td>工程类别</td><td></td></tr>
</table>

<table>
<tr><td rowspan="8">报送标底价格</td><td colspan="2">建筑面积/m²</td><td></td><td rowspan="8">审定标底价格</td><td colspan="2">建筑面积/m²</td><td></td></tr>
<tr><td>项　目</td><td>单方价/(元/m²)</td><td>合价/元</td><td>项　目</td><td>单方价/(元/m²)</td><td>合价/元</td></tr>
<tr><td>报送标底价格</td><td></td><td></td><td>审定标底价格</td><td></td><td></td></tr>
<tr><td>主要材料</td><td>单方用量</td><td>总用量</td><td>主要材料</td><td>单方用量</td><td>总用量</td></tr>
<tr><td>钢材/t</td><td></td><td></td><td>钢材/t</td><td></td><td></td></tr>
<tr><td>木材/m³</td><td></td><td></td><td>木材/m³</td><td></td><td></td></tr>
<tr><td>水泥/t</td><td></td><td></td><td>水泥/t</td><td></td><td></td></tr>
</table>

<table>
<tr><td colspan="5">审定意见</td><td colspan="2">审定说明</td></tr>
<tr><td colspan="3">增加项目
小计______元</td><td colspan="2">减少项目
小计______元</td><td colspan="2" rowspan="2"></td></tr>
<tr><td colspan="5">合计______元</td></tr>
<tr><td>审定人</td><td></td><td>复核人</td><td></td><td>审定单位盖章</td><td>审定时间</td><td>年　月　日</td></tr>
</table>

2）标底各项要求及其编制说明

标底各项要求及其编制说明主要说明招标单位在方案、质量、期限、价金、方法、措施等诸方面的综合性预期控制指标或要求，并要阐释其依据、包括和不包括的内容、各有关费用的计算方式等。

在标底各项要求中，要注意明确各单项工程、单位工程、室外工程的名称、建筑面积、方案要点、质量、工期、单方造价(或技术经济指标)以及总造价，明确钢材、木材、水泥等的总用量及单方用量，甲方供应的设备、构件与特殊材料的用量，明确分部、分项直接费、其他直接费、工资及主材的调价、企业经营费、利税取费等。

在标底编制说明中，要特别注意对标底价格的计算说明。对标底价格的计算说明一般需要阐明以下几个问题。

(1) 关于工程量清单的使用和内容：主要是要说明工程量清单必须与投标须知、合同条件、合同协议条款、技术规范和图纸一起使用，工程量清单中不再重复或概括工程及材料的一般说明，在编制和填写工程量清单的每一项的单价和合价时，参考投标须知和合同文件的有关条款。

(2) 关于工程量的结算：主要是说明工程量清单所列的工程量，是招标单位估算的和临时的，只作为编制标底价格及投标报价的共同基础，付款则以实际完成的工程量为依据。实际完成的工程量，由投标单位计量，由监理工程师核准。

(3) 关于标底价格的计价方式和采用的货币，主要说明以下两点。

① 采用工料单价的，工程量清单中所填入的单价与合价，应按照现行预算定额的工、

料、机消耗标准及预算价格确定，作为直接费的基础。其他直接费、间接费、利润、有关文件规定的调价、材料差价、设备价、现场因素费用、施工技术措施费、赶工措施费以及采用固定价格的工程所测算的风险金、税金等的费用，计入其他相应标底价格计算表中。

② 采用综合单价的，工程量清单中所填入的单价和合价，应包括人工费、材料费、机械费、其他直接费、间接费、有关文件规定的调价、利润、税金以及现行取费中的有关费用、材料差价以及采用固定价格的工程所测算的风险金等的全部费用。标底价格中所有标价以人民币(或其他适当的货币)计价。

3) 标底价格计算用表

采用工料单价的标底价格计算用表和采用综合单价的标底价格计算用表有所不同。

(1) 采用工料单价的标底价格计算用表，主要有标底价格汇总表，工程量清单汇总及取费表，工程量清单表，材料清单及材料差价，设备清单及价格，现场因素、施工技术措施及赶工措施费用表等。其格式见表2-17～表2-22。

(2) 采用综合单价的标底价格计算用表，主要有标底价格汇总表，工程量清单表，设备清单及价格表，现场因素、施工技术措施及赶工措施费用表，材料清单及材料差价表，人工工日及人工费，机械台班及机械费表等。其格式见表2-23～表2-28。

表2-17 标底价格汇总表

(采用工料单价)　　　　金额单位：人民币元

项目		标底价格组成					合计	备注
序号	内容	工程直接费合计	工程间接费合计	利润	其他费	税金		
1	工程量清单汇总及取费							
2	材料差价							
3	设备价(含运杂费)							
4	现场因素、施工技术措施及赶工措施费							
5	其他							
6	风险金							
7	合计							

标底价格总价(大写)________元

表2-18 工程量清单汇总及取费表

(采用工料单价) 金额单位：人民币元

项目			单位	费率(%)	工程项目名称					合计
					土建工程	给排水工程	采暖工程	电气工程		
工程直接费	合计									
	工程量清单	合计								
		人工费								
		材料费								
		机械费								
	其他直接费	合计								
		冬雨季施工增加费								
		夜间施工增加费								
		二次搬运费								
	现场经费									
间接费	合计									
	企业管理费									
	财务费									
利润										
其他费	合计									
	预算包干费									
	地区差价									
税金										
合计										

工程量清单汇总及取费，合计________元(结转至标底价格汇总表)

表2-19 工程量清单表

（采用工料单价）

________工程　　　　　　　　　　　　　　　　　　金额单位：人民币元

项目编号	项目名称	单位	工程量	单价	合价	其中		
						人工费	材料费	机械费

共________页，本页小计________元

工程量清单合计________元(结转至工程量清单汇总及取费表)

表2-20 材料清单及材料差价

（采用工料单价）　　　　　　　　　　　　　　　　金额单位：人民币元

序号	材料名称及规格	单位	数量	预算价格中供应价	市场供应价	差价	价格来源及询价时间	备注

共________页，本页小计________元

合　计	________元
税　金	________元

材料差价合计________元(结转至标底价格汇总表)

表2-21 设备清单及价格

（采用工料单价）　　　　　　　　　　　　　　　　金额单位：人民币元

序号	设备名称	型号及规格	单位	数量	出厂价	运杂费	合价	价格来源及询价时间

共________页，本页小计________元(其中设备出厂价________元，运杂费________元)

合计	________元
税金	________元

设备价格(含运杂费)合计________元(结转至标底价格汇总表)

表2-22 现场因素、施工技术措施及赶工措施费用表

(采用工料单价) 金额单位：人民币元

序号	计价内容及计算过程	金额	备注

共________页，本页小计________元

合计	________元
税金	________元

合计________元(结转至标底价格汇总表)

表2-23 标底价格汇总表

(采用综合单价) 金额单位：人民币元

序号	表号	工程项目名称	金额	备注

报送标底价格________元

表2-24 工程量清单表

工程 (采用综合单价) 金额单位：人民币元

编号	项目名称	单位	工程量	单价	合价	单价分析									
						人工费	材料费	机械费	其他直接费	间接费	利润	税金	材差	风险金	其他

共________页，本页小计________元

工程量清单合计________元(结转至标底价格汇总表)

表 2-25 设备清单及价格表

（采用综合单价） 金额单位：人民币元

序号	设备名称	型号及规格	单位	数量	出厂价	运杂费	合价	价格来源及询价时间

共______页，本页小计______元(其中设备出厂价______元，运杂费______元)

合　计	______元
税　金	______元

设备价格(含运杂费)合计______元(结转至标底价格汇总表)

表 2-26 现场因素、施工技术措施及赶工措施费用表

（采用综合单价） 金额单位：人民币元

序号	计价内容及计算过程	金额	备注

共______页，本页小计______元

合　计	______元
税　金	______元

合计______元(结转至标底价格汇总表)

表 2-27 材料清单及材料差价表

（采用综合单价） 金额单位：人民币元

序号	材料名称及规格	单位	数量 a	预算价格中供应单价 b	预算供应价合计 $c=a\times b$	市场供应单价 d	市场供应价合计 $e=a\times d$	材料差价合计 $f=e-c$	备注
合　计									

表 2－28 机械台班及机械费表

（采用综合单价）

<table>
<tr><th rowspan="2">序号</th><th rowspan="2">施工机械
名称及型号</th><th rowspan="2">台班</th><th colspan="2">定额机械费</th><th colspan="2">计算标底价格取定</th><th colspan="2">机械费差价</th><th rowspan="2">备 注</th></tr>
<tr><th>台班单价</th><th>合价</th><th>台班单价</th><th>合价</th><th>台班差价</th><th>差价合计</th></tr>
<tr><td></td><td></td><td></td><td></td><td></td><td></td><td></td><td></td><td></td><td></td></tr>
<tr><td></td><td></td><td></td><td></td><td></td><td></td><td></td><td></td><td></td><td></td></tr>
<tr><td></td><td></td><td></td><td></td><td></td><td></td><td></td><td></td><td></td><td></td></tr>
<tr><td colspan="2">合 计</td><td></td><td></td><td></td><td></td><td></td><td></td><td></td><td></td></tr>
</table>

4）施工方案及现场条件

施工方案及现场条件主要说明施工方法给定条件、工程建设地点现场条件、临时设施布置及临时用地表等。

（1）关于施工方法给定条件。编制标底价格所依据的方案应先进、可行、经济、合理，并能指导施工，至少应包括以下内容。

① 各分部分项工程的完整的施工方法、保证质量措施。

② 各分部施工进度计划。

③ 施工机械的进场计划。

④ 工程材料的进场计划。

⑤ 施工现场平面布置图及施工道路平面图。

⑥ 冬、雨季施工措施。

⑦ 地下管线及其他地上、地下设施的加固措施。

⑧ 保证安全生产、文明施工、减少扰民、降低环境污染和噪声的措施。

（2）关于工程建设地点现场条件。现场自然条件包括现场环境、地形、地貌、地质、水文、地震烈度及气温、雨雪量、风向、风力等。现场施工条件包括建设用地面积，建筑物占用面积，场地拆迁及平整情况，施工用水、用电及有关勘探资料等。

（3）关于临时设施布置及临时用地表。对临时设施布置，招标单位应提交一份施工现场临时设施布置图表并附文字说明，说明临时设施、加工车间、现场办公、设备及仓储、供电、供水、卫生、生活等设施的情况和布置。对临时用地，招标单位要列表注明全部临时设施用地的面积、详细用途和需用的时间表。

2.4.5 建设工程标底编制的方法

我国建设工程施工招标标底主要采用工料单价法和综合单价法来编制。

1. 工料单价法

根据施工图纸及技术说明，按照分部分项工程子目，逐项计算出工程量，再套用工料单价确定直接费，然后按规定的费用定额确定其他直接费、间接费、现场经费、利润和税金，还要加上材料调价和适当的不可预见费，汇总后即为工程标底的基础。

2. 综合单价法

按工料单价法中的工程量计算方法计算出工程量后，应确定其各分项工程的综合单价，包括人工费、材料费、机械费、管理费、材料调价、利润、税金以及采用固定价格的风险金等全部费用，综合单价再与各分项工程量相乘汇总，加上设备总价、现场因素、措施费等，即可得到标底价格。

2.4.6 建设工程招标标底的审核

标底编制完成后必须报经招投标管理机构审核、确定、批准。核准后的标底文件和标底总价，由招投标管理机构负责向招标单位进行交底，密封后，由招标单位取回保管。核准后的标底总价为招标工程的最终标底价，未经招投标管理机构同意，任何人无权改变。标底文件和标底总价，自编制之日起至公布之日应严格保密。

2.5 建设工程施工招标案例

某职业技术学院实验实训楼施工招标文件如下。

目　录

第一部分　工程说明

一、工程名称：×××职业技术学院新校区实验实训楼。

二、工程地址：本工程位于某村镇，东面为一道路，西面为斜坡，北面为生态园，南面为一斜坡。

三、工程特点：本工程为现浇钢筋砼框架结构，实验实训楼建筑面积 13700 平方米。

四、设计情况：本工程施工图由×××建筑设计有限公司设计，施工图已设计完成。

五、招标单位不向任何一方泄露其他已获得招标文件的投标单位的名称及其他情况，但由于投标单位自己偶然或非有意泄露得知，招标单位不负责任。

第二部分　工程条件

一、本工程位置交通不便利。

二、工程测量基准桩位置，由招标单位确认，通知中标单位；由中标单位组织测量、放线。在工程场地内引进设置永久性基准桩位，并妥善保护，工程竣工后，交招标单位。

三、施工通信设施由中标单位自理，建设单位协助处理。

四、施工现场的施工、生活用水、用电，由中标单位自行装表计量，据此缴纳水、电费用，并应加强维护，保证表计量计数准确。对此招标单位有权进行校核，如计数有误，招标单位将按月完成工作量(工程费用)的2‰收取费用。

五、中标单位在施工现场不许建设永久和半永久性建筑物。搭设临时设施，应严格按照招标单位的统一规划和中标单位施工组织设计进行。临时设施应于竣工验收后15天内拆除，逾期招标单位组织人员拆除，费用由中标单位承担。

六、中标单位在施工现场应遵守国家有关法律、法规及招标单位的规章制度等；严格遵守劳动安全生产的有关规定，对于由采取安全生产措施不当造成的责任事故，应承担一切责任。

七、发现文物、古物和遇有地下管线、障碍物，中标单位应及时通知建设单位，双方共同配合，妥善保护处理。

八、中标单位应按安全文明施工要求和城市管理的规定，搭设临街防护设施，保障过往行人的人身安全和交通畅通。由于采取措施不当发生的问题，应由中标单位承担一切责任。

九、招标单位向中标单位免费提供施工图3套。

十、工程施工的依据为设计部门所出的施工图纸，以及招标单位、监理单位和设计单位签认的设计变更、材料代用等技术性通知，这些变更和通知是施工图纸的补充，中标单位不得拒绝和随意更改。

第三部分　工程范围

本标的内容为施工图设计，包括土建工程和安装工程。

列入招标范围的工程内容如下。

(1) 建筑与结构工程。

(2) 建筑室内电气工程。

(3) 建筑室内给排水、消防工程。

(4) 建筑室外装饰工程。

第四部分　投标须知

一、投标单位接受邀请参加本工程投标，即认为接受招标文件(包括招标书的附件)的所有条款。

二、投标书一式四份，其中正本一份，副本三份，并在首页注明“正本”、“副本”，正副本内容必须一致。不论中标与否，投标书均不退回。

三、投标保证金人民币五万元，在投标截止前交送×××建设工程交易中心(×××招标办)，地址：×××路×××招标办建设工程交易厅。

四、投标书必须加盖企业及法人代表印鉴，在规定的投标截止时间前密封送交招标单位(开标会场，地址：×××路×××招标办建设工程交易厅)，在规定的投标截止时间前未将投标书、投标保证金同时送交招标单位和×××招标办，即被认为自动放弃本工程投标资格。

五、投标书的正本和副本均应使用不能擦去的墨水书写或打印。全套投标书中应无涂改和行间插字，除非这些修改是根据招标单位的要求进行的或者是投标单位造成的必须修改的错误。修改处应由投标文件的签署人签字证明并加盖公章。

六、投标单位的投标书应包括下列内容。

(1) 投标申请书。

(2) 投标书(致函)。

(3) 法定代表人资格证明书。

(4) 法定代表人授权委托书。

(5) 注册建造师复印件(开标时须带原件)。

(6) 投标书报价汇总表。

(7) 工程预算书。

(8) 施工组织设计。

① 投标书附录(见附件一)。

② 辅助资料表(略)。

③ 资格审查表(见附件七)。

(9) 保证合理使用建设单位资金的措施和办法。

(10) 投标单位 2003 年至今市级以上质检部门核发的优质样板工程证书、区优质样板工程证书、管理奖证书(复印件)。

(11) 投标单位 2004—2005 年度，经审计部门审计的财务报告，ISO 9000 质量认证。

(12) 投标单位 2003 年至今在建筑业评比中获奖证书复印件。

(13) 按本须知规定提交的其他材料。

投标书应按照上述顺序进行编排并编制目录，逐页编制页码。施工组织设计按工程全过程组织编写。同时每一投标单位在装订时将附录中的《建设工程施工项目投标书汇总表》放在投标书的首页。

七、标书必须牢固装订成册。牢固装订成册是指用适当的办法，如用线、金属丝等材料牢固扎紧，书脊涂有胶粘剂以保证投标书不至于散开或用简单办法将任何一页在没有任何损坏的情况下取出或插入。各种用活页夹、文件夹、塑料方便式书脊装订均不认为是牢固装订，没有牢固装订或编排页码的投标书可以被拒绝。

八、投标单位不得将本工程另行分包、转包或变相转包，也不接受联合体投标。

九、投标单位不得串通作弊，哄抬标价，更不得以任何形式干扰招标，否则该单位投标无效，情节严重的要追究当事人的经济和法律责任。

十、招标单位的招标文件发出后，负责组织对招标事宜进行答疑，答疑将以书面形式通知所有投标单位。招标文件一经发出，一般不再修改任何条款，如确需修改和补充，招标单位在投标截止日期 15 天前正式书面通知所有投标单位。

十一、投标单位对招标文件的内容和本工程建设如有合理建议，以及投标单位在工期质量方面能给予招标单位优惠条件，可以在投标书中另作申明，招标单位在评标时将予以考虑。本招标文件中的条款和招、投标双方在招标过程中达成的协议，即为招标单位与投标单位签订承包合同的依据。

十二、投标单位参加开标、经济技术答疑和签订承包合同的代表，应是法定代表人或具有代理法定代表人(应出据书面委托书)资格，应有代表投标单位处理一切事务的权利。

十三、在评标过程中，招标单位将根据需要，要求某一投标单位澄清或解释投标书中的某些问题，投标单位应按要求及时提供书面资料，并按时到场答辩，否则按自动弃权处理。

十四、招标单位对未中标的原因不做任何解释，投标文件一经开标，不论中标与否，招标单位一律不退还其文件。

十五、报价须知

(1) 本工程采用工程造价招标，招标方式以总价方式报价，报价金额以人民币元为单位。标书中投标报价按施工图纸和招标文件、书面答疑纪要编制。

(2) 如果投标单位计算分项工程量发生漏项或计算错误，所造成的风险由投标单位自负，并不免除以缺漏项为理由的违约责任。

(3) 取费按有关规定执行。

(4) 执行×××市 2005 年建筑安装综合预算定额(上、下册)。

(5) 钢筋用量按设计图纸实际用量进行调整。

(6) 材料差价调整执行 2005 年四季度文件调整。

(7) 现场经费土建部分暂按定额直接费 5%计取，安装部分按定额人工费的 25%计取(工程结算时按×××定额站批复为准)。

十六、投标单位按规定交纳 50 000 元保证金，投标保证金可以是现金、支票、银行汇票。对于支票、银行汇票，收款人有权提前行使权利。该款面交×××建设工程招标办，否则视为自动放弃投标资格。

十七、投标保证金作为投标单位参加本工程投标的担保，未中标单位的保证金在本工程定标后第五个工作日退还，中标单位在承包合同签订生效后退还。投标单位如在开标后要求撤回投标书或中标后无正当理由拒绝签订承包合同，投标单位按规定赔偿招标单位损失，如出现违约现象，视情节没收部分或全额投标保证金。招标单位改变招标条件和双方在招标过程中达成的协议，提出无理要求致使中标单位无法接受，不能签订承包合同，招标单位应按规定赔偿投标单位损失。

十八、投标单位在投标过程中进行投标书编制与递交所涉及的一切费用由投标单位自己负担，不论招标结果如何，招标单位对上述费用不负任何责任。

十九、投标单位需提交 600 元图纸及资料费用。

二十、本工程建设全过程(施工阶段、保修阶段)由招标单位委托监理公司(待定)进行工程质量监理工作。

第五部分　工期与质量

一、本工程拟于 2006 年 4 月 5 日开工，2006 年 11 月 25 日全部竣工，建设周期 235 天，投标单位在此范围内自报竣工日期。

二、招标、投标双方在承包合同中签订的竣工日期，中标单位不得延误，否则，按延误工期天数，每天处以工程总价 0.2%的罚款(该工程决算后执行奖罚对等原则)。

三、因招标单位责任影响中标单位工程施工进度，竣工日期由双方商定；因不可抗力因素造成工期延误，由双方商定延长工期。

四、工程质量等级：合格。

五、招标单位派驻施工现场的代表、委托监理公司进驻现场的总监理工程师和监理工程师有权处理一切与工程质量有关的问题，并负责工程质量的日常监督和中间检查、变更、验收的签证。

六、发生施工质量事故，由中标单位负责处理。招标单位要求中标单位返工，工期不顺延，中标单位必须保证对工程质量、合同、工期的承诺。

第六部分　设备材料供应

一、工程材料由中标单位组织供应，中标单位应对材料的质量、数量负责并提供材料出厂检验合格证，同时建设单位和监理单位有权随时进行抽查和送交质量检验部门进行检验。

二、为确保工程进度，急需购买的部分材料、高级装饰材料、市场短缺材料，中标单位应将其货源地、质量、价格等内容通知招标单位，经招标单位同意后方可办理。招标单位对此差价负责承担。

三、本工程所购设备和材料应符合设计要求，达到国家规定质量标准，现场监理人员有权核查，防止不合格产品用于工程。

第七部分　施工组织设计纲要

一、投标单位在投标函中，必须含有“施工组织设计纲要”，经招标方同意的施工组织设计是中标单位组织施工的指导性文件，招标单位据此检查内容的落实情况。

二、施工组织设计纲要包括以下内容。

(1) 施工现场平面布置图。

(2) 技术和施工力量组织。

(3) 施工网络进度计划图。

(4) 工程管理结构图和措施(注明工程技术负责人)。

(5) 质量保证体系和工程施工安全生产保证及质量通病防治措施。

(6) 工期保证、质量保证措施。

(7) 施工机械配置一览表，应表明机械状态。

三、施工组织设计纲要的深度应满足评标需要的条件。据此可以认定保证工程质量、工期的可靠性和可行性。

第八部分　竣工验收及其他

一、中标单位应在每月前 5 天向建设单位报送月、季度施工作业计划，一式两份，并应确保其计划的具体实现。

计划应注明需要招标单位配合的工作和将要进行安装的设备的名称、数量、具体供应时间。

二、中标单位按国家统计局的规定及格式，在每月 30 日前向招标单位报送月完成工作量统计和月报表及形象进度，一式三份，并附有进度说明。经招标单位签认后，据此支付工程进度款。

三、工程竣工后，中标单位应将下列资料移交招标单位。

(1) 修改后的竣工图四套。

(2) 设计修改变更通知单。

(3) 材料出厂合格证或试验报告(原件)。

(4) 工程试验报告(包括钢筋试验数据，混凝土试验和检验记录)。

(5) 隐蔽工程施工验收记录。

(6) 未按设计和设计变更施工的工程明细表及附图。

(7) 施工、事故、缺陷的处理明细表及附图。

(8) 工程竣工验收报告。

竣工资料应齐全完整，装订成册，一式二份，否则招标单位有权拒绝验收。

四、中标单位确认的承包工程达到工程质量标准并备齐工程资料后移交，写出申请竣工验收报告，需交招标单位驻现场代表提出申请组织验收。

五、招标单位在收到竣工验收申请后，认为工程符合验收条件，应在7日内开始组织验收。

六、工程验收后办理移交手续，工程保修期按国家规定执行，在此时间内，凡属施工原因造成的问题，中标单位必须无偿返修，如果中标单位不能够返修，招标单位将另行委托其他单位承修，其费用由中标单位支付。

七、本工程合同采用《建筑安装工程施工承包合同》(示范文本)，招标投标过程中未涉及的合同条款在签订承包合同时另行议定。

第九部分 评标的办法、标准

评标根据国家及×××市有关法律、法规的规定，从专家库中随机抽选评委，综合考虑投标单位的报价、工程质量、工期、施工组织设计、施工机械配置、社会信誉及财务状况进行综合评定，以合理低价者为中标人。

招标单位依法组成评标委员会，评委会根据有关法律、法规，确定评标办法，独立、客观、公正地进行评标。

第十部分 招标日程安排

一、发售招标文件，时间2006年3月6日。

二、施工图纸定于2006年3月23日由招标单位负责发售。

三、答疑定于2006年3月28日11时以书面材料进行答疑。

四、递交投标书于截止时间2006年4月2日15时(下午3时)前按招标文件要求面交×××招标办公室。

五、投标保证金于交送截止时间2006年4月2日15时(下午3时)前交送×××工程建设交易中心(×××招标办)。标书和保证金同时交。

六、开标、评标、定标时间2006年4月2日15时(下午3时，北京时间)，地点：×××工程建设交易中心(×××招标办)工程交易厅。

附件一：

附　　录

(1) 投标申请书。

(2) 建设工程施工项目投标书汇总表。

(3) 投标报价汇总表。

(4) 主要材料汇总表。

(5) 单位(项)工程报价书。

(6) 主要建安工程材料表。

(7) 现场经费、施工组织方案有关的措施费。

附件二：

投标申请书

致：(招标单位全称)

我单位获悉(招标单位全称)关于(工程名称)工程的招标公告，经单位研究我公司符合招标公告所要求的报名条件，决定参加本工程投标工作。

特此申请

申请单位：

年　月　日

附件三：投标书致函(略)

附件四：授权委托书(略)

附件五：

投标文件的密封

(1) 投标单位应将文件进行密封。密封的意思是投标单位对封口接缝牢固粘接并加盖密封印鉴或其他印鉴。

(2) 在封套上标明开标前不得开封。

(3) 投标文件应有内、外包封，所有投标文件先用内包封封包后，在内包封上写明投标单位的名称与地址、邮政编码，以便投标出现逾期送达或被拒绝能原封退回。

(4) 如果外层包封上没有按规定密封并加写标志，招标单位将不承担文件错放或提前开封的责任，由此造成的提前开封的投标文件将予以拒绝，并退还给投标单位。

×××职业技术学院

2006年3月26日

附件六：

工程质量保修书

发包人(全称)：×××职业技术学院

承包单位(全称)：________________

为保证新校区实验实训楼工程(工程名称)在合理使用期限内正常使用，发包人、承包人协商一致签订工程质量保修书。承包单位在质量保修期内按照有关管理规定及双方约定承担工程质量保修责任。

一、工程质量保修范围和内容

质量保修范围包括地基基础工程、主体结构工程、屋面防水工程和双方约定的其他土建工程，以及电气管线、上下水管线的安装工程等项目。具体质量保修内容双方约定如下(略)。

二、质量保修期

质量保修期从工程实际竣工之日算起。分单项竣工验收工程，按单项工程分别计算质量保修期。

双方根据国家有关规定，结合具体工程约定质量保修期如下。

(1) 土建工程为设计文件规定的合理使用年限，屋面防水工程为5年。

(2) 电气管线、上下水管线安装工程为2年。

三、质量保修责任

(1) 属于保修范围和内容的项目，承包单位应在接到修理通知之日起7天内派人修理。承包单位不在约定期限内派人修理，发包人可委托其他人员修理，保修费用从质量保修金内扣除。

(2) 发生须紧急抢修的事故，承包单位接到事故通知后，应立即到达事故现场抢修。非承包单位施工质量引起的事故，抢修费用由发包人承担。

(3) 在国家规定的工程合理使用期限内，承包单位确保地基基础工程和主体结构的质量。因承包单位原因致使工程在合理使用期限内造成人身和财产损害的，承包单位应承担损害赔偿责任。

四、质量保修金的支付

工程质量保修金一般不超过施工合同价款的5%，本工程约定的工程质量保修金为施工合同价款的5%。

本工程双方约定，承包单位向发包人支付工程质量保修金金额为________（大写）。

五、质量保修金的返还

发包人在质量保修期满一年后14天内，将剩余保修金无息返还承包单位，但承包人在本保修书第二条规定的保修期内仍须承担保修责任。

六、其他

双方约定的其他工程质量保修事项(略)。

工程质量保修书作为施工合同附件，由施工合同发包人、承包人双方共同签署。

发包人(公章)：　　　　承包人(公章)：

法定代表人(签字)：　　法定代表人(签字)：

年　月　日　　　　年　月　日

附件七：

资格审查表

(1) 投标单位的资格证明。

(2) 营业执照副本(原件副本和复印件)。

(3) 税务登记证(原件复印件)。

(4) 法定代表人资格证书(原件)。

(5) 企业代码证书(原件)。

(6) 企业施工资质证书(原件副本和复印件)。

(7) 质量保证体系证书(原件)。

(8) 银行资信证明(原件)。

(9) 投标单位认为必要的其他资料(原件的复印件)。

本章小结

本章主要讲述了建设工程招标的基本知识、范围、规模标准、基本条件、基本原则、方式；较全面地阐述了建筑工程施工招标程序，着重介绍了招标文件的主要内容、组成和编制，标底文件的组成和编制依据、原则、方法；引用了建设工程施工招标案例分析等相关内容。

习题

1. 判断题

(1) 国家实行建设工程施工招投的目的是加强国家对建设工程的管理力度。　(　)

(2) 根据上海市的规定，在上海市招标的工程项目，仅限于上海施工企业投标。　(　)

(3) 作为招标方式的一种，邀请招标是最公开、公正、公平的方式，它是一种无限制的竞争方式，在世界上被广泛地采用。（　　）

(4) 资格预审能否通过是承包商投标过程中的第一关。（　　）

(5) 联合体投标，其资质由组成联合体中资质最高的单位资质所确定。（　　）

(6) 根据《招投标法》的规定，招标人修改招标文件，必须在规定的投标文件提交的截止时间前15天进行。（　　）

(7) 公开招标的优点在于：投标不受区域限制，对于承包商而言是一个平等竞争的理想方式，对于业主而言则有较大的选择余地。（　　）

2. 单选题

(1)《中华人民共和国招标投标法》自(　　)开始施行。

A. 1999年10月1日　　B. 1999年12月1日

C. 2000年1月1日　　D. 2000年3月1日

(2) 在招标中，邀请招标又称为(　　)。

A. 无限竞争性招标　　B. 有限竞争性招标

C. 非竞争性招标

(3) 公平、公正、科学、择优是(　　)。

A. 招标投标的原则　　B. 评标的原则

C. 订立合同的原则　　D. 监理活动的原则

(4) 在同等条件下，有优先中标权的监理单位是(　　)。

A. 参加监理责任保险的监理公司

B. 上级指定的监理公司

C. 与招标单位有利益关系的监理公司

D. 资质等级低的监理公司

(5) 建设行政主管部门及其工程招标投标监督管理机构依法实施(　　)。

A. 开标　　B. 评标　　C. 公证　　D. 监督

(6) 招标人采用邀请招标方式招标时，应当向(　　)个以上具备承担招标项目的能力、资信良好的特定的法人或者其他组织发出投标邀请书。

A. 3　　B. 4　　C. 5　　D. 6

(7) 招标人对已发出的招标文件进行必要的澄清或者修改的，应当在招标文件要求提交投标文件截止时间至少(　　)前，以书面形式通知所有招标文件收受人。

A. 20天　　B. 10天　　C. 15天　　D. 7天

(8) 公开招标亦称无限竞争性招标，是指招标人以(　　)的方式邀请不特定的法人或者其他组织投标。

A. 投标邀请书　　B. 合同谈判　　C. 行政命令　　D. 招标公告

(9) 根据我国有关规定，凡在我国境内投资兴建的工程建设项目，都必须实行(　　)，接受当地建设行政主管部门的监督管理。

A. 报建制度　　B. 监理制度　　C. 工程咨询　　D. 项目合同管理

(10) 工程施工招标的标底可由(　　)编制。

A. 招标单位　　B. 施工单位　　C. 招标管理机构　　D. 定额管理单位

3. 多选题

(1) 符合下列情形之一的，经批准可以进行邀请招标。(　　)

A. 国际金融组织提供贷款的

B. 受自然地域环境限制的

C. 涉及国家安全、国家秘密，适宜招标但不适宜公开招标的

D. 项目技术复杂或有特殊要求只有几家潜在投标人可供选择的

E. 紧急抢险救灾项目，适宜招标但不适宜公开招标的

(2) 建设工程施工招标的必备条件有(　　)。

A. 招标所需的设计图纸和技术资料具备

B. 招标范围和招标方式已确定

C. 招标人已经依法成立

D. 资金来源已经落实

E. 已选好监理单位

(3) 我国《招标投标法》规定，建设工程招标方式有(　　)。

A. 公开招标　　B. 议标　　C. 国际招标

D. 行业内招标　　E. 邀请招标

(4) 我国建设工程施工招标标底主要采用(　　)来编制。

A. 基本直接费单价法　　B. 工料单价法

C. 全费用单价法　　D. 综合单价法

E. 混合单价法

(5) 招标工程在编制标底时需考虑的因素包括(　　)。

A. 工期因素

B. 质量因素

C. 材料价差因素

D. 本招标工程资金来源因素

E. 本招标工程的自然地理条件和招标工程范围等情况

(6) 甲房地产开发公司以招标方式将某住宅小区项目发包，乙施工单位中标。甲向有关行政监督部门提交招标投标情况的书面报告，该书面报告至少应包括(　　)等内容。

A. 招标范围

B. 招标方式和发布招标公告的媒介

C. 招标文件中投标人须知、技术条款、评标标准和方法、合同主要条款等内容

D. 资格预审文件

E. 评标委员会的组成和评标报告

(7) 根据《工程建设项目施工招标投标办法》的规定，施工招标文件一般应包括的内容有(　　)。

A. 投标人须知　　B. 合同主要条款

C. 技术标准　　D. 设计图纸

E. 投标文件格式

4. 思考题

（1）简述招标的几种方式和各自的优缺点。

（2）指出下述发包代理单位编制的招投标日程安排的不妥之处，并简述理由。

某发包代理单位在接受委托后根据工程的情况，编写了招标文件，其中的招标日程安排如下。

序号	工作内容	日期
（1）	发布公开招标信息	2001.4.30
（2）	公开接受施工企业报名	2001.5.4 上午 9：00～11：00
（3）	发放招标文件	2001.5.10 上午 9：00
（4）	答疑会	2001.5.10 上午 9：00～11：00
（5）	现场踏勘	2001.5.11 下午 13：00
（6）	投标截止	2001.5.16
（7）	开标	2001.5.17
（8）	询标	2001.5.18～5.21
（9）	决标	2001.5.24 下午 14：00
（10）	发中标通知书	2001.5.24 下午 14：00
（11）	签订施工合同	2001.5.25 下午 14：00
（12）	进场施工	2001.5.26 上午 8：00
（13）	领取标书编制补偿费、保证金	2001.6.8

5. 案例题

某房地产公司计划在某地开发 60 000m² 的住宅项目，可行性研究报告已经通过当地发改委批准，资金为自筹方式，资金尚未完全到位，仅有初步设计图纸，因急于开工，组织销售，在此情况下决定采用邀请招标的方式，随后向 7 家施工单位发出了投标邀请书。

问题：

（1）建设工程施工招标的必备条件有哪些？

（2）本项目在上述条件下是否可以进行工程施工招标？

（3）通常情况下，哪些工程项目适宜采用邀请招标的方式进行招标？

第3章

建设工程施工投标

学习目标

（1）了解建设工程施工投标的基本知识、投标单位应具备的资格条件、投标的要求、建设工程投标单位的资质、权利和义务等。

（2）掌握建设工程施工投标的程序。

（3）具备编写投标报价清单的能力。

（4）了解投标报价策略与技巧，掌握建设工程施工投标文件的组成，具备编制投标文件的能力。

学习要求

能力目标	知识要点	权重
了解建设工程施工投标的基本知识	建设工程施工投标的基本知识、投标单位应具备的资格条件、投标的要求、建设工程投标单位的资质、权利和义务	20%
掌握建设工程施工投标的程序	建设工程施工投标的程序	20%
具备编写投标报价清单的能力	工程施工投标报价的费用组成，工程量清单计价方法	30%
具备编制投标文件的能力	投标报价策略与技巧，建设工程投标文件的组成，编制建设工程投标文件的步骤	30%

引 例

某高校要建设学生宿舍楼(三栋)，投资约5 000万元人民币，建筑面积约300 000平方米。前期已由招标代理机构组织完成施工招标文件的编写任务，招标文件通过招标管理中心的审查，并在住建部门的相关网站上发布招标公告。假如你是某建筑施工企业的法人代表，并取得职业建造师注册资格，你们公司也具备一定经济、技术实力，并取得相应资质等级，你们公司是否准备参加该工程项目的投标工作？如果准备投标，将以独立法人的身份投标，还是和其他建筑企业组成联合体投标？如果准备以独立法人的身份投标，你们将怎样组织项目部和经营部工作人员一起来完成投标？投标将怎样报价？

3.1 建设工程施工投标概述

3.1.1 投标的基本知识

1. 投标的基本概念

建设工程投标是投标单位根据招标单位的要求或以招标文件为依据，在规定的期限内向招标单位递交投标文件，通过竞争获得建设工程承包权的活动，包括勘察、设计、监理、施工及与建设工程有关的重要设备和材料的采购等方面。建设工程招标与投标是承发包双方合同管理的第一环节。

建设工程投标行为实质上是参与建筑市场竞争的行为，是众多投标单位综合实力的较量，投标单位通过竞争取得建设工程承包权。

2. 建设工程的投标单位

建设工程的投标单位是建设工程招标投标活动中的另一方当事人，它是指响应招标并按照招标文件的要求参加投标竞争的法人或者其他组织。

3.1.2 投标单位应具备的资格条件

招标单位可以在招标文件中对投标单位的资格条件做出规定，投标单位应当符合招标文件规定的资格条件，如果国家对投标单位资格条件有规定的，则依照其规定。对于参加建设项目设计、建筑安装以及主要设备、材料供应等投标单位，必须具备下列条件。

(1) 具有招标条件要求的资质证书，并为独立的法人实体。

(2) 承担过类似建设项目的相关工作，并有良好的工作业绩和履约记录。

(3) 在最近三年没有骗取合同以及其他经济方面的严重违法行为。

(4) 近几年有较好的安全记录，投标当年内没有发生重大质量和特大安全事故。

(5) 财产状况良好，没有处于财产被接管、破产或其他关、停、并、转状态。

3.1.3 投标联合体

大型建设工程项目往往不是一个投标单位所能完成的，所以，法律允许几个投标单位组成一个联合体，共同参与投标，并对联合体投标的相关问题做出了明确规定。

1. 联合体的法律地位

联合体是由多个法人或经济组织组成，但它在投标时是作为一个独立的投标单位出现的，具有独立的民事权利能力和民事行为能力。

2. 联合体的资格

组成联合体的各方均应具备相应的投标资格，由同一专业的单位组成的联合体，按照资质等级较低的单位确定资质等级。这是为了促使资质优秀的投标单位组成联合体，防止以高等级资质获取招标项目，而由资质等级低的投标单位来完成。

3. 联合体各方的责任

联合体各方应签订共同投标协议，明确约定各方在拟承包的工程中所承担的义务和责任。

4. 投标单位的意思自治

投标时，投标单位是否与他人组成联合体，与谁组成联合体，都由投标单位自行决定，任何人均不得干涉。招标单位不得强制投标单位组成联合体共同投标，不得限制投标单位之间的竞争。

3.1.4 投标要求

1. 投标文件内容要求

投标文件应当对招标文件提出的招标项目的价格、项目进度计划、技术规范、合同的主要条款等做出响应，不得遗漏、回避，更不能对招标文件进行修改或提出任何附带条件。对于建设工程施工招标，投标文件还应包括拟派出的项目负责人与主要技术人员的简历、业绩和拟用于完成工程项目的机械设备等内容。投标单位拟在中标后将中标项目的部分非主体、非关键性工作进行分包的应在投标文件中载明。

根据契约自由原则，我国法律也规定，投标文件送交后，投标单位可以进行补充、修改或撤回，但必须以书面形式通知招标单位。补充、修改的内容亦为投标文件的组成部分。

2. 投标时间的要求

投标文件应在招标文件中规定的截止时间前送达到投标地点，在截止时间后送达的投标文件，招标单位应拒收。因此，以邮寄方式送交投标文件的，投标单位应留出足够的邮寄时间，以保证投标文件在截止时间前送达，另外，如发生地点方面的错送、误送，其后果皆由投标单位自行承担。

投标单位对投标文件的补充、修改、撤回通知，也必须在所规定的投标文件的截止时间前，送达至规定地点。

3. 投标行为的要求

(1) 保密要求。由于投标是一次性的竞争行为，为保证其公正性，就必须对当事人各方提出严格的保密要求：投标文件及其修改、补充的内容都必须以密封的形式送达，招标单位签收后必须原样保存，不得开启。对于标底和潜在投标单位的名称、数量以及可能影响公平竞争的其他有关招标投标的情况，招标单位都必须保密，不得向他人透露。

（2）合理报价。投标单位以低于成本的价格报价，是一种不正当的竞争行为，它一旦中标，必然会采取偷工减料、以次充好等非法手段来避免亏损，以求得生存。这将严重破坏社会主义市场经济秩序，给社会带来隐患，必须予以禁止。但投标单位从长远利益出发，放弃近期利益，不要利润，仅以成本价投标，这是合法的竞争手段，法律是予以保护的。这里所说的成本，是以社会平均成本和企业个别成本来计算的，并要综合考虑各种价格差别因素。

（3）诚实信用。从诚实信用的原则出发，投标单位不得相互串通投标；也不得与招标单位串通投标，损害国家利益、社会公共利益和他人合法利益；还不得向招标单位或评标委员会成员行贿以谋取中标；同时，还不得以他人名义投标或以其他方式弄虚作假、骗取中标。

4. 投标单位数量的要求

当投标单位少于三家时，就会缺乏有效竞争，投标单位可能会提高承包条件，损害招标单位利益，从而与招标目的相违背，所以必须重新组织招标，这也是国际上的通行做法。在国外，这种情况称为“流标”。

3.1.5 建设工程投标单位的投标资质

建设工程投标单位的投标资质（又称投标资格）是指建设工程投标单位参加投标所必须具备的条件和素质，包括资历、业绩、人员素质、管理水平、资金数量、技术力量、技术装备、社会信誉等几个方面的因素。对建设工程投标单位的投标资质进行管理，主要是政府主管机构对建设工程投标单位的投标资质提出认定和划分标准，确定具体等级，发放相应证书，并对证书的使用进行监督检查。

由于我国已对从事勘察、设计、施工、建筑装饰装修、工程材料设备供应、工程总承包以及咨询、监理等活动的单位实行了从业资格认证制度，所以在建设工程招标投标管理实践中，一般可不再对上述单位发放专门的投标资质证书，只是对它们已取得的据以从事勘察、设计、施工、建筑装饰装修、工程材料设备供应、工程总承包以及咨询、监理等活动的相应等级的资质证书进行验证，即将它们的资质证书直接确认为相应的投标资质证书。

实践中也有核发投标许可证的做法。有一种投标许可证，是根据本地工程任务的需求总量等控制因素，对外地的投标单位核发的。这种投标许可证，实际上是一种地方保护措施，而不是对投标资质进行管理的手段。还有一种投标许可证，是根据投标单位已取得的勘察、设计、施工、监理、材料设备采购等从业资质的情况，对所有投标单位核发的。这种投标许可证，是一种专门对投标单位投标资质进行管理的措施。投标单位在实际参加投标时，只要持有这种投标许可证即可，不需要再提交有关勘察、设计、施工、监理、材料设备采购等从业资质证件，这对投标单位和招标投标管理者来说都比较方便。

1. 工程勘察设计单位的投标资质

我国的工程勘察，分为工程地质勘察、岩土工程、水文地质勘察和工程测量 4 个专业；工程设计分为电力、煤炭、石油和天然气、核工业、机械电子、兵器、船舶、航空航天、冶金、有色冶金、化工、石油化工、轻工、纺织、铁道、交通、邮电、水利、农业、林业、建筑工程、市政工程、商业、广播电影电视、民用航空、建材、医药及人防工程等28个专业。各专业勘察设计单位的资质分为甲、乙、丙、丁四级。各等级的标准由国务院各有关行业主管部门综合考虑勘察设计单位的资历、技术力量、技术水平、技术装备水平、管理水平以及社会信誉等因素具体制定，经国家住建部统一平衡后发布。

申请工程勘察、设计资质证书的单位，必须具备下列条件。

(1) 有批准设立机构的文件，且该文件符合国家有关行业发展和机构设立程序的规定。

(2) 有明确的单位名称、固定的营业场所和相应的组织机构。

(3) 有符合国家规定的注册资本。

(4) 有与其从事的勘察、设计活动相适应的具有法定执业资格的专业技术人员。

(5) 有从事相关勘察、设计活动所应有的技术装备。

(6) 具备从事勘察、设计活动所应具有的其他法定条件和与所申请的资质等级相符的其他资质条件。

2. 施工企业的投标资质

施工企业是指从事土木建筑工程，线路、管道及设备安装工程，装修装饰工程等新建、扩建、改建活动的企业。我国的施工企业分为建筑、冶金建设、化工建设、水电建设、铁道建设、煤炭建设、有色金属工业建设、石油工业建设、石油化工建设、核工业建设、火电及送变电建设、建材工业建设、林业建设、海洋石油建设、交通建设、邮电建设、地矿建设、市政工程建设、机电工业设备安装以及建筑装饰等20个门类41种专业，主要包括工程施工总承包企业、施工承包企业和专项分包企业三类。

工程施工总承包企业资质等级分为一、二级；施工承包企业资质等级分为特级、一、二、三级。这两类企业的资质等级标准，由国家住建部统一组织制定和发布。专项分包企业是指达不到国家住建部发布的资质等级条件的企业。这类企业的资质管理办法，由各省、自治区、直辖市建设行政主管部门制定。

工程施工总承包企业和施工承包企业的资质实行分级审批。一级资质由国家住建部审批。二级以下资质，企业属于地方的，由省级建设主管部门审批；企业直属于国务院有关部门的，由有关部门审批。经审查合格的，由有权的资质管理部门颁发建筑业企业(施工企业)资质证书。建筑业企业资质证书由国务院建设行政主管部门统一印制，分为正本(1本)和副本(若干本)，正本和副本具有同等法律效力。任何单位和个人不得涂改、伪造、出借、转让或出卖资质证书，复印的资质证书无效。

施工企业参加建设工程施工招标投标活动，必须持有相应的建筑业企业资质证书，并在其资质证书许可的范围内进行。少数市场信誉好、素质较高的企业，经征得业主同意和工程所在地省、自治区、直辖市建设行政主管部门批准后，可适度超出资质证书所核定的承包工程范围投标承揽工程。施工企业的专业技术人员参加建设工程施工招标投标活动，应持有相应的执业资格证书，并在其执业资格证书许可的范围内进行。

3. 建设监理单位的投标资质

建设监理单位包括具有法人资格的监理公司、监理事务所和兼营监理业务的工程设计、科研和工程建设咨询的单位。监理单位的资质分为甲级、乙级和丙级。甲级资质由国家住建部审批。乙、丙级资质，监理单位属于地方的，由省级建设行政主管部门审批；监理单位属于国务院部门直属的，由国务院有关部门审批。经审核符合资质等级标准的，由资质管理部门发给国家住建部统一制定式样的相应的资质等级证书。

建设监理单位参加建设工程监理招标投标活动，必须持有相应的建设监理资质证书，并在其资质证书许可的范围内进行。建设监理单位的专业技术人员参加建设工程监理招标投标活动，应持有相应的执业资格证书，并在其执业资格证书许可的范围内进行。

4. 建设工程材料设备供应单位的投标资质

建设工程材料设备供应单位包括具有法人资格的建设工程材料设备生产、制造厂家，材料设备公司、设备成套承包公司等。目前，我国对建设工程材料设备供应单位实行资质管理的，主要是混凝土预制构件生产企业、商品混凝土生产企业和机电设备成套供应单位。

混凝土预制构件生产企业的资质等级，分为一、二、三、四级。一级企业可生产各类混凝土预制构件。二级企业除不准生产预应力吊车梁、桥梁、屋面梁、屋架和预应力混凝土管以外，可生产其他各类混凝土预制构件。三级企业可生产跨度在4.5m以内的预应力钢丝圆孔板和楼梯、阳台等小型建筑工程配套构件和市政工程、桥梁工程挡土墙板及直径在1米以内的混凝土管。四级企业可生产市政、路桥等工程的方砖、道牙、隔离墩、地面砖、花饰等装饰构件和过梁、沟盖板。

5. 工程总承包单位的投标资质

工程总承包，又称工程总包，是指招标单位将一个建设项目的勘察、设计、施工、设备采购等全过程或者其中某一阶段或多个阶段的全部工作，发包给一个总承包商，由该总承包商统一组织实施和协调，对招标单位负全责。工程总承包是相对于工程分承包(又称分包)而言的，工程分承包是指总承包商将承包工程中的部分工程发包给具有相应资质的分承包商，分承包商不与招标单位发生直接经济关系，而在总承包商统筹协调下完成分包工程任务，对总承包商负责。

工程总承包单位，按其总承包业务范围，可以分为项目全过程总承包单位、勘察总承包单位、设计总承包单位、施工总承包单位、材料设备采购总承包单位等。目前我国对工程总承包单位实行资质管理的，主要是勘察设计总承包单位、施工总承包单位等。

工程总承包单位参加工程总承包招标投标活动，必须具有相应的工程总承包资质，并在其资质证书许可的范围内进行。工程总承包单位的专业技术人员参加建设工程总承包招标投标活动，应持有相应的执业资格证书，并在其执业资格证书许可的范围内进行。

3.1.6 建设工程投标单位的权利和义务

1. 建设工程投标单位的权利

建设工程投标单位在建设工程招标投标活动中，享有下列权利。

(1) 有权平等地获得，利用招标信息。招标信息是投标决策的基础和前提。投标单位不掌握招标信息，就不可能参加投标。投标单位掌握的招标信息是否真实、准确、及时、完整，对投标工作具有非常重要的作用。投标单位对招标信息主要通过招标单位发布的招标公告获悉，也可以通过建设行政主管部门公布的工程报建登记获悉。保证投标单位平等地获取招标信息，是招标单位和建设行政主管部门的义务。

(2) 有权按照招标文件的要求自主投标或组成联合体投标。为了更好地把握投标竞争机会，提高中标率，投标单位可以根据招标文件的要求和自身的实力，自主决定是独自参加投标还是与其他投标单位组成一个联合体，以一个投标单位的身份共同投标。投标单位组成投标联合体是一种联营方式。组成联合体投标，联合体各方均应当具备承担招标项目的相应能力和相应资质条件，并按照共同投标协议的约定，就中标项目向招标单位承担连带责任。

(3) 有权委托代理机构进行投标。专门从事建设工程中介服务活动(包括投标代理业务)的机构，通常具有社会活动广、技术力量强、工程信息灵等优势。投标单位委托它们代替自己进行投标活动，常常会取得意想不到的效果，可以获得更多的中标机会。

(4) 有权要求招标单位或招标代理人对招标文件中的有关问题进行答疑。投标单位参加投标，必须编制投标文件。而编制投标文件的基本依据，就是招标文件。正确理解招标文件，是正确编制投标文件的前提。对招标文件中不清楚的问题，投标单位有权要求予以澄清，以利于准确领会、把握招标意图。对招标文件进行解释、答疑，既是招标单位的权利，也是招标单位的义务。

(5) 有权根据自己的经营情况和掌握的市场信息，有权确定自己的投标报价。投标单位参加投标是一场重要的市场竞争。投标竞争是投标单位自主经营、自负盈亏、自我发展的强大动力。因此，招标投标活动必须按照市场经济的规律办事。对投标单位的投标报价由投标单位依法自主确定，任何单位和个人不得非法干预。投标单位根据自身经营状况、利润方针和市场行情，科学合理地确定投标报价，是整个投标活动中最关键的环节。

(6) 有权根据自己的经营情况有权参与投标竞争或放弃参与竞争。在市场经济条件下，投标单位参加投标竞争的机会应当是均等的。参加投标是投标单位的权利，放弃投标也是投标单位的权利。对投标单位来说，参加不参加投标，是不是参加到底，完全是自愿的。任何单位或个人不能强制、胁迫投标单位参加投标，更不能强迫或变相强迫投标单位“陪标”，也不能阻止投标单位中途放弃投标。

(7) 有权要求优质优价。价格(包括取费、税金、酬金等)问题是招标投标中的一个核心问题。为了保证工程安全和质量，必须防止和克服只为争得项目中标而不切实际地盲目降级压价现象，实行优质优价，避免投标单位之间的恶性竞争。允许优质优价，有利于真正信誉好、实力强的投标单位多中标、中好标。

(8) 有权控告、检举招标过程中的违法、违规行为。投标单位和其他利害关系人认为招标投标活动不合法的，有权向招标单位提出异议或者依法向有关行政监督部门投诉。招标的原则在于公开、公正、平等竞争，招标过程中的任何违法、违规行为，都会背离这一根本原则和宗旨，损害其他投标单位的切身利益。赋予投标单位控告、检举、投诉权，有利于监督招标单位的行为，防止和避免招标过程中的违法、违规现象。

2. 建设工程投标单位的义务

建设工程投标单位在建设工程招标投标活动中，应负有下列义务。

(1) 遵守法律、法规、规章和方针、政策。建设工程投标单位的投标活动必须依法进行，违法或违规、违章的行为，不仅不受法律保护，而且还要承担相应的责任。遵纪守法是建设工程投标单位的首要义务。

（2）接受招标投标管理机构的监督管理。为了保证建设工程招标投标活动公开、公正、平等竞争，建设工程招标投标活动必须在招标投标管理机构的监督管理下进行。接受招标投标管理机构的监督管理，是建设工程投标单位必须履行的义务。

（3）保证所提供的投标文件的真实性，提供投标保证金或其他形式的担保。投标文件是投标单位投标意图、条件和方案的集中体现，是投标单位对招标文件进行回应的主要方式，也是招标单位评价投标单位的主要依据。因此，投标单位提供的投标文件必须真实、可靠，并对此予以保证。让投标单位提供投标保证金或其他形式的担保，目的在于使投标单位的保证落到实处，使投标活动保持应有的严肃性，促使投标单位审慎从事，提高投标的责任心，建立和维护招标投标活动的正常秩序。

（4）按招标单位或招标代理机构的要求对投标文件的有关问题进行答疑。投标文件是以招标文件为主要依据编制的。正确理解投标文件是准确判断投标文件是否实质性响应招标文件的前提。对投标文件中不清楚的问题，招标单位或招标代理机构有权要求投标单位予以澄清。投标单位对投标文件进行解释、答疑，也是进一步推销自己、维护自身投标权益的一个重要方面。

（5）中标后与招标单位签订合同并履行合同，不得转包合同，非经招标单位同意不得分包合同。投标单位参加投标竞争，意在中标。中标以后与招标单位签订合同，并实际履行合同约定的全部义务，是实行招标投标制度的意义所在。中标的投标单位必须亲自履行合同，不得将其中标的工程任务转给他人承包。投标单位根据招标文件载明的项目实际情况，拟在中标后将中标项目的部分非主体、非关键性工作进行分包的，应当在投标文件中载明。在总承包的情况下，除了总承包合同中约定的分包外，未经招标单位认可不得再进行分包。

（6）履行依法约定的其他各项义务。在建设工程招标投标过程中，投标单位与招标单位、招标代理机构等可以在合法的前提下，经过互相协商，约定一定的义务。

投标单位委托投标代理机构进行投标时，应负有下列义务。

① 投标单位对于投标代理机构在委托授权的范围内所办理的投标事务的后果直接接受并承担民事责任。对于投标代理机构办理受托事务超出委托权限的行为，投标单位不承担民事责任；但投标单位知道而又不否认或者予以同意的，则投标单位仍应承担民事责任。

② 投标单位应向投标代理机构提供投标所需的有关资料，提供或者补偿办理受托事务所必需的费用。

③ 投标单位应向投标代理机构支付委托费或报酬。支付委托费或报酬的标准和期限，依法律规定或合同的约定；如合同无特别约定，应在事务办理完结后支付。如非因投标代理机构的原因致使受托事务无法继续办理时，投标单位应就事先已完成的部分，向投标代理机构支付相应的委托费或报酬。

④ 投标单位应向投标代理机构赔偿投标代理机构在执行受托任务中非因自己过错所造成的损失。投标单位应对自己的委托负责，如因指示不当或其他过错致使投标代理机构受损失的，应予赔偿。投标代理机构在执行受托事务中非因自己过错发生的损失，由于为投标单位办理事务所造成的，亦应由投标单位赔偿。这些依法约定的义务是投标单位必须

履行的，否则投标单位要承担相应的违约责任。

3.2 建设工程施工投标程序

3.2.1 选择投标项目

1. 获取投标信息

建设工程施工投标中首先是获取投标信息，为使投标工作有良好的开端，投标单位必须做好查证信息工作。多数公开招标项目属于政府投资或国家融资的工程，在报刊、广播电视、网络等媒体刊登招标公告或资格预审公告。对于一些大型或复杂的项目，获悉招标公告后再做投标准备工作，时间仓促，投标易处于被动。因此，要提前注意信息、资料的积累整理，提前跟踪项目。获取投标项目信息的方法如下。

(1) 根据我国国民经济建设的建设规划和投资方向，从近期国家的财政、金融政策所确定的中央和地方重点建设项目、企业技术改造项目计划收集项目信息。

(2) 了解发展改革委员会立项的项目，可从投资主管部门获取建设银行、金融机构的具体投资规划信息。

(3) 跟踪大型企业的新建、扩建和改建项目计划。

(4) 收集同行业其他投标单位对工程建设项目的意向。

(5) 注意有关项目的新闻报道。

2. 对初定目标项目的调查

(1) 信息的可靠性：认真分析验证所获信息的真实可靠性。通过与招标单位直接洽谈，证实其招标项目确实已批准立项且建设资金已落实到位。

(2) 招标单位的情况：了解招标单位的资信情况、履约态度、合同管理经验、工程价款的支付方式、在其他项目上有无拖欠工程款的情况、对实施的工程需求的迫切程度等。

(3) 工程项目方面的情况：包括工程性质、规模、发包范围，工程的技术规模和对材料性能及工人技术水平的要求，总工期及分批竣工交付使用的要求，施工场地的地形、地质、地下水位、交通运输、给水排水、供电、通信条件的情况，监理工程师的资历、职业道德和工作作风等。

(4) 政治和法律方面：了解在招标投标活动中以及在合同履行过程中有可能涉及的法律，了解与项目有关的政治形势、国家经济政策走向等。

(5) 自然条件：包括工程所在地的地理位置和地形、地貌，气象状况(包括气温、湿度、主导风向、年降水量)，洪水、台风及其他自然灾害的情况等。

(6) 市场状况：主要包括建筑材料、建筑机械设备、燃料、动力、水和生活用品的供应情况、价格水平，还包括过去几年批发物价和零售物价指数以及今后的变化趋势和预测，劳务市场情况如工人的技术水平、工资水平、有关劳动保护和福利待遇的规定等，金融市场情况如银行贷款的难易程度及银行贷款利率等。

对材料设备的市场情况尤需详细了解，包括原材料和设备的来源方式、购买的成本、来源国或厂家供货情况；材料、设备购买时的运输、税收、保险等方面的规定、手续、费用；施工设备的租赁、维修费用；使用投标单位本地的原材料、设备的可能性以及成本分析。

(7) 投标单位自身情况：投标单位对自己的内部情况、资料也应进行归纳管理。这类资料主要用于招标单位要求的资格审查和本企业履行项目的可能性审查。

(8) 竞争对手资料：掌握竞争对手的情况是投标策略中的一个重要环节，也是投标单位参加投标能否获胜的重要因素。投标单位在制定投标策略时必须考虑到竞争对手的情况。

3. 投标项目选择的决策

投标单位在是否参加投标的决策时，应考虑以下几方面的问题。

(1) 承包招标项目的可行性与可能性，如本企业是否有能力(技术方面、机械设备等)承包该项目，能否抽调出管理力量、技术力量参加项目承包，竞争对手是否有明显的优势等。

(2) 招标项目的可靠性，如项目的审批程序是否已经完成、资金是否已经落实等。

(3) 招标项目的承包条件，如承包条件是否苛刻、本企业是否有能力完成施工等。

(4) 影响中标条件的内部、外部因素等。

一般来说，有下列情形之一的招标项目，承包商不宜参加投标。

(1) 工程规模、技术水平超过本企业技术等级的项目。

(2) 本企业业务范围和经营能力之外的项目。

(3) 本企业现有工程任务饱满，而招标项目风险大或盈利水平较低。

(4) 本企业资源投入量过大的项目。

(5) 本企业技术等级、经营能力、施工水平明显不如竞争对手的项目。

如果确定投标，则应根据项目的具体情况，确定投标策略。

3.2.2 参加资格预审

在决定投标项目后，投标单位要注意资格预审公告何时发布。在资格预审公告发布后，按照公告要求及时报名，严格依据资格预审公告的要求准备资料，并突出本企业的优势。资格预审文件应简明准确，装帧美观大方。特别注意要严格按照要求的时间和地点报送资格预审文件，否则会失去参加资格预审的资格。资格预审是投标单位投标过程中的第一关。

1. 投标单位应提交的资格预审资料

为了证明自己符合资格预审须知规定的投标资格和合格条件要求，具备履行合同的能力，参加资格预审的投标单位应当提供下列资料。

(1) 确定投标单位法律地位的原始文件，要求提交营业执照和资质证书的副本。

(2) 履行合同能力方面的资料，要求提供以下资料。

① 管理和执行本合同的管理人员及主要技术人员的情况。

② 为完成本合同拟采用的主要技术装备情况。

③ 为完成本合同拟分包的项目及分包单位的情况。

(3) 项目经验方面的资料，过去3年完成的与本合同相似项目的情况和现在履行合同的情况。

(4) 财务状况的资料，近两年经审计的财务报表和下一年度的财务预算报告。

(5) 企业信誉方面的资料。例如，目前和过去几年参与或涉及仲裁和诉讼案件的情况，过去几年中发包人对投标单位履行合同的评价等。

投标单位报送的资格预审文件经招标单位审查后，招标单位应将符合条件的投标单位的资格审查资料报建设工程招标投标管理机构复查。经复查合格的投标单位就具有了参加投标的资格。

2. 投标单位准备和提交资格预审资料的注意事项

在准备和提交资格预审资料时应注意下列事项。

(1) 应在平时做好资格预审通用资料的积累工作。

(2) 认真填好资格预审表的重点部分。例如施工招标，招标单位在资格审查中考虑的重点一般是投标单位的施工经验、施工水平和施工组织能力等方面，投标单位应通过认真阅读资格预审须知，领会招标单位的意图，认真填好资格预审表。

(3) 通过决策确定投标项目后，应立即动手做资格预审的申请准备，以便在资料准备中能及时发现问题并及早解决。如果有本公司不能解决的问题，也有时间考虑联合投标等事宜。

(4) 按时提交资格预审资料，并做好提交资格预审表后的跟踪工作。通过跟踪，及时发现问题，及时补充资料。

3.2.3 购领招标文件和有关资料

投标单位经资格审查合格后，便可向招标单位申购招标文件和有关资料，同时要缴纳投标保证金。

1. 投标保证金

投标保证金是在招标投标活动中，投标单位随投标文件一同递交给招标单位的一定形式、一定金额的投标责任担保。其主要目的为：①对投标单位投标活动不负责任而设定的一种担保形式，担保投标单位在招标单位定标前不得撤销其投标；②担保投标单位在被招标单位宣布为中标单位后即受合同成立的约束，不得反悔或者改变其投标文件中的实质性内容，否则其投标保证金将被招标单位没收。

2. 投标保证金的形式

(1) 现金。对于数额较小的投标保证金而言，采用现金方式提交是一个不错的选择。但数额较大(如万元以上)时采用现金方式提交就不太合适了。因为现金不易携带，不方便递交，在开标会上清点大量的现金不仅浪费时间，操作手段也比较原始，既不符合我国的财务制度，也不符合现代的交易支付习惯。

(2) 银行汇票。银行汇票是汇票的一种，是一种汇款凭证，由银行开出，交由汇款人转交给异地收款人，异地收款人再凭银行汇票在当地银行兑取汇款。用作投标保证金的银行汇票则是由银行开出，交由投标单位递交给招标单位，招标单位再凭银行汇票在自己的开户银行兑取汇款。

(3) 银行本票 。本票是出票人签发的，承诺自己在见票时无条件支付确定的金额给收款人或者持票人的票据。用作投标保证金的银行本票则是由银行开出，交由投标单位递交给招标单位，招标单位再凭银行本票到银行兑取资金。

银行本票与银行汇票、转账支票的区别在于银行本票是见票即付，而银行汇票、转账支票等则是从汇出、兑取到资金实际到账有一段时间。

(4) 支票。支票是出票人签发的，委托办理支票存款业务的银行或者其他金融机构在见票时无条件支付确定的金额给收款人或者持票人的票据。支票可以支取现金(即现金支票)，也可以转账(即转账支票)。用作投标保证金的支票则是由投标单位开出，并由投标单位交给招标单位，招标单位再凭支票在自己的开户银行支取资金。

(5) 投标保函。投标保函是由投标单位申请银行开立的保证函，保证投标单位在中标单位确定之前不得撤销投标，在中标后应当按照招标文件和投标文件与招标单位签订合同。如果投标单位违反规定，开立保证函的银行将根据招标单位的通知，支付银行保函中规定数额的资金给招标单位。

3. 投标保证金的作用

投标保证金具有如下作用。

(1) 投标保证金对投标单位的投标行为产生约束作用，保证招标投标活动的严肃性。招标投标是一项严肃的法律活动，投标单位的投标是一种要约行为。投标单位作为要约人，向招标单位(受要约人)递交投标文件之后，即意味着向招标单位发出了要约。在投标文件递交截止时间至招标单位确定中标单位的这段时间内，投标单位不能要求退出竞标或者修改投标文件；而一旦招标单位发出中标通知书、做出承诺，则合同即告成立，中标的投标单位必须接受并受到约束。否则，投标单位就要承担合同订立过程中的缔约过失责任，就要承担投标保证金被招标单位没收的法律后果。这实际上是对投标单位违背诚实信用原则的一种惩罚。所以，投标保证金能够对投标单位的投标行为产生约束作用，这是投标保证金最基本的功能。

(2) 在特殊情况下，投标保证金可以弥补招标单位的损失。投标保证金一般定为投标报价的2%，这是个经验数字。因为通过对实践中大量的工程招标投标的统计数据表明，通常最低标与次低标的价格相差在2%左右。因此，如果发生最低标的投标单位反悔而退出投标的情形，则招标单位可以没收其投标保证金并授标给投标报价次低的投标单位，用该投标保证金弥补最低价与次低价两者之间的价差，从而在一定程度上可以弥补或减少招标单位所遭受的经济损失。

(3) 督促招标单位尽快定标。投标保证金对投标单位的约束作用是有一定时间限制的，这一时间即是投标有效期。如果超出了投标有效期，则投标单位不对其投标的法律后果承担任何责任。所以，投标保证金只是在一个明确的期限内保持有效，从而可以防止招标单位无限期地延长定标时间，影响投标单位的经营决策和合理调配自己的资源。

(4) 从一个侧面反映和考察投标单位的实力。投标保证金采用现金、支票、汇票等形式，实际上是对投标单位流动资金的直接考验。投标保证金采用银行保函的形式，银行在出具投标保函之前一般都要对投标单位的资信状况进行考察，信誉欠佳或资不抵债的投标单位很难从银行获得经济担保。由于银行一般都对投标单位进行动态的资信评价，掌握着大量投标单位的资信信息，因此，投标单位能否获得银行保函，能够获得多大额度的银行保函，这也可以从一个侧面反映投标单位的实力。

3.2.4 组织投标班子

1. 投标班子

投标单位在通过资格审查、购领招标文件和有关资料之后，为了按时进行投标并尽最大可能使投标获得成功，需要有一个强有力的、内行的投标班子，以便对投标的全部活动进行通盘筹划、多方沟通和有效组织实施。投标单位的投标班子一般都是常设的，但也有的是针对特定项目临时设立的。投标单位组织什么样的投标班子，对投标成败有直接影响。

投标单位的投标班子一般应包括下列3类人员。

(1) 经营管理类人员。这类人员一般是从事工程承包经营管理的行家里手，熟悉工程投标活动的筹划和安排，具有相当高的决策水平。

(2) 专业技术类人员。这类人员是从事各类专业工程技术的人员，如建筑师、监理工程师、结构工程师、造价工程师等。

(3) 商务金融类人员。这类人员是从事有关金融、贸易、财税、保险、会计、采购、合同、索赔等项工作人员。

2. 投标代理机构

投标单位如果没有专门的投标班子或有投标班子还不能满足投标工作的需要，就可以考虑委托投标代理机构，即在工程所在地区找一个能代表自己利益而开展某些投标活动的咨询中介机构。

工程投标单位在选择代理机构时，必须注意两点：第一，所选的代理机构一定要完全可靠，有较强的活动能力并在当地有较好的声誉及较高的权威性。第二，应与代理机构签订代理协议，根据具体情况在协议的条文中恰当地明确规定代理机构的代理范围和双方的权利、义务，有利于双方互相信任、默契配合、严守条约，保证投标各项工作顺利进行。

1) 投标代理机构应具备的条件

投标代理机构应具备以下条件：有精深的业务知识和丰富的投标代理经验；有较高的信誉，代理机构应诚信可靠，能尽力维护委托人的合法权益，忠实地为委托人服务；有较强的活动能力，信息灵通；有相当的权威性和影响力及一定的社会背景。

2) 投标代理机构的职责

(1) 向投标单位传递并帮助分析招标信息，协助投标单位办理、通过招标文件所要求的资格审查。

(2) 以投标单位名义参加招标单位组织的有关活动，传递投标单位与招标单位之间的对话。

(3) 提供当地物资、劳动力、市场行情及商业活动经验，提供当地有关政策法规咨询服务等，协助投标单位做好投标书的编制工作，帮助递交投标文件。

(4) 在投标单位中标时，协助投标单位办理各种证件申领手续，做好有关承包工程的准备工作。

(5) 按照协议的约定收取代理费用。通常，如代理机构协助投标单位中标的，所收的代理费用会高些，一般为合同总价的1%～3%。

3）代理协议

委托人还应向代理机构颁发委托书，委托书实质上是委托人的授权证书，可参考以下内容拟定：投标单位须在其代理机构的协助下参与资格预审，包括领取或购买资格预审文件，按要求完成并送交资格预审表；在招标单位评审投标资格时，要紧密配合投标单位，积极进行活动，争取获得投标资格。

3.2.5 踏勘工程现场和参加投标预备会

投标单位拿到招标文件后，应进行全面细致的调查研究。若有疑问需要招标单位予以澄清和解答的，应在收到招标文件后的7日内以书面形式向招标单位提出。为获取与编制投标文件有关的必要的信息，投标单位要按照招标文件中注明的现场踏勘(亦称现场勘察、现场考察)和投标预备会的时间和地点，积极参加现场踏勘和投标预备会。按照国际惯例，投标单位递交的投标文件一般被认为是在现场踏勘的基础上编制的，投标书递交之后，投标单位无权因为现场踏勘不周、情况了解不细或因素考虑不全而提出修改投标书、调整报价或提出补偿等要求。因此，现场踏勘是投标单位正式编制、递交投标文件前必须做的重要的准备工作，投标单位必须予以高度重视。

投标单位在去现场踏勘之前，应先仔细研究招标文件有关概念的含义和各项要求，特别是招标文件中的工作范围、专用条款以及设计图纸和说明等，然后有针对性地拟订出踏勘提纲，确定重点需要澄清和解答的问题，做到心中有数。

投标单位参加现场踏勘的费用，由投标单位自己承担。招标单位一般在招标文件发出后就着手考虑安排投标单位进行现场踏勘等准备工作，并在现场踏勘中对投标单位给予必要的协助。

投标单位进行现场踏勘的内容主要包括以下几个方面。

(1) 工程的范围、性质以及与其他工程之间的关系。

(2) 投标单位参与投标的那一部分工程与其他承包商或分包商之间的关系。

(3) 现场地貌、地质、水文、气候、交通、电力、水源等情况，有无障碍物等。

(4) 进出现场的方式，现场附近有无食宿条件、料场开采条件、其他开工条件、设备维修条件等。

(5) 现场附近治安情况。

投标预备会，又称答疑会、标前会议，一般在现场踏勘之后的1～2天内举行。答疑会的目的是解答投标单位对招标文件的疑问和在现场踏勘中所提出的各种问题，并对图纸进行交底和解释。

3.2.6 分析招标文件、校核工程量和提出质疑

招标文件是编制投标文件的主要依据，因此，必须结合已获取的有关信息认真细致地加以分析研究，特别是要重点研究其中的投标须知、合同条件、设计图纸、工程范围以及工程量清单与计价等，要弄清到底有没有特殊要求或有哪些特殊要求。

投标单位是否校核招标文件中的工程量清单或校核得是否准确，直接影响到投标报价和中标机会。对于总价固定合同来说，这项工作尤其重要。

投标单位在分析招标文件(含工程量清单)和勘察施工现场后，若有疑问需要澄清，应

于收到招标文件后规定的时间内以书面形式(包括书面文字、传真、电子邮件等)向招标单位提出，招标单位以书面形式予以解答。所有问题的解答将邮寄或传真给所有投标单位，由此而产生的对招标文件内容的修改，将成为招标文件的组成部分，对于双方均具有法律约束力。

在质疑过程中，主要对影响造价和施工方案的疑问进行澄清，但对于自己有利的模糊不清、模棱两可的情况，可以故意不提出澄清，以利于灵活报价。

3.2.7 编制施工规划或施工组织设计

施工规划和施工组织设计都是关于施工方法、施工进度计划的技术经济文件，是指导施工生产全过程组织管理的重要设计文件，是进行现场科学管理的主要依据之一。但两者相比，施工规划的深度和范围没有施工组织设计详尽、精细，施工组织设计的要求比施工规划的要求详细得多，编制起来要比施工规划复杂些。所以，在投标时，投标单位一般只要编制施工规划即可，施工组织设计可以在中标以后再编制。这样就可避免未中标的投标单位因编制施工组织设计而造成人力、物力、财力上的浪费。但有时在实践中，招标单位为了让投标单位更充分地展示实力，常常要求投标单位在投标时就编制施工组织设计。

施工规划或施工组织设计的内容，一般包括施工程序、方案，施工方法，施工进度计划，施工机械、材料、设备的选定和临时生产、生活设施的安排，劳动力计划，以及施工现场平面和空间的布置。施工规划或施工组织设计的编制依据主要是设计图纸、技术规范，复核后的工程量，招标文件要求的开工、竣工日期，以及对市场材料、机械设备、劳动力价格的调查。编制施工规划或施工组织设计，要在保证工期和工程质量的前提下，尽可能使成本最低、利润最大。其具体要求是：根据工程类型编制出最合理的施工程序，选择和确定技术上先进、经济上合理的施工方法，选择最有效的施工设备、施工设施和劳动组织，周密、均衡地安排人力、物力和生产，正确编制施工进度计划，合理布置施工现场的平面和空间。

3.2.8 编制投标报价和投标文件

投标报价是投标的一个核心环节，投标单位要根据工程价格构成对工程进行合理估价，确定切实可行的利润方针，正确计算和确定投标报价。投标单位不得以低于成本的报价竞标。这部分内容将在3.3节中详细讲述。

投标文件应完全按照招标文件的各项要求编制。投标文件应当对招标文件提出的实质性要求和条件做出响应，一般不能带任何附加条件，否则将导致投标无效。这部分内容将在3.4节中详细讲述。

3.2.9 递交投标文件

投标单位在招标文件要求提交投标文件的截止时间前，将所有准备好的投标文件密封送达投标地点。招标单位收到投标文件后应当签收保存，不得开启。投标单位在递交投标文件以后投标截止时间之前，可以对所递交的投标文件进行补充、修改或撤回，并书面通知招标单位，但所递交的补充、修改或撤回通知必须按招标文件的规定编制、密封和标志。补充、修改的内容为投标文件的组成部分。

3.2.10 出席开标会议

投标单位在编制、递交了投标文件后，要积极准备出席开标会议。参加开标会议对投标单位来说，既是权利也是义务。按照国际惯例，投标单位不参加开标会议的，视为弃权，其投标文件将不予启封、不予唱标、不允许参加评标。投标单位参加开标会议，要注意其投标文件是否被正确启封、宣读，对于被错误地认定为无效的投标文件或唱标出现的错误，应当场提出异议。

评标期间，评标委员会要求澄清投标文件中不清楚问题的，投标单位应积极予以说明、解释、澄清。澄清投标文件一般可以采用向投标单位发出书面询问，由投标单位书面做出说明或澄清的方式，也可以采用召开澄清会的方式。澄清会是评标委员会为有助于对投标文件的审查、评价和比较，而个别地要求投标单位澄清其投标文件(包括单价分析表)而召开的会议。在澄清会上，评标委员会有权对投标文件中不清楚的问题向投标单位提出询问。有关澄清的要求和答复，最后均应以书面形式进行。所说明、澄清和确认的问题，经招标单位和投标单位双方签字后，作为投标书的组成部分。在澄清会谈中，投标单位不得更改标价、工期等实质性内容，开标后和定标前提出的任何修改声明或附加优惠条件，一律不得作为评标的依据。但评标委员会按照投标须知规定，对确定为实质上响应招标文件要求的投标文件进行校核时发现的计算上或累计上的错误，可要求投标单位澄清。

3.2.11 接受中标通知书，签订合同

经评标，投标单位被确定为中标单位后，应接受招标单位发出的中标通知书。未中标的投标单位有权要求招标单位退还其投标保证金。中标单位收到中标通知书后，应在规定的时间和地点与招标单位签订合同。在合同正式签订之前，应先将合同草案报招标投标管理机构审查。经审查后，中标单位与招标单位在规定的期限内，根据《合同法》等有关规定，依据招标文件、投标文件签订合同。同时，中标单位按照招标文件的要求，提交履约保证金或履约保函，招标单位同时退还中标单位的投标保证金。中标单位如拒绝在规定的时间内提交履约担保和签订合同，招标单位报请招标投标管理机构批准同意后取消其中标资格，并按规定不退还其投标保证金，并考虑在其余投标单位中重新确定中标单位，与之签订合同或重新招标。中标单位与招标单位正式签订合同后，应按要求将合同副本分送有关主管部门备案。

3.3 投标报价

投标报价是在工程采用招标发包的过程中，由投标单位按照招标文件的要求，根据工程特点，并结合自身的施工技术、装备和管理水平，依据有关计价规定自主确定的工程造价，是投标单位希望达成工程承包交易的期望价格。

3.3.1 投标报价的编制原则

投标报价是投标过程中的关键性工作，投标报价编制和确定的最基本特征是投标单位自主报价。投标单位应遵循以下原则。

(1) 遵守有关规范、标准、设计文件和招标文件中有关投标报价的要求；遵守国家或省级、行业建设主管部门及其工程造价管理机构制定的有关工程造价的政策要求。

(2) 投标报价由投标单位自主确定，但不得低于成本，低于成本价竞标又不能合理说明或者提供相关证明材料的，作废标处理；也不得高于招标控制价。

(3) 投标报价要以招标文件中设定的承发包双方责任划分，作为考虑投标报价费用项目和费用计算的基础；根据工程承发包模式考虑投标报价的费用内容和计算深度。

(4) 以反映企业技术和管理水平的企业定额作为计算人工、材料和机械台班消耗量的基本依据。

(5) 以施工方案、技术措施等作为投标报价计算的基本条件。

(6) 充分利用现场考察、调研成果、市场价格信息和行情资料，编制基价，确定调价办法。

(7) 报价计算方法要科学严谨，简明适用。

(8) 实行工程量清单招标的，投标单位在投标报价时填写的工程量清单中的项目编号、项目名称、项目特征、计量单位、工程数量必须与招标文件中提供的一致。

3.3.2 投标报价的编制依据

投标文件应根据招标文件中的计价要求，按照下列依据自主报价。

(1)《建设工程工程量清单计价规范》(GB 50500—2013)。

(2) 国家或省级、行业建设主管部门颁发的计价办法。

(3) 企业定额、类似工程的成本核算资料，国家或省级、行业建设主管部门颁发的计价定额。

(4) 招标文件、工程量清单及其补充通知、答疑纪要。

(5) 建设工程设计文件及相关资料。

(6) 施工现场情况、工程特点及拟定的投标施工组织设计或施工方案。

(7) 与建设项目相关的标准、规范等技术资料。

(8) 市场价格信息或工程造价管理机构发布的工程造价信息。

(9) 其他与报价有关的各项政策、规定及调整系数等。

在标价的计算过程中，对于不可预见费用的计算必须慎重考虑，不要遗漏。

3.3.3 投标报价的编制方法

投标报价的编制主要是投标单位对承建招标工程所要发生的各种费用的计算。建筑工程计价模式分为定额计价模式和工程量清单计价模式。定额计价模式采用工料单价法，工程量清单计价模式采用综合单价法。

定额计价是按工程预算的方法编制的，即投标单位按照预算编制规定先计算工程量，再以建设行政主管部门批准的各种定额为依据计算直接费、间接费、利润和税金等费用，最后考虑一定的浮动率，确定总价；工程量清单计价则是投标单位针对招标单位提供的工程量清单，结合自身实际情况并考虑风险后自主确定综合单价，将工程量与该综合单价相乘得出合价，将全部合价汇总后得出总价。

采用不同的报价方法，投标报价的组成和计算也有所不同。

1. 定额计价模式

按定额计价模式编制的投标报价，主要由直接费、间接费、利润和税金四部分组成。工程项目的投标报价除了要考虑这四部分费用内容外，还要考虑工程实施中的不可预见费。

1）直接费

直接费由直接工程费和措施费组成。

(1) 直接工程费。直接工程费是指施工过程中耗费的构成工程实体的各项费用，包括人工费、材料费和施工机械使用费。

① 人工费。人工费是指直接从事建筑安装工程施工的生产工人开支的各项费用，包括以下内容。

a. 基本工资。

b. 工资性补贴。

c. 生产工人辅助工资。

d. 职工福利费。

e. 生产工人劳动保护费。

② 材料费。材料费是指施工过程中耗费的构成工程实体的原材料、辅助材料、构配件、零件、半成品的费用，包括以下内容。

a. 材料原价(或供应价格)。

b. 材料运杂费。

c. 运输损耗费。

d. 采购及保管费。

e. 检验试验费。

③ 施工机械使用费：施工机械使用费是指施工机械作业所发生的机械使用费以及机械安拆费和场外运费，包括以下内容。

a. 折旧费。

b. 大修费。

c. 经常修理费。

d. 安拆费及场外运费。

e. 燃料动力费。

f. 人工费。

g. 养路费、车船使用税及保险费。

(2) 措施费。措施费是指为完成工程项目施工，发生于该工程施工前和施工过程中非工程实体项目的费用，包括以下内容。

① 环境保护费。

② 文明施工费。

③ 安全施工费。

④ 临时设施费。

⑤ 夜间施工费。

⑥ 二次搬运费。

⑦ 大型机械设备进出场及安拆费。

⑧ 混凝土、钢筋混凝土模板及支架费。

⑨ 脚手架费。

⑩ 已完工程及设备保护费。

⑪ 施工排水、降水费。

2）间接费

间接费由规费、企业管理费组成。

(1) 规费。规费是指政府和有关部门规定必须缴纳的费用(简称规费)，包括以下内容。

① 工程排污费。

② 工程定额测定费。

③ 社会保障费(包括养老保险费、失业保险费、医疗保险费)。

④ 住房公积金。

⑤ 危险作业意外伤害保险。

(2) 企业管理费。企业管理费是指建筑安装企业组织施工生产和经营管理所需费用，包括以下内容。

① 管理人员工资。

② 办公费。

③ 差旅交通费。

④ 固定资产使用费。

⑤ 工具用具使用费。

⑥ 劳动保险费。

⑦ 工会经费。

⑧ 职工教育经费。

⑨ 财产保险费。

⑩ 财务费。

⑪ 税金。

⑫ 其他。

3）利润、税金和不可预见费

① 利润：利润是指投标单位完成所承包的工程预期获得的盈利。

② 税金：税金是指国家税法规定的应计入建筑安装工程造价内的营业税、城市维护建设税及教育费附加等。

③ 不可预见费：不可预见费(也可称为风险费)，是指工程建设过程中不可预测因素发生所需的费用。它可由风险因素分析予以确定，是建筑安装工程投标报价费用项目的重要组成部分。

2. 工程量清单计价模式

按工程量清单计价模式编制的投标报价由分部分项工程费、措施项目费、其他项目费、规费和税金五部分组成。

$$分部分项工程费=\sum 分部分项工程量\times相应分部分项工程综合单价（包括人工费、材料费、机械费、管理费、利润，并考虑风险费用）$$

$$措施项目费=\sum 措施项目费$$

$$其他项目费=招标单位部分金额+投标单位部分金额（暂列金额+材料暂估价+计日工+总承包服务费）$$

$$单项工程报价=\sum 单位工程报价$$

$$建设项目总报价=\sum 单项工程报价$$

1）分部分项工程费

分部分项工程费是指完成分部分项工程量清单项目所需的费用。

① 确定依据。工程量清单计价采用综合单价计价。确定分部分项工程量清单项目综合单价的最重要依据之一是该清单项目的特征描述。综合单价是完成一个规定计量单位的分部分项工程量清单项目或措施清单项目所需的人工费、材料费、施工机械费、企业管理费、利润以及一定范围的风险费用。在招投标过程中，当出现招标文件中分部分项工程量清单特征描述与设计图纸不符时，投标单位应以分部分项工程量清单的项目特征描述为准。

② 材料暂估价。招标文件中提供了暂估单价的材料，按暂估的单价计入综合单价。

③ 风险费用。招标文件中要求投标单位承担的风险费用，投标单位应考虑计入综合单价。

2）措施项目费

措施项目费是指分部分项工程费以外，为完成该工程项目施工必须采取的措施所需的费用。措施项目费包括通用措施项目费和专业措施项目费。

（1）通用措施项目。

① 现场安全文明施工。

② 夜间施工。

③ 二次搬运。

④ 冬、雨季施工。

⑤ 大型机械设备进出场及安拆。

⑥ 施工排水。

⑦ 施工降水。

⑧ 地上、地下设施，建筑物的临时保护设施。

⑨ 已完工程及设备保护。

（2）专业措施项目。根据工程实际情况选择或补充列项。

（3）措施项目费报价。措施项目费应根据招标文件中的措施项目清单及投标时拟定的施工组织设计或施工方案自主确定。措施项目清单计价应根据拟建工程的施工组织设计，可以计算工程量、适宜采用分部分项工程量清单方式的措施项目应采用综合单价计价；其余的措施项目可以采取以“项”为单位的方式计价，应包括扣除规费、税金外的全部费用。措施项目清单中的安全文明施工费应按照国家或省级建设行政主管部门的规定计价，不得作为竞争性费用。

3）其他项目费

其他项目费是指分部分项工程费和措施项目费以外的费用，该工程项目施工中可能发生的其他费用。

（1）其他项目清单。

① 暂列金额。

② 暂估价(包括材料暂估价、专业工程暂估价)。

③ 计日工(包括用于计日工的人工、材料、机械)。

④ 总承包服务费。

（2）其他项目费报价规定。

① 暂列金额应按招标单位在其他项目清单中列出的金额填写。

② 材料暂估价应按招标单位在其他项目清单中列出的单价计入综合单价；专业工程暂估价应按招标单位在其他项目清单中列出的金额填写。

③ 计日工按招标单位在其他项目清单中列出的项目和数量，自主确定综合单价并计算计日工费用。

④ 总承包服务费根据招标文件中列出的内容和提出的要求自主确定。

4）规费和税金

（1）规费项目清单。

① 工程排污费。

② 工程定额测定法。

③ 社会保障费(包括养老保险费、失业保险费、医疗保险费)。

④ 住房公积金。

⑤ 危险作业意外伤害保险。

（2）税金。税金包括营业税、城市维护建设税及教育费附加，按工程所在地相关主管部门规定的标准计取。

规费、税金、现场安全文明施工措施费为不可竞争性费用，必须按规定的标准计取，不得随意降低计取标准或让利。

3.3.4 投标报价的编制程序

1. 准备工作

要熟悉图纸和设计说明，不明确的地方要向发包方质疑。有必要时应踏勘现场，了解实地情况，作为编制施工方案、措施项目、计算风险费用等相关费用的依据。要了解招标文件规定的招标范围，材料、半成品和设备的加工订货情况，工程质量和工期的要求，物资供应方式等，对工程使用的材料、设备进行询价。

2. 计算造价

根据必需的资料，依据招标文件、设计图纸、施工组织设计、市场价格、相关定额及计价方法进行仔细的计算与分析。

3. 审核报价

计算得到造价后，必须进行细致的调整，根据掌握的有关信息和市场的动态分析，最后确定报价。

3.3.5 投标报价文件的编制和审核

1. 综合单价法编制投标价

用综合单价法编制投标价，就是根据招标文件中提供的各项目清单工程量，乘以相应的清单项目的综合单价并相加，即得到单位工程的费用，在此基础上运用一定的报价策略，获得工程投标报价。

用综合单价法编制投标价的步骤如下。

(1) 准备资料，熟悉施工图纸。广泛搜集、准备各种资料，包括施工图纸、设计要求、施工现场实际情况、施工组织设计、施工方案、现行的建筑安装预算定额(或企业定额)、取费标准和地区材料预算价格等。

(2) 测定分部分项工程清单项目的综合单价，计算分部分项工程费。分部分项工程清单项目的综合单价是确定投标报价的关键数据。由于工程投标报价所用的分部分项工程的工程量是招标文件中统一给定的，因此整个工程的投标报价是否具有竞争性主要取决于企业测定的各清单项目综合单价的高低。

例如，挖基础土方工程量在招标文件的工程量清单中是按基础垫层底面积乘以挖土深度计算的，未将放坡的土石方量计入工程量内。投标单位在投标报价时，可以按自己的企业水平和施工方案的具体情况，将基础土方挖填的放坡量计入综合单价内。显然，增加的量越小越有竞标优势。

综合单价测定出之后，用清单项目工程量乘以相应的综合单价，计算清单项目的工程费。

(3) 计算项目措施消耗的费用。项目措施费是为完成工程项目施工，发生于工程施工前和施工过程中的技术、生活、安全等方面的非工程实体项目费，如大型机械设备进出场及安拆费、脚手架费、混凝土(钢筋混凝土)模板及支架费等。

在计算完分部分项工程项目(其实质是工程实体项目)清单报价后，投标单位还要根据施工组织设计文件资料和招标文件，测算各项措施项目的工程量，根据企业定额或地方建筑工程预算定额的基价，计算措施项目费用。

(4) 计算其他项目消耗的费用。其他项目的消耗由投标单位根据招标文件给出的项目进行编制。

(5) 工程量清单计价格式的填写。工程量清单计价采用统一格式，随招标文件发送至投标单位，由投标单位填写。工程量清单计价格式由以下内容组成：封面；投标总价；工程项目总价表；单项工程费汇总表；单位工程费汇总表；分部分项工程量清单计价表；措施项目清单计价表；其他项目清单计价表；零星工作项目计价表；分部分项工程量清单综合单价分析表；措施项目费分析表；主要材料价格表。

2. 工料单价法编制投标价

工料单价法就是根据地区统一的单位估价表中的各项工程的定额基价，乘以相应的分项工程的工程量并相加，得到单位工程的人工费、材料费、机械使用费之和。再加上措施费、间接费、利润、税金，并考虑一定的报价策略，即可得到单位工程的投标报价。其操作步骤如图 3.1 所示。

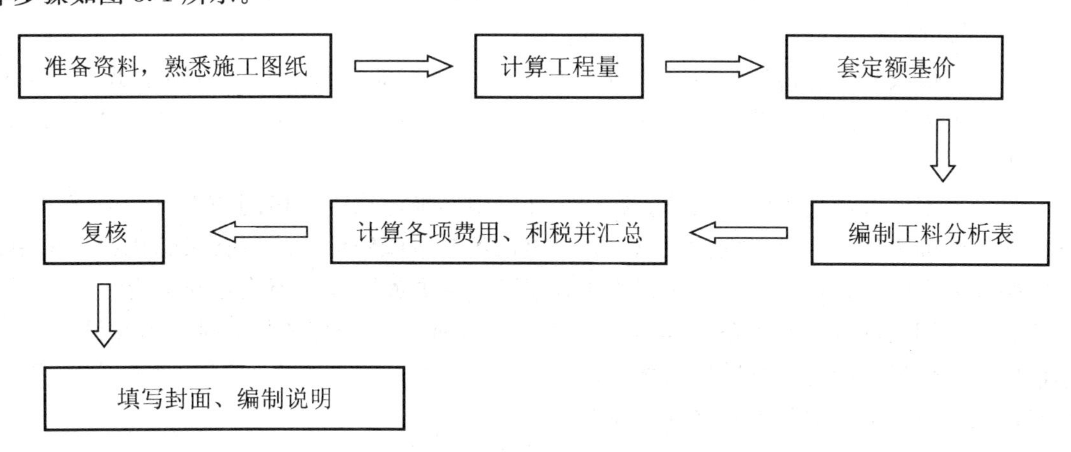

图 3.1 工料单价法编制投标价操作步骤

3. 投标价的审核

工程投标中，报价是工作的核心，在计算出投标价后，要对其进行审核。在审核阶段，可以利用相近工程的造价数据，与计算出来的投标工程的投标价进行对比，以此提高工作效率和中标率。这就要求施工企业要善于认真总结经验教训，及时将有关的数据记录整理下来，为以后的工作提供参考依据。

(1) 每单位建筑面积用工、用料数量指标。施工企业在施工中可以按工程类型的不同编制出各种工程的每单位建筑面积用工、用料的数量，将这些数据作为施工企业投标报价的参考值。

(2) 主要分部分项工程占工程实体消耗项目的比例指标。一个单位工程是由若干分部分项工程组成的，控制各分部分项工程的价格是提高报价准确度的重要途径之一。例如，一般民用建筑的土建工程，是由土方、基础、砖石、钢筋混凝土、木结构、金属结构、楼地面、屋面、装饰等分部分项工程构成的，它们在工程实体消耗项目中都有一个合理的大体比例。投标企业应善于利用这些数据审核各分部分项工程的小计价格是否存在特别过大或过小的偏差。

(3) 工、料、机三费占工程实体消耗项目的比例指标。在计算投标报价时，工程实体消耗项目中的工、料、机三费是计算投标报价的基础，这三项费用分别占工程实体消耗部分一个合理的比例，也可以根据这个比例审核投标报价的准确性。

3.3.6 投标报价的策略与技巧

1. 投标报价的策略

投标策略是指承包商在投标竞争中的系统工作部署，是参与投标竞争的方式和手段。投标策略作为投标取胜的方法和艺术，贯穿于竞标始终，主要包括以下内容。

(1) 以信取胜。依靠企业长期形成的良好社会信誉，技术和管理上的优势，优良的工程质量和服务措施，健全的质量保证体系，合理的价格和工期等因素争取中标。

(2) 以谦取胜。在保证施工质量和工期以及工程成本的前提下，降低报价对招标单位具有较强的吸引力。从投标单位的角度出发，采取这一策略也可能有长远的考虑，通过降低价格扩大工程来源，从而降低固定成本在各个工程上的返销比例，因此既能降低工程成本，又能为降低新投标工程的承包价格创造条件。

(3) 以快取胜。通过采取有效措施缩短施工工期，并保证进度计划的合理性和可行性，以及工程的高质量，从而使招标工程早投产、早收益，以吸引业主，同时也相应地降低了工程成本。

(4) 采用低报价高索赔的策略。在招标文件中不确定承包价格的条件下，可依据招标文件中不明确之处并有可能据此索赔时，可报低价先争取中标，再寻找索赔机会。采用这种策略就要求施工企业相关业务技术人员在索赔事务方面具有相当成熟的经验。

(5) 采用长远发展的策略。其目的不在于从当前的招标工程上获利，而着眼于发展，争取以后的优势，如为了开辟新市场，以及某项工程对企业未来发展有重要意义等，宁可在当前招标工程上以微利的价格参与竞争。

2. 投标报价的技巧

投标报价工作是一个十分复杂的系统工程，能否科学、合理地运用投标技巧，关系到最终能否中标，是整个投标报价工作的关键所在。通常投标单位使用的具体投标技巧有以下几种。

(1) 灵活报价法。灵活报价法是指根据招标工程的不同特点采用不同的报价。投标时既要考虑自身的优势和劣势，也要分析项目的特点。按照不同的特点、类别、施工条件等来选择报价。如遇到工程施工条件差、专业要求高的技术密集型工程而本单位有专长的工程；总价低的小工程，以及自己不愿意做、又不方便不投标的工程；特殊工程；工期要求急的工程；投标对手少的工程；支付条件不理想的工程等，报价可以相对高些。反之，施工条件好的工程；工作简单、工程量大、一般单位都能施工的工程；本企业在新地区开发市场或该地区面临工程结束、机械设备无工地转移时；本企业在该地区有在建工程，该招标项目能利用其他工程现有的设备、劳力资源，或短期内能突击完成的工程；投标对手多，竞争激烈的工程；非急需工程；支付条件好的工程；则报价需稍微低些。

(2) 不平衡报价法。不平衡报价法是指一个工程项目总报价基本确定后，通过调整内部各个项目的报价，以期既不提高总报价影响中标，又能在结算时得到理想的经济效益。一般可以考虑在以下几方面采用不平衡报价法：①能够早日结账收款的项目(如开办费、基础工程、土方开挖、桩基等)，可适当提高单价；②预计今后工程量会增加的项目，单价可适当提高；将工程量可能减少的项目单价降低，工程结算时损失不大；③设计图纸不明确，估计修改后工程量要增加的，可以提高单价，而工程内容说明不清楚的，价格可降低，待澄清后再要求提高价格；④暂定工程或暂定数额的报价。这类项目要具体分析，如果估计今后肯定要做的工程，价格可定得高一些，反之价格可低一些。

采用不平衡报价法一定要建立在对工程量仔细核对分析的基础上，特别是对报低单价的项目，如工程量在执行时增多，将造成承包商的重大损失；不平衡报价过多和过于明显，可能会引起招标单位反对，甚至导致废标。

(3) 记日工单价的报价。如果是单纯报计日工单价，而且不计入总价中，可以报高些，以便在招标单位额外用工或使用施工机械时实报实销，可多获利。但如果计日工单价要计入总报价时，则需具体分析是否报高价，以免抬高总报价。总之，要分析招标单位在开工后可能使用的计日工数量，再来确定报价方针。

(4) 突然降价法。由于投标竞争激烈，为迷惑对方，可在整个报价过程中，仍然按照一般情况进行，甚至有意泄露一些虚假情况，如宣扬自己对该工程兴趣不大，不打算参加投标(或准备投高标)，表现出无利可图不干等假象，到快投标截止时，再突然降价，从而使对手措手不及而败北。采用这种方法时，一定要在准备投标报价的过程中考虑好降价的幅度，在临近投标截止日期时，根据情报信息与分析判断，再做最后决策。如果由于采用突然降价法而中标，因为开标只降总价，在签订合同后可采用不平衡报价的方法调整项目内部各项单价，以期获得更好的效益。

(5) 低价投标夺标法。有的投标单位为了打进某一地区占领某一市场或为了争取未来的优势，依靠某国家、某财团和自身的雄厚资本实力，采取一种不惜代价、只求中标的低价报价方案，宁可目前少盈利或不盈利，或采用先亏后赢法，先报低价，然后利用索赔扭亏为盈。采用这种方法应首先确认招标单位是按照最低价确定中标单位，同时要求承包商拥有很强的索赔管理能力。

(6) 多方案报价法。对于一些招标文件，如果发现工程范围不是很明确，条款不清楚或很不公正，或技术规范要求过于苛刻时，投标单位将会承担较大风险，为了减少风险就须提高单价，增加不可预见费，但这样做又会因报价过高而增加投标失败的可能性。投标单位要在充分估计投标风险的基础上，按多个投标方案进行报价，即在投标文件中报两个价，即按原招标文件报一个价，然后再提出如果工程说明书或合同条件可做某些改变时的另一个较低的报价(需要加以注释)，这样可使报价降低，吸引招标单位。

(7) 联保法和捆绑法。联保法指在竞争对手众多的情况下，由几家实力雄厚的投标单位联合起来控制标价。大家保一家先中标，随后在第二次、第三次招标中，再用同样办法保第二家、第三家中标。这种联保方法在实际的招投标工作中很少使用。而捆绑法比较常用，即两三家公司，其主营业务类似或相近，单独投标会出现经验、业绩不足或工作负荷过大而造成高报价，失去竞争优势。以捆绑形式联合投标，可以做到优势互补、规避劣势、利益共享、风险共担，相对提高了竞争力和中标概率。这种方式目前在国内许多大项目中使用。

(8) 增加建议方案。有时招标文件中规定，可以提出建议方案，即可以修改原设计方案，提出投标单位的方案。这时投标单位应组织一批有经验的设计和施工工程师，对原招标文件的设计和施工方案进行仔细研究，提出更合理的方案以吸引招标单位，促成自己的方案中标。这种新的建议方案要可以降低总造价或提前竣工或使工程运用更合理。但要注意的是，对原招标方案一定要标价，以供招标比较。增加建议方案时，不要将方案写得太具体，保留方案的技术关键。防止招标单位将此方案交给其他承包商。同时要强调的是，建议方案一定要比较成熟，有很好的可操作性。

(9) 暂定工程量的报价。暂定工程量有以下 3 种。

① 招标单位规定了暂定工程量的分项内容和暂定总价款，并规定所有投标单位都必须在总报价中加入这笔固定金额，但由于分项工程量不很准确，允许将来按投标单位所报单价和实际完成的工程量付款。投标时应当对暂定工程量的单价适当提高。

② 招标单位列出了暂定工程量的项目的数量，但并没有限制这些工程量的估价总价

款，要求投标单位既列出单价，也应按暂定项目的数量计算总价，当将来结算付款时可按实际完成的工程量和所报单价支付。一般来说，这类工程量可以采用正常价格。

③ 只有暂定工程的一笔固定总金额，将来这笔金额做什么用，由招标单位确定。这种情况对投标竞争没有实际意义，按招标文件要求将规定的暂定款列入总报价即可。

（10）分包商报价的采用。总承包商在投标前找2～3家分包商分别报价，而后选择其中一家信誉较好、实力较强和报价合理的分包商签订协议，同意该分包商作为本分包工程的唯一合作者，并将分包商的姓名列到投标文件中，但要求该分包商相应地提交投标保函。如果该分包商认为这家总承包商确实有可能得标，他也许愿意接受这一条件。这种把分包商的利益同投标单位捆在一起的做法，不但可以防止分包商事后反悔和涨价，还可能迫使分包商报出较合理的价格，以便共同争取中标。

（11）无利润算标。缺乏竞争优势的承包商，在不得已的情况下，只好在算标中根本不考虑利润去夺标。这种办法一般是处于以下条件时采用：① 中标后，将大部分工程分包给索价较低的一些分包商；② 对于分期建设的项目，先以低价获得首期工程，而后赢得机会创造第二期工程中的竞争优势，并在以后的实施中赚得利润；③ 承包商没有在建的工程项目，再不得标，就难以维持生存。因此，虽然本工程无利可图，但可以有一定的管理费维持公司的日常运转。

3.4 建设工程施工投标文件的组成与编制

建设工程投标文件是招标单位判断投标单位是否愿意参加投标的依据，也是评标委员会进行评审和比较的对象，中标的投标文件还和招标文件一起成为招标单位和中标单位订立合同的法定根据，因此，投标单位必须高度重视建设工程投标文件的编制和递交工作。

3.4.1 建设工程投标文件的组成

建设工程投标文件是建设工程投标单位单方面阐述自己响应招标文件要求，旨在向招标单位提出愿意订立合同的意思表示，以及投标单位确定、修改和解释有关投标事项的各种书面表达形式的统称。从合同订立过程来分析，建设工程投标文件在性质上属于一种要约，其目的在于向招标单位提出订立合同的意愿。建设工程投标文件作为一种要约，必须符合一定的条件才能发生约束力。这些条件主要有以下几项。

（1）必须明确向招标单位表示愿以招标文件的内容订立合同的意思。

（2）必须对招标文件提出的实质性要求和条件做出响应，不得以低于成本的报价竞标。

（3）必须由有资格的投标单位编制。

（4）必须按照规定的时间、地点递交给招标单位。

凡不符合上述条件的投标文件，将被招标单位拒绝。

建设工程投标文件是由一系列有关投标方面的书面资料组成的。一般来说，投标文件由以下几个部分组成。

（1）投标书。

(2) 投标书附录。
(3) 投标保证金。
(4) 法定代表人资格证明书。
(5) 授权委托书。
(6) 具有标价的工程量清单与报价表。
(7) 辅助资料表。
(8) 资格审查表。
(9) 对招标文件中的合同协议条款内容的确认和响应。
(10) 施工组织设计。
(11) 按招标文件规定提交的其他资料。

投标单位必须使用招标文件提供的投标文件表格格式，但表格可以按同样格式扩展。招标文件中拟定的供投标单位投标时参照填写的一套投标文件的格式主要有投标书及投标书附录、工程量清单与报价表、辅助资料表等。

3.4.2 编制建设工程投标文件的步骤

投标单位在领取招标文件以后，就要进行投标文件的编制工作。编制投标文件的一般步骤如下。

(1) 熟悉招标文件、图纸、资料，对图纸、资料有不清楚、不理解的地方，可以用书面或口头方式向招标单位询问、澄清。
(2) 参加招标单位施工现场情况介绍和答疑会。
(3) 调查当地材料供应和价格情况。
(4) 了解交通运输条件和有关事项。
(5) 编制施工组织设计，复查、计算图纸工程量。
(6) 编制或套用投标单价。
(7) 计算取费标准或确定采用取费标准。
(8) 计算投标造价。
(9) 核对调整投标造价。
(10) 确定投标报价。

3.4.3 编制建设工程投标文件的注意事项

编制投标文件时应注意以下事项。

(1) 投标保证金、履约保证金的方式，按招标文件有关条款的规定进行选择。投标单位根据招标文件的要求和条件填写投标文件的空格时，凡要求填写的空格都必须填写，不得空着不填；否则，即被视为放弃意见。实质性的项目或数字如工期、质量等级、价格等未填写的，将被作为无效或作废的投标文件处理。将投标文件按规定的日期送交招标单位，等待开标、决标。

(2) 应当编制的投标文件“正本”仅一份，“副本”则按招标文件前附表所述的份数提供，同时要明确标明“投标文件正本”和“投标文件副本”字样。投标文件正本和副本如有不一致之处，以正本为准。

（3）投标文件正本与副本均应使用不能擦去的墨水书写或打印，各种投标文件的填写都要字迹清晰、端正，补充设计图纸要整洁、美观。

（4）所有投标文件均由投标单位的法定代表人签署、加盖印鉴，并加盖法人单位公章。

（5）填报投标文件应反复校核，保证分项和汇总计算均无错误。全套投标文件均应无涂改和行间插字，除非这些删改是根据招标单位的要求进行的，或者是投标单位造成的必须修改的错误。修改处应由投标文件签字人签字证明并加盖印鉴。

（6）如招标文件规定投标保证金为合同总价的某百分比时，开投标保函不要太早，以防泄漏己方报价。但有的投标单位提前开出并故意加大保函金额，以麻痹竞争对手的情况也是存在的。

（7）投标单位应将投标文件的正本和每份副本分别密封在内层包封中，再密封在一个外层包封中，并在内包封上正确标明“投标文件正本”和“投标文件副本”。内层和外层包封都应写明招标单位名称和地址、合同名称、工程名称、招标编号，并注明开标时间以前不得开封。在内层包封上还应写明投标单位的名称与地址、邮政编码，以便投标出现逾期送达时能原封退回。如果内外层包封没有按上述规定密封并加写标志，招标单位将不承担投标文件错放或提前开封的责任，由此造成的提前开封的投标文件将被拒绝，并退还给投标单位。投标文件递交至招标文件中附表所述的单位和地址。

3.4.4 建设工程投标文件的递交

投标单位应在招标文件中附表规定的日期内将投标文件递交给招标单位。招标单位可以按招标文件中投标须知规定的方式，酌情延长递交投标文件的截止日期。在上述情况下，招标单位与投标单位之前在投标截止日期方面的全部权利、责任和义务，将适用于延长后新的投标截止日期。在投标截止日期以后送达的投标文件，招标单位应当拒收，已经收下的也须原封退给投标单位。

投标单位可以在递交投标文件以后，在规定的投标截止时间之前，采用书面形式向招标单位递交补充、修改或撤回其投标文件的通知。在投标截止日期以后，不能更改投标文件。投标单位的补充、修改或撤回通知，应按招标文件中投标须知的规定编制、密封、加写标志和递交，并在内层包封标明“补充”“修改”或“撤回”字样。补充、修改的内容为投标文件的组成部分。根据投标须知的规定，在投标截止时间与招标文件中规定的投标有效期终止日之间的这段时间内，投标单位不能撤回投标文件，否则其投标保证金将不予退还。

投标单位递交投标文件不宜太早，一般在招标文件规定的截止日期前一两天内密封送交指定地点比较好。

3.5 建设工程施工投标案例

下面简要介绍工程量清单模式下的投标文件的基本格式和基本内容。

建设工程施工投标文件

招标编号：________________________

工程名称：________________________

投标单位：________________________（盖公章）

法定代表人或其委托代理人：__________（签字或盖章）

中介机构（如委托代理）：__________（盖公章）

法定代表人或其委托代理人：__________（签字或盖章）

日期：______年______月______日

施工投标文件

（封面）

工程名称：________________________

投标文件内容：______投标文件投标函格式______

投标单位：__________（盖公章）__________

法定代表人或委托代理人：______（签字或盖章）______

日期：______年______月______日

目　　录

1. 法定代表人资格证明书
2. 投标文件签署授权委托书
3. 投标函
4. 投标函附录
5. 投标担保

(1) 投标银行保函。

(2) 投标担保书。

6. 招标文件要求投标单位提交的其他投标资料(本项无表格，需要时由招标单位用文字提出)

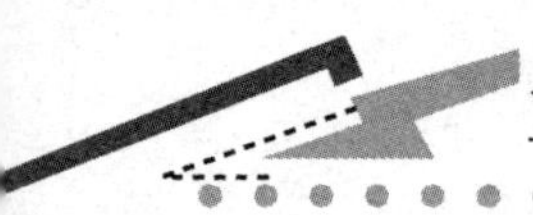

法定代表人资格证明书

单位名称：________________

地　　址：__________________

姓　　名：_______性别：_______年龄：_______职务：_______

系(投标单位名称)的法定代表人。施工、竣工和保修__________的工程，签署上述工程的投标文件、进行合同谈判、签署合同和处理与之有关的一切事务。

特此证明。

附：法定代表人身份证复印件

投标单位：__________________(盖章)

日　　期：_______年_______月_______日

授权委托书

本授权委托书声明：我×××　系(投标单位名称)法定代表人，现授权委托(投标单位名称)的×××为我公司签署本工程已递交的投标文件的法定代表人的授权委托代理人，代理人全权代表我所签署的本工程已递交的投标文件内容我均承认，并处理招标投标和合同签订的有关事宜。

代理人无转委托权，特此委托。

代理人：_______性别：_ 年龄：___

身份证号码：_________　职务：_____

投 标 单 位：____________________(盖章)

法定代表人：×××(签字或盖章)

授权委托日期：_______年_______月_______日

投　标　函

致：(招标单位名称)

(1) 根据已收到贵方的招标编号为_______的___________工程的招标文件，遵照《中华人民共和国招标投标法》等有关规定，我单位经考察现场和研究上述招标文件的投标须知、合同条款、技术规范、图纸和工程量清单及其他有关文件后，我方愿以人民币(大写)_________元(RMB：__________元)的投标报价并按上述图纸、合同条款、技术规范和工程量清单的条件要求承包上述工程的施工、竣工并承担任何质量缺陷保修责任。

(2) 我方已详细审核全部招标文件及有关附件，并响应招标文件所有条款。

(3) 我方承认投标函附录是我方投标函的组成部分。

(4) 一旦我方中标，我方保证在合同协议书中规定的开工日期开始施工，并在合同协议书中规定的预计竣工日期完成和交付全部工程，即在_______年_______月_______日开工，_______年_______月_______日竣工，共计_______日历天内竣工并移交全部工程。

(5) 如果我方中标，我方将按照规定提交上述总价_______%的银行保函或上述总价_______%的由具有独立法人资格的经济实体企业出具的履约担保书作为履约但保，共同地或分别地承担责任。

(6) 我方同意所递交的投标文件在“投标须知”规定的投标有效期内有效，在此期间内我方的投标有可能中标，我方将受此约束。

(7) 除非另外达成协议并生效，贵方的中标通知书和本投标文件将构成约束我们双方的合同文件组成部分。

(8) 我方的金额为人民币(大写)伍万元的投标保证金与本投标函同时递交。

投标单位：______________________(盖章)
单位地址：______________________
法定代表人或其委托代理人：________(签字或盖章)
邮政编码：×××
电话：×××
传真：×××
开户银行名称：×××银行××支行
开户银行账号：×××
开户银行地址：××路××号
开户银行电话：×××
日期：××年××月××日

表3-1 投标函附录

序号	项目内容	合同条款号	约定内容	备注
1	履约保证金 银行保函金额 履约担保书金额		合同价款的(　　)% 合同价款的(　　)% 合同价款的(　　)%	
2	施工准备时间		签订合同后(　　)天	
3	误期违约金额		(　　)元/天	
4	误期赔偿费限额		合同价款的(　　)%	
5	提前工期奖		(　　)元/天	
6	施工总工期		(　　)日历天	
7	质量标准			
8	工程质量违约金最高限额		(　　)元	
9	预付款金额		合同价款的(　　)%	
10	预付款保函金额		合同价款的(　　)%	
11	进度款付款时间		签发月付款凭证后(　　)天	
12	竣工结算款付款时间		签发竣工结算付款凭证后(　　)天	
13	保修期		依据保修书约定的期限	
14	……		……	

投标保证金银行保函

致：招标单位全称

鉴于(投标单位名称)(以下简称“投标单位”)于________年________月________日参加(招标单位名称)(以下简称“招标单位”)招标编号为(招标文件编号)的(工程项目名称)工程的投标。

本(银行名称)(以下简称“本银行”)受该投标单位委托，在此无条件地，不可撤销地承担向招标单位支付总金额人民币________元的责任。

本责任的条件如下。

一、如果投标单位在招标文件规定的投标有效期内撤回投标。

二、如果投标单位在投标有效期内收到招标单位的中标通知书后。

(1) 不能或拒绝按投标须知的要求签署合同协议书。

(2) 不能或拒绝按投标须知规定提交履约保证金。

只要招标单位指明投标单位出现上述情况的条件，则本银行在接到你方以书面形式的通知要求后，就支付上述金额之内的任何金额，并不需要招标单位申述和证实其他的要求。

本保函在投标有效期后或招标单位这段时间内延长的招标有效期 28 天后保持有效，本银行不要求得到延长有效期的通知，但任何索款要求应在有效期内送到银行。

银行名称：______________________________（盖章）

法定代表人或授权委托代理人：____________（签字或盖章）

银行地址：____________________________________

邮政编码：________________电话：________________

日期：________年________月________日

注：如果用银行汇票、支票或现金提供投标保证金时则不提交本保函。

（如：在投标文件送达前已提交投标保证金的请附已提交凭证）

投标担保书

致：(招标单位名称)

根据本担保书，(投标单位名称)（以下简称“投标单位”）作为委托人和(担保机构名称)作为担保人（以下简称“担保人”）共同向(招标单位名称)（以下简称“招标单位”）承担支付（币种，金额，单位）____元（RMB________元）的责任，投标单位和担保人均受本担保书的约束。

鉴于投标单位于________年________月________日参加招标单位的(工程项目名称)的投标，本担保人愿为投标单位提供投标担保。

本担保书的条件是，如果投标单位在投标有效期内收到你方的中标通知书后：

(1) 不能或拒绝按投标须知的要求签署合同协议书。

(2) 不能或拒绝按投标须知的规定提交履约保证金。只要你方指明产生上述任何一种情况的条件时，则本担保人在接到你方以书面形式的要求后，即向你方支付上述全部款额，无须你方提出充分证据证明其要求。

本担保人不承担支付下述金额的责任。

(1) 大于本担保书规定的金额。

(2) 大于投标单位投标价与招标单位中标价之间的差额的金额。

担保人在此确认，本担保书责任在投标有效期或延长的投标有效期满后 28 天内有效，若延长投标有效期无须通知本担保人，但任何索款要求应在上述投标有效期内送达本担保人。

担保人：______________________________（盖章）

法定代表人或委托代理人：________________（签字或盖章）

地址：____________________________________

邮政编码：________________________________

日期：________年________月________日

施工投标文件

（封面）

工程名称：____________________________

投标文件内容：　　投标文件商务部分格式

法定代表人或委托代理人：____________（签字或盖章）

投标单位：____________________________（盖公章）

日期：________年________月________日

投标报价说明

(1) 本报价依据本工程投标单位须知和合同文本的有关条款进行编制。

(2) 工程量清单标价表中所填入的综合单价和合价均包括人工费、材料费、机械费、管理费、利润、税金以及采用固定价格的工程所测算的风险金等全部费用。

(3) 措施项目标价表中所填入的措施项目报价，包括为完成本工程项目施工必须采取的措施所发生的费用。

(4) 其他项目标价表中所填入的其他项目标价，包括工程量清单报价表和措施项目报价表以外的，为完成本工程项目施工必须发生的其他费用。

(5) 本工程量清单报价表的每一单项均应填写单价和合价，对没有填写单价和合价的项目费用，视为已包括在工程量清单的其他单价和合价之中。

(6) 本报价的币种为人民币。

(7) 投标单位应将投标报价需要说明的事项用文字书写，与投标报价表一并报送。

附：

(1) 工程量清单及计价表式(不得随意修改)。

① 工程量清单报价封面。

② 工程量清单报价总说明。

③ 投标总价封面。

④ 表 3-2　工程项目报价汇总表。

⑤ 表 3-3　单位工程报价汇总表。

⑥ 表 3-4　分部分项工程量清单及计价表。

⑦ 表 3-5　组织措施项目(整体)清单及计价表。

⑧ 表 3-6　组织措施项目(专业工程)清单及计价表。

⑨ 表 3-7　技术措施项目清单及计价表。

⑩ 表 3-8　安全施工措施项目清单及计价表。

⑪ 表 3-9　文明施工措施项目清单及计价表。

⑫ 表 3-10　环境保护措施项目清单及计价表。

⑬ 表 3-11　临时设施措施项目清单及计价表。

⑭ 表 3-12　其他项目清单及计价表。

⑮ 表 3-13　零星工作项目及计价表。

⑯ 表 3-14　主要工日价格表。

⑰ 表 3-15　主要材料(设备)价格表。

⑱ 表 3-16　主要机械台班价格表。

(2) 工程量清单报价分析表。

① 表 3-17　分部分项工程量清单综合单价分析表。

② 表 3-18　措施项目费分析表。

③ 表 3-19　综合单价工料机分析表。

④ 表 3-20　措施项目工料机分析表。

(3) 工程量清单编制总说明中明确投标单位具体需填报的表格。

______________ 工程 （招标编号：　　　　　）

工 程 量 清 单 报 价

投　标　人：______________（单位盖章）
法 定 代 表 人：______________（签字或盖章）
中　介　机　构：______________（盖单位公章及成果章）
法 定 代 表 人：______________（签字或盖章）
注册造价工程师：______________（签字及盖执业专用章）
概 预 算 人 员：______________（签字及盖资格章）
编　制　时　间：______________

工程量清单报价总说明

投标单位：__________（盖章）　　法定代表人或委托代理人：__________（签字或盖章）

投 标 总 价

建设单位：______________
工程名称：______________
投标总价(小写)：______________
　　　　(大写)：______________

投　标　人：__________（单位盖章）
注册造价工程师：__________（签字及盖执业专用章）
概 预 算 人 员：__________（签字及盖资格章）

编　制　时　间：__________

表 3-2　工程项目报价汇总表

建设单位和工程名称：

序号	内　容	报价/元
一	单位工程费合计	
1	(单位工程 1，如 1 号楼)	
2	(单位工程 2)	
二	未纳入单位工程费的其他费用 [(一)+(二)+(三)+(四)+(五)]	

续表

序号	内　　容	报价/元
(一)	整体措施项目清单(1+2)	
1	组织措施项目清单	
2	技术措施项目清单	
(二)	整体其他项目清单	
(三)	整体措施项目规费［(一)×费率］	
(四)	农民工工伤保险｛［(一)+(二)+(三)］×费率｝	
(五)	税金｛［(一)+(二)+(三)+(四)］×费率｝	
	总报价(一 + 二)	

总报价(大写)：

注：1. 本表适用于①有2个及以上单位工程的群体项目的总报价汇总；②单位工程发包且有2个及以上专业工程分部分项工程量清单的招标项目总报价汇总。

2. 本表中的整体项目措施清单报价指根据招标单位要求和项目特点应从招标项目整体上考虑的措施项目报价。

3. 本表中的整体其他项目清单报价指根据招标单位要求需按招标项目整体考虑的其他项目清单报价。

4. 本表中的规费指整体措施清单项目应计取的规费。

5. 本表中的税金指未纳入单位工程费的其他项目清单、整体措施项目清单以及相应规费等费用应计取的税金。

投标单位：__________(盖章)　法定代表人或委托代理人：__________(签字或盖章)

表3-3　单位工程报价汇总表

建设单位和工程名称：

单位工程名称：

序号	内　　容	报价合计/元	(清单号)(土建工程)	(清单号)(安装工程)
一	分部分项工程量清单			
二	措施项目清单(1+2)			
1	组织措施项目清单			
2	技术措施项目清单			
三	其他项目清单			
四	规费［(一+二)×费率］			
五	农民工工伤保险［(一 + 二+三+四)×费率］			
六	税金［(一 + 二+三+四+五)×费率］			
七	总报价(一+二+三+四+五+六)			

总报价(大写)：

注：本表适用于①只有1个专业工程分部分项工程量清单的单位工程发包项目的报价汇总；②其余招标项目的单位工程报价汇总。

投标单位：__________(盖章)　法定代表人或委托代理人：__________(签字或盖章)

表 3-4 分部分项工程量清单及计价表(__号清单)

单位工程及专业工程名称：　　　　　　　　　　　　　　　　第　页　共　页

序号	项目编码	项目名称	计量单位	数量	综合单价/元	合价/元	其中/元		备注
							人工费	机械费	
(1)	(2)	(3)	(4)	(5)	(6)	(7)	(8)	(9)	(10)
		合计							

注：表中(1)(2)(3)(4)(5)栏由招标单位提供；(10)由招标单位按需提供，如招标单位需要投标单位提供清单项目综合单价的计算分析和工料分析，请在(10)备注中明确。

投标单位：＿＿＿＿（盖章）　　　法定代表人或委托代理人：＿＿＿＿（签字或盖章）

表 3-5 组织措施项目(整体)清单及计价表

工程名称：　　　　　　　　　　　　　　　　第　页　共　页

序号	项目名称	单位	数量	金额/元	备注
(1)	(2)				
一	安全防护、文明措施项目				
1	安全施工				提供分析清单
2	文明施工				提供分析清单
3	环境保护				提供分析清单
4	临时设施				提供分析清单
二	其他组织措施项目				
5	夜间施工				
6	缩短工期增加				
7	已完工程保护				
8	材料二次搬运				
三	工程质量检验试验费				
合计					

注：1. 表中列项供参考，(1)(2)由招标单位提供，投标单位可按工程实际作补充。

2. 措施项目应分整体措施项目和专业工程措施项目，安全防护、文明措施项目(环境保护、文明施工、安全施工、临时设施项目)应按招标项目整体报价，其他组织措施项目请投标单位自行决定按整体项目还是按专业工程分部分项工程量清单报价(见表 3-6)。

投标单位：＿＿＿＿（盖章）　　　法定代表人或委托代理人：＿＿＿＿（签字或盖章）

表 3-6 组织措施项目(专业工程)清单及计价表

工程名称： 单位工程：

对应的分部分项工程量清单号： 第 页 共 页

序号	项 目 名 称	单 位	数 量	金额/元	备 注
(1)	(2)				
1	夜间施工				
2	缩短工期增加				
3	已完工程保护				
4	材料二次搬运				
合计					

注：1. 表中列项供参考，(1)(2)由招标单位提供，投标单位可按工程实际作补充。

2. 当招标项目为单位工程发包且只有1个分部分项工程量清单时，组织措施项目清单按表3-5报价。

投标单位：________(盖章) 法定代表人或委托代理人：________(签字或盖章)

表 3-7 技术措施项目清单及计价表

工程名称： 单位工程：

对应的分部分项工程量清单号： 第 页 共 页

序号	项 目 名 称	单位	数量	金额/元	其中/元		备注
					人工费	机械费	
(1)	(2)	(3)			/	/	
1	大型机械设备进出场及安拆						(提供分析)
2	混凝土、钢筋混凝土模板及支架						(提供分析)
3	脚手架						(提供分析)
4	施工降水、排水						(提供分析)
合计							

注：1. 表中(1)(2)(3)栏由招标单位提供，投标单位对具体项目可作补充。

2. 大型机械设备进出场及安拆费不需要提供其中的人工费和机械费。如需投标单位提供分析清单，请在备注中明确。

3. 措施项目应分整体措施项目和专业工程措施项目，如为整体措施项目，表头中只须填报工程名称。

投标单位：________(盖章) 法定代表人或委托代理人：________(签字或盖章)

表 3-8　安全施工措施项目清单及计价表

工程名称：　　　　　　　　　　　　　　　　　　　　第　页　共　页

序号 (1)	措施项目名称 (2)	单位 (3)	数量	单价/元	合价/元	备注
一	安全施工					
(一)	安全防护					
1	安全网	m^2				垂直外立面
2	防护栏杆	m				防护长度
3	防护门	m^2				
4	防护棚	m^2				防护面积
5	断头路阻挡墙	m^3				
6	安全隔离网	m^2				爆破工程
7	其他					
(二)	高处作业					
1	临边防护栏杆	m				防护长度
2	高压线安全措施	元				
3	起重设备防护措施	元				
4	外用电梯防护措施	元				
5	其他					
(三)	深基坑(槽)					
1	护栏	m				
2	临边围护	m				
3	上下专用通道	m^2				含安全爬梯
4	基坑支护变形监测	元				
5	其他					
(四)	外架					
1	密目网	m^2				
2	水平隔离封闭设施	m				
3	其他					
(五)	井架					
1	防护棚	m^2				
2	架体围护	m^2				
3	对讲机	套				
4	其他					
(六)	消防器材、设施					
1	灭火器	只				

续表

序号 (1)	措施项目名称 (2)	单位 (3)	数量	单价/元	合价/元	备注
2	消防水泵	台				
3	水枪、水带	套				
4	消防箱	只				
5	消防立管	m				
6	危险品仓库搭建	m^2				
7	单独供电系统	元				
8	防雷设施	元				
9	其他					
(七)	特殊工程安全措施					
1	特殊作业防护用品	元				
2	救生设施	元				
3	救生衣	件				
4	防毒面具	付				
5	其他					
(八)	安全标志					
1	标牌、标识	元				
2	交叉口闪光灯	处				
3	航标灯	处				通航要求
4	其他					
(九)	安全专项检测					
1	塔吊检测	元				
2	人货两用电梯检测	元				
3	钢管、扣件检测费	元				
4	起重机械监察费	元				
5	挂篮检测费	元				
6	缆绳检测费	元				
7	其他					
(十)	安全教育培训	元				
(十一)	现场安全保卫	元				
(十二)	其他	元				
合计						

注：表中(1)(2)(3)栏由招标单位根据具体工程特点提供，投标单位可补充。安全施工措施项目应按招标项目整体报价。

投标单位：＿＿＿＿（盖章）　　法定代表人或委托代理人：＿＿＿＿（签字或盖章）

表 3-9　文明施工措施项目清单及计价表

工程名称：　　　　　　　　　　　　　　　　　　　　　　　　　　第　页　共　页

序号 (1)	措施项目名称 (2)	单位 (3)	数量	单价/元	合价/元	备注
(一)	施工现场标牌					
1	门楼	处				市政工程
2	标牌	块				
3	效果图	块				
4	其他					
(二)	现场整洁					
1	围墙	m				按标准设置
2	彩钢板围护	m				按标准设置
3	地坪硬化	m^2				
4	大门(封闭管理)	扇				
5	其他					
合计						

注：表中(1)(2)(3)栏由招标单位根据具体工程特点提供，投标单位可补充。文明施工措施项目应按招标项目整体报价。

投标单位：________（盖章）　　法定代表人或委托代理人：________（签字或盖章）

表 3-10　环境保护措施项目清单及计价表

工程名称：　　　　　　　　　　　　　　　　　　　　　　　　　　第　页　共　页

序号	项目名称	单　位	数　量	单价/元	合价/元	备　注
1	现场绿化	m^2				
2	冲洗设施	套				
3	扬尘控制费用	元				
4	污水处理费用	元				特殊工程要求
5	车辆密封费用	元				
6	其他					
合计						

注：表中(1)(2)(3)栏由招标单位根据具体工程特点提供，投标单位可补充。环境保护措施项目一般应按招标项目整体报价。

投标单位：________（盖章）　　法定代表人或委托代理人：________（签字或盖章）

表 3－11 临时设施措施项目清单及计价表

工程名称： 第 页 共 页

序号 (1)	措施项目名称 (2)	单位 (3)	数量	单价/元	合价/元	备 注
（一）	办公用房	m^2				
（二）	生活用房					
1	宿舍	m^2				
2	食堂	m^2				
3	厕所	m^2				
4	浴室	m^2				
5	空调（含运行费用）	台				
6	其他					休息场所、文化娱乐设施等
（三）	生产用房（仓库）	m^2				
（四）	临时用电设施					
1	总配电箱	只				
2	分配电箱	只				
3	开关箱	只				
4	临时用电线路	m				
5	接地保护装置	处				
6	发电机	台				
7	其他					附近外电线路防护设施等
（五）	临时供水	m				按管道长度
（六）	临时排水	m				按管道长度
（七）	其他					
合计						

注：表中(1)(2)(3)栏由招标单位根据具体工程特点提供，投标单位可补充。临时设施措施项目应按招标项目整体报价。

投标单位：________（盖章） 法定代表人或委托代理人：________（签字或盖章）

表3-12 其他项目清单及计价表

工程名称：

单位工程名称：　　　　　　　　　　　　　　　　　　　　　　第　页　共　页

序号	项目名称	金额/元
(一) 1	招标单位部分 预留金	
	小计	
(二) 1 2	投标单位部分 总承包服务费 零星工作项目	
	小计	
	合计	

投标单位：＿＿＿＿(盖章)　　　法定代表人或委托代理人：＿＿＿＿(签字或盖章)

表3-13 零星工作项目及计价表

工程名称：

单位工程名称：　　　　　　　　　　　　　　　　　　　　　　第　页　共　页

序号	名 称	计量单位	数 量	综合单价/元	合价/元
(1)	(2)	(3)	(4)		
1	人工				
	小 计				
2	材料				
	小计				
3	机械				
	小计				
	合计				

注：表中(1)(2)(3)(4)由招标单位按需要提出。

投标单位：＿＿＿＿(盖章)　　　法定代表人或委托代理人：＿＿＿＿(签字或盖章)

表3-14 主要工日价格表

工程名称：　　　　　　　　　　　　　　　　　　　　　　　第　页　共　页

序　号	工　种	单　位	数　量	单价/元
(1)	(2)	工日		

注：本表(1)(2)栏由招标单位按需要提出。

投标单位：＿＿＿＿（盖章）　　法定代表人或委托代理人：＿＿＿＿（签字或盖章）

表3-15 主要材料(设备)价格表

工程名称：　　　　　　　　　　　　　　　　　　　　　　　第　页　共　页

序号	编码	材料(设备)名称	规格、型号等	单　位	数　量	单价/元	备注
(1)	(2)	(3)	(4)	(5)	(6)	(7)	(8)

注：1. 表(1)(2)(3)(5)栏由招标单位按需要提出，投标单位可补充；(4)(7)(8)栏由投标单位填写。

2. 招标单位指定、提供和暂定材料、设备，按杭州市清单实施细则第二十六条的规定填写。

投标单位：＿＿＿＿（盖章）　　法定代表人或委托代理人：＿＿＿＿（签字或盖章）

表 3-16 主要机械台班价格表

工程名称：　　　　　　　　　　　　　　　　　　　　　　　　第　页　共　页

序号	机械设备名称	单　位	数　量	单价/元
(1)	(2)	台班		

注：表(1)(2)由招标单位按需要提出，投标单位可补充。

投标单位：________(盖章)　　法定代表人或委托代理人：________(签字或盖章)

表 3-17 分部分项工程量清单综合单价分析表

工程名称：　　　　　　　　　　清单号：　　　　　　　　　　第　页　共　页

序号	编　号	名　称	计量单位	数量	综合单价/元						
					人工费	材料费	机械费	管理费	利润	风险费用	小计
(1) 1 2	(2) (清单编码) (定额编号) (清单编码) (定额编号)	(3) (清单名称) (定额名称) (清单名称) (定额名称)		(4)	(5)	(6)	(7)				(8)
合　计											

注：表(1)(2)(3)栏中清单编号和清单名称由招标单位按需要提出。

投标单位：________(盖章)　　法定代表人或委托代理人：________(签字或盖章)

表 3-18 措施项目费分析表

工程名称：　　　　　　　　　　单位工程名称：　　　　　　　　第　页　共　页

编号编号	名　称	计量单位	数量	综合单价/元						
				人工费	材料费	机械费	管理费	利润	风险费用	小计
(1) 1 (定额编号) (定额编号) 2 (定额编号) (定额编号)	(2) (措施项目名称) (定额名称) (定额名称) (措施项目名称) (定额名称) (定额名称)		(3)							(4)

注：表(1)(2)栏中措施项目名称由招标单位按需要提出。

投标单位：________(盖章)　　法定代表人或委托代理人：________(签字或盖章)

表 3－19 综合单价工料机分析表

项目编码： 单位：

项目名称： 工程数量：

综合单价： 合价： 第 页 共 页

序号	名称及规格	单 位	数 量	金额/元	
				单 价	合 价
一	直接费	元			
1	人工费	元			
2	材料费	元			
3	机械费	元			
二	管理费	元			
三	利润	元			
四	风险费用	元			
五	合 计	元			

注：此表适用于分部分项工程量清单项目。

投标单位：________（盖章） 法定代表人或委托代理人：________（签字或盖章）

表 3－20 措施项目工料机分析表

项目编码： 单位：项

项目名称：

综合单价： 合价： 第 页 共 页

序号	名称及规格	单 位	数 量	金额/元	
				单 价	合 价
一	直接费	元			
1	人工费	元			
2	材料费	元			

续表

序号	名称及规格	单　位	数　量	金额/元	
				单　价	合　价
3	机械费	元			
二	管理费	元			
三	利润	元			
四	风险费用	元			
五	合 计	元			

注：此表适用于技术措施项目清单。

投标单位：________（盖章）　　法定代表人或委托代理人：________（签字或盖章）

施工投标文件

（封面）

工程名称：________

投标文件内容：投标文件技术部分格式

投标单位：________（盖章）

法定代表人或委托代理人：________（签字或盖章）

日期：____年____月____日

目　录

施工投标文件

一、施工组织设计

(1) 投标单位应编制递交完整的施工组织设计，施工组织设计应包括招标文件第一卷第一章投标须知11.4项规定的施工组织设计基本内容。编制的具体要求是：编制时应采用文字形式并结合图表阐述说明各分部分项工程的施工方法；施工机械设备、劳动力、计划安排；结合招标工程特点提出切实可行的工程质量、安全生产、文明施工、工程进度技术组织措施，同时应对关键工序、复杂环节重点提出相应技术措施，如冬、雨季施工技术措施，减少扰民噪音、降低环境污染技术措施，地下管线及其他地上地下设施的保护加固措施等。

(2) 施工组织设计除采用文字表述外应附下列图表，图表及格式要求附后。

① 表3-21　拟投入的主要施工机械设备表。

② 表3-22　劳动力计划表。

③ 表3-23　计划开、竣工日期和施工进度网络图(略)。

④ 表3-24　施工总平面布置图(略)。

⑤ 表 3－25 临时用地表。

表 3－21 拟投入的主要施工机械设备表

序号	机械或设备名称	型号规格	数量	国别产地	制造年份	额定功率/kW	生产能力	用于施工部位	备注

表 3－22 劳动力计划表

单位：人

	按工程施工阶段投入劳动力情况						

注：投标单位应按所列格式提交包括分包在内的劳动力计划表。本计划表是以每班八小时工作制为基础的。

表 3－23 计划开、竣工日期和施工进度网络图(略)

投标单位应提交的施工进度网络图或施工进度表，说明按招标文件要求的工期进行施工的各个关键日期。中标的投标单位还要按合同条件有关条款的要求提交详细的施工进度计划。

施工进度表可采用关键线路网络图(或横道图)表示，说明计划开工日期和各分项工程各阶段的完工日期和分包合同签订的日期。

施工进度计划应与施工组织设计相适应。

表 3－24 施工总平面布置图(略)

施工总平面布置图是投标单位应提交一份施工总平面图，给出现场临时设施布置图表并附文字说明，说明临时设施、加工车间、现场办公、设备及仓储、供电、供水、卫生、生活等设施的情况和布置。

表 3-25 临时用地表

用途	面积/m^2	位置	需用时间
合计			

注：1. 投标单位应逐项填写本表，指出全部临时设施用地面积以及详细用途。

2. 若本表不够，可加附页。

二、项目管理班子配备情况

① 表 3-26 项目管理班子配套情况表。

② 表 3-27 项目经理简历表。

③ 表 3-28 项目技术负责人简历表。

④ 表 3-29 项目管理班子配备情况辅助说明资料。

表 3-26 项目管理班子配备情况表

投标工程名称：

职务	姓名	职称	上岗资格证明					已承担在建工程情况	
			证书名称	级别	证号	专业	原服务单位	项目数	主要项目名称

本工程一旦我单位中标，将实行项目经理负责制，并配备上述项目管理班子。上述填报内容真实，若不真实，愿按有关规定接受处理。项目管理班子机构设置、职责分工等情况另附资料说明。

表3-27 项目经理简历表

姓名		性别		年龄	
职务		职称		学历	
参加工作时间			从事项目经理年限		
项目经理资格证书编号					
在建和已完工程项目情况					
建设单位	项目名称	建设规模	开、竣工日期	在建或已完工	工程质量

表3-28 项目技术负责人简历表

姓名		性别		年龄	
职务		职称		学历	
参加工作时间			从事项目经理年限		
项目经理资格证书编号					
在建和已完工程项目情况					
建设单位	项目名称	建设规模	开、竣工日期	在建或已完工	工程质量

表 3－29　项目管理班子配备情况辅助说明资料

注：1. 辅助说明资料主要包括管理班子机构设置、职责分工、有关复印证明资料以及投标单位认为有必要提供的资料。辅助说明资料格式不做统一规定，由投标单位自行设计。

2. 项目管理班子配备情况辅助说明资料另附(与本投标文件一起装订)。

三、项目拟分包情况(表 3－30)

表 3－30　项目拟分包情况表

<table>
<tr><td>分包人名称</td><td colspan="2"></td><td>地址</td><td colspan="2"></td></tr>
<tr><td>法定代表人</td><td></td><td>营业执照号码</td><td></td><td>资质等级
证书号码</td><td></td></tr>
<tr><td>拟分包的工程项目</td><td colspan="2">主要内容</td><td>造价/万元</td><td colspan="2">已经做过的类似工程</td></tr>
<tr><td></td><td colspan="2"></td><td></td><td colspan="2" rowspan="4"></td></tr>
<tr><td></td><td colspan="2"></td><td></td></tr>
<tr><td></td><td colspan="2"></td><td></td></tr>
<tr><td></td><td colspan="2"></td><td></td></tr>
</table>

本章小结

本章介绍了建设工程施工投标的基本知识、投标单位应具备的资格条件、投标的要求、建设工程投标单位的资质、权利和义务；重点介绍了建设工程施工投标的程序，投标报价，投标报价的策略与技巧，建设工程施工投标文件的组成与编制。

习题

1. 判断题

(1) 投标是承包单位以报标价的形式争取承包建设工程项目的经济活动，是目前承包商取得工程项目的一种最常见的行之有效的活动。（　）

(2) 在不平衡报价中，对暂定项目要报高价。（　）

(3) 投标决策就是决定要不要投标。（　）

(4) 招标预备会的目的在于澄清招标文件中的疑问，解答投标单位对招标文件和勘察现场所提出的疑问和问题。（　）

(5) 由于企业的任务并不全依赖于投标获得，所以企业没有必要设立专门的投标班子。 (　　)

(6) 在制作投标报价时，应根据企业的具体情况，在施工预算的基础上确定，而不应该把施工预算作为投标报价。 (　　)

(7) 投标技巧中的不平衡报价是指在总价基本确定的前提下，如何调整内部各个子项的报价，以既不影响总报价，又能在中标后可以获取较好的经济效益，所以在操作中对于能早期结账收回工程款的项目(如土方、基础)其单价应降低。 (　　)

2. 选择题

(1) 业主为防止投标者随意撤标或拒签正式合同而设置的保证金为(　　)。

A. 投标保证金　　B. 履约保证金　　C. 担保保证金

(2) 已经具备投标资格并愿意投标的投标单位，只要填写资格预审调查表，申报资格预审后(　　)进入下一轮工作和竞争。

A. 经领导和主管部门同意也可以　　B. 就可以

C. 当资格预审通过后才可以

(3) 招标过程中投标者的现场考察费用应由(　　)承担。

A. 招标者　　B. 投标者　　C. 招标者和投标者

(4) 下列选项中(　　)不是关于投标的禁止性规定。

A. 投标单位以行贿的手段谋取中标

B. 招标者向投标者泄露标底

C. 投标单位借用其他企业的资质证书参加投标

D. 投标单位以高于成本的报价竞标

(5) 投标文件一般情况下(　　)附带条件。

A. 都带　　B. 不能带　　C. 上级批准可带

(6) 建设行政主管部门及其工程招标投标监督管理机构依法实施(　　)。

A. 开标　　B. 评标　　C. 公证　　D. 监督

(7) 在关于投标的禁止性规定中，投标者之间进行内部竞价，内定中标单位，然后再参加投标属于(　　)。

A. 投标单位之间串通投标　　B. 投标单位与招标单位之间串通投标

C. 投标单位以行贿的手段谋取中标　　D. 投标单位以非法手段骗取中标

(8) 下列选项中(　　)不是投标单位以非法手段骗取中标的表现。

A. 借用其他企业的资质证书参加投标

B. 投标时递交虚假业绩证明、资格文件

C. 以行贿方式谋取中标

D. 投标文件中故意在商务上和技术上采用模糊的语言骗取中标，中标后提供劣质货物、工程或服务

(9) 在关于投标的禁止性规定中，招标者预先内定中标者，在确定中标者时以此决定取舍属于(　　)。

A. 投标单位之间串通投标　　B. 投标单位与招标单位之间串通投标

C. 投标单位以行贿的手段谋取中标　　D. 投标单位以非法手段骗取中标

（10）根据《建设工程勘察设计企业资质管理规定》，下列选项中不属于工程勘察资质分类的是(　　)。

A. 工程勘察综合资质　　B. 工程勘察专业资质

C. 工程勘察专项资质　　D. 工程勘察劳务资质

（11）根据《建设工程勘察设计企业资质管理规定》，下列选项中不属于工程设计资质分类的是(　　)。

A. 工程设计综合资质　　B. 工程设计专业资质

C. 工程设计行业资质　　D. 工程设计专项资质

（12）不属于施工投标文件的内容有(　　)。

A. 投标函　　B. 投标报价

C. 拟签订合同的主要条款　　D. 施工方案

（13）投标单位在投标报价中，对工程量清单中的每一单项均需计算填写单价和合价，在开标后，发现投标单位没有填写单价和合价的项目，则(　　)。

A. 允许投标单位补充填写

B. 视为废标

C. 退回投标书

D. 认为此项费用已包括在工程量清单的其他单价和合价中

（14）工程量清单是招标单位按国家颁布的统一工程项目划分、统一计量单位和统一的工程量计算规则，根据施工图纸计算工程量，提供给投标单位作为投标报价的基础。结算拨付工程款时以(　　)为依据。

A. 工程量清单　　B. 实际工程量

C. 承包方保送的工程量　　D. 合同中的工程量

（15）某招标单位于2010年5月1日发出招标文件，招标文件中要求投标单位于2010年5月30日前提交投标文件。招标单位要对发出的招标文件进行修改，根据《招标投标法》的规定，招标单位至少应当在(　　)前以书面形式通知所有招标文件收受人。

A. 2010年5月10日　　B. 2010年5月15日

C. 2010年5月20日　　D. 2010年5月30日

（16）关于共同投标协议，说法错误的是(　　)。

A. 共同投标协议属于合同关系

B. 共同投标协议必须详细、明确，以免日后发生争议

C. 共同协议不应同投标文件一并提交招标单位

D. 联合体内部各方通过共同投标协议，明确约定各方在中标后要承担的工作和责任

（17）下列选项中(　　)不符合《招标投标法》关于联合体各方资格的规定。

A. 联合体各方均应当具备承担招标项目的相应能力

B. 招标文件对投标单位资格条件有规定的，联合体各方均应当具备规定的相应资格条件

C. 由同一专业的单位组成的联合体，按照资质等级较低的单位确定资质等级

D. 由同一专业的单位组成的联合体，按照资质等级较高的单位确定资质等级

（18）同一专业的两个以上不同资质等级的单位实行联合承包的，应当按照(　　)单

位的业务许可范围承揽工程。

A. 资质等级较高的　　B. 承担主要任务的

C. 资质等级较低的　　D. 联合体牵头

(19) 甲、乙两个同一专业的施工单位分别具有该专业二、三级企业资质，甲、乙两个单位的项目经理数量合计符合一级企业资质要求。甲、乙两单位组成联合体参加投标则该联合体资质等级应为(　　)。

A. 一级　　B. 二级　　C. 三级　　D. 暂定级

(20) 甲是一级施工企业，乙是二级施工企业。它们组成联合体投标，参加了资格预审并获通过。后来他们决定吸收丙加入联合体，则下面说法正确的是(　　)。

A. 如果丙是一级施工企业，就不用征得招标单位同意

B. 如果丙也通过了资格预审，就不用征得招标单位同意

C. 如果丙是三级企业，就不能被吸收进来

D. 不管丙属于哪种情况，都必须要征得招标单位的同意

3. 思考题

(1) 有人说，投标时只要认真做好投标的各项准备工作，报出合适的造价即可，资格预审准不准备无所谓，你认为这样的说法对吗？为什么？

(2) 投标单位在领取招标文件、设计图纸和有关资料时，须缴纳投标保证金，其目的是为了保证中标单位履行承包合同吗？

(3) 为弄清楚施工现场的具体情况，招标单位应组织投标单位去现场进行考察，其间的一切费用，都由招标单位负责，这种说法对吗？

(4) 投标是承包单位以报标价的形式争取承包建设工程项目的经济活动，是目前承包商取得工程项目的一种最常见的行之有效的活动，你认为是这样的吗？

第4章

建设工程施工开标、评标与定标

学习目标

(1) 了解建设工程施工开标、评标与定标的概念。
(2) 熟悉建设工程施工开标、评标与定标的程序。
(3) 掌握评标的基本方法，并能联系实际，进行案例分析，解决实际问题。

学习要求

能力目标	知识要点	权重
掌握基本概念	建筑工程施工开标、评标与定标的概念	30%
熟悉建设工程开标、评标与定标的程序	评标准备、初步评审、详细评审和评审报告	30%
联系实际，能够进行案例分析	“综合评分法”和“经评审的最低投标价法”	40%

引例

某大型工程，由于技术难度大，对施工单位的施工设备和同类工程施工经验要求高，而且对工期的要求也比较紧迫。业主在对有关单位和在建工程考察的基础上，仅邀请了A、B、C三家国有一级企业参加投标，并预先与咨询单位和该3家施工单位共同研究确定了施工方案。业主要求投标单位将技术标和商务标分别装订报送。

开标、评标、定标通过什么程序来确定中标单位？该工程采用邀请招标方式且仅仅邀请3家施工单位投标，是否违犯有关规定？本章将针对上面的例子来学习建设工程施工开标、评标与定标的概念，建设工程施工开标、评标与定标的程序，评标的基本方法等有关内容。

4.1 建设工程施工开标

4.1.1 开标及开标的时间、地点

开标是指招标人在招标文件确定的投标截止时间的同一时间，依据招标文件规定的地点，在邀请投标人参加的情况下，当众公开开启投标人提交的投标文件，并公开宣布各投标人的名称、投标报价、工期等主要内容的活动。

公开招标和邀请招标均应举行开标会议，体现招标的公平、公开和公正原则。

4.1.2 参加开标会议的人员

开标会议由招标人或招标人委托的招标代理机构主持，并邀请所有投标人的法定代表人或其代理人参加。此外，为了保证开标的公正性，一般还邀请相关单位的代表参加，如招标项目主管部门的人员、监察部门代表等。有些招标项目，招标人还可以委托公证部门的公证人员对整个开标过程依法进行公证。

4.1.3 开标前的准备工作

开标会是招标投标工作中一个重要的法定程序。开标会上将公开各投标单位标书、当众宣布标底、宣布评定方法等，这表明招投标工作进入一个新的阶段。开标前应做好下列各项准备工作。

(1) 成立评标委员会，制定评标办法。

(2) 委托公证，通过公证人的公证，从法律上确认开标是合法有效的。

(3) 按招标文件规定的投标截止日期密封标箱。

4.1.4 暂缓或推迟开标时间的情况

如果发生了下列情况，可以暂缓或推迟开标时间。

(1) 招标文件发售后对原招标文件作了变更或补充。

(2) 开标前发现有影响招标公正性的不正当行为。

(3) 出现突发事件等。

4.1.5 开标程序

开标会议按下列程序进行。

1. 招标人签收投标人递交的投标文件

在开标当日且在开标地点递交的投标文件的签收，应当填写投标文件报送签收一览表，招标人安排专人负责接收投标人递交的投标文件。提前递交的投标文件也应当办理签收手续，由招标人携带至开标现场。在招标文件规定的截止投标时间后递交的投标文件不得接收，由招标人原封退还给有关投标人。

在截标时间前递交投标文件的投标人少于三家的，招标无效，开标会即告结束，招标人应当依法重新组织招标。

2. 投标人出席开标会的代表签到

投标人授权出席开标会的代表本人填写开标会签到表，招标人安排专人负责核对签到人身份，其身份应与签到的内容一致。

3. 开标会主持人宣布开标会开始，主持人宣布开标人、唱标人、记录人和监督人员

主持人一般为招标人代表，也可以是招标人指定的招标代理机构的代表。开标人一般为招标人或招标代理机构的工作人员，唱标人可以是投标人的代表或者招标人或招标代理机构的工作人员，记录人由招标人指派，有形建筑市场工作人员同时记录唱标内容，招标办监管人员或招标办授权的有形建筑市场工作人员对会议进行监督。记录人按开标会记录的要求开始记录。

4. 开标会主持人介绍主要与会人员

主要与会人员包括到会的招标人代表、招标代理机构代表、各投标人代表、公证机构公证人员、见证人员及监督人员等。

5. 主持人宣布开标会程序、开标会纪律和当场废标的条件

开标会纪律一般包括以下内容。

(1) 场内严禁吸烟。

(2) 凡与开标无关人员不得进入开标会场。

(3) 参加会议的所有人员应关闭通信设备，开标期间不得高声喧哗。

(4) 投标人代表有疑问应举手发言，参加会议人员未经主持人同意不得在场内随意走动。

投标文件有下列情形之一的，应当场宣布为废标。

(1) 逾期送达的或未送达指定地点的。

(2) 未按招标文件要求密封的。

6. 核对投标人授权代表的身份证件、授权委托书及出席开标会人数

投标人代表出示法定代表人委托书和有效身份证件，同时招标人代表当众核查投标人授权代表的授权委托书和有效身份证件，确认授权代表的有效性并留存授权委托书和身份证件的复印件。法定代表人出席开标会的要出示其有效证件。主持人还应当核查各投标人出席开标会代表的人数，无关人员应当退场。

7. 主持人介绍招标文件、补充文件或答疑文件的组成和发放情况，投标人确认

主持人主要介绍招标文件组成部分、发标时间、答疑时间、补充文件或答疑文件组成、发放和签收情况，可以同时强调主要条款和招标文件中的实质性要求。

8. 主持人宣布投标文件截止和实际送达时间

主持人宣布招标文件规定的递交投标文件的截止时间和各投标单位的实际送达时间。在截止时间后送达的投标文件应当场宣布为废标。

9. 招标人和投标人的代表共同(或公证机关)检查各投标书密封情况

密封不符合招标文件要求的投标文件，招标人应当通知监督人到场见证，并当场宣布为废标，不得进入评标。

10. 主持人宣布开标和唱标次序

一般按投标书送达时间逆顺序开标、唱标。

11. 唱标人依唱标顺序依次开标并唱标

开标由指定的开标人在监督人员及与会代表的监督下当众拆封，拆封后应当检查投标文件组成情况并记入开标会记录，开标人应将投标书和投标书附件以及招标文件中可能规定需要唱标的其他文件交唱标人进行唱标。唱标内容一般包括投标报价、工期和质量标准、质量奖项等方面的承诺、替代方案报价、投标保证金、主要人员等，在递交投标文件截止时间前收到的投标人对投标文件的补充、修改同时宣布，在递交投标文件截止时间前收到投标人撤回其投标的书面通知的投标文件不再唱标，但须在开标会上说明。

12. 公布标底

招标人设有标底的，唱标人必须公布标底。

13. 开标会记录签字确认

开标会记录应当如实记录开标过程中的重要事项，包括开标时间、开标地点、出席开标会的各单位及人员、唱标记录、开标会程序、开标过程中出现的需要评标委员会评审的情况，有公证机构出席公证的还应记录公证结果；投标人代表、招标人代表、监标人、记录人等有关人员都应当在开标会记录上签字确认，对记录内容有异议的可以注明，但必须对没有异议的部分签字确认。

14. 投标文件、开标会记录等送封闭评标区封存

实行工程量清单招标的，招标文件约定在评标前先进行清标工作的，封存投标文件正本，副本可用于清标工作。

15. 开标会结束

主持人宣布开标会议结束，转入评标阶段。

知识链接

根据《中华人民共和国招标投标法》第36条的规定，开标应当遵守如下法律程序。

开标过程应当记录，并存档备查。在宣读投标人名称、投标价格和投标文件的其他主

要内容时，招标主持人对公开开标所读的每一项，按照开标时间的先后顺序进行记录。开标机构应当事先准备好开标记录的登记表册，开标填写后作为正式记录，保存于开标机构。开标记录的内容包括：项目名称、招标号、刊登招标公告的日期、发售招标文件的日期、购买招标文件的单位名称、投标人的名称及报价、截标后收到投标文件的处理情况等。

4.1.6 无效投标文件的认定

在开标时，如果投标文件出现下列情形之一，应当场宣布为无效投标文件，不再进入评标。

（1）投标文件未按照招标文件的要求予以标志、密封、盖章。合格的密封标书应将标书装入公文袋内，除袋口粘贴外，在缝口处用白纸条贴封并加盖骑缝章。

（2）投标文件中的投标函未加盖投标人的企业及企业法定代表人印章，或者企业法定代表人委托代理人没有合法、有效的委托书(原件)及委托代理人印章。

（3）投标文件未按照招标文件规定的格式、内容和要求填报，投标文件的关键内容字迹模糊、无法辨认。

（4）投标人在投标文件中对同一招标项目报有两个或多个报价，且未书面声明以哪个报价为准。

（5）投标人未按照招标文件的要求提供投标保证金或者投标保函。

（6）组成联合体投标的，投标文件未附联合体各方共同投标协议。

（7）投标人与通过资格审查的投标申请人在名称和法人地位上发生实质性改变。

知识链接

投标文件实质性未响应招标文件的，应当留待评标时由评标组织评审、确认投标文件是否有效。对在开标过程中就被确认无效的投标文件，一般不再启封或宣读。在开标时确认投标文件是否有效，一般由参加开标会议的招标人或其代表进行，由参加会议的公证人员监督，经招标投标管理机构认可后宣布。如果投标当事人有异议的，则应留待评标时由评标组织评审确认。

4.1.7 有关标底

投标单位可以编制标底，也可以不编制标底。需要编制标底的工程，由招标单位或者由其委托具有相应能力的单位编制；不编制标底的，实行合理低价中标。

对于编制标底的工程，招标单位可以规定在标底上下浮动一定范围内的投标报价为有效，并在招标文件中写明。

4.2 建设工程施工评标

招标人根据招标文件的要求，对投标人所报送的投标资料进行审查，对工程施工组织设计、报价、质量、工期等条件进行评比和分析，这个过程叫做评标。

评标是招标投标过程中的核心环节，是根据招标文件确定的标准和方法，对每个投标人的标书进行评价比较，以便最终确定中标人。投标的目的是为了中标，而决定目标能否实现的关键是评标。

4.2.1 评标委员会

1. 组建评标委员会

为确保评标的公正性，评标不能由招标人或其委托的代理机构独自承担，应依法组成一个评标委员会。评标委员会由招标人依法组建。评标委员会由招标人或其委托的招标代理机构熟悉相关业务的代表以及有关技术、经济等方面的专家组成，成员人数为5人以上单数，其中技术、经济等方面的专家不得少于成员总数的2/3。评标委员会设负责人的，负责人由评标委员会成员推举产生或由招标人确定，评标委员会的负责人与评标委员会的其他成员有同等的表决权。

评标委员会的专家成员应当从省级以上人民政府有关部门提供的专家名册或者招标代理机构专家库内的相关专家名单中确定。确定评标专家可以采取随机抽取或直接确定的方式。一般招标项目可以采取随机抽取方式；技术特别复杂、专业性要求特别高或者国家有特殊要求的招标项目，采取随机抽取方式确定的专家难以胜任的，可以由招标人直接确定。评标委员会成员名单在开标前确定，在中标结果确定前应当保密。

特别提示

省、自治区、直辖市和地级以上城市(包括地、州、盟)建设行政主管部门应当在建设工程交易中心建立评标专家库。评标专家库应当拥有相当数量符合条件的评标专家，并可以根据需要，按照不同的专业和工程设置专业评标专家库。

2. 评标委员会成员条件

评标委员会成员应符合以下条件。

(1) 从事相关专业领域工作满8年，并具有高级职称或者具有同等专业水平。

(2) 熟悉有关招标投标的法律法规，并具有与招标项目相关的实践经验。

(3) 能够认真、公正、诚实、廉洁地履行职责。

(4) 有下列情形之一的人员，应当主动提出回避，不得担任评标委员会成员。

① 投标人或投标人主要负责人的近亲属。

② 项目主管部门或者行政监督部门的人员。

③ 与投标人有经济利益关系，可能影响投标公正评审的。

④ 曾因在招标、评标以及其他与招标投标有关活动中从事违法行为而受到行政处罚或刑事处罚的。

3. 对评标委员会的要求

对评标委员会的要求如下。

(1) 评标委员会成员应当客观、公正地履行职责，遵守职业道德，对所提出的评审意见承担个人责任。

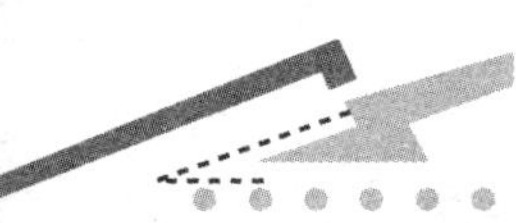

(2) 评标委员会成员不得私下接触投标人或者与投标结果有利害关系的人，不得收受投标人的财物或者其他好处。

(3) 评标委员会成员和参与评标的有关工作人员不得透露对投标文件的评审和比较、中标候选人的推荐情况以及与评标有关的其他情况。

(4) 评标委员会可以要求投标人对投标文件中含义不明确的内容作必要的澄清或者说明；但是澄清或者说明不得超出投标文件的范围或者改变投标文件的实质性内容。

(5) 评标委员会应当按照招标文件确定的评标标准和方法，对投标文件进行评审和比较；设有标底的，应当参考标底。

(6) 评标委员会完成评标后，应当向招标人提出书面评标报告，并推荐合格的按名次排列的中标候选人1～3人(要排列先后顺序)，也可以按照招标人的委托，直接确定中标人。

(7) 评标委员会应接受依法实施的监督。

4.2.2 评标程序

开标会结束后，投标人退出会场，开始评标。评标的一般程序如下。

1. 评标的准备

关于评标，应做好以下准备工作。

(1) 评标委员会成员在正式对投标文件进行评审前，应当认真研究招标文件，应了解和熟悉以下内容。

① 招标的目标。

② 招标项目的范围和性质。

③ 招标文件中规定的主要技术要求、标准和商务条款。

④ 招标文件规定的评标标准、评标方法和在评标过程中应考虑的相关因素。

(2) 招标人或者其委托的招标代理机构应当向评标委员会提供评标所需的重要信息和数据。

2. 初步评审

初步评审的内容包括对投标文件的符合性评审、技术性评审和商务性评审。

1) 符合性评审

投标文件的符合性评审包括商务符合性和技术符合性鉴定。投标文件应实质上响应招标文件的所有条款、条件，无显著差异或保留。

知识链接

显著的差异或保留，是对工程的范围、质量及使用性能产生实质性影响，偏离了招标文件的要求，而对合同中规定的业主的权利或者投标人的义务造成实质性的限制。纠正这些显著差异或保留将会对其他实质上响应招标文件要求的投标文件的投标人的竞争地位产生不公正的影响。

符合性评审一般包括下列内容。

(1) 投标文件的有效性。

① 投标人以及联合体形式投标的所有成员是否已通过资格预审，获得投标资格。

② 投标单位是否与资格预审名单一致，递交的投标保函的金额和有效期是否符合招标文件的规定。如果以标底衡量有效性，投标报价是否在规定的范围内。

③ 投标文件中是否提交了投标人的法人资格证书及企业法定代表人的授权委托书；如果是联合体，是否提交了合格的联合体投标共同协议书以及投标负责人的授权委托书。

④ 投标保函的格式、内容、金额、有效期、开具单位是否符合招标文件要求。

⑤ 投标文件是否按规定进行了有效的签署。

(2) 投标文件的完整性。

投标文件中是否包括招标文件规定应递交的全部文件，如工程量清单、报价汇总表、施工进度计划、施工方案、施工人员和施工机械设备的配备等，以及应该提供的必要的支持文件和资料。

(3) 与招标文件的一致性。

① 招标文件中要求投标人填写的空白栏目是否全都填写，是否均做出明确的回答。

② 对于招标文件的任何条款、数据或说明是否有任何修改、保留和附加条件。

特别提示

符合性评审是评标的第一步，如果投标文件实质上不响应招标文件的要求，将被列为废标予以拒绝，并不允许投标人通过修正或撤销其不符合要求的差异或保留，使之成为具有响应性投标。

2) 技术性评审

技术性评审的目的是确认和比较投标人完成本工程的技术能力以及他们施工方案的可靠性。技术性评审的主要内容如下。

(1) 施工方案的可行性。

对各分部分项工程的施工方法、施工人员和施工机械设备的配备、施工现场的布置和临时设施的安排、施工顺序及其相互衔接等方面进行评审，特别是对该项目的关键工序的施工方法进行可行性论证，应审查其技术的最难点或先进性和可靠性。

(2) 施工进度计划的可靠性。

审查施工进度计划是否满足对竣工时间的要求，并且是否科学合理、切实可行，同时还要审查保证施工进度计划的措施，例如施工机具、劳务的安排是否合理、可行等。

(3) 施工质量保证。

审查投标文件中提出的质量控制和管理措施，包括质量管理人员的配备、质量检验仪器的配置和质量管理制度。

(4) 工程材料和机器设备供应的技术性能。

审查投标文件中关于主要材料和设备的样本、型号、规格和制造厂家名称、地址等，判断其技术性能是否能达到设计标准。

(5) 分包商的技术能力和施工经验。

如果投标人拟在中标后将中标项目的部分工作分包给他人完成，应当在投标文件中载明。应审查拟分包的工作是否为非主体、非关键性工作；审查分包商是否具备相应的资格条件、完成相应工作的能力和经验。

(6) 对于投标文件中按照招标文件规定提交的建议方案做出技术评审。

如果招标文件中规定可以提交建议方案，则应对投标文件中的建议方案的技术可靠性与优缺点进行评审，并与原招标方案进行对比分析。

3) 商务性评审

商务性评审的目的是从工程成本、财务和经验分析等方面评审投标报价的准确性、合理性、经济效益和风险等，比较投标项目给不同的投标人可能产生的不同后果。商务性评审在整个评标工作中通常占有重要地位。商务性评审的主要内容如下。

(1) 审查全部报价数据计算的正确性。通过对投标报价数据进行全面审核，看其是否有计算上或累计上的错误，如果有的话，应按“投标者须知”中的规定改正和处理。

(2) 分析报价构成的合理性。通过分析工程报价中直接费、间接费、利润和其他费用所占比例关系，主体工程各专业工程价格的比例关系等，判断报价是否合理。注意审查工程量清单中的单价有无脱离实际的“不平衡报价”、计日工劳务和机械台班(时)报价是否合理等。

(3) 对建议方案进行商务性评审(如果有的话)。

4) 响应性审查

评标委员会应当对投标书的技术评审部分和商务评审部分做进一步的审查，审查投标文件是否响应了招标文件的实质性要求和条件，并逐项列出投标文件的全部投标偏差。投标文件对招标文件实质性要求和条件响应的偏差分为重大偏差和细微偏差两类。

(1) 重大偏差的投标文件是指未对招标文件作实质性响应，包括以下情形。

① 没有按照招标文件要求提供投标担保或所提供的投标担保有瑕疵。

② 没有按照招标文件要求由投标人授权代表签字并加盖公章。

③ 投标文件载明的招标项目完成期限超过招标文件规定的完成期限。

④ 明显不符合技术规范、技术标准的要求。

⑤ 投标文件载明的货物包装方式、检验标准和方法等不符合招标文件的要求。

⑥ 投标文件附有招标人不能接受的条件。

⑦ 不符合招标文件中规定的其他实质性要求。

投标文件有上述情形之一的，未能对招标文件做出实质性响应，并按规定作废标处理。

(2) 细微偏差的投标文件是指投标文件基本上符合招标文件要求，但在个别地方存在漏项或者提供了不完整的技术信息和数据等，并且补正这些遗漏或者不完整不会对其他投标人造成不公平的结果。对招标文件的响应存在细微偏差的投标文件仍属于有效投标书。属于存在细微偏差的投标书，可以书面要求投标人在评标结束前予以澄清、说明或者补正。

5) 投标文件澄清说明

为了有助于投标文件的审查、评审和比较，必要时评标委员会可以约见投标人，对其投标文件予以澄清或补正，以口头或书面形式提出问题，要求投标人回答，随后在规定的时间内，投标人以书面形式予以确认做出正式答复。

(1) 需要澄清或补正的内容如下。

① 投标文件中含义不明确、对同类问题表述不一致或者有明显文字和计算错误的内容。

② 可以要求投标人补充报送某些标价计算的细节资料。

③ 对其具有某些特点的施工方案做出进一步的解释。

④ 补充说明其施工能力和经验，或对其提出的建议方案做出详细的说明。

(2) 澄清或补正问题时应注意以下原则。

① 澄清或补正问题的文件不允许变更投标价格或对原投标文件进行实质性修改。

② 澄清和确认的问题必须由授权代表正式签字，并声明将其作为投标文件的组成部分。投标人拒不按照要求对投标文件进行澄清或补正的，招标人将否决其投标，并没收其投标保证金。

特别提示

投标文件中大小写金额不一致时，以大写金额为准；总价金额和单价金额不一致时，以单价金额为准，但单价金额小数点有明显错误的除外；对不同文字文本投标文件的解释发生异议的，以中文文本为准。

6) 投标人废标的认定

废标包括如下情形。

(1) 弄虚作假。在评标过程中，评标委员会发现投标人以他人名义投标、串通投标、以行贿手段谋取中标或以其他弄虚作假方式投标的，该投标人的投标应作废标处理。

(2) 报价低于其个别成本。在评标过程中，评标委员会发现投标人的报价明显低于其他投标报价或者在设有标底时明显低于标底，使得其投标报价可能低于其个别成本的，应当要求该投标人书面说明，提供相关证明材料。投标人不能合理说明或者不能提供相关证明材料的，由评标委员会认定该投标人以低于成本报价竞标，其投标作废标处理。但评标委员会一定要慎重，不能把低于标底就确认为恶意低价竞标。

(3) 投标人不具备资格条件或投标文件不符合形式要求，其投标也应按废标处理。这类情况包括：投标人资格条件不符合国家有关规定和招标文件要求，或者拒不按照要求对投标文件进行澄清、说明或补正的，评标委员会可以否决其投标。

(4) 未能在实质上响应的投标。评标委员会应当审查每一投标文件是否对招标文件提出的所有实质性要求和条件作出响应，未能在实质上响应的投标，应作废标处理。

特别提示

(1) 投标人以他人名义投标，是指投标人挂靠其他施工单位，或从其他单位通过转让或租借的方式获得资格或资质证书，或者由其他单位及法定代表人在自己编制的投标文件上加盖印章或签字的行为。

(2) 串标投标包括投标人之间串通投标和招标人与投标人串通投标两种情况，主要出在报价问题上。

(3) 投标人之间串通投标是指下列情况。

① 投标人之间相互约定抬高或压低投标报价。

② 投标人之间相互约定在招标项目中分别以高、中、低报价。

③ 投标人之间先进行内部竞价，内定中标人，然后再参加投标。

(4) 招标人与投标人串通投标是指招标人在开标前开启投标文件，并将投标情况告知其他人，或者协助投标人撤换投标文件，更改报价；招标人向投标人泄露标底；招标人预先内定中标人；招标人与投标人商定，投标时抬高或压低投标报价，中标后再给招标人或投标人额外补偿。

7) 有效投标不足三家的处理

《评标委员会和评标方法暂行规定》规定，如果否决不合格投标者后，因有效投标不足三家，使得投标明显缺乏竞争性的，评标委员会可以否决全部投标。招标人应当依法重新招标。

《评标委员会和评标方法暂行规定》，其实际意义在于打击“陪标”现象。

3. 详细评审

在初步评审的基础上，对经初步评审合格的投标文件，评标委员会应当根据招标文件确定的评标标准和方法，对其技术部分和商务部分做进一步的评审、比较，推荐出合格的中标候选人或在招标人授权的情况下直接确定中标人。

4. 编写评标报告

评标报告是评标委员会根据全体评标成员签字的原始评标记录和评标结果编写的报告，是评标阶段的结论性报告，主要包括以下内容。

(1) 基本情况和数据表。
(2) 评标委员会成员名单。
(3) 开标记录。
(4) 符合要求的投标一览表。
(5) 废标情况说明。
(6) 评标标准、评标方法或者评标因素一览表。
(7) 经评审的价格或者评分比较一览表。
(8) 经评审的投标人排序。
(9) 推荐的中标候选人名单与签订合同前要处理的事宜。
(10) 澄清、说明、补正事项纪要。

评标报告由评标委员会全体成员签字。对评标结论持有异议的评标委员会成员可以书面方式阐述其不同意见和理由，评标委员会成员拒绝在评标报告上签字且不陈述其不同意见和理由的，视为同意评标结论。评标委员会应当对此做出书面说明并记录在案。

4.2.3 评标方法

由于工程项目的规模不同、各类招标的标的不同，评审方法可以分为定性评审和定量评审。具体评标方法由招标单位决定，并在招标文件中载明。

1. 定性评审

对于标的额较小的中小型工程评标可以采用定性比较的专家评议法，评标委员通过对投标人的投标报价、施工方案、业绩等内容进行定性的分析与比较，选择投标人中各项指标都较优良者为中标人，也可以用表决的方式确定中标人。或者选择能够满足招标文件各项要求，并且经过评审的投标价格最低、标价合理者为中标人。这种方法评标过程简单，在较短时间内即可完成，但科学性较差。

2. 定量评审

大型工程应采用经评审的最低投标价法和综合评估法对各投标书进行科学的量化比较。

1）经评审的最低投标价法

经评审的最低投标价法，简称最低投标价法，是对价格因素进行评估，是指将能够满足招标文件的实质性要求，并经评审的投标价格最低(低于成本的例外)的投标人推荐为中标人的方法。

经评审的最低投标价法的要点如下。

(1) 根据招标文件规定的评标要素折算为货币价值，进行价格量化工作。

一般可以折算为价格的评审要素如下。

① 投标书承诺的工期。工期提前，可以从该投标人的报价中扣减提前工期折算成的价格。

② 合理化建议，特别是技术方面的，可按招标文件规定的量化标准折算为价格，再在投标价内减去此值。

③ 承包人在实施过程中如果发生严重亏损，而此亏损在投标时有明显漏项时，招标人或发包人可能有两种选择：其一，给予相应的补项，并将此费用加到评标价中，这样也可防止承包商的部分风险转移至发包人；其二，解除合同，另物色承包人。这种选择对发包人也是有风险的，它既延误了预定的竣工日期，使发包人收益延期，同时与后续承包人订立的合同价格往往高于原合同价，导致工程费用增加。

④ 投标书内提供了优惠条件的情况。如世界银行贷款项目对借款国国内投标人有7.5%的评标价优惠。

(2) 价格量化工作完毕，然后进行全面的统计工作。由评标委员会拟定“标价比较表”，表中载明：投标人的投标报价；对商务偏差的价格调整和说明；经评审的最终投标价。

可见，最低投标价既不是投标价，也不是中标价，它是将一些因素折算为价格，用价格指标作为评审标书优劣的衡量方法，评标价最低的投标书为最优。定标签订合同时，仍以报价作为中标的合同价。经评审的投标价相等时，投标报价低的优先；投标报价也相等的，由招标人自行确定。

评标中涉及的因素繁多，如质量、工期、施工组织设计、施工组织机构、管理体系、人员素质、安全施工等。信誉等因素是资格预审中的因素，信誉不好的企业应该在资格预审时淘汰；某些因素如技术水平等是不能或不宜折算为价格指标的。

采用这种方法的前提条件是：投标人通过了资格预审，具有质量保证的可靠基础。

这种方法适用范围是：具有通用技术、性能标准，或者招标人对其技术、性能标准没有特殊要求的招标项目，如一般住宅工程的施工项目。

2）综合评估法

综合评估法是指通过分析比较找出能够最大限度地满足招标文件中规定的各项综合评价标准的投标，并推荐为中标候选人的方法。

综合评估法分为定性综合评估法和定量综合评估法。

（1）定性综合评估法。由评标委员会对工程报价、工期、质量、施工组织设计、主要材料消耗、安全保障措施、业绩、信誉等评审指标，分项进行定性比较分析综合考虑，经评议后，选择其中被大多数评标委员会成员认为各项条件都比较优良的投标人为中标人，也可用记名或无记名投票表决的方式确定中标人。定性综合评估法的特点是，不量化各项评审指标，是一种定性的优选法。采用定性综合评估法，一般要按从优到劣的顺序，对各投标人排列名次，排序第一名的即为中标人。如果排名第一名的中标候选人放弃中标，可以选择排序第二名的投标人为中标人。

（2）定量综合评估法。定量综合评估法，又称打分法、百分制计分评议法。

由于综合评估施工项目的每一投标需要综合考虑的因素很多，它们的计量单位各不相同，不能直接用简单的代数求和的方法进行综合评估比较，需要将多种影响因素统一折算量化为分值，最后统计投标人的得分，原则上得分最高的投标人为中标人。这种方法的要点如下。

① 评标委员会根据招标项目的特点和招标文件中规定的需要量化的因素及权重(评分标准)，将准备评审的内容进行分类，各类中再细化成小项，并确定各类及小项的评分标准。

② 评分标准确定后，每位评标委员独立地对投标书分别打分，各项分数统计之和即为该投标书的得分。

③ 综合评分。如报价以标底价为标准，报价低于标底5%范围内为满分，报价高于标底6%以上或低于8%以下均为0分。同样报价以技术价为标准进行类似评分。

④ 评标委员会拟定“综合评估比较表”，表中载明以下内容：投标人的投标报价，对商务偏差的调整值，对技术偏差的调整值，最终评审结果等。以得分最高的投标人为中标人，最常用的方法是百分法。

可见，综合评估法是一种定量的评标方法，在评定因素较多而且繁杂的情况下，可以综合地评定出各投标人的素质情况和综合能力，长期以来这一直是建设工程领域采用的主流评标方法，它适用于大型复杂的工程施工评标。

4.3 建设工程施工定标

4.3.1 定标的概念

招标人根据评标委员会提交的评标报告和推荐的中标候选人确定中标人称为定标，又称决标。

4.3.2 定标应满足的要求

根据《中华人民共和国招标投标法》及其配套法规和有关规定，定标应满足下列要求。

(1) 评标委员会经评审，认为所有投标都不符合招标文件要求的，可以否决所有投标。依法必须进行招标的项目的所有投标被否决的，招标人应当依照本法重新招标。

(2) 在确定中标人前，招标人不得与投标人就投标价格、投标方案等实质性内容进行谈判。

(3) 评标委员会推荐的中标候选人应该为1～3人，并且要排列先后顺序，招标人优先确定排名第一的中标候选人作为中标人。对于使用国有资金投资和国际融资的项目，如排名第一的投标人因不可抗力不能履行合同、自行放弃中标或没按要求提交履约保证金的，招标人可以选取排名第二的中标候选人作为中标人，以此类推。

(4) 依法必须进行招标的项目，招标人应当自确定中标人之日起15日内，向工程所在地县级以上建设行政主管部门提交招标投标情况的书面报告。招标投标情况书面报告一般包括以下内容。

① 招标投标基本情况：包括招标范围、招标方式、资格审查、开标评标过程、定标的原则等。

② 相关的文件资料：包括招标公告或投标邀请书、投标报名表、资格预审文件、招标文件、评标报告、中标人提的投标文件及评标结果公示书等。

建设行政主管部门自收到招标投标情况书面报告之日起5日内未通知招标人在招标活动中有违法行为的，招标人可以向中标人发出中标通知书。

(5) 中标人确定后，招标人应当向中标人发出中标通知书，并同时将中标结果通知所有未中标的投标人，并退还他们的投标保证金或保函。中标通知书发出即生效，且对招标人和中标人都具有法律效力，招标人改变中标结果或中标人拒绝签订合同，均要承担相应的法律责任。

(6) 招标人和中标人应当自中标通知书发出之日起30日内，按照招标文件和中标人提交的投标文件订立书面合同。招标人和中标人不得再行订立背离合同实质性内容的其他协议。招标文件要求中标人提交履约保证金的，中标人应当提交。

(7) 中标人应当按照合同约定履行义务，完成中标项目。中标人不得向他人转让中标项目，也不得将中标项目肢解后分别向他人转让。中标人按照合同约定或者经招标人同意，可以将中标项目的部分非主体、非关键性工作分包给他人完成。接受分包的人应当具备相应的资质条件，并不得再次分包。中标人应当就分包项目向招标人负责，接受分包的人就分包项目承担连带责任。

(8) 定标时，应当由业主行使决策权。招标人应该根据评标委员会提出的评标报告和推荐的中标候选人确定中标人；招标人也可以授权评标委员会直接确定中标人。

(9) 中标人的投标应当符合下列条件之一。

① 能够最大限度地满足招标文件中规定的各项综合评价标准。

② 能够满足招标文件的各项要求，并经评审的价格最低，但投标价格低于成本的除外。

(10) 投标有效期是招标文件规定的从投标截止日起至中标人公布日止的期限，一般不能延长，因为它是确定投标保证金有效期的依据。不能在投标有效期结束日30个工作日前完成评标和定标的，招标人应当通知所有投标人延长投标有效期。拒绝延长投标有效期的投标人有权收回投标保证金。同意延长投标有效期的投标人应当相应延长其投标担保的有效期，但不得修改投标文件的实质性内容。因延长投标有效期造成投标人损失的，招标人应当给予补偿，但因不可抗力需延长投标有效期的除外。

(11) 退回招标文件押金。公布中标结果后，未中标的投标人应当在发出中标通知书后的7日内退回招标文件和相关的图样资料，同时招标人应当退回未中标人的投标文件和发放招标文件时收取的押金。

4.4 建设工程施工开标、评标与定标案例

应用案例4-1

背景

某商业办公楼招标，共有8家单位投标。在开标会议上有两家单位废标，甲单位因为交通堵塞迟到2分钟而被禁止入场；乙单位因为投标书中综合报表中缺少"质量等级"一栏，被评标委员会查出，当场退出开标会议现场。剩余6家经过激烈竞争，最后一家单位胜出中标。

问题

(1) 何为废标？这两家单位因何原因被废标，后果如何？

(2) 剩余6家进行竞争，是否符合《中华人民共和国招标投标法》？

案例评析

问题(1)

答：废标又称做无效标书，是指投标书失去投标资格，无权参加开标会议的标书。

依据《评标委员会和评标办法暂行规定》中规定：①投标人未按照招标文件的要求参加开标会议；②未按规定的格式填写，内容不全或关键字迹模糊、无法辨认的，作废标或无效投标书处理。甲、乙单位分别违背了以上两条规定，因此被废标。废标以后，甲、乙双方将失去投标资格，同时也失去了竞标的机会。

问题(2)

答：根据《中华人民共和国招标投标法》规定，参加投标的单位不少于3家，故剩余6家进行竞争，符合《中华人民共和国招标投标法》规定，开标结果有效。

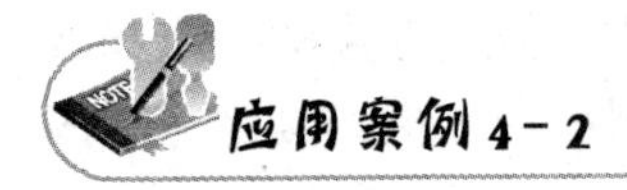

应用案例4-2

运用经评审的最低投标价法评标。

背景

某国外援助资金建设项目施工招标，该项目是职工住宅楼和普通办公大楼，标段划分甲乙两个标段。招标文件规定：国内投标人有7.5%的评标价优惠；同时投两个标段的投标人给予评标优惠；若甲标段中标，乙标段扣减4%作为评标优惠价；合理工期为24～30个月，评标工期基准为24个月，每增加1月在评标价加0.1百万元。经资格预审有A、B、C、D、E五个投标人的投标文件获得通过，其中A、B两投标人同时对甲乙两个标段进行投标；B、D、E为国内投标人。投标人的投标情况见表4-1。

表4-1 投标人投标情况

投标人	报价/百万元		投标工期/月	
	甲段	乙段	甲段	乙段
A	10	10	24	24
B	9.7	10.3	26	28
C		9.8		24
D	9.9		25	
E		9.5		30

问题

(1) 该工程如果仅邀请3家施工单位投标，是否合适？为什么？

(2) 可否按综合评标得分最高者中标的原则确定中标单位？你认为采用什么方式合适并说明理由。

(3) 若按照经评审的最低投标价法评标，是否可以把质量承诺作为评标的投标价修正因数？为什么？

(4) 确定两个标段的中标人。

案例评析

问题(1)

答：该工程采用的是公开招标的方式，如果仅邀请3家施工单位投标不合适。因为根据有关规定，对于技术复杂的工程，允许采用邀请招标方式，邀请参加投标的单位不得少于3家，而公开招标的应该适当超过3家。

问题(2)

答：不宜按综合评标得分最高者中标的原则确定中标单位，应采用经评审的最低投标价法评标。其一，经评审的最低投标价法评标一般适用于施工招标，需要竞争的是投标人价格，报价是主要的评标内容。其二，经评审的最低投标价法评标适用于具有通用技术、性能标准，或者招标人对其技术、性能没有特殊要求的普通招标项目，如一般住宅工程的施工项目。本例中的职工住宅楼和普通办公大楼就属于此类项目。

问题(3)

答：可以。因为质量承诺是技术标的内容，可以作为最低投标价法的修正因数。

问题(4)

答：评标结果如下。甲标段的结果见表4-2。

表4-2 甲标段评标结果

投 标 人	报价/百万元	修 正 因 数		评标价/百万元
		工期因素/百万元	本国优惠/百万元	
A	10		+0.75	10.75
B	9.7	+0.2		9.9
D	9.9	+0.1		10

因此，甲标段的中标人应为投标人B。

乙标段的结果见表4-3。

表4-3　乙标段评标结果

投标人	报价/百万元	修正因数			评标价/百万元
		工期因素/百万元	两个标段优惠/百万元	本国优惠/百万元	
A	10			+0.75	10.75
B	10.3	+0.4	−0.412		10.288
C	9.8			+0.75	10.55
E	9.5	+0.6			10.1

因此，乙标段的中标人应为投标人E。

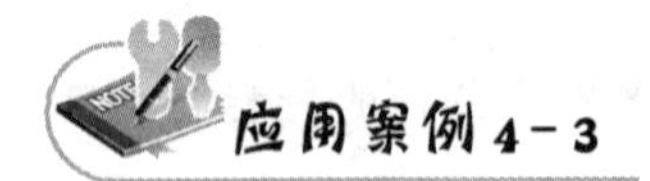

应用案例4-3

运用综合评估法评标

背景

某建设工程项目采用公开招标方式，有A、B、C、D、E、F共6家承包商参加投标，经资格预审6家承包商均满足业主要求。该工程采用二阶段评标法评标，评标委员会由7名委员组成。评标的具体规定如下。

1. 第一阶段评技术标

技术标共计40分，其中施工方案15分，总工期8分，工程质量6分，项目班子6分，企业信誉5分。

技术标各项内容的得分为各评委的评分去掉一个最高分和一个最低分的算术平均值。

技术标合计得分不满28分者，不再评其商务标。

评标情况见表4-4和表4-5。

表4-4　各评委对6家承包商施工方案评分的汇总表

投标单位＼评标	一	二	三	四	五	六	七
A	13.0	11.5	12.0	11.0	11.0	12.5	12.5
B	14.5	13.5	14.5	13.0	13.5	14.5	14.5
C	12.0	10.0	11.5	11.0	10.5	11.5	11.5
D	14.0	13.5	13.5	13.0	13.5	14.0	14.5
E	12.5	11.5	12.0	11.0	11.5	12.5	12.5
F	10.5	10.5	10.5	10.0	9.5	11.0	10.5

表 4-5 各承包商总工期、工程质量、项目班子、企业信誉得分汇总表

投标单位	总工期	工程质量	项目班子	企业信誉
A	6.5	5.5	4.5	4.5
B	6.0	5.0	5.0	4.5
C	5.0	4.5	3.5	3.0
D	7.0	5.5	5.0	4.5
E	7.5	5.5	4.0	4.0
F	8.0	4.5	4.0	3.5

2. 第二阶段评商务标

商务标共计 60 分。以标底的 50%与承包商报价算术平均数的 50%之和为基准价，但最高(最低)报价高于(低于)次高(次低)报价的 15%者，在计算承包商报价算术平均数时不予考虑，且商务标得分为 15 分。

以基准价为满分(60 分)，报价比基准价每下降 1%，扣 1 分，最多扣 10 分；报价比基准价每增加 1%，扣 2 分，扣分不保底。

商务标评标汇总表见表 4-6。

表 4-6 标底和各承包商的报价汇总表 单位：万元

投标单位	A	B	C	D	E	F	标　底
报　价	13 656	11 108	14 303	13 098	13 241	14 125	13 790

3. 评分的最小单位

评分的最小单位为 0.5，计算结果保留两位小数。

问题

(1) 请按综合得分最高者中标的原则确定中标单位。

(2) 若工程未编制标底，以各个承包商报价算术平均数作为基准价，其余评标规定不变，试按原定标原则确定中标单位。

(3) 该工程评标委员会人数是否合法？其中 2 名委员为招标办专业干部，是否可行，为什么？

分析要点

本案例是考核评标方法的运用。本案例旨在强调两阶段评标法所需注意的问题和报价合理性的要求。虽然评标大多采用定量的方法，但是，实际仍然在相当程度上受主观因素的影响，这在评定技术标时显得尤为突出，因此需要在评标时尽可能减少这种影响。例如，本案例中将评委对技术标的评分去除最高分和最低分后再取算术平均数，其目的就在于此。商务标的评分似乎较为客观，但受评标具体规定的影响仍然较大。本案例通过问题(2)结果与问题(1)结果的比较，说明评标的具体规定不同，商务标的评分结果可能不同，甚至可能改变评标的最终结果。

针对本案例的评标规定，特意给出最高(最低)报价高于(低于)次高(次低)报价 15%和技术标得分不满 28 分的情况，而实践中这两种情况是较少出现的。

案例评析

问题(1)

答：① 各承包商施工方案评分和技术标评分分别见表 4-7 和表 4-8。

表 4-7 计算各承包商施工方案的得分

评标 投标单位	一	二	三	四	五	六	七	平均得分
A	13.0	11.5	12.0	11.0	11.0	12.5	12.5	11.9
B	14.5	13.5	14.5	13.0	13.5	14.5	14.5	14.1
C	12.0	10.0	11.5	11.0	10.5	11.5	11.5	11.2
D	14.0	13.5	13.5	13.0	13.5	14.0	14.5	13.7
E	12.5	11.5	12.0	11.0	11.5	12.5	12.5	12.0
F	10.5	10.5	10.5	10.0	9.5	11.0	10.5	10.4

表 4-8 计算各承包商技术标的得分

投标单位	总工期	工程质量	项目班子	企业信誉	施工方案	合 计
A	6.5	5.5	4.5	4.5	11.9	32.9
B	6.0	5.0	5.0	4.5	14.1	34.6
C	5.0	4.5	3.5	3.0	11.2	27.2
D	7.0	5.5	5.0	4.5	13.7	35.7
E	7.5	5.5	4.0	4.0	12.0	32.5
F	8.0	4.5	4.0	3.5	10.4	30.4

由于承包商 C 的技术标仅得分 27.2 分，小于 28 分的最低限，按规定不再评其商务标，实际上已经作为废标处理。

② 计算各承包商的商务标得分。

对于承包商 B：

因为(13 098－11 108)/13 098＝15.19％＞15％

所以承包商 B 的报价(11 108 万元)在计算基准价时不予考虑

基准价＝13 790×50％＋(13 656＋13 098＋13 241＋14 125)/4×50％＝13 660(万元)

各承包商的商务标得分见表 4-9。

表 4-9 各承包商的商务标得分

投标单位	报价/万元	报价与基准价的比例/(%)	扣 分	得 分
A	13 656	(13 656/13 660)×100＝99.97	(100－99.7)×1＝0.03	59.97
B	11 108			15.00
D	13 098	(13 098/13 660)×100＝95.89	(100－95.89)×1＝4.11	55.89
E	13 241	(13 241/13 660)×100＝96.93	(100－96.93)×1＝3.07	56.93
F	14 125	(14 125/13 660)×100＝103.40	(103.40－100)×2＝6.80	53.20

③ 计算各承包商的综合得分，见表 4-10。

表 4-10 各承包商的综合得分

投标单位	技术标得分	商务标得分	综合得分
A	32.9	59.97	92.47
B	34.6	15.00	49.60
D	35.7	55.89	91.59
E	32.5	56.93	89.43
F	30.4	53.20	83.60

因为承包商 A 的综合得分最高，故应选择承包商 A 为中标单位。

问题(2)

答：基准价=(13 656+13 098+13 241+14 125)/4=13 530(万元)

计算各承包商的商务标得分，见表 4-11。

表 4-11 各承包商的商务标得分

投标单位	报价/万元	报价与基准价的比例/(%)	扣　　分	得　　分
A	13 656	(13 656/13 530)×100=100.93	(100.93−100)×2=1.86	58.14
B	11 108			15.00
D	13 098	(13 098/13 530)×100=96.81	(100−96.81)×1=3.19	56.81
E	13 241	(13 241/13 530)×100=97.86	(100−97.86)×1=2.14	57.86
F	14 125	(14 125/13 530)×100=104.44	(104.44−100)×2=8.88	51.12

计算各承包商的综合得分，见表 4-12。

表 4-12 各承包商综合得分

投标单位	技术标得分	商务标得分	综合得分
A	32.9	58.14	91.04
B	34.6	15.00	49.6
D	35.7	56.81	92.51
E	32.5	57.86	90.36
F	30.4	51.12	81.52

因为承包商 D 的综合得分最高，故应选择其为中标单位。

问题(3)

答：合法。不可行。由评标委员会成员条件知，项目主管部门或者行政监督部门的人员应该回避。

本章小结

本章讲述了建设工程施工开标、评标、定标的基本知识及开标、评标的程序，主要讲述了评标过程的初步评审和详细评审内容，重点讲述了评标的方法，并进行了典型工程的案例分析。

习 题

1. 单选题

(1)《评标委员会和评标方法暂行规定》规定，如果否决不合格投标者后，有效投标不足三家的处理办法是(　　)。

A. 招标人应当依法重新招标

B. 招标人继续进行招标

C. 招标人通过商议决定中标单位

(2) 在投标截止时间前递交投标文件的投标人少于(　　)的，招标无效，开标会即告结束，招标人应当依法重新组织招标。

A. 三家　　B. 两家　　C. 五家　　D. 四家

(3) 招标人和中标人应当自中标通知书发出之日起(　　)日内，按照招标文件和中标人的投标文件订立书面合同。

A. 30　　B. 15　　C. 10　　D. 7

(4) 公布中标结果后，未中标的投标人应当在发出中标通知书后的(　　)日内退回招标文件和相关的图样资料，同时招标人应当退回未中标人的投标文件和发放招标文件时收取的押金。

A. 7　　B. 15　　C. 10　　D. 30

(5) 评标委员会成员应从事相关专业领域工作满(　　)年，并具有高级职称或者具有同等专业水平的工程技术、经济管理人员，并实行动态管理。

A. 8　　B. 10　　C. 5　　D. 12

(6) 采用百分法对各投标单位的标书进行评分，(　　)的投标单位为中标单位。

A. 总得分最低　　B. 总得分最高

C. 投标价最低　　D. 投标价最高

(7) 根据法律规定，下列说法中正确的是(　　)。

A. 在评标过程中，可以改变招标文件中规定的评标标准

B. 招标项目可以进行无底招标

C. 因延长投标有效期造成投标人损失的，招标人不予补偿

D. 招标人组织投标人进行现场踏勘

(8) 投标文件的符合性评审包括(　　)。

A. 经济符合性和技术符合性　　B. 属地符合性和技术符合性

C. 商务符合性和技术符合性　　D. 商务符合性和经济符合性

(9) 评标活动应遵循(　　)原则。

A. 竞争优先

B. 公平、公正、科学择优

C. 质量好、信誉高、价格合理、工期适当、施工方案先进可行

D. 规范性与灵活性相结合

(10) 开标由(　　)主持，邀请所有投标人参加。

A. 招标人　　B. 行政监督机构

C. 评标委员会代表　　D. 招标代理机构

(11) 中标的承包商将由(　　)决定。

A. 评标委员会　　B. 业主

C. 上级行政主管部门　　D. 监理工程师

(12) 投标文件对招标文件的响应有细微偏差，包括(　　)。

A. 提供的投标担保有瑕疵

B. 货物包装方式不符合招标文件的要求

C. 个别地方存在漏项

D. 明显不符合技术规格要求

(13) 定标签约阶段是整个招标过程的结果性阶段，包括(　　)等工作。

A. 开标、评标、定标、签约　　B. 评标、定标、签约

C. 定标、签约　　D. 开标、定标、签约

2. 多选题

(1) 有下列情形之一的人员，应当主动提出回避，不得担任评标委员会成员。(　　)

A. 投标人主要负责人的近亲属

B. 项目主管部门或者行政监督部门的人员

C. 与投标人有经济利益关系，可能影响投标公正评审的

D. 曾因在招标投标有关活动中从事违法行为而受到行政处罚或刑事处罚的

(2) 中标人的投标应当符合下列条件之一。(　　)

A. 能够最大限度地满足招标文件中规定的各项综合评价标准

B. 能够满足招标文件的各项要求，并经评审的价格最低，但投标价格低于成本的除外

C. 未能实质上响应招标文件的投标，投标文件与招标文件有重大偏差

D. 投标人的投标弄虚作假，以他人名义投标、串通投标、行贿谋取中标等其他方式投标的

(3) 重大偏差的投标文件包括以下情形。(　　)

A. 没有按照招标文件要求提供投标担保或提供的投标担保有瑕疵

B. 没有按照招标文件要求由投标人授权代表签字并加盖公章

C. 投标文件记载的招标项目完成期限超过招标文件规定的完成期限

D. 明显不符合技术规格、技术标准的要求

E. 投标附有招标人不能接受的条件

(4) 由于工程项目的规模不同、各类招标的标的不同，大型工程评审方法可以分为哪两大类?(　　)

A. 经评审的最低投标价法　　B. 综合评估法

C. 低投标价夺标法　　D. 联合保标法

(5) 投标文件的初步评审主要包括以下内容。(　　)

A. 投标文件的符合性鉴定　　B. 投标文件的技术评估

C. 投标文件的商务评估　　D. 投标文件的澄清

E. 响应性审查　　F. 废标文件的审定

(6) 推迟开标时间的情况有下列几种情形。(　　)

A. 招标文件发布后对原招标文件作了变更或补充

B. 开标前发现有影响招标公正情况的不正当行为

C. 出现突发严重的事件

D. 因为某个投标人坐公交车延误了时间

(7) 在开标时，如果投标文件出现下列情形之一，应当当场宣布为无效投标文件，不再进入评标。(　　)

A. 投标文件未按照招标文件的要求予以标志、密封、盖章

B. 投标文件未按照招标文件规定的格式、内容和要求填报，投标文件的关键内容字迹模糊、无法辨认

C. 投标人在投标文件中对同一招标项目报有两个或多个报价，且未书面声明以哪个报价为准

D. 投标人未按照招标文件的要求提供投标保证金或者投标保函

E. 组成联合体投标的，投标文件未附联合体各方共同投标协议

F. 投标人未按照招标文件的要求参加开标会议

(8) 某市一基础设施项目进行招标，现拟组建招标评标委员会，按《评标委员会和评标方法暂行规定》，下列人员中不得担任评标委员会成员的有(　　)。

A. 投标人的亲属　　B. 行政监督管理部门人员

C. 与投标人有经济利益关系的人员　　D. 招标代理机构的工作人员

E. 与招标人有利害关系的人员

(9) 某招标人委托某招标代理机构办理招标事宜，并委托公证机构对开标进行公证，招标文件规定 2010 年 6 月 6 日 14 时为投标截止时间。甲，乙、丙、丁四家承包商参加投标，并均于 2010 年 6 月 5 日 17 时前提交了投标文件，但 2010 年 6 月 6 日 14 时前，丙公司又提交了一份补充文件，而丁公司则由于某种原因书面提出撤回已提交的投标文件。对此，下列情况中，正确的是(　　)。

A. 开标会由该招标代理机构主持

B. 由于某评标专家迟到小时，开标会推迟到 2010 年 6 月 6 日 15 时进行

C. 开标时，由公证机构检查投标文件的密封情况

D. 丙公司的投标文件有效，但其补充投标文件在评标时将不予考虑

E. 丁公司的投标文件在当众拆封、宣读后即宣布为无效投标文件

(10) 某政府投资的工程项目向社会公开招标，并成立了评标委员会，该项目技术特别复杂、专业性要求特别高。则下列说法正确的有(　　)。

A. 评标委员会由该市的建设行政主管部门负责组建

B. 评标委员会成员的名单在开标时予以公布

C. 评标委员会由 9 人组成，其中技术、经济等方面的专家为 6 人

D. 评标委员会的专家成员可以由招标人直接确定

E. 招标人可以直接授权评标委员会确定中标人

(11) 投标文件的技术性评审包括(　　)。

A. 实质上响应程度　　B. 质量控制措施

C. 方案可行性评估和关键工序评估　　D. 环境污染的保护措施评估

E. 现场平面布置和进度计划

(12) 开标会议上应宣布投标书为废标的情况包括(　　)。

A. 未密封递送的标书

B. 投标工期长于招标文件中要求工期的标书

C. 关键内容字迹、无法辨认的标书

D. 没有委托代理人印章的标书

E. 投标截止时间以后送达的标书

3. 思考题

(1) 开标时作为无效投标文件的情形有哪些?

(2) 简述评标的程序。

(3) 建设工程评标的方法主要有哪几种? 并分别解释。

(4) 建设工程中标人一经确定就可以签订建设工程承发包合同吗?

(5) 评标报告应包括哪些内容?

(6) 废标的情况有哪些?

4. 案例题

(1) 某工程项目业主邀请甲、乙、丙三家承包商参加投标。根据招标文件的要求，这三家投标单位分别将各自报价按施工进度计划分解为逐月工程款，见表4-13。招标文件中规定按逐月进度拨付工程款，若甲方不能及时拨付工程款，则以每月1%的利率计息；若乙方不能保证逐月进度，则以每月拖欠工程部分的2倍工程款滞留至工程竣工(滞留工程款不计息)。

评标规则规定，按综合百分制评标，商务标和技术标分别评分，商务标权重为60%，技术标权重为40%。

商务标的评标规则为，以三家投标单位的工程款现值的算术平均数(取整数)为评标基数，工程款现值等于评标基数的得100分，工程款现值每高出评标基数1万元扣1分，每低于评标基数1万元扣0.5分(商务标评分结果取1位小数)。

技术标评分结果为甲、乙、丙三家投标单位分别得98、96、94分。

表4-13　各投标单位逐月工程款汇总表　　单位：万元

投标单位	1	2	3	4	5	6	7	8	9	10	11	12	工程款合计
甲	90	90	90	180	180	180	180	180	230	230	230	230	2 090
乙	70	70	70	160	160	160	160	160	270	270	270	270	2 090
丙	100	100	140	140	140	140	300	300	180	180	180	180	2 080

问题：

① 试计算三家投标单位的综合得分。

② 试以得分最高者中标的原则，确定中标单位。

(2) 某大型工程，由于技术难度大，对施工单位的施工设备和同类工程施工经验要求高，而且对工期的要求也比较紧迫。业主在对有关单位和在建工程考察的基础上，仅邀请了A、B、C三家国有一级企业参加投标，并预先与咨询单位和该3家施工单位共同研究确定了施工方案。业主要求投标单位将技术标和商务标分别装订报送。经招标领导小组研究确定的评标规定如下。

技术标共30分，其中施工方案10分(因已确定施工方案，各投标单位均得10分)，施工工期10分，工程质量10分。满足业主总工期要求(36个月)者得4分，每提前一个月加1分，不满足者不得分；自报工程质量合格者得4分，自报工程质量优良者得6分(若实际工程质量未达到优良将加罚合同价的2%)，近三年内获得鲁班工程奖每项加2分，获得省优工程奖每项加1分。

商务标共70分。报价差额不超过标底(35 500万元)的±5%者为有效标，超过者为废标。报价为标底的98%者得满分(70分)，在此基础上，报价比标底每下降1%，扣1分，每上升1%，扣2分。

各投标单位的有关情况见表4-14。

表4-14 各投标单位的基本情况

投标单位	报价/万元	总工期/月	自报工程质量	鲁班工程奖	省优工程奖
A	35 642	33	优良	1	1
B	34 364	31	优良	0	2
C	33 867	32	合格	0	1

问题：

① 开标、评标、定标通过什么程序来确定中标单位？

② 该工程采用邀请招标方式且仅仅邀请3家施工单位投标，是否违反有关规定？

③ 请按综合得分最高者中标的原则确定中标单位。

第 5 章

国际工程招投标

学习目标

(1) 国际工程的有关知识。

(2) 国际工程招标。

(3) 国际工程投标。

(4) FIDIC 合同条件。

学习要求

能力目标	知识要点	权重
了解国际工程、国际工程招投标的有关知识	国际工程的概念、国际工程招投标的概念及特征	10%
熟悉国际工程招标	国际工程招标方式、程序	20%
熟悉国际工程投标	国际工程投标程序	20%
熟悉 FIDIC 合同条件	FIDIC 合同条件构成、FIDIC 合同条件下合同文件的组成、FIDIC 土木工程施工合同条件	20%
学会分析解决一般的合同案例	国际工程招标投标案例分析	30%

引 例

我国某铁路建设工程，采用国际招标选定国外某承包公司承包隧道工程施工。在招标文件中列出了应由承包商承担的赋税和税率，但在其中遗漏了承包工程总额3%的营业税，因此承包商报价时没有包括该税。工程开工后，工程所在地税务部门要求承包商缴纳已完工程的营业税90万元，承包商按时缴纳，同时向业主提出索赔要求。对这个问题的责任认定为：业主在招标文件中仅列出几个小额税种，而忽视了大额税种，是招标文件的不完备或者是有意的误导行为，业主应该承担责任。索赔处理过程：索赔发生后，业主向国家申请免除营业税，并被国家批准。但对已缴纳的90万元税款，经双方商定各承担50%。

本章将针对上面的例子介绍国际工程招标、国际工程投标以及FIDIC合同条件等方面的知识。

5.1 国际工程招投标概述

5.1.1 国际工程的概念

国际工程是一个工程项目从策划、咨询、融资、采购、承包、管理以及培训等各个阶段的参与者来自不止一个国家，并且按照国际上通用的工程项目管理模式进行管理的工程。

根据这个定义，我们可以从两个方面去更广义地理解国际工程的概念和内容。

1）国际工程包含国内和国外两个市场

国际工程既包括我国公司去海外参与投资和实施的各项工程，又包括国际组织和国外公司到中国来投资和实施的工程。

2）国际工程包括咨询和承包两大行业

(1) 国际工程咨询：包括对工程项目前期的投资机会研究、预可行性研究、可行性研究、项目评估、勘测、设计、招标文件编制、监理、管理、后评估等。它是以高水平的智力劳动为主的行业，一般都是为业主一方提供服务，也可应承包商聘请为其进行项目施工管理、成本管理等。

(2) 国际工程承包：包括对工程项目进行投标、施工、设备采购及安装调试、分包、提供劳务等。按照业主的要求，有时也做施工详图设计和部分永久工程的设计。

综上所述，国际工程涵盖着一个广阔的领域，各国际组织、国际金融机构等投资方，各咨询公司和工程承包公司等在本国以外地区参与投资和建设的工程的总和组成了全世界的国际工程。

5.1.2 国际工程招投标的概念

国际工程招投标是指发包方通过国内和国际的新闻媒体发布招标信息，所有有兴趣的投标人均可参与投标竞争，通过评标比较优选确定中标人的活动。

在我国境内的工程建设项目，也有采用国际工程招投标方式的。一种是使用我国自有资金的工程建设项目，但希望工程项目达到目前国际的先进水平；另一种则是由于工程项目建设的资金使用国际金融组织或外国政府贷款，必须遵循贷款协议采用国际工程招投标方式选择中标人的规定。

5.1.3 国际工程招投标的特征

国际工程招投标是特殊类型的国际贸易，是一种综合性较高级的交易方式。其主要特征如下。

(1) 标的物的复杂性、批量性。

国际工程招投标的标的物不仅是工程项目的施工，还有工程分包及劳务、设备材料的采购、工程技术咨询等，这些标的物工程量大或具有很强的专业性和特殊的技术要求。

(2) 国际工程招投标行为是有组织、有计划的，具有公开、公平、公正的特征。

国际工程招投标因一次性交易额大，标的物具有复杂性及批量性的特征，为减少和避免交易风险，需在固定的场所并遵循一定的规则和程序进行。凡符合招标公告所列条件的，均可参加投标，所有合格投标人机会均等，最后定标也要完全按照预定的规则进行。

(3) 国际工程招投标的过程是多目标系统选优的过程。

国际工程招投标无论标的物是什么，都要在质量、工期(交货期)、费用、后续服务等综合目标条件下，获得系统最优化，从而达到最满意的效果，即工期短、成本低、质量优，并获得寿命周期效益最佳。

(4) 国际工程招投标的规范标准是国际性的。

国际工程都要求采用在国际上被广泛接受的技术标准、规范和各种规程。承包商必须熟悉并适应这些规范标准。

(5) 国际工程招投标受国际政治、经济形势变化的影响较大，具有一定的风险性。

国际工程项目可能会受到国际政治和经济形势变化的影响。如某些国家对于承包商实行地区和国别的限制或歧视性政策，还有些国家的项目受到国际资金来源的制约，可能因为国际政治经济形势变动影响(如制裁、禁运等)而中止。至于工程所在国的政治形势变化(如战争、内乱等)而使工程中断的情况更是屡见不鲜。

(6) 国际工程招投标具有一次性和保密性。

投标交易过程采用的方式不同于普通的商品买卖，一般没有讨价还价的机会，投标人只能应邀进行一次性报价。国际工程招投标一旦开标后，评标过程是保密的，在公布中标人之前，凡属于对投标书的审查、澄清、评价和比较的资料，以及授予合同的推荐意见均不得向投标人或与此过程无关的其他任何人泄露。

5.2 国际工程招标

5.2.1 国际工程招标方式

国际工程招标方式是指国际工程的委托实施普遍采用承发包方式，即通过招标的办法，选出理想的承包商。国际工程招标方式可归纳为4种类型：国际竞争性招标、国际有限招标、两阶段招标和议标。

1. 国际竞争性招标

国际竞争性招标又称国际公开招标。它是指在国际范围内采用公平竞争的方式，按照事先规定的原则，对所有具备投标资格的投标人，根据其投标报价文件和评标标准等作为评标依据，并按招标文件规定的工期要求、可兑换的外汇比例、承包商的综合能力等因素进行评标和定标。采用这种方式可以最大限度地挑起竞争，形成买方市场，使招标人有最充分的挑选余地，获得最有利的成交条件。

国际竞争性招标是目前世界上最普遍采用的成交方式。采用这种方式，业主可以在国际市场上找到最有利于自己的承包商，无论在价格和质量方面，还是在工期及施工技术方面都可以满足自己的要求。国际竞争性招标方式的招标条件由业主(或招标人)决定，因此，订立最有利于业主，有时甚至对承包商很苛刻的合同是必然的。国际竞争性招标较之其他方式影响大，涉及面广，相对公平合理，更能使投标商折服。

国际竞争性招标的适用范围如下。

1）按资金来源划分

根据工程项目的全部或部分资金来源，实行国际竞争性招标主要有以下项目。

(1) 由世界银行及其附属组织国际开发协会和国际金融公司提供优惠贷款的工程项目。

(2) 由联合国多边援助机构和国际开发组织地区性金融机构(如亚洲开发银行)提供援助性贷款的工程项目。

(3) 由某些国家的基金会和一些政府提供资助的工程项目。

(4) 由国际财团或多家金融机构投资的工程项目。

(5) 两国或两国以上合资的工程项目。

(6) 需要承包商提供资金即带资承包或延期付款的工程项目。

(7) 以实物偿付(如石油、矿产或其他实物)的工程项目。

(8) 发包国拥有足够的自有资金而自己无力实施的工程项目。

2）按工程性质划分

按照工程的性质，国际竞争性招标主要适用于以下项目。

(1) 大型土木工程，如水坝、电站和高速公路等。

(2) 施工难度大，发包国在技术或人力方面均无实施能力的工程，如工业综合设施、海底工程等。

(3) 跨越国境的国际工程，如连接欧亚两大洲的陆上贸易通道。

(4) 极其巨大的现代工程，如英法海峡过海隧道。

2. 国际有限招标

国际有限招标是一种有限竞争招标。较之国际竞争性招标，它有其局限性，即投标人选有一定的限制，不是任何对发包项目有兴趣的承包商都有资格参加投标。国际有限招标包括两种方式。

1）一般限制性招标

一般限制性招标虽然也是在世界范围内，但对投标人选有一定的限制。其具体做法与国际竞争性招标颇为近似，只是更强调投标人的资信。采用一般限制性招标方式也应该在国内外主要报刊上刊登广告，但必须注明是有限招标和对投标人选的限制范围。

2）特邀招标

特邀招标即特别邀请性招标。采用这种方式时，一般不在报刊上刊登广告，而是根据招标人自己积累的经验和资料或由咨询公司提供承包商名单，由招标人在征得世界银行或其他项目资助机构的同意后，对某些承包商发出邀请，经过对应邀人进行资格预审后，再行通知其提出报价，递交投标书。这种招标方式的优点是经过选择的投标商在经验、技术和信誉方面比较可靠，基本上能保证招标的质量和进度。但这种方式也有其缺点，即由于发包人所了解的承包商的数目有限，在邀请时很可能漏掉一些在技术上和报价上有竞争力的承包商。

国际有限招标是国际竞争性招标的一种修改方式，这种方式通常适用于以下情况。

(1) 工程量不大，投标商数目有限或有其他不宜采用国际竞争性招标的正当理由，如对工程有特殊要求等。

(2) 某些大而复杂且专业性很强的工程项目，如石油化工项目，可能参加的投标人很少，准备招标的成本很高。为了节省时间，又能节省费用，还能获得较好的报价，招标可以限制在少数几家合格企业的范围内，以使每家企业都有争取合同的较好机会。

(3) 由于工程性质特殊，要求有专门经验的技术队伍和熟练的技工以及专门的技术设备，只有少数承包商能够胜任。

(4) 工程规模太大，中小型公司不能胜任，只好邀请若干家大公司投标。

(5) 工程项目招标通知发出后无人投标，或投标商数目不足法定人数(至少 3 家)，招标人可再邀请少数公司投标。

(6) 由于工期紧迫、保密要求或其他原因不宜公开招标的工程。

3. 两阶段招标

两阶段招标实质上是国际竞争性招标和国际有限招标相结合的方式。第一阶段按公开招标方式招标，经过开标、评标后，再邀请其中报价较低的或较合格的 3～4 家投标人进行第二次报价。

两阶段招标通常适用以下情况。

(1) 招标工程内容属高新技术，需在第一阶段招标中博采众议，进行评价，选出最新最优设计方案，然后在第二阶段中邀请被选中方案的投标人进行详细的报价。

(2) 在某些新型的大型项目承包之前，招标人对此项目的建造方案尚未最后确定，这时可以在第一阶段招标中向投标人提出要求，就其最擅长的建造方案进行报价，或者按其建造方案报价。经过评价，选出其中最佳方案的投标人，再进行第二阶段的按其具体方案的详细报价。

(3) 一次招标不成功的，即所有投标报价超出标底 20%以上，只好在现有基础上邀请若干家较低报价者再次报价。

4. 议标

议标亦称邀请协商。就其本意而言，议标是一种非竞争性招标。严格说来，这不算一种招标方式，只是一种“谈判合同”。最初，议标的习惯做法是由发包人物色一家承包商直接进行合同谈判。只是在某些工程项目的造价过低、不值得组织招标或由于其专业技术为一家或几家垄断，因工期紧迫不宜采用竞争性招标，招标内容是关于专业咨询、设计和指导性服务或属保密工程、属于政府协议工程等情况，才采用议标方式。

随着承发包活动的广泛开展，议标的含义和做法也不断发展和变化。目前，在国际承包实践中，发包单位已不再仅仅是同一家承包商议标，而是同时与多家承包商进行谈判，最后无任何约束地将合同授予其中一家，无须优先授予报价最优惠者。

议标给承包商带来较多好处，首先，承包商不用出具投标保函，也无须在一定的期限内对其报价负责；其次，议标竞争对手不多，竞争性小，因而缔约的可能性较大。议标对于发包单位也有好处：发包单位可以不受任何约束，可以按其要求选择合作对象，尤其是当发包单位同时与多家单位议标时，可以充分利用议标的承包商的弱点，以此压彼，利用其担心被对手抢标、成交心切的心理迫使其降低报价或降低其他要求，从而达到理想的成交目的。

采用议标方式，发包单位同样应采取各种可能的措施，运用各种特殊手段，挑起多家可能实施合同项目的承包商之间的竞争。当然，这种竞争并不像其他招标方式那样必不可少或完全依照竞争规则进行。

议标通常在以下情况下采用。

(1) 以特殊名义(如执行政府协议)签订承包合同。

(2) 按临时签约且在业主监督下执行的合同。

(3) 由于技术的需要或重大投资原因只能委托给特定的承包商或制造商实施的合同。

(4) 属于研究、试验或实验及有待完善的项目承包合同。

(5) 项目已付诸招标，但没有中标者或没有理想的承包商。这种情况下，业主通过议标，另行委托承包商实施工程。

(6) 出于紧急情况或急迫需求的项目。

(7) 保密工程。

(8) 属于国防需要的工程。

(9) 已为业主实施过项目且已取得业主满意的承包商重新承担技术基本相同的工程项目。

适用于议标方式的项目基本如上所列，但这并不意味着上述项目不适用于其他招标方式。

5.2.2 国际工程招标程序

国际上已基本形成了相对固定的招标程序，大致内容如下。

1. 招标通告或投标邀请书

凡是公开向国际招标的项目，均应在官方的报纸上刊登招标通告，有些招标通告还可寄送给有关国家驻在工程所在国的大使馆。世界银行贷款项目的招标通告除在工程所在国的报纸上刊登外，还要求在此之前60天向世界银行寄交一份总的公告，世界银行将它刊登在《联合国开发论坛报》商业版、世界银行的《国际商务机会周报》以及《业务汇编月报》等刊物上。

1) 招标通告

招标通告的内容通常包括以下方面。

(1) 项目名称和业主名称。

(2) 资金来源(如部分为某国际金融组织的贷款，则应写明贷款编号；如系政府项目，则写明业已被批准列入国家预算等)。

(3) 项目地点。

(4) 工程范围概况。

(5) 预计工期。

(6) 开标日期和地点。

(7) 购买招标文件的时间、地点和费用。

(8) 投标人资格的审查及其他事项(有些招标通告中写明，在投标时要求同时提交其投标报价某一百分比的投标保证金或银行保函)。

2) 投标资格预审公告

某些大型工程项目可能对投标资格的要求比较严格，因此，在发布招标通告之前，可能先发布投标资格预审的公告，其中仅对工程项目作简单介绍，重点是公布该项目的投标人应当首先通过资格审查，写明领取投标资格预审申请表的地点和时间，以及递交资格预审资料的截止日期。

3) 投标邀请书

对于邀请性招标，通常只向被邀请的承包商或有关单位发出邀请书，不要求在报刊上刊登招标通告。邀请书的内容除了有礼貌地表达邀请的意向外，还要说明工程概况、工期等主要情况，欢迎被邀请人何时在何地获得招标文件及有关资料。

2. 资格预审

大型工程项目进行国际竞争性招标，可能会吸引许多国际承包商的极大兴趣，往往会有数十家甚至上百家企业报名要求参加投标，这给招标的组织工作，特别是评标工作带来许多困难。因此，采取投标人资格预审的办法可淘汰掉一大批有投标意向但并不具备承包该项工程资格的承包商。

1) 资格预审的目的

业主资格预审的目的是了解投标人过去履行类似合同的情况，人员、设备、施工或制造设施方面的能力以及财务状况，以确定有资格的投标人，淘汰掉一大批有投标意向但不具备承包该项工程资格的投标人，减少评标阶段的工作时间和评审费用；招标具有一定的竞争性，为不合格的投标人节约购买招标文件、现场考察及投标等费用；有些工程项目规定本国承包商参加投标可以享受优惠条件，有助于确定一些承包商是否具有享受优惠条件的资格。

2) 资格预审的程序

资格预审一般遵循如下程序。

(1) 编制资格预审文件由业主委托咨询公司或设计单位编制，或由业主直接组织有关专业人员编制。成立资格预审文件工作小组，人员组成有业主、招标机构、财务管理专家、工程技术人员。

(2) 发布资格预审公告，邀请有意参加工程投标的承包商申请资格审查。资格预审公告的内容有：业主和工程师的名称，工程所在位置、概况和合同包含的工作范围，资金来源，资格预审文件的发售时间、地点和价格，预期的计划(授予合同的日期、竣工日期及其他关键日期)，招标文件发售和提交投标文件的计划日期，申请资格预审须知，提交资格预审文件的地点及截止时间，最低资格要求及准备投标人可能关心的其他问题。

资格预审公告一般应在发售招标文件的计划日期前10～15周发布，填写完成的资格预审文件应在这一计划日期之前的4～8周提交。从发布资格预审公告到报送资格预审文件的截止日期的间隔不少于 4 周。

（3）发售资格预审文件。在指定的时间、地点发售资格预审文件。

（4）资格预审文件答疑。在资格预审文件发售后，购买文件的投标人对资格预审文件提出疑问，投标人应将疑问以书面形式(包括电子邮件、信件等)提交业主；业主应以书面形式回答，并通知所有购买资格预审文件的投标人。

（5）报送资格预审文件。投标人应在规定的截止日期前报送资格预审文件，报送的文件截止日期后不得修改。

（6）澄清资格预审文件。业主可要求澄清资格预审文件的疑点。

（7）评审资格预审文件。组成资格预审评审委员会，对资格预审文件进行评审。

（8）向投标人通知评审结果。业主以书面形式向所有参加资格预审的投标人通知评审结果，在规定的时间、地点向通过资格预审的投标人发售招标文件。

3）资格预审文件的内容

资格预审文件主要包括以下几个方面的内容。

（1）投标申请书。主要说明承包商自愿参加该工程项目投标，愿意遵守各项投标规定，接受对投标资格的审查，声明所有填写在资格预审表格中的情况和数据都是真实的。

（2）工程简介。资格预审文件中的工程简介比招标通告中介绍的情况应更为详尽，以便承包商事先了解某些重要情况，做出是否参加投标资格预审和承包此项工程的决策，主要包括：工程的性质(新建、改建、扩建等)、工程的主要内容(主要工程数量和重要的技术及质量要求)、资金来源、工程项目的当地自然条件、工程合同的类型(总价或单价合同，抑或是延期付款、实物货品偿付或交钥匙方式等)、计划开工和竣工日期等。

（3）资格预审表格。要求参加投标资格预审的承包商如实地逐项填写表格，大致包括法定资格(包括名称、法人代表、注册国家、法定地址等)、公司的基本概况、财务状况、施工经验、施工设备能力、目前在建工程简况等。有些大型工程项目的资格预审，可能要求承包商提出对承包本项工程的初步设想，包括对现场组织、人员安排、劳务来源、分包商的选择等提出设想意见。

（4）投标人的限制条件。说明对参加投标的承包商是否有国别和等级的限制。例如，有些工程项目由于资金来源的关系，对投标人的国别有所限制；有些工程项目不允许外国公司单独投标，必须与当地公司联合；还有些工程项目由于其性质和规模特点，不允许当地公司独立投标，必须与有经验的外国公司合作；有些工程指定限于经注册和审定某一资质级别的承包商参加投标。还有些限制条件是关于支付货币的，如该项工程限于支付一定比例的外汇，其余则支付当地货币；业主对支付预付款的限制、对投标保证书和履约保证书的要求等，均可在限制条件中列出。

（5）证明资料。在资格预审中可以要求承包商提供必要的证明材料，例如，公司的注册证书或营业执照、在当地的分公司或办事机构的注册登记证书、银行出具的资金和信誉证明函件、类似工程的业主过去签发的工程验收合格证等。所有这些文件可以用复印件，但要求出具公证部门核对与原件相符的公证书和有关大使馆出具的认证书。如果是几家公司联合投标，可以要求报送其联合的协议书等。

4）报送资格预审材料的要求

应写明报送资料的时间、地点、份数，例如，有些工程项目的资格预审材料要求报送三份，分别直接寄送给招标机构、工程业主和咨询公司，还应说明填写表格和各种证明材料的文字要求，例如某些国家除要求用英文填写外，对于证明资料还要求提供当地语种的译文等。

有些国家对于外国承包商参加投标限制颇多，例如要求外国承包商必须有当地的代理人，而且在报送资格预审材料的同时，还要求报送代理人的基本情况，甚至要求递交代理协议的复印件以及投标人给代理人的授权书。

5）资格预审文件的评审

资格预审文件的评审由评审委员会实施。评审委员会由招标机构负责组织，参加的人员为业主代表、招标机构、上级领导单位、融资部门、设计咨询等单位的人员，应包括财务、经济、技术专家。资格预审一般应根据标准采用打分的办法进行。

首先整理资格预审文件，看其是否满足资格预审文件要求。检查资格预审文件的完整性，审查投标人的财务能力、人员情况、设备情况及履行合同的情况是否满足要求。资格预审采用评分法进行，按标准逐项打分。评审实行淘汰制，对于满足填报资格预审文件要求的投标人，一般情况下可考虑按财务状况，施工经验，过去履约情况和人员、设备等4个方面进行评审打分，每个方面都规定好满分分数线和最低分数线。只有达到下列条件的投标人才能获得投标资格：每个方面得分不低于最低分数线；4个方面得分之和不少于60分(满分为100分)。

最低合格分数线的制定应根据参加资格预审的投标人的数量来决定。如果投标人的数量比较多，则适当提高最低合格分数线，这样可以多淘汰一些投标人，仅给予获得较高分数的投标人以投标资格。

3. 招标文件

招标文件是提供给投标人的投标依据，招标文件应向投标人介绍项目有关内容的实施要求，包括项目基本情况、工期要求、工程及设备质量要求，以及工程实施业主方如何对项目的投资、质量和工期进行管理。

1）编写招标文件的基本要求

世界银行贷款项目中土建工程的招标文件的内容，已经逐步纳入标准化、规范化的轨道，按照《采购指南》的要求，招标文件应当符合以下要求。

(1) 能为投标人提供一切必要的资料数据。

(2) 招标文件的详细程度应随工程项目的大小而不同。比如国际竞争性招标和国内竞争性招标的招标文件在格式上均有区别。

(3) 招标文件应包括：投标邀请函、投标人须知、投标书格式、合同格式、合同条件(包括通用条件和专用条件)、技术规范、图纸和工程量清单，以及必要的附件，比如各种保证金的格式。

(4) 使用世界银行发布的标准招标文件，在我国，贷款项目强制使用世行标准及财政部编写的招标文件范本，也可作必要的修改，改动在招标资料表和项目的专用条款中做出，标准条款不能改动。

2）招标文件的内容

招标文件由世界银行或其他国际金融机构融资的项目，或其他正规的国际招标项目的招标文件组成，通常包括以下内容。

(1) 投标邀请函。投标邀请函重复招标公告的内容，用以邀请经资格预审合格的承包商按业主规定的条件和时间前来投标。

(2) 投标人须知。投标人须知是业主或招标机构对投标人如何投标的指导性文件，通常由招标机构和指定的咨询公司共同编制，并附在招标文件内一起发售给投标人。其内容主要包括资格要求、投标费用、现场勘察、投标文件要求、投标的语言要求、报价计算、货币、投标有效期、投标保证、错误的修正及本国投标人的优惠等，内容应明确、具体。

(3) 合同条件。合同条件主要是规范在合同执行过程中双方的职责范围、权利和义务，监理工程师的职责和授权范围，遇到各类问题(如工期、进度、质量、检验、支付、索赔、争议、仲裁等)时，各方应遵循的原则及采取的措施等。

合同条件分为通用条件和专用条件。通用条件不分具体工程项目，具有国际普遍适应性；专用条件则是针对某一特定工程项目合同的有关具体规定，用以将通用条件具体化，对通用条件进行某些修改和补充，适用合同的具体情况。

(4) 技术规范。技术规范具体反映了招标单位对工程项目的技术要求，相当于我国的施工技术规范的内容，由咨询工程师参照国家的范本和国际上通用的规范并结合每一个具体工程项目的自然地理条件和使用要求来拟定，因而也可以说它体现了设计意图和施工要求，更加具体化，针对性更强。

根据设计要求，技术规范应对工程每一个部位和工种的材料及施工工艺提出明确的要求。技术规范中应对计量要求做出明确规定，以避免和减少在实施阶段计算工程量与支付价款时产生争议。

(5) 图纸。图纸是招标文件和合同的重要组成部分，是投标人拟定施工方案、选用施工机械、提出备选方案、计算投标报价和工程师验收的主要依据。业主方一般应向投标人提供图纸的电子版。招标文件应该提供合适尺寸的图纸，补充和修改的图纸经工程师签字后正式下达，才能作为施工及结算的依据。

业主方提供的图纸中所包括的地质钻孔、水文、气象资料属于参考资料。投标人应对资料做出正确分析判断，业主和工程师对投标人的分析不负责任，投标人要注意潜在风险。

(6) 投标格式及其他标准格式：包括投标函格式，合同协议书格式，投标保函、履约保函及预付款保函格式等。各种表格包括工程量及价格表、额外工程价格费率表、工程进度计划表等。投标人应根据格式要求填写齐全。

(7) 工程量清单。工程量清单是按照招标要求和施工图纸设计要求，将招标工程的全部项目和内容依据统一的工程量计算规则和子目分项要求，计算分部分项工程实物量，列在清单上作为招标文件的组成部分，供投标单位逐项填写单价用于投标报价。工程量清单为投标人提供了一个共同的投标基础，投标人根据市场和本公司的具体情况，通过单价分析对表中各栏目进行报价，最后汇总为投标报价。

工程量清单和招标文件中的图纸一样，随着设计进度和深度的不同而有粗细程度的不同，当施工详图已完成时，工程量清单就可以编得比较细致。

工程量清单除了必要的表格以外，还必须有相应的说明。在说明中应包括：工程量清单中的工程量计算范围、依据、准确性，报价的要求等内容。

3）招标文件的相关人员及主体

建筑师、工程师、工料测量师是国际工程的专业人员，业主、承包商、分包商、供货商是国际工程的法人主体。

建筑师、工程师均指不同领域和阶段负责咨询或设计的专业公司的专业人员，如在英国，建筑师负责建筑设计，而工程师则负责土木工程的结构设计。各国均有严格的建筑师、工程师的资格认证及注册制度，作为专业人员必须通过相应专业协会的资格认证，而有关公司或事务所必须在政府有关部门注册。咨询工程师一般简称为工程师，指的是为业主提供有偿技术服务的独立的专业工程师，其服务内容可以涉及各自专长的不同专业。工料测量师是英国、英联邦国家以及香港地区对工程经济管理人员的称谓，在美国称其为造价工程师或成本咨询工程师，在日本则称其为建筑测量师。

分包商是指那些直接与承包商签订合同，分担一部分承包商与业主签订合同中的任务的公司。业主和工程师不直接管理分包商，他们对分包商的工作有要求时，一般通过承包商来处理。指定分包商是指业主方在招标文件中或在开工后指定的分包商，指定分包商仍应与承包商签订分包合同。广义的分包商还包括供货商与设计分包商。供货商是指为工程实施提供工程设备、材料和建筑机械的公司和个人。一般供货商不参与工程的施工，但是有一些设备供货商由于所提供设备的安装要求比较高，往往既承担供货，又承担安装和调试工作，如电梯、大型发电机组等。供货商既可以与业主直接签订供货合同，也可以直接与承包商或分包商签订供货合同。

4. 标前会议

1）标前会议的目的

对于较大的工程项目招标，通常在报送投标报价前由招标机构召开一次标前会议，以便向所有有资格的投标人澄清他们提出的各种问题。一般来说，投标人应当在规定的标前会议日期之前将问题用书面形式寄给招标机构，然后招标机构将其汇集起来研究，给出统一的解答，并发给每一个购买了招标文件的投标人，招标机构不向任何投标人单独回答其提出的问题。

2）标前会议的时间和地点

标前会议通常在工程所在国境内召开，其开会时间和地点在招标文件的投标人须知中写明；一般在标前会议期间可能组织投标人到拟建工程现场参观和考察，投标人也可以在该会议后专门到现场考察当地建设条件，以便正确做出投标报价。标前会议和现场考察的费用通常由投标人自行负担。如果投标人不参加标前会议，可以委托其当地代理人参加，也可以要求招标机构将标前会议的记录寄给投标人。

3）标前会议记录

招标机构有责任将标前会议的记录和对各种问题的统一答复或解释整理为书面文件，随后分别寄给所有的投标人。标前会议记录和答复问题记录应当被视为招标文件的补充，如果它们与原招标文件有矛盾，应当说明以会议记录和问题解答记录为准。标前会议上可能对开标日期做出最后确认或者修改，如开标日期有任何变动，不仅应当及时以电子邮件或书信的方式通知所有投标人，还应当在重要的报纸上发布通告。

5. 开标

1）接受标书

一般是在投标地点设置投标箱或投标柜，招标机构收到投标书仅注明收到的日期和时间，不作任何记号。投标箱的钥匙由专人保管，并贴上封条，只能在开标会议上启封打开。

投标截止时间一到，即封闭投标箱，在此以后的投标概不受理。

2）开标会议

(1) 开标会议通常由招标机构主持公开的会议，除招标机构的委员会成员和投标人参加外，还可邀请当地有声望的工程界人士和公众代表参加。

(2) 在开标会议上当众开启投标箱，检查密封情况。通常是按投标书投递时间顺序拆开投标书的密封袋，并检查投标书的完整情况。

(3) 当众宣读投标人在其投标致函中的投标总报价，如在该致函中已说明自动降低价格者，应宣布以其降低的价格为准；如要降低是附带条件的，则不宣布这种附带条件的降价，以便在同等条件下进行比对。同时，还要当众宣布其投标保证书(银行出具的保函)的金额和开具保函银行的名称，检查该项金额和银行是否符合招标文件的规定。如果该投标保证书不合格，则宣布该投标书被拒绝接受，作为废标退还其保函，取消其参加竞争的资格。

(4) 所有投标人的投标总价及保证书的金额均列表当场登记，由招标机构的招标委员和公众监督人士共同签字，表示不得再修改报价。有的甚至要求他们在各投标人的附有总报价的投标致函上签字，以表示任何人无法作弊进行修改。

(5) 如果招标要求随投标提交机器设备的样本说明者，可对各投标人提交的样本查看后编号封袋，以便评标时作技术鉴定。

(6) 通常在开标会议上说明开标时标价的名次排列并非最终结果，有待详加评审，而且也不表示这些投标书“已被接受”。

(7) 如果公开招标的项目仅有唯一的一家公司投标，或在开标会上发现仅有一家公司的投标书符合招标规定条件和没有明显的违章情况，则可能宣布将另行招标；或者由招标机构评审后再决定是否授权给这家公司。

(8) 如果招标文件规定投标人可以提交建议方案，则对于提交的建议方案报价也按照上述同样方式当场开标和宣布其总报价，但不宣布其建议方案的主要内容。通常对于未按原招标的方案报价，仅对其建议方案报价者，将拒绝接受。一般说来，对建议方案的评审更加严格。

6. 评标

评标在保密的情况下进行，由评标委员会评审。一般先从形式上审查投标文件的符合性，然后从投标文件的实质内容上评出最优的投标人。

符合性评审主要检查投标文件是否符合招标文件的要求，一般包括下列内容。

(1) 是否按规定密封投标文件。

(2) 是否按规定的格式和数额提交了投标保证金。

(3) 投标书是否按规定要求填写。

(4) 投标书的组成内容是否符合招标文件的要求，是否随同投标书递交必要的支持性文件和资料等，是否按规定签名。

(5) 如为联合体投标，是否提交了合格的联合体协议书以及对投标负责人的授权委托证书。

(6) 是否做到对招标文件的实质性响应，如对招标文件中任何条文或数据说明是否做任何修改、投标人是否提出任何招标人无法接受或违反招标文件的保留条件等。即使招标文件中允许投标人提交建议方案，也应当在完整地对原招标方案进行响应报价的基础上，另行单独提交建议方案及单独报价。

如果投标文件未通过符合性评审，则这类投标书将被视为废标。通过符合性评审的投标文件进入正式评标阶段。一般评标分为技术性评审和商务性评审。

技术性评审的目的是确认备选的中标人完成本工程的技术能力，以及其施工方案的可靠性。技术性评审主要应围绕投标书中有关的施工方案、施工计划进行，主要包括以下内容。

(1) 技术资料的完备性。

(2) 施工方案的可行性。

(3) 施工进度计划的可靠性。

(4) 施工质量的保证。

(5) 工程材料和机械设备的供应及其技术性能。

(6) 该项目主要管理人员及工程技术人员的数量及其经历。

(7) 其他针对该项目的特殊的技术措施和要求的可行性与先进性。

技术性评审不合格，商务性评审就失去了意义，技术性评审合格就可以进行商务性评审。有的技术简单、要求不高的工程在通过资格预审的基础上，可以不进行技术性评审，直接进行商务性评审。

商务性评审的目的是从成本、财务和经济分析等方面评审投标报价的合理性、经济效益和潜在风险等。商务性评审在整个评标工作中占有非常重要的地位。能否中标在很大程度上取决于商务性评审。

评标时，首先要对投标人的投标报价进行认真细致的核对。当数字金额与大写金额有差异时，以大写金额为准；当单价与数量相乘的总和与投标书的总价不符时，以单价乘数量的总和为准。所有发现的计算错误均应通知投标人，并以投标人书面确认的标价为准。如果投标人不接受经详核后的正确投标价格，则其投标书可被拒绝，并可没收其投标保证金。

商务性评审的主要内容如下。

(1) 报价的正确性和合理性：包括计算范围、依据、单价分析等。对于国际招标，要按投标人须知中的规定将投标货币折算成统一货币，即对每份投标文件的报价，按规定日期到指定银行公布的外汇总兑换率折算成当地货币，来进行比较。

(2) 价格的风险性：如果招标文件规定该项目为可调价格合同，则应分析投标人对调价公式中采用的基价和指数的合理性，估量调价可能影响的幅度和风险。

(3) 优惠条件：如施工设备赠给、软贷款、技术合作、专利转让以及雇佣当地劳动力条件等。

(4) 支付与财务问题。

(5) 如果有建议方案，应对建议方案进行商务性评审。

在评标过程中。如果评标委员会发现没有阐述清楚的问题，应要求投标人予以澄清。可以分别约见每一个投标人代表，口头或书面提出问题；投标人代表在评标委员会规定时间内应提交书面的、正式的答复，并由授权代表正式签字，声明这个书面的正式答复将作为投标文件的正式组成部分。澄清问题的书面文件不允许对原投标内容作实质性修改，也不允许变更标价。

7. 决标和定标

在技术性评审和商务性评审的基础上即可最后评定中标者。确定的方法既可采取讨论协商的方法，也可采用评分的方法，对简单项目也可采用最低价中标的方法。

通常由招标机构和工程项目的业主共同商讨裁定中标人。如果业主是一家公司，通常由该公司的董事会根据综合评审报告讨论裁定中标人；如果是政府部门的项目，则政府授予该部门负责人权力，由部门负责人召集会议决定中标人；如果是国际金融组织或财团贷款项目，除借贷国有关机构做出决定外，还要征询贷款金融机构的意见，如果意见不统一，要重新审议后再作决定，甚至有可能导致重新招标。

评分的方法即是根据评分标准，一般包括对投标价、工期、采用的施工方案、同类项目施工经验等设计不同的权重，并制定评分细则，由每一委员采用不记名打分的形式评判，最后用一定的统计方式计算打分结果，得分最高者中标。

最低价中标不考虑计算因素，报价最低者直接中标。当然，这个价格应通过评标委员会的审查而且是合理可行的。

如果未进行资格预审，必须进行资格后审。资格后审即在招标文件中加入资格审查的内容，投标人在报送投标书的同时报送资格审查资料，评标委员会可在正式评标前先对投标人进行资格审查，对资格审查合格的投标人再进行评标，也可在确定中标人后，对中标人进行资格审查，如果资格后审不合格，则取消中标资格，重新确定中标人。资格后审内容与资格预审基本相同。

8. 授标和商签合同

在裁定中标人后，业主或者招标机构代表业主在投标有效期内以书面形式向中标人发出中标通知书，中标的承包商应向业主提交一份履约保函，并在招标文件规定的期限内派出授权代表与业主进行商谈签订合同，在合同签订后，要及时向未中标的投标人退还投标保函。

5.3 国际工程投标

5.3.1 选择投标项目

1. 广泛获取项目信息

各企业可以通过以下几种途径获取项目信息。

(1) 通过国际金融机构的出版物获取项目信息。所有利用世界银行、亚洲开发银行等国际性金融机构贷款的项目，都要在世界银行的《商业发展论坛报》、亚洲开发银行的《项目机会》上发布公告。

（2）通过一些公开发行的国际性刊物获取项目信息，如《中东经济文摘》《非洲经济发展月刊》上刊登的投标邀请通告。

（3）借助公共关系网和有关个人的接触提早获取项目信息。

（4）通过驻外使馆、驻外机构、外经贸部、公司驻外机构、国外驻我国机构等获取项目信息。

（5）通过国际信息网络获取项目信息。

2. 紧密跟踪和精心选择

国际工程承包商需要从获得的工程项目的信息中，选择符合本企业经营策略、经营能力和专业特长的项目进行跟踪，从考虑该工程项目实现的可靠性和项目所在地的竞争激烈程度，初步确定准备投标。在对项目进行进一步调查研究，甚至在资格预审之后才最后决定是否投标。选择跟踪项目或初步确定投标项目的过程是一项重要的经营决策过程。

5.3.2 投标准备

1. 在工程所在国登记注册

国际上有些国家允许外国公司参加该国的建设工程的投标活动，但必须在该国注册登记，取得该国的营业执照。一种注册是先投标，经评标获得工程合同后才允许该公司注册；另一种是外国公司欲参与该国投标，必须先注册登记，在该国取得法人地位后，才可正式投标。公司注册通常通过当地律师协助办理，承包商提供公司章程、所属国家颁发的营业证书、世界各地分支机构清单、董事会在该国建立分支机构的决议、申请注册的分支机构名称和地址、对分支机构负责人的授权证书等。

2. 物色咨询机构或代理人

在国外投标时，可以考虑选择一个专门的咨询公司或代理人。专门的咨询公司拥有经济、技术、法律和管理等各方面的专家，他们经常收集、积累各种资料、信息，因而能比较全面而又比较快地为投标人提供进行决策所需要的资料，将会大大提高中标机会。理想的代理人应该在当地特别是工商界有一定的社会活动能力，有较好的声誉，熟悉代理业务。有些国家(如科威特、沙特阿拉伯等国)规定，外国承包企业必须有代理人，才能在本国开展业务。

国际工程承包业务的80%都是通过代理人和咨询机构完成的，他们的活动既有利于承包商、业主，又能促进当地的经济建设。代理人可以为外国公司承办注册、投标等。选定代理人后，双方应签订正式代理协议，付给代理人佣金。代理佣金一般是按项目合同金额的一定比例确定，如果协议需要报政府机构登记备案，则合同中的佣金比例不应超过当地政府的限额和当地习惯。佣金一般为合同总价的2%～3%。大型项目的佣金比例会适当降低，小型项目会适当提高，但一般不宜超过5%。代理投标业务时，一般在中标后支付佣金。

3. 选择合作伙伴

有的国家要求外国公司必须与本国公司合营，共同承包工程项目，共同享受盈利和承担风险。有些合伙人并不入股，只帮助外国公司承揽工程、雇佣当地劳务及办理各种行政事务，承包公司付给佣金；有的国家则明文规定，凡在境内开办商业性公司的必须有本国股东，并且他们要占50%以上股份。有的项目虽无强制要求，但工程所在国公司可享受优惠条件，与他们联合可增加竞争力。选择合作公司时必须进行深入细致的调查研究，首先要了解其信誉和在当地的社会地位，其次了解它的经济状况、施工能力、在建工程和发展趋势等。

4. 组织投标小组

投标小组由经验丰富、有组织协调能力、善于分析形势和有决策能力的人员担任小组长，小组成员中要有熟悉各专业施工技术和现场组织管理的工程师，有熟悉工程量核算和价格编制的造价工程师，还要有熟悉贷款计划、保险方案、保函业务的财务人员。此外，还应有精通投标文件文字的人员，当然最好是工程技术人员和造价工程师，能使用该语言工作，但即使大家都可以使用该语言工作，最好还要有一位专职的好翻译，以保证投标文件的质量。

5.3.3 参加资格预审

首先进行填报前的准备工作，在填报前应首先将各方面的原始资料准备齐全，内容应包括企业资质等级、财务状况、技术能力、关键技术人员的资格能力、施工设备和施工经验等资料。在填报资格预审文件时应按照业主提出的资格预审文件要求，逐项填写清楚，针对所投工程项目的特点，有重点地填写，要强调本公司的优势，实事求是地反映本公司的实力。一套完整的资格预审文件一般包括资格预审须知、项目介绍以及一套资格预审表格。资格预审须知中应说明对参加资格预审公司的国别限制、公司等级、资格预审截止日期、参加资格预审的注意事项以及申请书的评审等；项目介绍则简要介绍招标项目的基本情况，使投标人对项目有一个总体的认识和了解；资格预审表格是由业主和工程师编制的一系列表格，不同项目资格预审表格的内容大致相同。投标人必须在规定的时间内完成资格预审文件的填写，在截止日期前送到或寄送到指定地点。

5.3.4 购领招标文件和有关资料

通过资格预审后，投标人应购买招标文件和有关资料，并缴纳投标保证金，投标保证金的数额一般设定在投资总额的1%～5%。

5.3.5 参加现场勘察及标前会议

投标人应按招标文件要求在指定时间和地点进行现场勘察。投标人必须全面认真了解项目的政治、经济、地理、法律等情况，按国际惯例，在报价提出后不得以现场勘察不详作为借口调整报价或请求补偿。在现场勘察中应了解：①政治形势是否稳定，治安状况如何；②外汇管理制度和货币稳定程度；③当地的市场状况、施工材料的来源和价格水平；④当地的劳务技术水平、劳务状况和价格水平；⑤项目所在地的地理环境、气候特点、施工现场条件、运输能力；⑥有关劳务输入、设备材料进出口的规定。

投标人应按时参加标前会议。在参加会议前应认真阅读和分析招标文件，如已经进行了现场勘察，则应根据现场勘察的结果，将发现的问题和疑问整理成书面文件，提交给招标人。在会议上应认真记录会议内容，并从其他人的提问中发现对自己有用的信息。

5.3.6 编制投标文件

投标文件应完全按照招标文件的要求编制。目前，国际工程投标中多数采用规定的表格形式填写，这些表格形式在招标文件中已给定，投标人只需将给定的内容、计算结果按要求填入即可。投标文件的内容主要有投标书、投标保证书、工程报价表、施工规划及施工进度、施工组织机构及主要管理人员简历、其他必要的附件及资料等。

1. 投标书的填写

投标书的内容与格式由业主拟定，一般由正文与附件两部分组成。投标人投标时应填写业主发给的投标书及其附录中的空白部分，并与其他投标文件一同寄交业主。投标中标后，标书就成为合同文件的一个重要组成部分。

有的投标书中还可以提出投标人的建议，以此得到业主的欢迎。如可以表明用什么材料代用可以降低造价而又不降低标准；修改某部分设计，则可降低造价等。

2. 复核标价和填写标书

标书标价进行调整以后要认真反复审核，确定无误后才能开始填写投标书等投标文件。填写时要用墨汁笔，不允许用圆珠笔，然后翻译、打字、签章、复制。填写内容除了投标书外，还应包括招标文件规定的项目，如施工进度计划、施工机械设备清单及开办费等。有的工程项目还要求将主要分部分项工程报价分析表填写在内。

3. 内部标书的编制

内部标书是指投标人为确定报价所需各种资料的汇总，其目的是作为报价人今后投标报价的依据，也是工程中标后向工程项目施工有关人员交底的依据。内部标书的编制不需重新计算，而是将已经报价的成果资料进行整理。其一般包括以下内容。

(1) 编制说明：主要叙述工程概况、编制依据、工资、材料、机械设备价格的计算原则；采用定额和费用标准的计算原则；人民币与规定外币的比值；劳动力、主要材料设备、施工机械的来源；贷款额及利率；盈亏测算结果等。

(2) 内部标价总表。标价总表分为按工程项目划分的标价总表和单独列项计算的标价总表两种。按工程项目划分的标价总表，工程项目的名称及标价应分别列出；单独列项的标价总表应单独列表，如开办费中的施工用水、用电及临时设施等。

(3) 人工、材料设备和施工机械价格计算。此部分应加以整理，分别列出计算依据和公式。

(4) 分部分项工程单价计算。此部分的整理要仔细，并可建立汇总表。

(5) 开办费、施工管理费和利润计算。要求应分别列项加以整理，其中利润率计算的依据等均应详细标明。

(6) 内部盈亏计算。根据标价分析做出盈亏与风险分析，分别计算后得出高、中、低三档报价，供决策者选择。

5.3.7 递交投标文件

投标文件的内容、表格等全部完成后，即将其装订密封，要避免因为细节的疏忽和技术上的缺陷而使投标书无效。所有投标文件应装帧美观大方，投标人要在每一页上签字，较小工程可装成一册，大、中型工程(或按业主要求)可分下列几部分封装：①有关投标人资历等文件，如投标委托书，证明投标人资历、能力、财力的文件，投标保函，投标人在项目所在国注册证明，投标附加说明等；②与报价有关的技术规范文件，如施工规划计划表等；③报价表，包括工程量表、单价、总价等；④建议方案的设计图纸及有关说明；⑤备忘录。

投标书应在招标文件规定的投标截止日期前寄送或由专人报送到指定的地点。

5.3.8 出席开标会议

投标人在编制、递交了投标文件后，要积极准备出席开标会议。按照国际惯例，投标人不参加开标会议的，视为弃权，其投标文件将不予启封，不予唱标，不允许参加评标。评标期间，评标委员会要求澄清投标文件中不清楚问题的，投标人应积极予以说明、解释、澄清。

5.3.9 受标、商签合同

经评标，投标人被确定为中标人后，应接受招标人发出的中标通知书。未中标的投标人有权要求招标人退还其投标保证金。招标人应当自中标通知书发出之日起 30 日内根据《合同法》有关规定，与中标人签订合同。中标人同时提交履约保证书或履约保函，招标人同时退还中标人的投标保证金。中标人如拒绝在规定时间签约或提交履约保函的，经招投标管理机构同意后可取消其中标资格，并不退还其投标保证金，并考虑在其余投标单位中重新确定中标人，与之签订合同，或重新招标。签订合同后，应将合同副本分送有关主管部门备案。

5.4 FIDIC 合同条件

5.4.1 FIDIC 合同条件概述

1. FIDIC 简介

FIDIC 是指国际咨询工程师联合会(Federation Internationale Des Ingenieurs Conseils)，是该联合会法文名称的缩写，在国内一般译为“菲迪克”。该联合会是被世界银行认可的咨询服务机构，是国际上具有权威性的咨询工程师组织，总部设在瑞士洛桑。联合会成员在每个国家只有一个，至今已包括 80 多个国家和地区，我国在 1996 年 10 月正式加入。

FIDIC 下设 5 个长期性的专业委员会：业主咨询工程师关系委员会(CCRC)、土木工程合同委员会(CECC)、风险管理委员会(RMC)、质量管理委员会(QMC)和环境委员会(ENVC)。FIDIC 的各专业委员会编制了许多规范性的文件，这些文件不仅被 FIDIC 成员国广泛采用，而且世界银行、亚洲开发银行、非洲开发银行等金融机构也要求在其贷款建设的土木工程项目中使用以该文本为基础编制的合同条件。目前作为惯例它已成为国际工程界公认的标准化合同格式，有适用于工程咨询的《业主/咨询工程师标准服务协议书》；适用于施工承包的《土木工程施工合同条件》《电气与机械工程合同条件》《设计—建造与交钥匙合同条件》和《土木工程分包合同条件》。1999 年 9 月，FIDIC 又出版了新的《施工合同条件》《工程设备与设计—建造合同条件》《设计采购施式(EPC)/交钥匙工程合同条件》及《简明合同格式》。

这些合同条件的文本不仅适用于国际工程，而且稍加修改后同样适用于国内工程，我国有关部委编制的适用于大型工程施工的标准化范本都以 FIDIC 编制的合同条件为蓝本。

常用的 FIDIC 合同条件如下。

(1) 土木工程施工合同条件。《土木工程施工合同条件》是 FIDIC 最早编制的合同文本，也是其他几个合同条件的基础。该文本适用于业主(或业主委托第三人)提供设计的工程施工承包，是基于单价合同的标准化合同格式。土木工程施工合同条件的主要特点表现为：条款中责任的约定以招标选择承包商为前提，合同履行过程中建立以工程师为核心的管理模式。

(2) 电气与机械工程合同条件。《电气与机械工程合同条件》适用于大型工程的设备提供和施工安装，承包工作范围包括设备的制造、运送、安装和保修几个阶段。该合同条件是在土木工程施工合同条件基础上编制的，针对相同情况制定的条款参照土木工程施工合同条件的规定。与土木工程施工合同条件的区别主要表现在：一是该合同涉及的不确定风险的因素较少，但实施阶段管理程序较为复杂，因此条目少、款数多；二是支付管理程序与责任划分基于总价合同。该合同条件一般适用于大型项目中的安装工程。

(3) 设计—建造与交钥匙工程合同条件。

FIDIC 编制的《设计—建造与交钥匙工程合同条件》是适用于总承包的合同文本，承包工作内容包括：设计、设备采购、施工、物资供应、安装、调试、保修。这种承包模式可以减少设计与施工之间的脱节或矛盾，而且有利于节约投资。该合同文本是基于不可调价的总价承包编制的合同条件。土建施工和设备安装部分的责任，基本上套用土木工程施工合同条件和电气与机械合同条件的相关约定。交钥匙合同条件既可以用于单一合同施工的项目，也可作为几个合同项目中的一个合同，如承包商负责提供各种设备、单项构筑物或整套设施的承包。

(4) 土木工程分包合同条件。FIDIC 编制的《土木工程施工分包合同条件》是与《土木工程施工合同条件》配套使用的分包合同文本。分包合同条件可用于承包商与其选定的分包商，或与业主选择的指定分包商的权利义务约定一致，又要区分负责实施分包工作当事人改变后两个合同之间的差异的条件下。

2. FIDIC 合同条件的发展历程

由于全球一体化进程的快速推进，国际工程建设的快速发展，工程建设规模不断扩大、风险增加，这给当事人签订合同时再作约定带来了一定的困难，需要对当事人的权利和义务有更明确详细的约定。在客观上，国际工程界需要一种标准合同文本，能在工程项目建设中普遍使用或稍加修改即可使用。而标准合同文本在工程的费用、进度、质量、当事人的权利义务方面都有明确而详细的规定。FIDIC 合同条件正是顺应这一要求而产生的。

1957 年，FIDIC 与欧洲建筑工程联合会(FIEIC)一起在英国土木工程师协会(ICE)编写的《标准合同条件》基础上，制定了 FIDIC 合同条件第 1 版。第 1 版主要沿用英国的传统做法和法律体系，包括一般条件和特殊条件两部分。1969 年修订的第 2 版 FIDIC 合同条件，没有修改第 1 版的内容，只是增加了适用于疏浚工程的特殊条件。1977 年修订的第

3版FIDIC合同条件，则对第2版做了较大修改，同时还出版了《土木工程合同文件注释》。1987年FIDIC合同条件第4版出版，此后又于1988年出版了第4版修订版。第4版出版后，为了指导应用，FIDIC又于1989年出版了一本更加详细的《土木工程施工合同条件应用指南》。1999年FIDIC又出版了新的《施工合同条件》，这是目前正在使用的合同条件版本。

3. FIDIC合同条件的构成

FIDIC合同条件由通用合同条件和专用合同条件两部分构成，且附有合同协议书、投标函和争端仲裁协议书。

(1) FIDIC通用合同条件。

所谓“通用”的含义是，FIDIC通用条件是固定不变的，工程建设项目只要是属于土木工程施工，如工业与民用建筑工程、水电工程、路桥工程、港口工程等建设项目均可适用。通用条件共分20条，分别是：一般规定，雇主，工程师，承包商，指定的分包商，员工，工程设备、材料和工艺，开工、延误和暂停，竣工检验，雇主接收，缺陷责任，测量和估价，变更和调整，合同价款和支付，由雇主终止，由承包商暂停和终止，风险与职责，保险，不可抗力，索赔、争端和仲裁。在通用条件中还有附录及程序规则。

通用条件适用于所有土木工程的，条款也非常具体而明确，但不少条款还需要前后串联、对照才能最终明确其全部含义，或与其专用条件相应序号的条款联系起来，才能构成一条完整的内容。FIDIC条款属于双方合同，即施工合同的签约双方(业主和承包商)都承担风险，又各自分享一定的权益。因此，其大量的条款明确地规定了在工程实施某一具体问题上双方的权利和义务。

(2) FIDIC专用合同条件。

基于不同地区、不同行业的土建类工程施工的共性条件而编制的通用条件已是分门别类、内容详尽的合同文件范本。但有这些是不够的，具体到某一工程项目，有些条款应进一步明确，有些条款还必须考虑工程的具体特点和所在地区情况予以必要的变动。FIDIC专用合同条件就可实现这一目的。第一部分的通用条件和第二部分的专用条件，构成了决定一个具体工程项目各方的权利和义务的内容。

第二部分专用条件的编制原则是：根据具体工程的特点，针对通用条件中的不同条款进行选择、补充或修正，使由这两部分相同序号组成的条款内容更为完备。因此，第二部分专用条件并不像第一部分通用条件那样，条款序号依次排列以及每一序号下都有具体的条款内容，而是视第一部分条款内容是否需要修改、取代或补充，而决定相应序号的专用条款是否需要修改、取代或补充，从而决定相应序号的专用条款是否存在。

4. FIDIC合同条件下的建设项目工作程序

在FIDIC合同条件下，建设项目的工作大致按以下程序进行。

(1) 进行项目立项，筹措资金。

(2) 通过工程监理招标选择工程师，签订工程监理委托合同。

(3) 通过竞争性勘察设计招标确定或直接委托勘察设计单位对工程项目进行勘察设计，也可委任工程师对此进行监理。

(4) 通过竞争性招标，确定承包商。

(5) 业主与承包商签订施工承包合同，作为FIDIC合同文件的组成部分。

(6) 承包商按合同的要求提供履约担保、预付款保函，办理保险等事项，并取得业主的批准。

(7) 业主支付预付款。在国际工程中，一般情况下，业主在合同签订后、施工前支付给承包商一定数额的资金(无息)，以供承包商进行施工人员的组织、材料设备的购置及进入现场、完成临时工程等准备工作，这笔资金称预付款。预付款的有关事项，如数量、支付时间和方式、支付条件、扣还方式等，应在专用合同条件或投标书附件中明确。预付款一般为合同价款的10%～15%。

(8) 承包商提交工程师所需的施工组织设计、施工技术方案、施工进度计划和现金流量估算。

(9) 准备工作就绪后，由工程师下达开工令，业主同时移交工地占有权。

(10) 承包商根据合同的要求进行施工，而工程师则进行日常的监理工作。这一阶段是承包商与工程师的主要工作阶段，也是FIDIC合同条件要规范的主要内容。

(11) 根据承包商的申请，工程师进行竣工检验。若工程合格，颁发接收证书，业主归还部分保留金。

(12) 承包商提交竣工报表，工程师签发支付证书。

(13) 在缺陷通知期内，承包商应完成剩余工作并修补工程缺陷。

(14) 缺陷通知期满后，经工程师检验并证明承包商已根据合同履行了施工、竣工以及修补所有的工程缺陷的义务，工程质量达到了工程师满意的程度，由工程师颁发履约证书，业主应归还履约保证金及剩余保留金。

(15) 承包商提交最终报表，工程师签发最终支付证书，业主与承包商结清余款。随后，业主与承包商的权利、义务关系即告终结。

5. FIDIC合同条件下合同文件的组成及优先次序

在FIDIC合同条件下，合同文件除合同条件外，还包括其他对业主、承包商都有约束力的文件，如中标函、投标书、各种规范、施工图纸和标准图集、资料表和构成合同组成部分的其他文件。构成合同的这些文件应该是互相补充、互相说明的，但是这些文件有时会产生冲突或含义不清。此时，由工程师进行解释，其解释应根据合同文件的内容按以下顺序进行：合同协议书；中标函；投标书；专用合同条件；通用合同条件；各种规范；施工图纸及标准图集；资料表和构成合同组成部分的其他文件。

1) 合同协议书

合同协议书有业主和承包商的签字，有对合同文件组成的约定，是使合同文件对业主和承包商产生约束力的法律形式和手续。

2) 中标函

中标函是由业主签署的正式接受投标函的文件，即业主向中标的承包商发出的中标通知书。它的内容很简单，除明确中标的承包商外，还明确项目名称、中标标价、工期、质量等事项。

3) 投标书

投标书是由承包商填写的、提交给业主的对其具有法律约束力的文件。其主要内容是工程报价，同时保证按合同条件、规范、图纸、工程量表、其他资料表、所附的附录及补充文件的要求，实施并完成招标工程并修补其任何缺陷；保证中标后，在规定的开工日期开工，并在规定的竣工日期内完成合同中规定的全部工作。

4）专用合同条件

这部分的效力高于通用合同条件。

5）通用合同条件

这部分内容若与专用合同条件冲突，应以专用合同条件为准。

6）规范

规范包括强制性标准和一般性规范。指对工程范围、特征、功能和质量的要求以及对施工方法、技术要求的说明，并对承包商提供的材料的质量和工艺标准、样品和试验、施工顺序和时间安排等做出明确规定。一般技术规范还包括计量、支付方法的规定。

规范是招标文件中的重要组成部分。编写规范时可引用某一通用外国规范，但一定要结合本工程的具体环境和要求来选用，同时还包括按照合同、根据具体工程的要求对选用规范的补充和修改内容。

7）图纸

图纸是指合同中规定的工程图纸、标准图集，也包括在工程实施过程中对图纸进行的修改和补充。这些修改补充的图纸均须经工程师签字后正式下达，才能作为施工及结算的依据。另外，招标时提供的地质钻孔柱状图、探坑展示图等地质、水文图纸也是投标人的参考资料。

8）资料表

资料表包括工程量表、数据、表册、费率或价格表等。标价的工程量表是由招标人和投标人共同完成的。作为招标文件的工程量表中有工程的每一类目或分项工程的名称、估计数量以及计量单位，但留出单价和合价的空格，这些空格由投标人填写。投标人填入单价和合价后的工程量表称为“标价的工程量表”，是投标文件的重要组成部分。

5.4.2 FIDIC 土木工程施工合同条件

《土木工程施工合同条件》是FIDIC最早编制的合同文本，也是其他几个合同条件的基础。土木工程施工合同条件的主要特点表现为：条款中责任的约定以招标选择承包商为前提；合同履行过程中建立以工程师为核心的管理模式；以单价合同为基础(也允许部分工作以总价合同承包)。建设部和国家工商行政管理局联合颁发的《建设工程施工合同示范文本》引用了很多土木工程施工合同条件的条款。

1. 合同履行中涉及的时间概念

1）合同工期

合同工期是所签合同内注明的完成全部工程或分部移交工程的时间，加上合同履行过程中因非承包商应负责原因导致变更和索赔事件发生后，经工程师批准顺延工期之和。合同内约定的工期指承包商在投标书附录中承诺的竣工时间。合同工期的日历天数作为衡量承包商是否按合同约定期限履行施工义务的标准。

2）施工期

从工程师按合同约定发布的“开工令”中指明的应开工之日起，至工程移交证书注明的竣工日止的日历天数为承包商的施工期。用施工期与合同工期比较，判定承包商的施工是提前竣工，还是延误竣工。

3）缺陷责任期

缺陷责任期即国内施工合同文本所指的工程保修期，是自工程移交证书中写明的竣工日开始，至工程师颁发解除缺陷责任证书为止的日历天数。尽管工程移交前进行了竣工检验，但工程移交证书只是证明承包商的施工工艺达到了合同规定的标准，设置缺陷责任期的目的是为了考验工程在动态运行条件下是否达到了合同中技术规范的要求。因此，从开工之日起至颁发解除缺陷责任证书日止，承包商要对工程的施工质量负责。合同工程的缺陷责任期及分阶段移交工程的缺陷责任期，应在专用条件内具体约定。次要部位工程通常为半年；主要工程及设备大多为一年；个别重要设备也可以约定为一年半。

4）合同有效期

自合同签字日起至承包商提交给业主的“结清单”生效日止，施工承包合同对业主和承包商均具有法律约束力。颁发履约证书只表示承包商的施工义务终止，而合同约定的权利义务并未完全结束，还剩有管理和结算等手续。结算单生效指业主已按工程师签发的最终支付证书中的金额付款，并退还承包商的履约保函。结清单一经生效，承包商在合同内拥有的索赔权力自行终止。

2. 合同价格

合同条件的通用条件中规定，“合同价格指中标通知书中写明的，按照合同规定为了工程的实施、完成及其任何缺陷的修补应付给承包商的金额”。但应注意，中标通知书中写明的合同价格仅指业主接受承包商投标书中为完成全部招标范围内工程报价的金额，不能简单地理解为承包商完成施工任务后应得到的结算款额。因为合同条件内很多条款都规定，工程师根据现场情况发布非承包商应负责原因的变更指令后，如果导致承包商施工中发生额外费用所应给予的补偿，以及批准承包商索赔给予补偿的费用，这些都应增加到合同价格上去。所以，签约原定的合同价格在实施过程中会有所变化。大多数情况下，承包商完成合同规定的施工义务后，累计获得的工程款也不等于原定合同价格与批准的变更和索赔补偿款之和，可能比其多，也可能比其少。究其原因，涉及以下几方面因素。

1）合同类型特点

《土木工程施工合同条件》适用于大型复杂工程采用单价合同的承包方式。为了缩短建设周期，通常在初步设计完成后就开始施工招标，在不影响施工进度的前提下陆续发放施工图。因此，承包商据以报价的工程量清单中，各项工作内容项下的工程量一般为概算工程量。合同履行过程中，承包商实际完成的工程量可能多于或少于清单中的估计量。单价合同的支付原则是，按承包商实际完成工程量乘以清单中相应工作内容的单价，结算该部分工作的工程款。

2）可调价合同

大型复杂工程的施工期较长，通用条件中包括合同工期内因物价变化对施工成本产生影响后计算调价费用的条款，每次支付工程进度款时均要考虑约定可调价范围内项目当地市场价格的涨落变化。而这笔调价款没有包含在中标价格内，仅在合同条款中约定了调价原则和调价费用的计算方法。

3）发生应由业主承担的事件

合同履行过程中，可能因业主的行为或其他应承担风险责任的事件发生，导致承包商增加施工成本，合同相应条款都规定应对承包商受到的实际损害给予补偿。

4）承包商的质量责任

合同履行过程中，如果承包商没有完全地或正确地履行合同义务，业主可凭工程师出具的证明，从承包商应得工程款内扣减该部分给业主带来损失的款额。合同条件内明确规定了以下情况。

（1）不合格材料和工程的重复检验费用由承包商承担。工程师对承包商采购的材料和施工的工程通过检验后发现质量未达到规定的标准，承包商应自费改正并在相同条件下进行重复检验，重复检验所发生的额外费用由承包商承担。

（2）承包商没有改正忽视质量的错误行为。当承包商不能在工程师限定的时间内将不合格的材料或设备移出施工现场，以及在限定时间内没有或无力修复缺陷工程时，业主可以雇佣其他人来完成，该项费用应从承包商处扣回。

（3）折价接收部分有缺陷工程。某项处于非关键部位的工程施工质量未达到合同规定的标准，如果业主和工程师经过适当考虑后，确信该部分的质量缺陷不会影响总体工程的运行安全，为了保证工程按期发挥效益，可以与承包商协商后折价接收。

5）承包商延误工期或提前竣工

（1）因承包商责任的延误竣工。签订合同时双方需约定日拖期赔偿额和最高赔偿限额。如果因承包商的原因使竣工时间迟于合同工期，将按日拖期赔偿额乘以延误天数计算拖期违约赔偿金，但以约定的最高赔偿限额为赔偿业主延迟发挥工程效益的最高款额。

如果合同内规定有分阶段移交的工程，在整个合同工程竣工日期以前，工程师已对部分阶段移交的工程颁发了工程移交证书，且证书中注明的该部分工程竣工日期未超过约定的分阶段竣工时间，则全部工程剩余部分的日拖期违约赔偿额应相应折减。折减的原则是，将拖延竣工部分的合同金额除以整个合同工程的总金额所得比例乘以日拖期赔偿额，但不影响约定的最高赔偿限额。

（2）提前竣工。承包商通过自己的努力使工程提前竣工是否应得到奖励，在土木工程施工合同条件中列入可选择条款一类。业主要看提前竣工的工程或区段是否能让其得到提前使用的收益，来决定该条款的取舍。如果招标工作内容仅为整体工程中的部分工程且这部分工程的提前完成不能单独发挥效益，则没有必要鼓励承包商提前竣工，可以不设奖励条款。若选用奖励条款，则需要在专用条件中具体约定奖金的计算办法。

FIDIC编制的《土木工程施工合同条件应用指南》中说明，当合同内约定有部分区段工程的竣工时间和奖励办法时，为了使业主能够在完成全部工程之前占有并启用工程的某些区段使其提前发挥效益，约定的分项工程完工日期应固定不变。也就是说，不应该部分工程施工过程中出现非承包商应负责原因工程师批准顺延合同工期，而对计算奖励的应竣工时间予以调整(除非合同中另有规定)。

6）包含在合同价格之内的暂列金额

某些项目的工程量清单中包含有“暂列金额”款项，尽管这笔款额计入合同价格内，但其使用却归工程师控制。暂列金额实际上是一笔业主方的备用金，工程师有权依据工程进展的实际需要经业主同意后，用于施工或提供物资、设备以及技术服务等内容的开支，也可以供意外用途的开支。他有权全部使用、部分使用或完全不用。

工程师可以发布指示，要求承包商或其他人完成暂列金额项内开支的工作。因此，只有当承包商按工程师的指示完成暂列金额项内开支的工作任务后，才能从其中获得相应支付。由于暂列金额是用于招标文件规定承包商必须完成的承包工作之外的费用，承包商报价时不将承包范围内发生的间接费、利润、税金等摊入其中，所以他未获得暂列金额的支付并不损害其利益。

5.5 国际工程招投标案例

某工程为非洲某国政府建设的一所高校，资金由国际复兴开发银行提供，属技术援助项目，招标范围仅为土建工程的施工。

1. 投标过程

我国某工程承包公司获得该国建设一所高校的招标信息，考虑到准备在该国发展业务，决定参加该项目的投标。由于我国与该国没有外交关系，经过几番周折，投标小组到达该国时离投标截止日仅剩 20 天。购买了标书后，没有时间进行全面的招标文件分析和详细的环境调查，仅粗略地折算各种费用，仓促投标报价。待开标后发现报价低于正常价格的 20%。开标后业主代表、工程师进行了投标文件的分析，对授标产生分歧。工程师坚持我国该公司的标书为废标，因为报价太低肯定亏损，如果授标则肯定完不成。但业主代表坚持将该标授予我国公司，并坚信中国公司信誉好，工程项目一定会顺利完成。最终我国公司中标。

2. 合同中的问题

中标后承包商分析了招标文件，调查了市场价格，发现报价太低，合同风险太大，如果承接，至少亏损 80 万美元以上。合同中有如下问题：① 没有固定汇率条款，合同以当地货币计价，而经调查发现，汇率一直变动不定；② 合同中没有预付款的条款，按照合同所确定的付款方式，承包商要投入很多自有资金，这样不仅造成资金困难，而且财务成本增加；③ 合同条款规定不免税，工程的税收约为 11%的合同价格，而按照国际复兴开发银行与该国政府的协议本工程应该免税。

3. 承包商的努力

在收到中标函后，承包商与业主代表进行了多次接触。一方面感谢他的支持和信任，决定搞好工程为他争光，另一方面又讲述了所遇到的困难——由于报价太低，亏损是难免的，希望他在几个方面给予支持：① 按照国际惯例将汇率以投标截止日前 28 天的中央银行的外汇汇率固定下来，以减少承包商的汇率风险；② 合同中虽没有预付款，但作为国际复兴开发银行的经济援助项目通常有预付款。没有预付款承包商将无力进行工程的施工准备；③ 通过调查了解获悉，在国际复兴开发银行与该国政府的经济援助协议上本项目是免税的，而本项目必须执行这个协议，所以应该免税。合同规定由承包商缴纳税赋是不对的，应予修改。

4. 最终状况

由于业主代表坚持将标授予中国的公司，如果这个项目失败，他脸上无光甚至要承担责任，所以对承包商提出的上述 3 点要求，他尽了最大努力与政府交涉，并帮承包商说话。最终承包商的3点要求都得到了满足，这一下扭转了本工程的不利局面。最后在本工程中承包商顺利地完成了合同，在经济上不仅不亏损而且略有盈余，业主也很满意。本工程中业主代表的立场以及所做出的努力起了十分关键的作用。

5. 注意点

关于本工程应注意以下几点。

(1) 承包商新到一个地方承接工程必须十分谨慎，特别在国际工程中，必须详细地进行环境调查，进行招标文件的分析。本工程虽然结果尚好，但实属侥幸。

(2) 合同中没有固定汇率的条款，在进行中标后谈判时可以引用国际惯例要求业主修改合同条件。

(3) 本工程中承包商与业主代表的关系是关键。获得业主代表、工程师的同情和支持，这对合同的签订和工程的实施是十分重要的。

鲁布革水电站引水系统工程国际招标简介

1. 工程简介

鲁布革水电站位于云南、贵州两省交界处的红水河上游，是一项国家重点建设工程，装机容量为60万千瓦。该电站的引水系统工程，包括发电用的隧洞、调压井、压力钢管部分。

鲁布革水电站是我国第一个使用世界银行贷款、部分工程实行国际招标的水电建设工程。被誉为我国水电建设对外开放的一个窗口。

整个工程由以下3部分组成。

(1) 首部枢纽工程，包括101米高的堆石坝，左右岸泄洪洞，左岸溢洪道、排砂洞及引水隧洞进水口。

(2) 地下厂房工程，包括长125米，宽18米，高38.4米的地下厂房，变压器室，开关站及四条尾水洞等。

(3) 引水系统工程，包括一条内径8米，长9.4公里的引水隧洞，一座带有上室差动式调压井，两条内径4.6米，倾角48度、长468米的压力钢管斜井及四条内径362米的压力支管。

鲁布革水电工程系利用世界银行贷款项目。贷款总额1.454亿美元，其中引水系统土建工程为3540万美元。

按照世界银行关于贷款使用的规定，要求引水系统工程必须采用国际招标的方式选定承包商施工。此外由世界银行推荐澳大利亚SMEC公司和挪威AGN公司作为咨询单位。

2. 招标和评标

水电部委托中国技术进出口公司组织本工程面向国际进行竞争性招标。从1982年7月编制招标文件开始，至工程开标，历时17个月。

(1) 招标前的准备工作。

(2) 编制招标文件。

从1982年7月至10月，根据鲁布革工程初步计划并参照国际施工水平，在“施工进度及计划”和工程概算的基础上编制出招标文件。该文件共三卷，第一卷含有招标条件、投标条件、合同格式与合同条款；第二卷为技术规范，主要包括一般要求及技术标准；第三卷为设计图纸。另有补充通知等。鲁布革引水系统工程的标底为14958万元。上述工作均由昆明水电勘测设计院和澳大利亚SMEC咨询组共同完成。水电总局等对招标文件与标底进行了审查。

(3) 公开招标。

首先在国内有影响的报纸上刊登招标广告，对有参加招标意向的承包商发招标邀请，并发售资格预审须知。提交预审材料的共有13个国家的32个承包厂商。

1982年9月至1983年6月进行资格预审。资格预审的主要内容是审查承包商的法人地位、财务状况、施工经验、施工方案及施工管理和质量控制方面的措施，审查承包商的人员资历和装备状况，调查承包商的商业信誉。经过评审，确定了其中20家承包厂商具备投标资格，经与世界银行磋商后，通知了各合格承包商，并通知他们6月15日发售招标文件，每套人民币1 000元。结果有15家中外承包厂商购买了招标文件。7月中下旬，由云南省电力局咨询工程师组织了一次正式情况介绍会，并分3批到鲁布革工程工地考察。承包商在编标与考察工地的过程中，提出了不少问题，招标单位简单的均以口头做了答复，涉及对招标文件解释以及对标书的修订，前后用3次书面补充通知发给所有购买标书并参加工地考察和情况介绍的承包商。这3次补充通知均作为招标文件的组成部分。本次招标规定在投标截止前28天内不再发补充通知。

我国的3家公司分别与外商联合参加工程的招标。由于世界银行坚持中国公司不与外商联营不能投标，我国某一公司被迫退出投标。

(4) 开标。

1983年11月8日在中国技术进出口公司当众开标。根据当日的官方汇率，将外币换算成人民币，各家厂商标价按顺序排列如下。

A. 日本大成公司(以下简称A)，标价8 463万元。

B. 日本前田公司(以下简称B)，标价8 800万元。

C. 意大利波吉洛联营公司(以下简称C)，标价9 280万元。

D. 中国贵华西德霍兹曼联营公司(以下简称D)，标价12 000万元。

E. 中国闽昆、挪威FHS联营公司，标价12 120万元。

F. 南斯拉夫能源工程公司，标价13 220万元。

G. 德国SBTP公司，标价17 940万元。

H. 德国霍克蒂夫公司，所投标书不符合投标文件要求，作为废标。

根据投标文件的规定，对和中国联营的厂商标价给予优惠，既对未享有国内优惠的厂商标价各增加7.5%，但仍未能改变原标序。

(5) 评标和定标。

评标分两个阶段进行。

第一阶段初评。1983年11月20日至12月6日，对7家单位的投标文件进行完善性审查，即审查法律手续是否齐全，各种保证书是否符合要求，对标价进行核实，以确认标价无误；同时对施工方法，进度安排、人员、施工设备，财务状况等进行综合对比。经全面审查，7家承包商都是资本雄厚、国际信誉好的企业，均可完成工程任务。

从标价看，A、B、C三家标价比较接近，而居第4位的D标价与前3名则相差2 720

至 3 660 万元。显然，第 4 名及以后的 4 家厂商已不具备竞争能力。

第二阶段终评，于 1984 年 1 月至 6 月进行。终评的目标是从 A、B、C 三家厂商中确定一家中标。但由于这三家厂商实力相当，标价接近，所以终评工作就较为复杂，难度较大。为了进一步弄清三家厂商在各自投标文件中存在的问题，1983 年 12 月 12 日和 12 月 23 日两次分别向三家厂商电传询问，1984 年 1 月 18 日前，收到了各家的书面答复。1984 年 1 月 18 日至 1 月 26 日，又分别与三家厂商举行了为时各三天的投标澄清会议。在澄清会谈期间，三家公司都认为自己有可能中标，因此竞争十分激烈。他们在工期不变、标价不变的前提下，都按照我方意愿，修改施工方案和施工布置；此外，还都主动提出不少优惠条件，以达到夺标的目的。

例如在原标书上，A 和 B 都在进水口附近布置了一条施工支洞，显然这种施工布置就引水系统而言是合理的；但会对首部枢纽工程产生干扰。经过在澄清会上说明，A 同意放弃施工支洞。B 也同意取消，但改用接近首部的一号支洞。到 3 月 4 日，B 意识到这方面处于劣势时，又立即电传答复放弃使用 1 号支洞，从而改善了首部工程的施工条件，保证了整个工程的重点。

关于压力钢管外混凝土的输送方式。原标书上，A 和 B 公司分别采用溜槽和溜管，这对倾角 48 度，高差达 308.8 米的长斜井施工质量难以保证，也缺乏先例。澄清会谈之后，为了符合业主的意愿，于 3 月 8 日，A 电传表示：改变原施工方法，用设有操作阀的混凝土泵代替。尽管由此增加了水泥用量，但并不为此提高标价。B 也电传表示更改原施工方案，用混凝土运输车沿铁轨运送混凝土，仍保证工期，不变标价。

再如，根据投标书，B 投入的施工力量最强，不仅开挖和混凝土施工设备数量多，而且全部是最新的，设备价值最高，达 2 062 万元。为了吸引业主，在澄清会上，B 提出在完工后愿将全部施工设备无偿的赠送。

C 为缩小和 A、B 在标价上的差距，在澄清会中提出了书面说明，若能中标，可向鲁布革工程提供 2 500 万元的软贷款，年利仅为 2.5%。

A 为了保住标价最低的优势，也提出以 41 台新设备替换原来标书中所列的旧施工设备，在完工之后也都赠与中国，还提出免费培训中国技术人员和转让一些新技术。

水电部十四工程局在昆明附近早已建成了一座钢管厂，投标的厂商能否将高压钢管的制造与运输分包给该厂，这也是业主十分关心的问题。在原投标中 B 不分包，以委托外国的分包商施工。A 也只是将部分项目包给十四局。经过澄清会谈，当他们理解到业主的意图后，立即转变态度，表示愿意将钢管的制作运输甚至安装部分分包给十四局钢管厂，并且主动和十四局洽谈分包事宜。

A 听说业主认为他们在水工隧洞方面的施工经验不及 B，他们立即大量递交公司的工程履历，又单方面地做出了与 B 的施工经历对比表，以争取业主的信任。

由于在三家实力雄厚的厂商之间激烈竞争，按业主的意图不断改进各自的不足，差距不断缩小，形势发展越来越对业主有利。

在这期间，业主对三家厂商的标函进行了认真的、全面的比较和分析。

① 标价的比较分析，即总价、单价比较及计日工作单价的比较。从商家实际支出考虑，把标价中的工商税扣除作为分离依据，并考虑各家现金流不同及上涨率和利息等因素，比较后相差虽然微弱，但原标序仍未变。

② 有关优惠条件的比较分析，即对施工设备赠与、软贷款、钢管分包、技术协作和转让，标后联营等问题逐项作具体分析。对此既要考虑国家的实际利益，又要符合国际招标中的惯例和世界银行所规定的有关规则。经反复分析，专家组认为C的标后贷款在评标中不予考虑。而对A和B的设备赠与、技术协作和免费培训及钢管分包则应当在评标中作为考虑因素。

③ 有关财务实力的比较分析，对三家公司的财务状况和财务指标即外币支付利息进行比较，三家厂商中A资金最雄厚。但不论哪一家公司都有足够资金承担本项工程。

④ 有关施工能力和经历的比较分析，三家厂商都是国际上较有信誉的大承包商，都有足够的能力、设备和经验来完成工程。如从水工隧洞的施工经验来比较，20世纪60年代以来，C共完成内径6米以上的水工隧洞34条，全长4万余米；B是17条，1.8万余米；A为6条，0.6万余米。从投入本工程的施工设备来看，B最强，在满足施工强度，应付意外情况的能力方面处于优势。

⑤ 有关施工进度和方法的比较分析，日本两家公司施工方法类似，对引水隧道都采用全断面圆形开挖和全断面初砌，而C的开挖按传统的方法分两阶段施工。引水隧洞平均每个工作面的开挖月进度，A为190米，B为220米，C为上部230米，底部350米；引水隧洞衬砌，日本两家公司都采用针梁式钢模新工艺，每月衬砌速度分别为160米和180米。C采用底拱拉模，边顶拱折叠式模板，边顶衬砌速度每月为450米，底拱每月730米(综合效率280米/月)。

调压井的开挖施工，A和C均采用爬罐，而B采用钻井法，调压井混凝土衬砌，三家都是采用滑模施工。

隧洞施工通风设施中，B在三家中最好，除设备总功率最大外，还沿隧洞轴线布置了5个直径为1.45米的通风井。

在施工工期方面，三家均可按期完成工程项目。但B主要施工设备数量多、质量好，所以对工期的保证程度与应变能力最高。而C由于施工工程序多、强度大，工期较为紧张，应变能力差，A在施工工期方面居中。

通过有关问题的澄清和综合分析，认为C标价高，所提的附加优惠条件不符合招标条件，已失去竞争优势，所以首先予以淘汰。对日本两厂商，评审意见不一。经过有关方面反复研究讨论，为了尽快完成招标，以利于现场施工的正常进行，最后选定最低标价的A为中标厂商。

以上评价工作，始终是有组织地进行。由经贸部与水电部组成协调小组为决策单位，下设以水电总局为主的评价小组为具体工作机关，鲁布革工程管理局、昆明勘察设计院、水电总局有关处以及澳大利亚SMEC咨询组都参加了这次评标工作。

1984年4月13日评标结束，业主于4月17日正式通知世界银行。同时鲁布革工程管理局、第十四工程局分别与A举行谈判，草签了设备赠与和技术合作的有关协议，以及劳务、当地材料、钢管分包、生活服务等有关备忘录。世界银行于6月9日回电表示对评标结果无异议。业主于1984年6月16日向A发出中标通知书。至此评标工作结束。

1984年7月14日，业主和A签订了鲁布革电站引水系统功能工程的承包合同。

1984年7月31日，由鲁布革工程管理局向A正式发布了开工命令。

本章小结

本章简要介绍了国际工程的概念、国际工程招投标的概念及特征，重点介绍了国际工程招标的方式、程序，国际工程投标的程序；还介绍了FIDIC合同条件的构成、FIDIC合同条件下合同文件的组成、FIDIC土木工程施工合同条件。

习题

1. 单选题

（1）在设备材料采购中，国际上通过公开的广泛征集投标人，引起投标人之间的充分竞争，从而使项目法人能以较低的价格和较高的质量获得设备或材料，这种招标方式叫做（　　）。

A. 国际竞争性招标　　B. 有限国际竞争性招标

C. 询价采购　　D. 直接订购

（2）组成FIDIC施工合同文件的以下几部分可以互为解释，互为说明，当出现含糊不清或矛盾时，具有第一优先解释顺序的文件是（　　）。

A. 合同专用条件　　B. 投标书

C. 合同协议书　　D. 合同通用条件

（3）在FIDIC施工合同条件中，合同工期是指（　　）。

A. 所签合同内注明的完成全部工程的时间，加上合同履行过程中因非承包商应负责原因导致变更和索赔事件发生后，经工程师批准顺延工期之和

B. 所签合同内注明的完成全部工程的时间

C. 从工程师按合同约定发布的“开工令”中指明的应开工之日起，至工程接收证书注明的竣工日止的日历天数为承包商的施工期

D. 自合同签字日起至承包商提交给业主的“结清单”生效日止

（4）FIDIC施工合同条件下，当（　　）生效之后，承包商根据合同进行索赔的权力就终止。

A. 工程接收证书　　B. 履约证书

C. 结清单　　D. 竣工报表

（5）某采用FIDIC《施工合同条件》的工程，未经竣工检验，业主提前占用工程。工程师应及时颁发工程接收证书，但应当（　　）。

A. 以颁发工程接收证书日为竣工日，承包商不再对工程质量缺陷承担责任

B. 以颁发工程接收证书日为竣工日，承包商对工程质量缺陷仍承担责任

C. 以业主占用日为竣工日，承包商不再对工程质量缺陷承担责任

D. 以业主占用日为竣工日，承包商对工程质量缺陷仍承担责任

（6）对于邀请招标来说，投标单位的资格审查在（　　）时进行。

A. 签订合同　　B. 递交投标文件　　C. 资格预审　　D. 评标

(7) 在评标过程中，如碰到以多种货币报价的，应当按照中国银行在(　　)公布的回报率中间价换算成人民币。

A. 发布招标公告之日　　B. 投标文件的递交之日

C. 开标之日　　D. 定标之日

(8) (　　)方式有利于降低工程造价，提高工程质量和缩短工期。

A. 公开招标　　B. 邀请招标　　C. 谈判招标　　D. 两阶段招标

(9) FIDIC 土木工程施工合同条件规定，工程图纸由(　　)保管。

A. 业主　　B. 设计单位　　C. 施工单位　　D. 工程师

(10) 可调总价合同不会使承包商承担的风险是(　　)。

A. 通货膨胀　　B. 政策调整　　C. 气候条件　　D. 地质条件

(11) FIDIC 合同条件规定的指定分包商是指(　　)的承包商。

A. 由业主选定，与总承包商签订合同

B. 由总包商选定，与业主签订合同

C. 由工程师选定，与业主签订合同

D. 由业主选定，与工程师签订合同

(12) 按照 FIDIC 合同条件规定，不属于合同文件组成部分的是(　　)。

A. 合同专用条件　　B. 投标书

C. 公司能力声明文件　　D. 合同协议书

(13) 下列(　　)不属于可索赔费用中间接费的构成。

A. 工地管理费　　B. 利润　　C. 利息　　D. 人工费

(14) (　　)是业主在开工时为承包商的工作提供的一笔无息贷款。

A. 保留金　　B. 预付款　　C. 进度款　　D. 保函

(15) FIDIC 土木工程施工合同条件适用于(　　)。

A. 固定总价合同　　B. 调值总价合同

C. 单价合同　　D. 成本加酬金合同

2. 多选题

(1) 国际有限招标是一种有限竞争招标，主要包括(　　)两种方式。

A. 一般限制性招标　　B. 两阶段招标

C. 特邀招标　　D. 议标 E. 谈判招标

(2) FIDIC 施工合同条件中规定，工程师在缺陷责任期内，可就(　　)事项向承包商发出指示。

A. 清理施工现场

B. 移走并替换不符合合同规定的永久设备

C. 将不符合合同规定的工程拆除并重建

D. 保管已建工程

E. 移走并替换不符合合同规定的材料

(3) 依据 FIDIC《施工合同条件》规定，指定分包商的特点表现为(　　)。

A. 由业主指定，并与其签订合同

B. 工作内容不属于合同约定由承包商应完成工作范围
C. 对其付款从暂列金额内开支
D. 承包商负责对其施工进行协调管理
E. 对其违约行为承包商承担连带责任
(4) 国际工程咨询公司的服务对象可以是(   )。
A. 贷款银行　　B. 设计单位　　C. 业主
D. 承包商　　E. 监理单位
(5) 资格预审中主要从(   )等方面判断投标人的资格能力。
A. 财务状况　　B. 施工经验　　C. 人员情况
D. 施工设备　　E. 投标报价
(6) 开标时，可能当场宣布投标单位所投标书为废标的包括(   )的标书。
A. 没有投标授权人签字　　B. 未按规定格式填写
C. 未参加现场考察单位　　D. 未参加开标会议单位
E. 未提交投标保证金
(7) 咨询工程师应(   )。
A. 能从事项目的规划、设计施工　　B. 懂得经济、管理、金融和法律知识
C. 对工程争端进行仲裁　　D. 具备良好的职业道德
E. 具有独立的法人资格
(8) FIDIC合同条件规定，在(   )情况下，工程师应批准承包商延期工期的要求。
A. 工程发生额外或附加工作　　B. 现场出现异常恶劣的气候条件
C. 承包商的机械设备故障　　D. 承包商施工组织不当
E. 非承包商原因引起的工程延误
(9) FIDIC合同条件规定，承包商应向保险公司办理投保的项目包括(   )。
A. 永久工程保险　　B. 承包商设备保险
C. 业主的人身保险　　D. 第三者责任险
E. 咨询人员的人身保险
(10) 发生(   )情况时，承包商可以提出索赔要求。
A. 承包商的实际施工成本加大　　B. 由于现场发现地下文物
C. 承包商施工设备故障导致　　D. 监理工程师发出变更指示
E. 发生战争暴乱等突发事件

3. 思考题

(1) 简述国际工程招标程序。
(2) 资格预审文件的主要内容是什么？
(3) 国际工程招标文件包含哪些主要内容？
(4) FIDIC合同条件主要包括哪些内容？
(5) 在FIDIC合同条件下，工程合同文件有哪些？其解释的次序是什么？
(6) 怎样区别合同工期、施工工期、缺陷责任期、合同有效期？

第6章

建设工程合同管理法律基础与合同法律制度

学习目标

(1) 建设工程合同及建设工程合同管理的概念。

(2) 建设工程中的主要合同关系、建设工程合同管理的原则及任务。

(3) 合同法律关系。

(4) 合同的担保。

(5) 合同的订立、合同的效力、合同的履行、合同的转让和终止、合同的违约责任及合同争议的解决。

学习要求

能力目标	知识要点	权重
了解建设工程中的主要合同关系	建设工程中的主要合同关系、建设工程合同体系、建设工程合同体系的协调	20%
掌握合同的法律关系、合同担保	合同法律关系的主体，合同法律关系的客体，合同法律关系的内容，合同法律事实，合同法律关系的设立、变更和终止及合同的担保方式	35%
熟悉合同的订立、合同的效力、合同的履行、合同的转让和终止、合同的违约责任及合同争议的解决	合同的订立、合同的效力、合同的履行、合同的转让和终止、合同的违约责任及合同争议的解决	20%
学会分析解决一般的合同案例	合同案例的分析	25%

引 例

2007年8月2日甲建筑公司与乙水泥厂订立买卖合同一份。合同约定，水泥厂应在9月20日向建筑公司交付某型号水泥500吨。合同成立后，建筑公司依约支付了水泥款。但在8月20日，水泥厂通知建筑公司，称其将不能交货，并愿意退回水泥款。建筑公司未置可否。9月10日，建筑公司发函要求水泥厂按合同约定交货，否则其工程将无法继续。同日，水泥厂回函再次表示其将不能交货，并将水泥款退回。9月20日，建筑公司因无水泥而停工，要求追究水泥厂的违约责任，并赔偿因停工造成的损失。水泥厂则辩称其事先已告知其不能履行合同，因此，不应承担违约责任，也不应赔偿因停工造成的损失。水泥厂是否应承担违约责任？水泥厂是否应赔偿建筑公司因停工造成的损失？本章将介绍建设工程合同的有关知识。

6.1 建设工程合同管理概述

6.1.1 建设工程合同的概念

合同是指具有平等民事主体资格的当事人(自然人、法人、其他组织)之间设立、变更、终止民事权利义务关系的协议。

合同有广义和狭义之分。广义的合同是指两个以上的民事主体之间设立、变更、终止民事权利义务关系的协议。它不是一项独立的合同，而是一个合同体系。它不仅包括民法中的债权合同，还包括物权合同、身份合同，以及行政法中的行政合同和劳动法中的劳动合同等。狭义的合同是指债权合同，即两个以上的民事主体之间设立、变更、终止民事债权债务关系的协议。我国于1999年10月1日开始实施的《中华人民共和国合同法》(以下简称《合同法》)中所称的合同，是指狭义上的合同。

建设工程合同，也称建设工程承发包合同，是承包人进行工程建设，发包人支付工程价款的合同。合同双方当事人应当在合同中明确各自的权利义务以及违约时应当承担的责任。建设工程合同是一种诺成合同，合同订立后双方应当严格履行。建设工程合同也是一种双务、有偿合同，合同中明确了各方的权利义务，在享有权利的同时必须履行相应的义务。

从合同理论上说，建设工程合同也是一种广义的承揽合同，但由于建设工程合同在经济活动、社会活动中的重要作用，以及在国家管理、合同标的等方面均有别于一般的承揽合同，因此我国一直将建设工程合同列为单独的一类重要合同。《合同法》要求，建设工程合同应当采用书面合同。

在工程建设过程中，除建设工程合同以外，还会涉及许多其他合同，如设备、材料的购销合同，工程监理的委托合同，货物运输合同，工程建设资金的借贷合同，机械设备的租赁合同，保险合同等，这些合同同样也是十分重要的。它们分属各个不同的合同种类，分别由《合同法》和相关法规加以调整。

6.1.2 建设工程合同管理的概念

建设工程合同管理指在工程建设活动中，对工程项目所涉及的各类合同的协商、签订与履行过程中所进行的科学管理工作，并通过科学的管理，保证工程项目目标实现的活动。

建设工程合同管理的目标主要包括工程的工期管理、质量与安全管理、成本(投资)管理、信息管理和环境管理。其中，工期主要包括工程总工期、工程开工与竣工日期、工程进度及工程中的一些主要活动的持续时间等；工程质量主要包括其在安全、使用功能及在耐久性能、环境保护等方面所有明显的、隐含的能力的特性总和。据此，可将建设工程质量概括为：根据国家现行的有关法律、法规、技术标准、设计文件的规定和合同的约定，对工程的安全、适用、经济、美观等特性的综合要求。工程成本主要包括合同价格、合同外价格、设计变更后的价格、合同的风险等。

6.1.3 建设工程中的主要合同关系

1. 建设工程中的主要合同关系概述

建设工程项目是一个综合性极强的社会生产过程，随着社会化大生产和专业分工进一步细化，任何一个建设项目的建设都会涉及几个、几十个甚至成百上千个经济主体，它们之间形成各种各样的经济关系，而合同就是维系这些经济关系的纽带。因此在一个建设工程中，相关的合同就可能有几份、几十份甚至成百上千份，从而形成了一个复杂的合同网络。在这个网络中，业主和承包商是两个最主要的节点。

1）业主的主要合同关系

业主又称建设单位，是工程的投资方和所有者。业主根据对工程的需求，确定工程项目的总目标。这个目标是所有相关工程合同的核心。要实现工程目标，业主必须将建设工程的勘察设计、各专业工程施工、设备和材料供应等工作委托出去，必须与有关单位签订下列合同。

(1) 咨询(监理)合同：业主与咨询(监理)公司签订的合同。咨询(监理)公司负责工程项目建设过程中的可行性研究、设计、招投标和施工阶段监理等某一项或几项工作。

(2) 勘察设计合同：业主与勘察设计单位签订的合同。勘察设计单位负责工程的地质勘察和技术设计工作。

(3) 供应合同：业主与材料或设备供应商(厂家)签订的材料和设备供应买卖合同。各供应商负责向业主进行材料和设备的供应。

(4) 工程施工合同：业主与工程承包商签订的合同。一个或几个承包商承包或分别承包土建、机电安装、通风管道、装饰工程、通信工程等施工任务，业主将与不同的承包商分别签订合同。

(5) 贷款合同：业主与金融机构签订的合同。金融机构向业主提供资金保证。按照资金来源的不同，可分为贷款合同、融资合同或合资合同等。

按照工程承包方式和范围的不同，业主可能订立几十份合同，例如将工程分专业、分阶段发包，材料和设备供应分别采购等，就需要订立不同的合同；也可能将上述建设任务以各种形式合并，如把土建和安装委托给一个承包商，把整个设备供应委托给一个成套设备供应企业等，这又需要订立另外的合同。当然，业主还可以与一个承包商订立一个总承包合同，由该承包商负责整个工程的设计、供应、施工甚至管理等工作。

2）承包商的主要合同关系

承包商是工程的具体实施者，是工程承包合同的执行者。承包商通过投标接受业主的委托，签订工程承包合同。承包商为了完成承包合同的建设任务，会将他不具备能力的某些专业工程的施工，以及不能自行完成的某些材料、设备的生产和供应任务以合同的形式委托出去，因此也有自己复杂的合同关系。

(1) 建设工程合同和分包合同。业主与承包商达成协议，设立建设工程合同关系。对于一些大型工程或专业化程度相对较高的工程，承包商通常必须与其他承包商合作才能完成业主委托的全部建设任务，于是承包商把从业主那里承接到的工程中的某些分项工程或某些专业工程，分包给另一承包商来完成，承包商与其签订分包合同。分包商完成总承包商分包给他的工程，只向总承包商负责，与业主无合同关系。总承包商向业主承担全部工程责任，负责工程的管理和所属各分包商之间工作的协调，以及各分包商之间合同责任界面的划分，同时承担协调失误造成损失的责任，向业主承担相应的风险。

(2) 供应合同。承包商必须保证及时采购与供应工程建设所需的材料和设备，因此他必须与供应商签订供应合同。

(3) 运输合同。承包商在与供应商签订合同时，对所采购的材料和设备由承包商自行运输，则承包商须与运输单位签订运输合同。

(4) 加工合同。承包商将建筑构配件、特殊构件的加工任务委托给加工承揽单位而签订的合同。

(5) 租赁合同。在工程建设过程中，承包商需要大量的施工设备、运输设备和周转材料等，当某些设备、周转材料在现场使用率较低或自己购置需要投入大量资金而又不具备这个经济实力时，可以采用租赁的方式，这样承包商就与租赁单位签订租赁合同。

(6) 劳务供应合同。许多承包商为了降低成本，通常只有少量的技术骨干是固定员工，没有属于自己的施工队伍。承揽到工程时，为了满足工程的临时需要，往往要与劳务供应商签订劳务供应合同，由劳务供应商向其提供劳务。

(7) 保险合同。承包商按建设工程合同要求对工程进行保险，需要与保险公司签订保险合同。

以上是承包商为了履行与业主签订的工程承包合同而与其他主体签订的合同，这些主体与项目业主之间没有直接的经济关系。另外，在许多大型工程中，尤其在业主要求总承包的工程中，可能需要几个企业联营才能完成，即联营承包，这时承包商之间还需签订联营合同。

2. 建设工程合同体系

所有的合同都是为了实现业主的工程项目目标而签订和实施的。这些合同之间存在着复杂的内部联系，它们构成了该工程的合同网络。其中，建设工程施工合同是最有代表性、最普遍的，也是最复杂的合同类型。它在建设工程项目的合同体系中处于主导地位，是整个建设工程项目合同管理的重点，因此业主、监理工程师和承包商都将它作为合同管理的主要对象。

建设工程项目的合同体系在项目管理中是一个非常重要的概念。它从一个角度反映了项目的形象，对整个项目管理的运作有很大的影响，具体表现为以下几方面。

(1) 它反映了项目任务的范围和划分方式。

(2) 它反映了项目所采用的管理模式，例如监理制度、总包方式或平行承包方式。

(3) 它在很大程度上决定了项目的组织形式，因为不同层次的合同常常决定了该合同的实施者在项目组织结构中的地位和作用。

3. 建设工程合同体系的协调

目前，我国各种大型工程越来越多，业主为了成功地实现工程目标，必须签订许多主合同；承包商为了完成他的承包合同责任也必须订立许多分合同。这些合同从宏观上构成项目的合同体系，从微观上每个合同都定义并安排了一些工程活动，共同构成项目的实施过程。

在这个合同体系中，相关的同级合同之间，以及主合同和分合同之间存在着复杂的关系，在国外人们又把这个合同体系称为合同网络。在工程项目中这个合同网络的建立和协调是十分重要的，要保证项目的顺利实施，就必须对此做出周密的计划和安排。合同之间关系的安排及协调通常包含以下几方面的内容。

1）工程和工作内容的完整性

业主的所有合同确定的工程或工作范围应能涵盖项目的所有工作，即只要完成各个合同，就可实现项目的总目标；承包商的各个分包合同与拟由自己完成的工程，应能涵盖总承包合同责任。在工作内容上不应有缺陷或遗漏，在实际工程中，这种缺陷会带来设计的修改、新的附加工程、计划的修改、施工现场的停工，导致双方的争执。为避免这种现象的发生，业主应做好以下几方面的工作。

(1) 在招标前认真地进行总项目的系统分析，确定总项目的系统范围。

(2) 系统地进行项目的结构分解，在详细进行项目结构分解的基础上列出各个合同的工程量表。实质上，将整个项目任务分解成几个独立的合同，每个合同中又有一个完整的工程量表，这都是项目结构分解的结果。

(3) 进行项目任务(各个合同或各个承包单位或项目单元)之间的界面分析。确定各个界面上的工作责任、成本、工期、质量的定义。工程实践证明，许多遗漏和缺陷常常都发生在界面上。

2）技术上的协调

技术上的协调的内容很复杂，通常有以下几方面。

(1) 几个主合同之间设计标准的一致性，如土建、设备、材料、安装等应有统一的质量、技术标准和要求。各专业工程之间，如建筑、结构、水、电、通信之间应有很好的协调。在建设项目中建筑师常常作为技术协调的中心。

(2) 分包合同必须按照总承包合同的条件订立，全面反映总承包合同的相关内容。采购合同的技术要求必须符合总承包合同中的技术规范。总承包合同风险要反映在分包合同中，由相关的分包商承担。为了保证总承包合同圆满地完成，分包合同一般比总承包合同条款更为严格、周密和具体，对分包单位提出更为严格的要求，所以分包商的风险更大。

(3) 各合同所定义的专业工程之间应有明确的界面与合理的搭接。如供应合同与运输合同、土建合同和安装合同、安装合同和设备供应合同之间存在责任界面和搭接，界面上的工作容易遗漏而产生争执。各合同只有在技术上协调，才能共同构成符合总目标的工程技术系统。

3）价格上的协调

一般在总承包合同估价前，就应向各分包商(供应商)询价或进行洽谈，在分包报价的基础上考虑到管理费等因素作为总包报价，所以分包报价水平常常又直接影响总包报价水平和竞争力。

(1) 对大的分包(或供应)工程如果时间来得及，应进行招标，通过竞争降低价格。

(2) 作为总承包商，周围最好有一批长期合作的分包商和供应商作为其忠实的伙伴。这是具有战略意义的，可以确定一些合作原则和价格水准，从而保证分包价格的稳定性。

(3) 对承包商来说，由于与业主的承包合同先签订，而与分包商和供应商的合同后签订，一般在签订承包合同前先向分包商和供应商询价；待承包合同签订后，再签订分包合同和供应合同。要防止在询价时分包商(供应商)报低价，而等承包商中标后又报高价，特别是询价时对合同条件(采购条件)未来得及细谈，分包商(供应商)有时找些理由提高价格，一般可先签订分包(或供应)意向书，既要确定价格又要留有活口，防止总承包合同不能签订。

4) 时间上的协调

由各个合同所确定的工程活动不仅要与项目计划(或总合同)的时间要求一致，而且它们之间时间上要协调，即各种工程活动形成一个有序的、有计划地实施过程。例如设计图纸供应与施工，设备、材料供应与运输，土建和安装施工，工程交付和运行等之间应合理搭接。

每一个合同都有许多工程活动，形成各自的子网络。它们又一同形成一个项目的总网络。常见的设计图纸拖延，材料、设备供应脱节等都是不协调的表现。例如某工程，主楼基础工程施工尚未开始，而供热的锅炉设备已提前到货，要在现场停放两年才能安装，这不仅占用大量资金，占用现场场地，增加保管费，而且容易超过设备的保修期。由此可见，签订各份合同要有统一的时间安排。要解决这种问题的一个比较简单的手段是在一张横道图或网络图上标出相关合同所定义的里程碑事件和它们的逻辑关系，这样便于计划、协调和控制。

5) 合同管理的组织协调

在实际工程中，由于工程合同体系中的各个合同并不是同时签订的，执行时间也不一致，而且常常也不是由同一部门管理的，所以它们的协调更为重要。这个协调不仅在签约阶段，而且在工程施工阶段都要重视；不仅是合同内容的协调，而且是职能部门管理过程的协调。例如承包商对一份供应合同，必须在对总承包合同技术文件进行分析后提出供应的数量和质量要求，向供应商询价，或签订意向书；供应时间按总合同施工计划确定；付款方式和付款时间应与财务人员商量；供应合同签订前或后，应就运输等合同做出安排，并报财务备案，以做资金计划或划拨款项；施工现场应就材料的进场和储存做出安排。这样才能形成一个有序的管理过程。如果合同中各个体系安排得比较好，这对整个项目的实施是有利的，业主可以更好地进行项目管理，承包商也易于完成工作，从而实现业主的总目标。

6.1.4 建设工程合同管理的原则

建设工程合同管理一般应遵循以下几个原则。

1. 合同第一位原则

在市场经济中，合同是当事人双方经过协商达成一致的协议，签订合同是双方的民事行为。在合同所定义的经济活动中，合同是第一位的，作为双方的最高行为准则，合同限定和调节着双方的义务和权利。任何工程问题和争议首先都要按照合同解决，只有当法律判定合同无效，或争议超过合同范围时才按法律解决。所以在工程建设过程中，合同具有法律上的最高优先地位。合同一经签订，则成为一个法律文件。双方按合同内容承担相应的法律责任，享有相应的法律权利。合同双方都必须用合同规范自己的行为，并用合同保护自己。

2. 合同平等、自愿原则

合同平等、自愿原则是市场经济运行的基本原则之一，也是一般国家的法律准则。合同平等、自愿原则体现在以下两个方面。

(1) 合同签订前，双方当事人在平等的条件下进行商讨。双方自由表达意见，自己决定签订合同与否，自己对自己的行为负责。任何人不得利用权力、暴力或其他手段对对方当事人进行胁迫，签订违背对方当事人意愿的合同。合同的内容必须是双方真实意思的表示。

(2) 合同内容自由。合同的形式、内容、范围由双方商定。合同的签订、修改、变更、补充和解释，以及合同争执的解决等均由双方当事人自由约定，只有双方一致同意方可，他人不得随便干预。

3. 合同的法律原则

建设工程合同都是在一定的法律背景条件下签订和实施的，合同的签订和实施必须符合合同的法律原则。它具体体现在以下3个方面。

(1) 合同不能违反法律，合同不能与法律相抵触，否则合同无效。这是对合同有效性的控制。

(2) 合同平等、自愿原则受法律原则的限制，所以工程实施和合同管理必须在法律所限定的范围内进行。超越这个范围，触犯法律，会导致合同无效，经济活动失败，甚至会带来承担法律责任的后果。

(3) 法律保护合法合同的签订和实施。签订合同是一个法律行为，合同一经签订，合同以及双方的权益即受法律保护。如果合同一方不履行或不正确履行合同，致使对方利益受到损害，则不履行一方必须赔偿对方的经济损失。

4. 诚实信用原则

合同的签订和顺利实施应建立在承包商、业主和监理工程师紧密协作、互相配合、互相信任的基础之上，合同双方应对自己的合作伙伴、对合同及工程的总目标充满信心，业主和承包商才能圆满地执行合同，监理工程师才能正确地、公正地解释和进行合同管理。在工程建设实施过程中，合同双方只有互相信任才能紧密合作，才能有条不紊地工作，才可以从总体上减少双方心理上的互相提防和由此产生的不必要的互相制约。这样，工程建设就会更为顺利地实施，风险和误解就会较少，工程花费也会较少。

诚实信用有以下一些基本的要求和条件。

(1) 签约时双方应互相了解，任何一方均应尽力让对方正确地了解自己的要求、意图及其他情况。业主应尽可能地提供详细的工程资料、工程地质条件、现场条件等信息，并尽可能详细的解答承包商的问题，为承包商的报价提供条件。承包商应尽可能提供真实可靠的资格预审文件、各种报价文件、实施方案、技术组织措施文件等。合同应是双方真实意思的表达。

（2）任何一方都应真实地提供信息，对所提供信息的正确性负责，并且应当相信对方提供的信息。

（3）不欺诈，不误导。承包商按照自己的实际能力和情况正确报价，不盲目压价，并且明确业主的意图和自己的工程责任。

（4）双方真诚合作。承包商应正确全面地履行合同义务、积极施工，遇到干扰应尽量避免业主遭受损失，防止损失的发生和扩大。

（5）在市场经济中，诚实信用原则还必须有经济的、合同的甚至是法律的措施予以保证，例如工程保函、保留金和其他担保措施，对违约的处罚规定和仲裁条款，法律对合法合同的保护措施，法律和市场对不诚信行为的打击和惩罚措施等。没有这些措施保证或措施不完备，就难以形成诚实信用的氛围。

5. 公平合理原则

建设工程合同调整双方合同法律关系，应不偏不倚，使合同双方在工程建设中保持一种公平合理的关系，具体表现在以下几个方面。

（1）承包商提供的工程(或服务)与业主支付的价格之间应体现公平的原则，这种公平通常以当时的市场价格为依据。

（2）合同中的责任和权利应平衡，任何一方有一项责任就必须有相应的权利；反之，有权利就必须有相应的责任。应防止有单方面的权利或单方面的义务的条款。

（3）风险的分担应公平合理。

（4）工程合同应体现出工程惯例。工程惯例是指工程中通常采用的做法，一般比较公平合理，如果合同中的规定或条款严重违反惯例，往往就违反了公平合理的原则。

（5）在合同执行中，应对合同双方公平地解释合同，统一地使用法律尺度来约束合同双方。

6.1.5 建设工程合同管理的任务

对于工程项目建设的参加者及有关部门等各方来说，合同管理工作的任务与其所扮演的角色、所处的建设阶段有关，对于不同的参与者是有不同的要求。

1. 工商行政管理机构和建设行政主管部门等合同管理的主要任务

国家有关部门对建设工程合同进行宏观管理，管理的主要任务有以下几项。

（1）贯彻国家有关经济合同方面的法律、法规和方针政策。

（2）对工程建设合同关系进行组织、指导、协调和监督，保护合同当事人的合法权益。

（3）确定损失赔偿范围，调解合同争议。

（4）防止和查处违法行为。

（5）组织培训合同管理人员，指导合同管理工作，总结交流工作经验。

（6）制订签订和履行合同的考核指标并组织考核，表彰先进的合同管理单位。

2. 合同当事人的合同管理任务

合同当事人的合同管理任务主要包括以下几项。

(1) 通过工程建设合同的订立、履行及管理，实现设立合同关系的目标。

(2) 通过工程建设合同管理，明确并全面履行自己承担的合同义务，为工程建设的顺利进行创造条件。

(3) 检查和督促对方当事人实际履行合同义务，必要时进行合同索赔，维护自己的合法权益。

3. 监理工程师在合同管理中的主要任务

实行监理的工程项目，监理工程师的主要任务是根据《中华人民共和国建筑法》《建设工程监理规定》等法律法规的规定，站在公正的第三者的立场上对建设工程合同进行管理。其工作任务主要有以下几项。

(1) 按照合同的约定，进行质量控制、进度控制和投资控制，促进合同当事人全面实际地履行合同。

(2) 维护合同当事人的合法权益。

(3) 预防或尽可能减少合同争议，公正处理索赔事项。

6.1.6 建设工程合同管理的工作内容

建设工程合同管理的过程是一个动态过程，是工程项目合同管理机构和管理人员为实现预期的管理目标，运用管理职能和管理方法对工程合同的订立和履行行为施行管理活动的过程。其全过程包括以下工作内容。

1. 合同订立前的管理

合同订立前的管理也称为合同总体规划。合同签订意味着合同生效和全面履行，因此，必须采取谨慎、严肃、认真的态度，做好签订前的准备工作。其具体内容包括市场预测、资信调查和决策以及订立合同前行为的管理。

作为业主方，主要应通过合同总体策划对以下几方面内容做出决策：与业主签约的承包商的数量、招标方式的确定、合同种类的选择、合同条件的选择、重要合同条款的确定以及其他战略性问题(诸如业主的相关合同关系的协调等)。

作为承包商，承包合同的策划应服从于基本目标(取得利润)和企业经营战略，具体内容包括投标方向的选择、合同风险的总评价、合作方式的选择等。

2. 合同订立时的管理

订立合同是一种法律行为，双方应当认真、严肃地拟定合同条款，做到合同内容合法、有效、公平。《中华人民共和国合同法》规定，订立合同应当采用要约、承诺方式。

要充分认识合同的严肃性。合同是对当事人各方的法律约束，宁愿不签合同，也不能胡乱签合同，一定要摸透情况，谨慎从事。一旦签约，必须认真执行，即使赔得破产也得履行合同。如果签约后承包商不干了，业主首先要没收履约保函，并提交仲裁，要求承包商赔偿由此引起的全部经济损失。因此，对于合同的签订要特别慎重，好的合同可签，不利的合同千万别签。因此合同订立阶段是合同管理的重点。建设工程合同的订立有以下两种情形。

(1) 招标发包的工程项目。当事人双方经过工程招标投标活动达成一致，建立建设工程合同关系。合同订立管理的重点是招投标活动。

(2) 直接发包的工程项目。当事人双方通过谈判协商一致，建立建设工程合同关系。合同订立管理的重点是谈判过程。

3. 合同履行中的管理

合同依法生效后，当事人应认真做好履行过程中的组织和管理工作，严格按照合同条款履行义务、享有权利。合同管理人员(无论是业主方还是承包方)的主要工作有：建立合同实施的保证体系，对合同实施情况进行跟踪并进行诊断分析，进行合同变更管理等。

4. 合同发生纠纷时的管理

在合同履行中，当事人之间有可能发生纠纷。当争议或纠纷出现时，有关双方应从整体、全局利益的目标出发，做好有关的纠纷处理及索赔工作。

6.1.7 建设工程合同管理法规立法概况

市场经济是自由竞争的经济，政府已不能利用行政权力来干预日常经济活动。经济活动当事人的权利义务再不是由各级政府的行政指令来规定的，而是通过与其他经济活动的当事人签订大量的合同来确定。因此，合同已成为人们日常生产、生活不可或缺的调控手段。而加强合同管理的立法，也成为我国法制建设的重点。

自党的十一届三中全会以来，我国先后制定了《中华人民共和国经济合同法》《中华人民共和国涉外经济合同法》和《中华人民共和国技术合同法》，对保护合同当事人的合法权益、维护社会经济秩序、促进经济发展起了重要的作用。但随着改革开放的深入和发展，这三部合同法已不适应社会的需要，为此，全国人民代表大会九届二次会议讨论通过了《中华人民共和国合同法》，并于 1999 年 10 月 1 日起正式实施，原有的三部合同法随之废止。这部合同法既对所有合同都应遵守的签订原则与程序、合同的效力、合同的履行等做了明确的规定，又在分则中将建设工程合同单列出来，针对建设工程合同自身特点做出了更为具体的规定，它已成为建设工程合同管理中效力最高的法律依据。

除此之外，国务院及其住建部、国家工商行政管理总局等部委还先后颁布了行政法规和部门规章及规范性文件，这些也是我们在建设工程合同管理中应该遵循的。这些行政法规及部门规章有：国务院颁发的《建设工程勘察设计合同条例》(1983 年)、《建设安装工程承包合同条例》(1983 年)，住建部发布的《建设工程施工合同管理办法》(1993 年)，住建部、国家工商行政管理总局共同发布的《建设工程勘察设计合同管理办法》(1996 年)等。为规范合同格式及内容，住建部还先后制定发布了《建设工程勘察合同》《建设工程设计合同》《建设工程施工合同》《建筑装饰工程施工合同》《工程建设监理合同》等合同示范文本，也可供人们在签订有关合同时加以参考、选用。

6.2 合同法律关系

6.2.1 法律关系

1. 法律关系的概念

法律关系是指人与人之间的社会关系为法律规范调整时所形成的权利与义务关系。在社会生活中，人与人之间会形成各种各样的社会关系，当某一种社会关系为法律规范所调整时，这种社会关系的参与者之间就形成了一种用法律形式规范的权利与义务的法律关系。

不同的社会关系或社会关系的不同方面需要不同的法律规范进行调整，因而人与人之间形成了内容和性质各不相同的法律关系。如行政法律关系、经济法律关系、民事法律关系、合同法律关系等。

法律关系由主体、客体和内容三部分构成，称为法律关系的构成要素。

2. 法律关系的特征

法律关系是一种特殊的社会关系，具有以下几项特征。

(1) 法律关系是建立在一定的经济基础之上的人与人之间的思想性社会关系。

(2) 法律关系是以法律上的权利和义务为内容的社会关系。

(3) 法律关系是由国家强制力保证的社会关系。

(4) 法律关系的存在必须以相应的现行法律规范的存在为前提，是法律规范在现实生活中的体现。

6.2.2 经济法律关系

经济法律关系是指国家协调经济运行中根据经济法律、法规的规定形成的权利和义务关系，主要包括下述几种社会关系。

1. 企业组织管理关系

企业组织管理关系是在企业的设立、变更、终止和企业内部管理过程中发生的经济关系。参与这类关系调整的法律有《个人独资企业登记管理办法》《合伙企业管理办法》《企业组织管理法》等。

2. 市场管理关系

市场管理关系就是市场管理过程中发生的经济关系。参与这类关系调整的法律有《合同法》《消费者权益保护法》《反垄断法》《反不正当竞争法》等。

3. 宏观经济调控关系

宏观经济调控关系指的是以间接手段为主的宏观调控过程中发生的经济关系。参与这类关系调整的法律有《价格法》《计划法》《投资法》《税法》《预算法》等。

4. 社会经济保障关系

社会经济保障关系是指在对作为劳动力资源的劳动者实行社会保障过程中发生的经济关系。参与这类关系调整的法律有《社会保险法》《社会救助法》《社会福利法》等。

6.2.3 合同法律关系

1. 合同法律关系简述

合同法律关系是指由合同法律规范调整的当事人在民事流转过程中形成的权利和义务关系。合同法律关系包括合同法律关系主体、合同法律关系客体、合同法律关系内容 3 个

要素。由建设工程合同形成的合同法律关系大多是经济法律关系。

2. 合同法律关系的主体

合同法律关系的主体是参加合同法律关系、享有相应权利、承担相应义务的当事人，即经济权利享有者和经济义务承担者。它包括国家机关、法人、其他社会组织、个体经营户和农村承包经营户、公民等。

1）国家机关

国家机关包括国家权力机关和国家行政机关，是重要的合同法律关系主体，在享有经济权利并承担相应的经济义务和责任的同时，代表国家行使管理社会经济的职能，运用行政的、经济的和法律的手段来调节和控制社会经济活动，同各种社会组织之间形成一种调控、监督和管理的合同法律关系。

2）法人

法人是相对自然人而言的社会组织，是具有民事权利能力和民事行为能力，依法独立享有民事权利和承担民事义务的组织。法人可以分为企业法人、机关法人、事业单位法人和社会团体法人。

3）其他社会组织

其他社会组织是指依据有关法律规定能够独立从事一定范围生产经营或服务活动，但不具备法人条件的社会组织，如有营业执照的法人分支机构和非法人型的联营企业等。

4）个体经营户和农村承包经营户

个体经营户和农村承包经营户是特殊的生产者和经营者，他们也可以进行商品生产和经营活动，签订经济合同，成为经济法律关系的主体。

5）公民

一般情况下，公民作为自然人只是民事法律关系的主体，但在一定的条件下，如在税收关系、投资关系中，公民也可成为经济法律关系的主体。

3. 合同法律关系的客体

合同法律关系的客体是指合同法律关系的主体享有的经济权利和承担的经济义务所共同指向的对象，包括行为、物、财和智力成果。

1）行为

行为是指合同关系主体为达到一定经济目的所进行的经济活动，如经济管理的行为、转移财产的行为、完成工作的行为、提供劳务的行为等。

小提示

行为是合同主体为保证经济权利和经济义务的实现而进行的活动，包括作为和不作为两种表现形式。

2）物

物是指可能被人们控制和支配的、有一定经济价值的、以物质形态表现出来的生产资料和消费资料。作为合同法律关系客体的物包括了自然资源和人工制造的产品。

3）财

财包括货币资金和有价证券。货币是充当一般等价物的特殊商品，在生产流通过程中是以价值形态表现的资金。有价证券是指具有一定票面金额，代表某种财产权的凭证，如股票、债券、汇票等。

4）智力成果

智力成果也称非物质财富，是指人们脑力劳动所产生的成果，如专利、发明、科研成果、创作成果等。

4. 合同法律关系的内容

合同法律关系的内容是指主体享有的经济权利和承担的经济义务。

1）权利

权利是指权利主体依照法律规定和约定，有权按照自己的意志做出某种行为，同时又要求义务主体做出某种行为或不得做出某种行为，以实现其合法权益。

2）义务

义务是指义务主体依照法律的规定和权利主体的合法要求，必须做出某种行为或不做出某种行为，以保证权利主体实现其权益，否则要承担法律责任。

5. 合同法律事实

1）合同法律事实的概念

合同法律关系的设立、变更和终止，必须要具备两个条件：一是要有国家制定的相应法律规范；二是要有一定的法律事实。

所谓的合同法律事实是指由合同法律规范确认并能够引起合同法律关系设立、变更与终止的客观情况。

2）合同法律事实的内容

合同法律事实的内容包括行为和事件。

（1）行为。行为是指依当事人的意志而做出的，能够引起合同法律关系设立、变更和终止的活动，包括合法行为和违法行为。合法行为就是符合法律规范所要求的行为，行为的内容和方式均符合法律的规定；违法行为就是实施了法律规范所禁止的行为，行为的内容和方式违反了法律的规定。

（2）事件。事件是指那些不以当事人的主观意志为转移而发生的，能够引起合同法律关系设立、变更和终止的客观事实，可分为自然事件和社会事件。自然事件是指由自然现象所引起的客观事实，如地震、台风等；社会事件是指由于社会上发生了不以人的意志为转移的、难以预料的重大事变而引起的客观事实，如战争、罢工等。

6. 合同法律关系的设立、变更和终止

1）合同法律关系的设立

合同法律关系的设立是指由于一定客观情况的存在，合同法律关系主体间形成的一定的权利和义务关系。如业主和承包商之间，在相互协商的基础上签订了建筑工程施工合同，从而产生了合同法律关系。

2）合同法律关系的变更

合同法律关系的变更是指已形成的合同法律关系，由于一定的客观情况的出现而引起的合同法律关系的主体、客体、内容的变化。合同法律关系的变更不是任意的，它要受到法律的限制，并要严格依照法定程序进行。

3）合同法律关系的终止

合同法律关系的终止是指合同法律关系主体间的权利义务关系不复存在。法律关系的终止，可以是因为义务主体履行了义务，权利主体实现了权利而终止；也可以是因为双方协商一致的变更或发生不可抗力而终止；还可以是因为主体的消亡、停业、转业、破产或严重违约而终止。

6.3 合同担保

6.3.1 担保与《担保法》的概念

1. 担保的概念

担保是指当事人根据法律规定或者双方约定，为促使债务人履行债务，实现债权人的权利的法律制度。担保通常由当事人双方订立担保合同。担保合同是被担保合同的从合同，被担保合同是主合同，主合同无效，从合同也无效。但担保合同另有约定的按照约定。

担保活动应当遵循平等、自愿、公平、诚实信用的原则。

2. 《担保法》的概念

《担保法》是调整因担保关系而产生的债权债务关系的法律规范的总称。为促进资金融通和商品流通，保障债权的实现，发展社会主义市场经济，1995 年 6 月 30 日第八届全国人民代表大会常务委员会第十四次会议通过《中华人民共和国担保法》(简称《担保法》)，自 1995 年 10 月 1 日起施行。

《担保法》规定的担保方式有保证、抵押、质押、留置和定金。

6.3.2 保证

1. 保证的概念

保证是指保证人和债权人约定，当债务人不履行债务时，保证人按照约定履行债务或者承担责任的行为。保证法律关系至少必须有三方参加，即保证人、被保证人(债务人)和债权人。

2. 保证的方式

保证的方式有两种，即一般保证和连带责任保证。在具体合同中，担保方式由当事人约定，如果当事人没有约定或者约定不明确的，则按照连带责任保证承担保证责任。这是对债权人权利的有效保护。

(1) 一般保证是指当事人在保证合同中约定，债务人不能履行债务时，由保证人承担责任的保证。一般保证的保证人在主合同争议未经审判或者仲裁，并就债务人财产依法强制执行仍不能履行债务前，对债权人可以拒绝承担担保责任。

(2) 连带责任保证是指当事人在保证合同中约定，保证人与债务人对债务承担连带责任的保证。连带责任保证的债务人在主合同规定的债务履行期届满没有履行债务的，债权人可以要求债务人履行债务，也可以要求保证人在其保证范围内承担保证责任。

3. 保证人的资格

具有代为清偿债务能力的法人、其他组织或者公民，可以作为保证人。但是，以下组织不能作为保证人。

(1) 企业法人的分支机构、职能部门。企业法人的分支机构有法人书面授权的，可以在授权范围内提供保证。

(2) 国家机关。经国务院批准为使用外国政府或者国际经济组织贷款进行转贷的除外。

(3) 学校、幼儿园、医院等以公益为目的的事业单位、社会团体。

4. 保证合同的内容

保证合同应包括以下内容。

(1) 被保证的主债权种类、数额。

(2) 债务人履行债务的期限。

(3) 保证的方式。

(4) 保证担保的范围。

(5) 保证的期间。

(6) 双方认为需要约定的其他事项。

5. 保证责任

保证合同生效后，保证人就应当在合同规定的保证范围和保证期间承担保证责任。

保证担保的范围包括主债权及利息、违约金、损害赔偿金和实现债权的费用；保证合同另有约定的，按照约定。当事人对保证担保的范围没有约定或者约定不明确的，保证人应当对全部债务承担责任。一般保证的保证人与债权人未约定保证期间的，保证期间为主债务履行期届满之日起六个月。债权人未在合同约定的或法律规定的保证期间内主张权利的，保证人免除保证责任。连带责任保证人与债权人未约定保证期间的，债权人有权自主债务履行期满之日起六个月内要求保证人承担保证责任。在合同约定的或法律规定的保证期间内，债权人未要求保证人承担保证责任的，保证人免除保证责任。

保证期间债权人与债务人协议变更主合同或者债权人许可债务人转让债务的，应当取得保证人的书面同意，否则保证人不再承担保证责任；保证合同另有约定的按照约定。

应用案例6-1

背景

甲乙双方签订了买卖合同，合同约定：甲向乙提供价值200万元的设备一台，货到后付款，丙在该买卖合同书上以保证人的身份签字。2004年5月31日，乙收到设备，但未付款。2004年11月20日，甲要求丙承担保证责任，丙未履行保证债务。2006年5月15日，甲向乙请求履行付款义务，但乙未履行。2006年11月30日，甲以乙、丙为被告向人民法院提起诉讼，请求乙支付所欠货款，丙承担连带责任。

问题

(1) 甲、丙之间的保证合同是否成立？

(2) 若保证合同成立，丙提供的保证是何种方式的保证？

案例评析

(1) 保证合同成立。因为根据我国民法相关规定，丙是以保证人身份在主合同上签字的，所以保证合同成立。

(2) 为连带责任保证方式。因为在保证合同中如果当事人没有约定或者约定不明确的，则按照连带责任保证承担保证责任。

6.3.3 抵押

1. 抵押的概念

抵押是指债务人或者第三人向债权人以不转移占有的方式提供一定的财产作为抵押物，用以担保债务履行的担保方式。债务人不履行债务时，债权人有权依照法律规定以抵押物折价或者从变卖抵押物的价款中优先受偿。债务人或者第三人称为抵押人，债权人称为抵押权人，提供担保的财产称为抵押物。

2. 抵押物

1）抵押物的种类

债务人或者第三人提供担保的财产为抵押物。由于抵押物是不转移占有的，因此能够成为抵押物的财产必须具备一定的条件。这类财产轻易不会灭失，且其所有权的转移应当经过一定的程序。下列财产可以作为抵押物。

(1) 抵押人所有的房屋和其他地上定着物。

(2) 抵押人所有的机器、交通运输工具和其他财产。

(3) 抵押人依法有权处置的国有土地使用权、房屋和其他地上定着物。

(4) 抵押人依法有权处置的国有机器、交通运输工具和其他财产。

(5) 抵押人依法承包并经发包方同意抵押的荒山、荒沟、荒丘、荒滩等荒地的土地使用权。

(6) 依法可以抵押的其他财产。

2）不能抵押的财产

下列财产不得抵押。

(1) 土进地所有权。

(2) 耕地、宅基地、自留地、自留山等集体所有的土地使用权，但法律有规定的可抵押物除外。

(3) 学校、幼儿园、医院等以公益为目的的事业单位、社会团体的教育设施、医疗卫生设施和其他社会公益设施。

(4) 所有权、使用权不明确或者有争议的财产。

(5) 依法被查封、扣押、监管的财产。

(6) 依法不得抵押的其他财产。

3）抵押物登记

当事人以土地使用权、城市房地产、林木、航空器、船舶、车辆等财产抵押的，应当办理抵押物登记，抵押合同自登记之日起生效；当事人以其他财产抵押的，可以自愿办理抵押物登记，抵押合同自签订之日起生效。当事人未办理抵押物登记的，不得对抗第三人。

办理抵押物登记，应当向登记部门提供主合同、抵押合同、抵押物的所有权或者使用权证书。

3. 抵押合同的内容

抵押人与抵押权人应当以书面形式订立抵押合同。订立抵押合同时，抵押权人和抵押人在合同中不得约定在债务履行期届满抵押权人未受清偿时，抵押物的所有权转移为债权人所有。抵押合同应当包括以下内容。

(1) 被担保的主债权的种类、数额。

(2) 债务人履行债务的期限。

(3) 抵押物的名称、数量、质量、状况、所在地、所有权权属或者使用权权属。

(4) 抵押担保的范围。

(5) 当事人认为需要约定的其他事项。

抵押合同的条款不完备的，当事人可以补正。

4. 抵押的效力

抵押担保的范围包括主债权及利息、违约金、损害赔偿金和实现抵押权的费用，当事人也可以约定抵押担保的范围。

抵押人有义务妥善保管抵押物并保证其价值。抵押期间，抵押人转让已办理登记的抵押物，应当通知抵押权人并告知受让人转让物已经抵押的情况，否则该转让行为无效。抵押人转让抵押物的价款，应当向抵押权人提前清偿所担保的债权或者向与抵押权人约定的第三人提存。超过债权的部分归抵押人所有，不足部分由债务人清偿。转让抵押物的价款不得明显低于其价值。抵押人的行为足以使抵押物价值减少的，抵押权人有权要求抵押人停止其行为。

抵押权与其担保的债权同时存在时，抵押权不得与债权分离而单独转让或者作为其他债权的担保。

小提示

提存是合同债权消灭的原因之一，是指由于债权人的原因致使债务人无法向其交付合同标的物，债务人将该标的物交给提存机关保存以此消灭合同的制度。

5. 抵押权的实现

债务履行期届满抵押权人未受清偿的，可以与抵押人协议以抵押物折价或者以拍卖、变卖该抵押物所得的价款受偿；协议不成的，抵押权人可以向人民法院提起诉讼。抵押物折价或者拍卖、变卖后，其价款超过债权数额的部分归抵押人所有，不足部分由债务人清偿。

同一财产向两个以上债权人抵押的，拍卖、变卖抵押物所得的价款按照以下规定清偿。

(1) 抵押合同已登记生效的，按抵押物登记的先后顺序清偿；顺序相同的，按照债权比例清偿。

（2）抵押合同自签订之日起生效的，如果抵押物未登记的，按照合同生效的先后顺序清偿；顺序相同的，按照债权比例清偿。抵押物已登记的先于未登记的受偿。

应用案例6-2

背景

李某于2009年1月向A借款5万元，借期一年半；同年6月，向银行抵押贷款10万元，以一处房子抵押，约定一年后还本付息，订立了抵押合同并登记。半年后，他又向B借款4万元，仍以该房抵押，双方订立书面抵押合同并约定半年后偿还。上述借款全部到期后，李某无力偿还，只得变卖房屋，仅得14万元。

问题

（1）银行、A某、B某的债权应如何受偿？

（2）若该房是李某的朋友托其看管的，抵押合同有无效力？

案例评析

（1）抵押债权优于一般债权，同时抵押债权按时间先后清偿，因此，设定了抵押债权的房屋出卖后应先清偿银行的10万元，再还B的4万元，A的欠款用其他财产清偿。但要注意出卖房屋时各个债权是否到期。

（2）无效，该房不属于李某，李某没权利设定抵押权。

6.3.4 质押

1. 质押的概念

质押是指债务人或者第三人将其动产或权利移交债权人占有，用以担保债权履行的担保。质押后，当债务人不能履行债务时，债权人依法有权就该动产或权利优先得到清偿。债务人或者第三人为出质人，债权人为质权人，移交的动产或权利为质物。质权是一种约定的担保物权，以转移占有为特征。

2. 质押的分类

质押可分为动产质押和权利质押。

1）动产质押

动产质押是指债务人或者第三人将其动产移交债权人占有，将该动产作为债权的担保。能够用作质押的动产没有限制。

2）权利质押

权利质押一般是将权利凭证交付质押人的担保。可以质押的权利包括以下几方面。

（1）汇票、支票、本票、债券、存款单、仓单、提单。

（2）依法可以转让的股份、股票。

（3）依法可以转让的商标专用权、专利权、著作权中的财产权。

（4）依法可以质押的其他权利。

以载明兑现或者提货日期的汇票、支票、本票、债券、存款单、仓单、提单出质的，汇票、支票、本票、债券、存款单、仓单、提单兑现或者提货日期先于债务履行期的，质权人可以在债务履行期届满前兑现或者提货，并与出质人协议将兑现的价款或者提取的货物用于提前清偿所担保的债权或者向与出质人约定的第三人提存。

股票出质后不得转让，但经出质人与质权人协商同意的可以转让。出质人转让股票所得的价款应当向质权人提前清偿所担保的债权或者向与质权人约定的第三人提存。出质人以依法可以转让的商标专用权、专利权、著作权中的财产权出质后，出质人不得转让或者许可他人使用该权利，但经出质人与质权人协商同意的可以转让或者许可他人使用。出质人所得的转让费、许可费应当向质权人提前清偿所担保的债权或者向与质权人约定的第三人提存。

3. 质押责任

质押担保的范围包括主债权及利息、违约金、损害赔偿金、质押保管费和实现质权的费用。质押合同另有约定的，按照约定。质权人有权收取质物所产生的利息。质押合同另有约定的，按照约定。

质物有损坏或者价值有明显减少的可能，足以危害质权人权利的，质权人可以要求出质人提供相应的担保。出质人不提供的，质权人可以拍卖质物，并与出质人协议将拍卖或者变卖所得的价款用于提前清偿所担保的债权或者向与出质人约定的第三人提存。

质权人负有妥善保管质物的义务。因保管不善致使质物灭失或者毁损的，质权人应当承担民事责任。质权人不能妥善保管质物可能致使其灭失或者毁损的，出质人可以要求质权人将质物提存，或者要求提前清偿债权而返还质物。债务履行期届满债务人履行债务的，或者出质人提前清偿所担保的债权的，质权人应当返还质物。为债务人质押担保的第三人，在质权人实现质权后，有权向债务人追偿。质权与其担保的债权同时存在。

应用案例6-3

背景

甲为电脑销售商，因临时出国，将尚未出售的一批电脑委托好友乙暂时保管。乙因经商急需资金而向丙借款，丙要求提供担保，乙遂将甲的电脑出质于丙。丙将该电脑委托丁保管，费用1 000元。后甲发现此事，遂引起纠纷。

问题

(1) 丙对该电脑是否享有质权？为什么？

(2) 保管费用1 000元由谁承担？为什么？

案例评析

(1) 享有。质权适用善意取得制度。

依《担保法》第84条规定，出质人以其不具有所有权但合法占有的动产出质的，不知道出质人无处分权的质权人行使质权后，因此给动产所有权人造成损失的，由出质人承担赔偿责任。在质权法律关系中，质权的成立与生效除要求出质人与质权人意思表示一致，且将质物移转于质权人占有以外，仍然要求出质财产是质权人所有的财产，否则，出质人为无权处分人。因为，出质行为实质上是一种财产处分行为。但是，为了维护交易的安全和善意第三人的利益，法律特设质权善意取得制度，即出质人虽为无权处分人，但质权人不知出质人为无权处分人时，只要出质人与质权人达成协议，且将质物移交于质权人占有，质权人即因善意而取得质权。本案例中，甲为财产的所有人，乙为财产的保管人，乙本无权利将甲的电脑出质于丙，但丙不知乙无权出质该电脑，乙将该电脑出质于丙，丙可因善意而取得对电脑的质权。

(2) 由乙承担。当事人对质物的保管费用有约定的，依照其约定；无约定时质权人享有费用返还请求权。

依《担保法》第67条规定，质押担保的范围包括主债权及利息、违约金、损害赔偿金、质物保管费用和实现质权的费用。质押合同另有约定的除外。在质权关系存续期间内，质物需要保管的，保管费用有约定依照其约定，无约定时由出质人承担。故保管费用1000元由乙承担。

6.3.5 留置

1. 留置的概念

留置是指债权人按照合同约定占有对方(债务人)的财产，当债务人不能按照合同约定期限履行债务时，债权人有权依照法律规定留置该财产并享有处置该财产得到优先受偿的权利。留置权以债权人合法占有对方财产为前提，并且债务人的债务已经到了履行期限。比如，在承揽合同中，定作方逾期不领取其定作物的，承揽方有权将该定作物折价、拍卖、变卖，并从中优先受偿。

由于留置是一种比较强烈的担保方式，必须依法行使，不能通过合同约定产生留置权。依《担保法》规定，能够留置的财产仅限于动产，且只有因保管合同、仓储合同、运输合同、加工承揽合同发生的债权，债权人才有可能实施留置。

2. 留置权的消灭

留置权因下列原因消灭。

(1) 债权消灭。

(2) 债务人另行提供担保并被债权人接受。

3. 留置责任

留置担保的范围包括主债权及利息、违约金、损害赔偿金、留置物保管费用和实现留置权的费用。留置担保一般用于因保管合同、仓储合同、运输合同、加工承揽合同发生的债权的担保。

债权人与债务人应当在合同中约定，债权人留置财产后，债务人应当在不少于两个月的期限内履行债务。未约定的，债权人留置债务人的财产后，应当确认两个月以上的期限，通知债务人在该期限内履行债务。债务人逾期不履行的，债权人可以与债务人协议以留置物折价，也可以依法拍卖、变卖留置物。

债权人应妥善保管留置物，因保管不善致使留置物灭失或者毁损的，债权人应当承担民事责任。

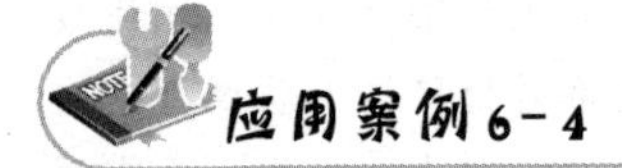

应用案例6-4

背景

2008年8月，严某将一台电冰箱送到某维修部修理，并约好一周后交费取货。一周后，严某来取电冰箱，维修部让严某交修理费200元，严某认为收费太高，双方协商不成，严某只好说："要不这样，我还有一台电视机要修，一起给你修，但一定要少收费。”谁知严某拿来电视机，修理部不但不修，反而扬言要扣下其电视机。因为电冰箱没人买，但旧电视还是有销路的。严某无奈，只好向法院起诉。

问题

修理部扣留电视机的行为是否合法？为什么？

案例评析

修理部占有电视机的行为是非法扣押。行使留置权应以债权人占有一定的财产为前提，但占有财产必须不是因侵权行为取得。本案中修理部强行扣押严某的电视机，已构成侵权行为，留置权不成立。

6.3.6 定金

定金是指当事人双方为了保证债务的履行，约定由当事人一方先行支付给对方一定数额的货币作为担保。定金的数额由当事人约定，但不得超过主合同标的额的20%。定金合同要采用书面形式，并在合同中约定交付定金的期限，定金合同从实际交付定金之日起生效。债务人履行债务后，定金应当抵作价款或者收回。给付定金的一方不履行约定的债务的，无权要求返还定金；收受定金的一方不履行约定的债务的，应当双倍返还定金。

应当注意的是，定金与预付款在形式上好像完全一样，但它们的性质是完全不同的。定金起担保作用，而预付款只是起资助作用。当事人违约时，定金起着制裁违约方、补偿被违约方的作用；而预付款则无此作用，无论哪一方违约，均不得采取扣留预付款或要求双倍返还预付款的行为。

定金也不同于违约金。定金是合同的一种担保方式，而违约金只是对违约的一种制裁手段；违约金并不事先支付，被违约方只能通过事后请求支付的方式才能真正获得。

在建设工程勘察和设计合同中，通常都采用定金这种担保方式。

应用案例6-5

背景

2009年10月，甲企业接到一份服装加工的订单，由于资金不足，甲企业与提供原材料的乙公司签订合同，以本企业所拥有的一辆奔驰轿车(价值80万元)作抵押，为应付的50万元原材料货款提供担保。双方在合同中约定：如甲企业到期不能支付货款，则该奔驰车归乙公司所有。由于双方是多年合作关系，签订抵押合同后没有办理抵押登记。2009年11月，甲企业为购买加工设备，又以该奔驰轿车做质押，为设备款向丙公司提供担保，双方签订了质押合同并移交了该奔驰车。在质押期间，丙公司的工作人员开着质押的奔驰车办理公务时与他人相撞，汽车受损被送到丁修理厂修理，共花费修理费3 000元。汽车修好后，丙公司派人拿着3 000元去提车。丁修理厂收钱以后，要求丙公司把以前所欠的1万元汽车维修费还清，遭到拒绝，于是丁修理厂就以行使留置权为名拒绝交车。

问题

(1) 甲企业与乙公司签订的抵押合同约定“甲企业到期不能支付货款，则该奔驰车归乙公司所有”的条款是否有效？说明理由。

(2) 甲企业与乙公司签订的抵押合同没有办理抵押登记，抵押合同是否有效？说明理由。

(3) 如果质押有效，奔驰车的修理费应由谁承担？说明理由。

(4) 丁修理厂是否可以行使留置权？说明理由。

(5) 假设甲、乙之间的抵押办理了登记，且奔驰车的抵押权、质押权和留置权都有效，应按什么顺序清偿？说明理由。

案例评析

(1) 甲企业与乙公司约定的条款无效。根据《物权法》规定，抵押权人在债务履行期届满前，不得与抵押人约定，债务人不履行到期债务时，抵押财产归债权人所有。如果双方在合同中约定，债务人不履行到期债务时，抵押财产归债权人所有，则此条款无效。

(2) 甲企业与乙公司签订的抵押合同有效。根据《物权法》规定，当事人以生产设备、原材料、半成品、产品，正在建造的船舶、航空器，交通运输工具设定抵押时，抵押权自抵押合同生效时设立。未经登记，不得对抗善意第三人。因此对这些财产是否进行抵押登记，完全由当事人决定。

(3) 修理费应由丙公司承担。根据《物权法》规定，质权人负有妥善保管质押财产的义务；因保管不善致使质押财产毁损、灭失的，应当承担赔偿责任。

(4) 丁修理厂可以行使留置权。根据《物权法》规定，留置权的成立条件是：①债权人占有债务人的动产；②债权人留置的动产，应当与债权属于同一法律关系，但企业之间留置的除外；③债权已届清偿期且债务人未按规定期限履行义务。另外，留置权也适用善意取得制度。所以丁修理厂可以行使留置权。

(5) 清偿顺序是：①留置权；②抵押权；③质押权。根据《物权法》规定，同一财产法定登记的抵押权与质权并存时，抵押权人优先于质权人受偿；同一财产抵押权与留置权并存时，留置权人优先于抵押权人受偿。

6.4 《合同法》概述

6.4.1 《中华人民共和国合同法》简介

《中华人民共和国合同法》(以下简称《合同法》)由中华人民共和国第九届全国人民代表大会第二次会议于1999年3月15日通过，并于1999年10月1日起施行，共二十三章四百二十八条。

《合同法》分总则、分则、附则三部分。

《合同法》总则部分包括一般规定、合同的订立、合同的效力、合同的履行、合同的变更和转让、合同的权利义务终止、违约责任和其他规定等内容。

《合同法》分则部分分别对买卖合同、供用水电气热力合同、赠与合同、借款合同、租赁合同、融资租赁合同、承揽合同、建设工程合同、运输合同、技术合同、保管合同、仓储合同、委托合同、行纪合同、居间合同等进行了专门的规定。

《合同法》分则中的第十六章为“建设工程合同”，共19条，专门对建设工程中的合同关系做了法律规定。除《合同法》对建设工程合同做了专章规定外，《中华人民共和国建筑法》《中华人民共和国招标投标法》也有许多涉及建设工程合同的规定。这些法律是我国建设工程合同管理的依据。

《合同法》所称的合同是平等主体的自然人、法人、其他组织之间设立、变更、终止民事权利义务关系的协议。婚姻、收养、监护等有关身份关系的协议，不适用本法的规定。

6.4.2 《合同法》立法的目的和基本原则

1. 立法目的

《合同法》立法的目的是保护合同当事人的合法权益，维护社会经济秩序，促进社会主义现代化建设。

2. 基本原则

《合同法》立法的基本原则是合同当事人在合同订立、效力、履行、变更与转让、终止、违约责任等以及各项分则规定的全部活动中均应遵守的基本准则，也是人民法院、仲裁机构在审理、仲裁合同纠纷时应当遵守的原则。

1）遵守法律、维护社会公共利益的原则

当事人订立、履行合同，应当遵守法律、行政法规，尊重社会公德，不得扰乱社会经济秩序，损害社会公共利益。遵守法律和不得损害社会公共利益是合同法的重要基本原则。

2）公平、诚实信用原则

公平、诚实信用是民事活动的最重要的基本原则。公平、诚实信用原则，要求当事人在订立和履行合同以及合同终止后的全过程中，都要讲诚实、重信用，相互协作，不得滥用权利。

3）平等、自愿原则

合同当事人无论是什么身份，其在合同关系中相互之间的法律地位是平等的，都是独立的、享有平等主体资格的合法当事人。法律地位平等是自愿原则的前提。

4）依法成立的合同对当事人具有约束力的原则

订立合同实行自愿原则，但是，依法成立的合同对当事人具有法律约束力，受法律保护。当事人应按照合同的约定履行各自的义务，非依法律规定或者取得相对人的同意，不得擅自变更或者解除合同；如果不履行合同义务或者履行合同义务不符合约定，必须承担违约责任或者受到法律的制裁。

6.5 合同的订立

6.5.1 合同成立的概念

1. 合同成立简述

合同成立指当事人对合同主要条款达成一致意见而使合同生效。在工程建设中，合同是否成立的意义非常重要，它关系到以下重大问题。

(1) 合同是否存在。

(2) 当事人所承担的责任。如果合同成立且有效，当事人一方违约，就应承担违约责任；如合同应成立而未成立，有过错的当事人一方就应承担缔约过失责任。

(3) 合同生效。依法成立的合同，自成立时生效。法律、行政法规规定应当办理批准、登记等手续生效的，依照其规定。当事人采用合同书形式订立合同的，自双方当事人签字或者盖章时合同成立。

2. 订立合同当事人的主体资格

当事人订立合同，应当具有相应的民事权利能力和民事行为能力。当事人依法可以委托代理人订立合同。

民事权利能力是法律赋予民事主体享有民事权利和承担民事义务的能力，也就是民事主体享有权利和承担义务的资格，是作为民事主体进行民事活动的前提条件。

民事行为能力是民事主体独立地以自己的行为为自己或他人取得民事权利和承担民事义务的能力。

在建筑工程承发包活动中，发包人与承包人的主体资格必须合格，特别是承包人必须具备法人资格，否则所签订的工程合同无效。

6.5.2 合同的形式和内容

1. 合同的形式

合同的形式是指合同当事人双方在对合同的内容、条款进行协商，做出共同的意思表示的具体方式。当事人订立合同，有书面形式、口头形式和其他形式。法律、行政法规规定采用书面形式的，应当采用书面形式。当事人约定采用书面形式的，应当采用书面形式。

1）书面合同

书面形式是指合同书、信件和数据电文(包括电报、电传、传真、电子数据交换和电子邮件)等可以有形地表现所载内容的形式。

书面合同的优点是把合同条款、双方责任落在书面，有利于分清是非责任，有利于督促当事人履行合同。建设工程合同应当采用书面形式。

2）口头合同

口头合同是以口头的(包括电话等)意思表示方式而订立的合同。它的主要优点是简便迅速，缺点是发生纠纷时难于举证和分清责任。因此，应限制使用口头合同。

3）其他形式合同

(1) 合同公证：国家公证机关根据合同当事人的申请，依照法定程序，对合同的真实性及合法性进行审查并予以确认的一种法律制度。经公证机关公证的合同具有较强的证据效力，可作为法院判决或强制执行的依据。对于依法和依照约定须经公证的合同，不经公证则无效。

(2) 合同鉴证：国家工商行政管理机关应合同当事人的申请，依照法定程序，对合同的真实性和合法性进行认定，对合同内容的合理性、可行性进行审查监督。鉴证还有监督合同履行的权利，故鉴证具有行政监督的作用。

(3) 合同的批准：指按照国家法律、法规的规定，必须经主管机关或上级机关的批准才能生效的合同。

2. 合同的内容

合同的内容由当事人约定，这是合同自由的重要体现。《合同法》规定了合同一般应当包括的条款，但具备这些条款不是合同成立的必备条件，这与原《经济合同法》规定的主要条款有所不同。

1）当事人的名称或者姓名和住所

合同主体包括自然人、法人、其他组织。明确合同主体，对了解合同当事人的基本情况、合同的履行和确定诉讼管辖具有重要的意义。自然人的姓名是指经户籍登记管理机关核准登记的正式用名。自然人的住所是指自然人有长期居住的意愿和事实的处所，即经常居住地。法人、其他组织的名称是指经登记主管机关核准登记的名称，如公司的名称以企业营业执照上的名称为准。法人和其他组织的住所是指它们的主要营业地或者主要办事机构所在地。

2）标的

标的是合同当事人双方权利和义务共同指向的对象。标的的表现形式为物、劳务、行为、智力成果、工程项目等。没有标的的合同是空的，当事人的权利义务无所依托；标的不明确的合同无法履行，合同也不能成立。所以，标的是合同的首要条款，签订合同时，标的必须明确、具体，必须符合国家法律和行政法规的规定。

3）数量

数量是衡量合同标的多少的尺度，以数字和计量单位表示。没有数量或数量的规定不明确，当事人双方权利义务的多少、合同是否完全履行都无法确定。数量必须严格按照国家规定的法定计量单位填写，以免当事人产生不同的理解。

4）质量

质量是标的的内在品质和外观形态的综合指标。签订合同时，必须明确质量标准。合同对质量标准的约定应当准确而具体，对于技术上较为复杂的和容易引起歧义的词语、标准，应当加以说明和解释。对于强制性的标准，当事人必须执行，合同约定的质量不得低于该强制性标准。对于推荐性的标准，国家鼓励采用。当事人没有约定质量标准，如果有国家标准，则依国家标准执行；如果没有国家标准，则依行业标准执行；没有行业标准，则依地方标准执行；没有地方标准，则依企业标准执行。

5）价款或者报酬

价款或者报酬是当事人一方向交付标的的另一方支付的货币。标的物的价款由当事人双方协商，但必须符合国家的物价政策，劳务酬金也是如此。合同条款中应写明有关银行结算和支付方法的条款。

6）履行的期限、地点和方式

履行的期限是当事人各方依照合同规定全面完成各自义务的时间，包括合同的签订期、有效期和履行期。履行的地点是指当事人交付标的和支付价款或酬金的地点，包括标的的交付、提取地点，服务、劳务或工程项目建设的地点，价款或劳务的结算地点。履行的方式是指当事人完成合同规定义务的具体方法，包括标的的交付方式和价款或酬金的结算方式。

履行的期限、地点和方式是确定合同当事人是否适当履行合同的依据，是合同中必不可少的条款。

7）违约责任

违约责任是任何一方当事人不履行或者不适当履行合同规定的义务而应当承担的法律责任。当事人可以在合同中约定，一方当事人违反合同时，向另一方当事人支付一定数额的违约金，或者约定违约损害赔偿的计算方法。

8）解决争议的方法

解决争议的方法是指合同当事人选择解决合同纠纷的方式、地点等。在合同履行过程中不可避免地会产生争议，为使争议发生后能够有一个双方都能接受的解决办法，应当在合同条款中对此做出规定。

6.5.3 合同订立的程序

要约和承诺是合同当事人订立合同必经的程序，也是双方当事人就合同条款进行协商和签署书面协议的过程。订立合同的过程可以划分为要约和承诺两个阶段。一般是先由当事人一方提出要约，再由当事人的另一方做出承诺的意思表示。

1. 要约

1）要约简述

要约是希望和他人订立合同的意思表示。即合同当事人的一方向另一方提出订立合同的要求，列明合同的条款，并限定对方在一定的期限内做出承诺的意思表示。提出要约的一方为要约人，接受要约的一方为受要约人。

要约是一种法律行为。这表现在要约规定的有效期限内，要约人要受到要约的约束。受要约人若按时和完全接受要约条款时，要约人负有与受要约人签订合同的义务。否则，要约人对由此造成受要约人的损失应承担法律责任。

2）要约邀请

要约邀请是希望他人向自己发出要约的意思表示。寄送价目表、拍卖公告、招标公告、招股说明书、商业广告等为要约邀请。商业广告的内容符合要约规定的，可视为要约。

要约邀请不是合同成立的必经过程，是当事人订立合同的预备行为，无须在法律上承担责任。

3）要约生效

要约生效是指要约发生法律效力，即对要约人和受要约人发生法律的约束力。

要约到达受要约人时生效。采用数据电文形式订立合同，收件人指定特定系统接收数据电文的，该数据电文进入该特定系统的时间，视为到达时间；未指定特定系统的，该数据电文进入收件人的任何系统的首次时间，视为到达时间。

4）要约撤回和要约撤销

要约撤回是指要约在发生法律效力之前，要约人欲使要约不发生法律效力而取消该项要约的意思表示。

要约可以撤回，撤回要约的通知应当在要约到达受要约人之前或者与要约同时到达受要约人。要约的约束力一般是在要约生效之后才发生，要约未生效之前，要约人是可以撤回要约的。

要约撤销是指要约在发生法律效力之后，要约人欲使要约丧失法律效力而取消该项要约的意思表示。

要约可以撤销，撤销要约的通知应当在受要约人发出承诺通知之前到达受要约人。如果要约人确定了承诺期限或者以其他形式明示要约不可撤销，或受要约人有理由认为要约不可撤销，并已经为履行合同做了准备工作，要约是不可撤销的。

5）要约失效

有下列情形之一的，要约失效。

（1）拒绝要约的通知到达要约人。

（2）要约人依法撤销要约。

（3）承诺期限届满，受要约人未做出承诺。

（4）受要约人对要约的内容做出实质性变更。

2. 承诺

1）承诺简述

承诺是受要约人同意要约的意思表示。即合同当事人一方对另一方发来的要约，在要约有效期内做出完全同意要约条款的意思表示。

2）承诺方式

承诺应当以通知的方式做出，但根据交易习惯或者要约表明可以通过行为做出承诺的除外。

3）承诺期限

承诺应当在要约确定的期限内到达要约人。要约没有确定承诺期限的，承诺应当依照下列规定到达：要约以对话方式做出的，应当即时做出承诺，但当事人另有约定的除外；要约以非对话方式做出的，承诺应当在合理期限内到达。

4）承诺生效

承诺生效是指承诺发生法律效力，也即承诺对承诺人和要约人产生法律约束力。

承诺通知到达要约人时生效。承诺不需要通知的，根据交易习惯或者要约的要求做出承诺的行为时生效。

5）承诺撤回、超期或延迟

承诺的撤回是指承诺人阻止或消灭承诺发生法律效力的意思表示。承诺可以撤回。撤回承诺的通知应当在承诺通知到达要约人之前或者与承诺通知同时到达要约人。

承诺的超期是指受要约人超过承诺期限而发出的承诺。超期的承诺，要约人可以承认其法律效力，但必须及时通知受要约人，否则受要约人也许会认为承诺并没有生效，或者视为是自己发出了新的要约而等待对方的承诺。

承诺的延迟是指受要约人在承诺期限内发出承诺，由于其他原因致使承诺未能及时到达要约人的情况。除要约人及时通知受要约人超期不接受承诺外，延迟承诺是有效的。

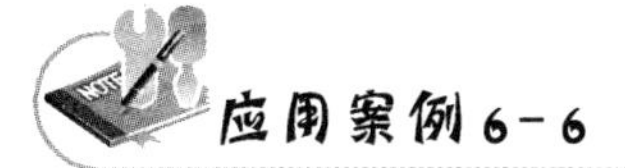

应用案例6-6

在某国际工程中，经过澄清会议，业主选定一个承包商，并向他发出一函件，表示“有意向”接受该承包商的报价，并“建议”承包商“考虑”材料的订货；如果承包商“希望”，则可以进入施工现场进行前期工作。而由于业主放弃了该开发计划，工程被取消，工程承包合同无法签订，业主又指令承包商恢复现场状况。承包商为施工准备已投入了许多费用。承包商就现场临时设施的搭设和拆除，材料订货及取消订货损失向业主提出索赔。但最终业主以前述的信件作为一“意向书”，而不是一个肯定的“要约承诺”(合同)为由反驳了承包商的索赔要求。

此案例对承包商非常有借鉴意义，在合同订立阶段，要约、承诺文件必须采用有效的书面形式，要约、承诺内容必须具体明确。

6.5.4 合同的成立及成立地点

1. 合同的成立

1）不要式合同的成立

合同成立是指合同当事人对合同的标的、数量等内容协商一致。如果法律法规、当事人对合同的形式、程序没有特殊的要求，则承诺生效时合同成立。因为承诺生效即意味着当事人对合同的内容达成了一致，对当事人产生约束力。

2）要式合同的成立

当事人采用合同书形式订立合同的，自双方当事人签字或者盖章时合同成立。需要注意的是，合同书的表现形式是多样的，双方签字、盖章只要具备其中的一项即可。

当事人采用信件、数据电文等形式订立合同的，可以在合同成立之前要求签订确认书，签订确认书时合同成立。

法律、行政法规规定或当事人约定采用书面形式订立合同，而当事人未采用书面形式，但一方已经履行了主要义务，对方接受的，该合同成立。采用合同书形式订立合同的，在签字盖章之前，当事人一方已经履行主要义务，对方接受的，该合同成立。

2. 合同成立的地点

承诺生效的地点为合同成立的地点。当事人采用合同书形式订立合同的，双方当事人签字或者盖章的地点为合同成立的地点。当事人采用数据电文形式订立合同的，收件人的主营业地为合同成立的地点；没有主营业地的，其经常居住地为合同成立的地点。当事人另有约定的，按照其约定。

6.5.5 缔约过失的赔偿责任

1. 缔约过失责任的概念

缔约过失责任是指在订立合同过程中，当事人一方因未履行依据诚实信用原则应承担的义务，而导致当事人的另一方受到损失，应承担相应的民事赔偿责任。

2. 缔约过失责任的特征

缔约过失责任是在合同订立过程中所产生的一种弥补性的民事责任，所保护的是无过错一方当事人因合同不成立等原因遭受的实际损失，具有如下特征。

（1）只发生在合同的签订过程中。

（2）合同应成立而未成立。

（3）合同未成立的原因是因一方当事人的过错所致。

（4）有错的一方当事人给另一方当事人造成了损失。

（5）不存在免责问题。

3. 应当承担缔约过失责任的行为

当事人在订立合同过程中有下列情形之一，给对方造成损失的，应当承担损害赔偿责任。

(1) 假借订立合同，恶意进行磋商。

(2) 故意隐瞒与订立合同有关的重要事实或者提供虚假情况。

(3) 有其他违背诚实信用原则的行为。

在建设工程招标投标过程中，招标人以不合理的条件限制或者排斥潜在的投标人；招标人透露可能影响公平竞争的情况；投标人相互串通投标或者与招标人串通投标；投标人弄虚作假，骗取中标；中标人将中标项目肢解后转让他人的；招标人与中标人不按照中标文件订立合同或者招标人、中标人订立背离合同实质的协议等行为均应属于建设工程的缔约过失行为。

此外，当事人在订立合同过程中知悉的商业秘密，无论合同是否成立，不得泄露或者不正当地使用。泄露或者不正当地使用该商业秘密给对方造成损失的，应当承担损害赔偿责任。

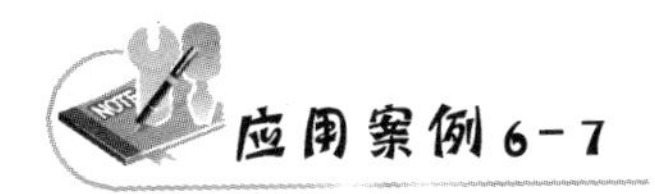

违背诚信原则应当承担缔约责任

背景

2005年2月，甲建设单位经招标委托乙设计单位就某工程项目施工图进行设计。乙要求与甲签订设计合同，甲表示待设计完成后再签。乙基于对甲的信任，在甲向其提供了完整的资料后，按甲的要求进行设计。待设计工作完成后，甲表示不用乙设计了。乙要求甲承担责任，而甲表示双方未签订合同，因此不承担责任。

问题

本案的焦点问题是本案涉及的工程设计合同虽未成立，但甲是否应承担责任？

案例评析

《合同法》第四十二条规定，当事人在订立合同过程中有下列情形之一，给对方造成损失的，应当承担损害赔偿责任。

(1) 假借订立合同，恶意进行磋商。

(2) 故意隐瞒与订立合同有关的重要事实或者提供虚假情况。

(3) 有其他违背诚实信用原则的行为。

这是《合同法》规定的缔约过失责任。缔约过失责任是指在合同签订过程中，由于当事人一方的过错，使应当成立的合同未成立，并因此给另一方造成损失的行为。乙中标后，甲应当与乙签订工程设计合同，甲不但不与乙签订合同而且还承诺待设计完成后再签。待乙完成甲委托的设计任务后，甲又拒绝接受乙的设计成果，因此给乙造成了损失。甲的行为显然违背诚实信用原则，所以甲应当承担缔约过失责任。

6.6 合同的效力

6.6.1 合同效力的概念

合同效力即合同的法律效力，指已成立的合同在当事人之间产生的法律约束力。合同只有产生法律效力，才受法律的保护。因此，在工程合同签订过程中，首先应考虑合同的法律效力。如果所签订的合同无效，不但得不到法律的保护，还要承担相应的法律责任。

6.6.2 合同生效的条件

合同生效应具备下列条件。

1. 当事人具有相应的民事权利能力和民事行为能力

订立合同的人必须具备一定的独立表达自己的意思和理解自己的行为的性质和后果的能力，即合同当事人应当具有相应的民事权利能力和民事行为能力。

2. 意思表示真实

当事人的意思表示必须真实。意思表示不真实的合同不能取得法律效力。如建设工程合同的订立，一方采用欺诈、胁迫的手段订立的合同，就是意思表示不真实的合同，这样的合同就欠缺生效的条件。

3. 不违反法律或者社会公共利益

这是合同有效的重要条件，是就合同的目的和内容而言的，是对合同自由的限制。

6.6.3 合同生效的时间

1. 合同生效时间的一般规定

依法成立的合同，自成立时生效。法律、行政法规规定应当办理批准、登记等手续生效的，依照其规定执行。

2. 附条件和附期限合同的生效时间

当事人对合同的效力可以约定附生效条件。附生效条件的合同，自条件成就时生效。附解除条件的合同，自条件成就时失效。当事人为了自己的利益不正当地阻止条件成就的，视为条件已成就；不正当地促成条件成就的，视为条件不成就。

当事人对合同的效力可以约定附生效期限。附生效期限的合同，自期限届至时生效。附终止期限的合同，自期限届满时失效。

6.6.4 合同效力与仲裁条款

合同成立后，合同中的仲裁条款是独立存在的，合同的无效、变更、解除、终止，不影响仲裁协议的效力。如果当事人在施工合同中约定通过仲裁解决争议，不能认为合同无效将导致仲裁条款无效。若因一方的违约行为，另一方按约定的程序终止合同而发生了争议，仍然应当由双方选定的仲裁委员会裁定施工合同是否有效及对争议的处理。

6.6.5 效力待定合同

有些合同的效力较为复杂，不能直接判断是否生效，而与合同的一些后续行为有关，这类合同即为效力待定合同。

1. 限制民事行为能力人订立的合同

限制民事行为能力人订立的合同，经法定代理人追认后，该合同有效。限制民事行为能力人的监护人是其法定代理人。相对人可以催告法定代理人在一个月内予以追认，法定代理人未作表示的，视为拒绝追认。合同被追认之前，善意相对人有撤销的权利。撤销应当以通知的方式作出。

2. 无代理权人订立的合同

行为人没有代理权、超越代理权或者代理权终止后以被代理人的名义订立的合同，未经被代理人追认，对被代理人不发生效力，由行为人承担责任。相对人可以催告被代理人在一个月内予以追认。被代理人未作表示的，视为拒绝追认。合同被追认之前，善意相对人有撤销的权利。撤销应当以通知的方式作出。

行为人没有代理权、超越代理权或者代理权终止后以被代理人的名义订立合同，相对人有理由相信行为人有代理权的，该代理行为有效。

3. 表见代理人订立的合同

表见代理是善意相对人通过被代理人的行为足以相信无权代理人具有代理权的代理。基于此项信赖，该代理行为有效。善意第三人与无权代理人进行的交易行为(订立合同)，其后果由被代理人承担。表见代理的规定，其目的是保护善意的第三人。

表见代理一般应当具备以下条件。

(1) 表见代理人并未获得被代理人的书面明确授权，是无权代理。

(2) 客观上存在让相对人相信行为人具备代理权的理由。

(3) 相对人善意且无过失。

4. 法定代表人、负责人超越权限订立的合同

法人或者其他组织的法定代表人、负责人超越权限订立的合同，除相对人知道或者应当知道其超越权限的以外，该代表行为有效。

5. 无处分权人处分他人财产订立的合同

无处分权人处分他人财产订立的合同，一般情况下是无效的。但是，无处分权人处分他人财产，经权利人追认或者无处分权人通过订立合同取得处分权的，该合同有效。

6.6.6 无效合同

1. 无效合同的概念

无效合同是指当事人违反了法律规定的条件而订立的，国家不承认其效力，不给予法律保护的合同。无效合同从订立之时起就没有法律效力，不论合同履行到什么阶段，合同被确认无效后，这种无效的确认要溯及到合同订立时。

2. 无效合同的种类

《合同法》规定，有下列情形之一的，合同无效。

(1) 一方以欺诈、胁迫手段订立合同，损害国家利益。

(2) 恶意串通，损害国家、集体或第三人利益。

(3) 以合法形式掩盖非法目的。

(4) 损害社会公共利益。

(5) 违反法律、行政法规的强制性规定。

无效合同的确认权归人民法院或仲裁机构，合同当事人或其他任何机构均无权认定合同无效。

6.6.7 可变更或可撤销合同

1. 可变更与可撤销合同的概念

可变更合同是指合同部分内容违背当事人的真实意思表示，当事人可以要求对该部分内容的效力予以撤销的合同。可撤销合同是指虽经当事人协商一致，但因非对方的过错而导致一方当事人意思表示不真实，允许当事人依照自己的意思，使合同效力归于消灭的合同。订立的合同由于意思表示不真实或合同的内容存在瑕疵，当事人一方依法享有变更与撤销权。《合同法》规定有下列情形之一的，当事人一方有权请求人民法院或者仲裁机构变更或者撤销其合同。

(1) 因重大误解订立的。

(2) 在订立合同时显失公平的。

(3) 一方以欺诈、胁迫的手段或者乘人之危，使对方在违背真实意思的情况下订立合同的。

2. 合同撤销权的消灭

由于可撤销的合同只是涉及当事人意思表示不真实的问题，因此法律对撤销权的行使有一定的限制。有下列情形之一的撤销权消灭。

(1) 具有撤销权的当事人自知道或者应当知道撤销事由之日起一年内没有行使撤销权。

(2) 具有撤销权的当事人知道撤销事由后明确表示或者以自己的行为放弃撤销权。

6.6.8 合同无效或者被撤销后的法律后果

1. 无效合同或被撤销合同的法律效力

无效合同或者被撤销的合同自始没有法律约束力。合同部分无效，不影响其他部分效力的，其他部分仍然有效。

合同无效、被撤销或者终止的，不影响合同中独立存在的有关解决争议方法的条款的效力。

2. 无效合同或被撤销合同的法律后果

合同无效或者被撤销后，因该合同取得的财产，应当予以返还；不能返还或者没有必要返还的，应当作价补偿。有过错的一方应当赔偿对方因此所受到的损失，双方都有过错的，应当各自承担相应的责任。

当事人恶意串通，损害国家、集体或者第三人利益的，因此取得的财产收归国家所有或者返还集体、第三人。

应用案例6-8

背景

2005年，甲商场为了扩大营业范围，购得××集团公司地皮一块，准备兴建××商场分店。甲通过招标的方式与乙建筑工程公司签订了建筑工程承包合同。之后，乙将各种设备、材料运抵工地开始施工。施工过程中，城市规划管理局的工作人员来到施工现场，指出该工程不符合城市建设规划，未领取建设工程规划许可证，必须立即停止施工。最后，城市规划管理局对甲做出了行政处罚，处以罚款2万元，勒令停止施工，拆除已修建部分。乙因此而蒙受损失，向法院提起诉讼，要求甲给予赔偿。

问题

甲是否应赔偿乙的损失?

案例评析

本案是一起工程索赔案。乙提起索赔的原因是由于甲的违法行为给自己造成了损失。《中华人民共和国城市规划法》规定，在城市规划区内从事任何工程项目建设必须办理"选址意见书""建设用地规划许可证"和"建设工程规划许可证"。本案中，由于甲未办理"建设工程规划许可证"就进行工程的招标投标，与乙签订施工合同并开始施工，其行为属于严重违法，与乙所签订的施工合同无效。施工合同无效的原因是由于甲的违法行为所致，所以甲应当赔偿乙因此所造成的损失。

6.7 合同的履行

6.7.1 合同履行的概念

合同履行是指合同各方当事人按照合同的规定，全面履行各自的义务，实现各自的权利，使各方的目的得以实现的行为。合同依法成立，当事人就应当按照合同的约定，全部履行自己的义务。签订合同的目的在于履行，通过合同的履行而取得某种权益。合同的履行以有效的合同为前提和依据，因为无效合同从订立之时起就没有法律效力，不存在合同履行的问题。合同履行是该合同具有法律约束力的首要表现。

6.7.2 合同履行的原则

1. 全面履行合同义务的原则

当事人应当按照约定全面履行自己的义务，即按合同约定的标的、价款、数量、质量、地点、期限、方式等全面履行各自的义务。

合同生效后，当事人就质量、价款或者报酬、履行地点等内容没有约定或者约定不明确的，可以协议补充；不能达成补充协议的，按照合同有关条款或者交易习惯确定。如果按照上述办法仍不能确定合同如何履行的，适用下列规定。

(1) 质量要求不明确的，按照国家标准、行业标准履行；没有国家标准、行业标准的，按照通常标准或者符合合同目的的特定标准履行。

(2) 价款或者报酬不明确的，按照订立合同时履行地的市场价格履行；依法应当执行政府定价或者政府指导价的，按照规定履行。

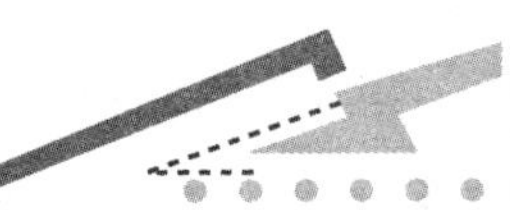

（3）履行地点不明确的，给付货币的，在接受货币一方所在地履行；交付不动产的，在不动产所在地履行；其他标的，在履行义务一方所在地履行。

（4）履行期限不明确的，债务人可以随时履行，债权人也可以随时要求履行，但应当给对方必要的准备时间。

（5）履行方式不明确的，按照有利于实现合同目的的方式履行。

（6）履行费用的负担不明确的，由履行义务一方负担。

2. 实际履行的原则

合同当事人应严格按照合同约定的标的履行合同的义务，不能用其他标的代替，也不能用交付违约金和赔偿金的办法代替履行。

3. 诚实信用原则

当事人应当遵循诚实信用原则，根据合同性质、目的和交易习惯履行通知、协助和保密的义务。当事人首先要保证自己全面履行合同约定的义务，并为对方履行义务创造必要的条件。当事人双方应关心合同履行情况，发现问题应及时协商解决。一方当事人在履行过程中发生困难，另一方当事人应在法律允许的范围内给予帮助。在合同履行过程中应信守商业道德，保守商业秘密。

4. 经济合理原则

合同履行的过程中，合同双方的当事人应讲求经济效益，维护对方的利益。

6.7.3 合同履行中的抗辩权

1. 抗辩权的概念

抗辩权是指在双务合同的履行中，双方都应当履行自己的债务，一方不履行或者有可能不履行时，另一方可以据此拒绝对方的履行要求。《合同法》规定的抗辩权包括：同时履行抗辩权、后履行抗辩权和先履行抗辩权。

2. 同时履行抗辩权

当事人互负债务，没有先后履行顺序的，应当同时履行。同时履行抗辩权包括：一方在对方履行之前有权拒绝其履行要求；一方在对方履行债务不符合约定时，有权拒绝其相应的履行要求。

同时履行抗辩权的适用条件包括以下几种。

（1）由同一双务合同产生互负的对价给付债务。

（2）合同中未约定履行的顺序。

（3）对方当事人没有履行债务或者没有正确履行债务。

（4）对方的对价给付是可能履行的义务。

小提示

对价给付是指一方履行的义务和对方履行的义务之间具有互为条件、互为牵连的关系，并且在价格上基本相等。

3. 后履行抗辩权

当事人互负债务，有先后履行顺序的，先履行一方未履行时，后履行的一方有权拒绝其对本方的履行要求；先履行一方履行债务不符合约定的，后履行的一方有权拒绝其相应的履行要求。

后履行抗辩权的适用条件包括以下几种。

(1) 由同一双务合同产生互负的对价给付债务。

(2) 合同中约定了履行的顺序。

(3) 应当先履行的合同当事人没有履行债务或者没有正确履行债务。

(4) 应当先履行的对价给付是可能履行的义务。

4. 先履行抗辩权

先履行抗辩权，又称不安抗辩权，是指合同中约定了履行的顺序，合同成立后发生了应当后履行合同一方财务状况恶化的情况，应当先履行合同一方在对方未履行或者提供担保前有权拒绝先为履行。

应当先履行合同的一方有确切证据证明对方有下列情形之一的，可以中止履行。

(1) 经营状况严重恶化。

(2) 转移财产、抽逃资金，以逃避债务。

(3) 丧失商业信誉。

(4) 有丧失或者可能丧失履行债务能力的其他情形。

当事人中止履行合同的，应当及时通知对方。对方提供适当担保时，应当恢复履行。中止履行后，对方在合理期限内未恢复履行能力并且未提供适当担保的，中止履行的一方可以解除合同。当事人没有确切证据中止履行合同的，应当承担违约责任。

小提示

中止履行是指债务人暂时停止合同的履行或者延期履行合同。

6.7.4 合同不当履行的处理

1. 因债权人致使债务人履行困难的处理

合同生效后，当事人不得因姓名、名称的变更或法定代表人、负责人、承办人的变动而不履行合同义务。债权人分立、合并或者变更住所应当通知债务人。如果没有通知债务人，会使债务人不知向谁履行债务或者不知在何地履行债务，致使履行债务发生困难。出现这些情况，债务人可以中止履行或者将标的物提存。

2. 提前或者部分履行的处理

提前履行是指债务人在合同规定的履行期限到来之前就开始履行自己的义务；部分履行是指债务人没有按照合同约定履行全部义务而只履行了自己的一部分义务。提前或者部分履行会给债权人行使权利带来困难或者增加其费用。

债权人可以拒绝债务人提前或部分履行债务，由此增加的费用由债务人承担，但不损害债权人利益且债权人同意的情况除外。

3. 合同不当履行中的保全措施

保全措施是指为防止因债务人的财产不当减少而给债权人的债权带来危害，允许债权人为确保其债权的实现而采取的法律措施。保全措施包括代位权和撤销权两种。

(1) 代位权。代位权是指因债务人怠于行使其到期债权，对债权人造成损害，债权人可以向人民法院请求以自己的名义代位行使债务人的债权。但该债权专属于债务人时不能行使代位权。代位权的行使范围以债权人的债权为限，其发生的费用由债务人承担。

(2) 撤销权。撤销权是指因债务人放弃其到期债权或者无偿转让财产，对债权人造成损害的，债权人可以请求人民法院撤销债务人的行为。债务人以明显不合理低价转让财产，对债权人造成损害，并且受让人知道该情形的，债权人可以请求人民法院撤销债务人的行为。撤销权的行使范围以债权人的债权为限，其发生的费用由债务人承担。

撤销权自债权人知道或者应当知道撤销事由之日起一年内行使。自债务人的行为发生之日起 5 年内没有行使撤销权的，该撤销权消灭。

6.8 合同的变更、转让和终止

6.8.1 合同的变更

合同的变更是指合同依法成立后，在尚未履行或尚未完全履行时，当事人双方依法对合同的内容进行修订或调整所达成的协议。合同变更一般不涉及已履行部分，而只对未履行部分进行变更。因此，合同变更不能在合同履行后进行，只能在完全履行合同之前。

合同变更必须针对有效的合同，协商一致是合同变更的必要条件，任何一方都不得擅自变更合同。有效的合同变更必须要有明确的合同内容的变更。如果当事人对合同的变更约定不明确，视为没有变更。

合同变更后原合同债消失，产生新的合同债。因此，合同变更后，当事人不得再按原合同履行，而需按变更后的合同履行。

6.8.2 合同的转让

合同的转让是指合同成立后，当事人一方依法将合同中的全部权利、部分权利，或者合同中的全部义务、部分义务转让或转移给第三人的法律行为。合同的转让包括债权转让和债务转让，以及债权和债务同时转让。

1. 债权转让

债权转让是合同债权人通过协议将其债权全部或者部分转让给第三人的法律行为。

债权人转让权利的，应当通知债务人。未经通知的，该转让对债务人不发生效力。债权人转让权利的通知不得撤销，但经受让人同意的除外。受让人取得权利后，同时拥有与此权利相对应的从权利。若从权利与原债权人不可分割，则从权利不随之转让。债务人对债权人的抗辩同样可以针对受让人。

有下列情形之一的债权人的债权不可转让。

(1) 根据合同性质不得转让。

(2) 按照当事人约定不得转让。

(3) 依照法律规定不得转让。

2. 债务转让

债务转让是合同债务人与第三人之间达成协议，并经债权人同意，将其义务全部或部分转让给第三人的法律行为。法律、行政法规规定转让义务应当办理批准、登记手续。

债务人转让义务的，新债务人应当承担与主债务有关的从债务，但该从债务专属于原债务人自身的除外。债务人转让义务的，新债务人可以主张原债务人对债权人的抗辩。

3. 债权和债务同时转让

债权和债务同时转让是当事人一方经对方同意，将自己在合同中的权利和义务一并转让给第三人的法律行为。

债权和债务同时转让一般有两种情况：一是合同转让，对其规定与前面的债权和债务单独转让的规定基本相同；二是因企业的合并或分立而发生的转让。

当事人订立合同后合并的，由合并后的法人或者其他组织行使合同权利，履行合同义务。当事人订立合同后分立的，除债权人和债务人另有约定外，由分立的法人或者其他组织对合同的权利和义务享有连带债权，承担连带债务。

6.8.3 合同的终止

1. 合同终止的概念

合同权利义务的终止，也称合同终止，是指当事人之间根据合同确定的权利和义务在客观上不复存在。合同权利义务的终止包括合同的债务已经履行、合同解除、合同撤销等内容。《合同法》规定有下列情形之一的，合同的权利义务终止。

(1) 债务已经按照约定履行。

(2) 合同解除。

(3) 债务相互抵消。

(4) 债务人依法将标的物提存。

(5) 债权人免除债务。

(6) 债权债务同归于一人。

(7) 法律规定或者当事人约定终止的其他情形。

合同终止后，虽然合同当事人的权利义务关系不复存在了，但合同责任并不一定消灭，合同中结算和清理条款不因合同的终止而终止，仍然有效。

2. 合同的解除

1) 合同解除的概念

合同解除是指合同依法成立后尚未履行或尚未全部履行，当事人基于法律的规定或合同的约定行使解除权而使合同关系消灭的一种法律行为。合同解除包括约定解除和法定解除。

2）约定解除

约定解除是当事人通过行使约定的解除权或者双方协商决定而进行的合同解除。当事人协商一致可以解除合同，即合同的协商解除；当事人也可以约定一方解除合同的条件，解除合同条件成就时，解除权人可以解除合同，即合同约定解除权的解除。

3）法定解除

合同成立后，没有履行或者没有完全履行以前，当事人一方可以行使法定解除权而使合同终止。为了防止解除权的滥用，《合同法》规定了严格的条件和程序。有下列情形之一的，当事人可以解除合同。

（1）因不可抗力致使不能实现合同目的。

（2）在履行期限届满之前，当事人一方明确表示或者以自己的行为表明不履行主要债务。

（3）当事人一方迟延履行主要债务，经催告后在合理的期限内仍未履行。

（4）当事人一方迟延履行债务或者有其他违约行为，致使不能实现合同目的。

（5）法律规定的其他情形。

4）合同解除权的行使

（1）合同解除权行使的期限。

法律规定或者当事人约定解除权行使期限，期限届满当事人不行使的，该权利消灭。法律没有规定或者当事人没有约定解除权行使期限，经对方催告后在合理期限内不行使的，该权利消灭。

（2）合同解除权行使的方式。

当事人一方主张解除合同的，应当通知对方。合同自通知到达对方时解除。对方有异议的，可以请求人民法院或者仲裁机构确认解除合同的效力。法律、行政法规规定解除合同应当办理批准、登记等手续的，依照其规定。

5）合同解除后的法律后果

合同解除后，尚未履行的，终止履行；已经履行的，根据履行情况和合同性质，当事人可以要求恢复原状、采取其他补救措施，并有权要求赔偿损失。合同的权利、义务终止，不影响合同中结算和清理条款的效力。

6）债务抵消

债务抵消是指两个当事人彼此互负债务，各以其债权充当债务的清偿，使双方的债务在等额范围内归于消灭。债务抵消有法定债务抵消和约定债务抵消。

（1）法定债务抵消。当事人互负到期债务，该债务标的物的种类、品质相同的，任何一方可以将自己的债务与对方的债务抵消。但依照法律规定或者按照合同性质不得抵消的除外。当事人主张抵消的，应当通知对方。通知自到达对方时生效。抵消不得附条件或者附期限。

（2）约定债务抵消。当事人互负到期债务，该债务标的物的种类、品质不相同的，经双方协商一致，也可以抵消。

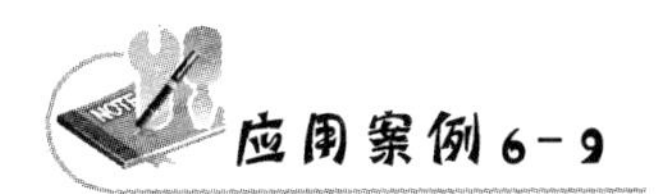

无力履行的合同可以依法解除

背景

甲、乙就某工程中的路面施工工程签订一份施工合同，合同有效期自2006年4月1日起至2007年3月31日止。总工期为365天。该工程的合同价采取固定总价的承包方式。乙在施工期间，由于石料的价格上涨，再加上自身管理等其他原因，未能按合同约定的时间完工，虽经甲方多次催告，但时至2007年8月底工程仍未完工，且已无继续履行合同的能力。因此，甲通知乙解除双方所签订的施工合同，并要求乙承担违约责任。

问题

乙的行为是否构成违约？甲是否可以单方解除与乙签订的施工合同？

案例评析

首先，乙的行为已经构成违约。该工程的合同价采取固定总价的承包方式，乙应当承担建筑材料价格上涨的风险。乙在施工期间，由于石料的价格上涨，再加上自身管理等其他原因，未能按合同约定的时间完工，虽经甲方多次催告，但时至2007年8月底工程仍未完工，且已无继续履行合同的能力的行为已构成违约，因此，乙理应承担违约责任。

其次，甲有权单方解除与乙签订的工程施工合同。《合同法》第九十四条规定，有下列情形之一的，当事人可以解除合同。

(1) 因不可抗力致使不能实现合同目的。

(2) 在履行期限届满之前，当事人一方明确表示或者以自己的行为表明不履行主要债务。

(3) 当事人一方迟延履行主要债务，经催告后在合理期限内仍未履行。

(4) 当事人一方迟延履行债务或者有其他违约行为致使不能实现合同目的。

(5) 法律规定的其他情形。

《合同法》第九十六条规定："当事人一方依照本法第九十三条第2款、第九十四条的规定主张解除合同的，应当通知对方。合同自通知到达对方时解除。对方有异议的，可以请求人民法院或者仲裁机构确认解除合同的效力。法律、行政法规规定解除合同应当办理批准、登记等手续的，依照其规定。"据此，甲方有权单方解除此合同。

6.9 合同的违约责任

6.9.1 违约责任的概念和条件

1. 违约责任的概念

违约责任是指合同当事人违反合同约定，不履行义务或者履行义务不符合约定所应承担的责任。违约责任制度是保证合同当事人实现其权利和履行其义务的重要措施，有利于促进合同的全面履行。

2. 承担违约责任的条件

在符合下列条件时应承担违约责任。

(1) 必须存在违约行为。

（2）违约责任只存在于有效的合同中，而无效合同不存在违约责任问题。

（3）只要违约，就应承担违约责任，无论是否给对方造成损失。

6.9.2 违约行为的分类

1. 预期违约

预期违约是指合同履行期限之前，一方当事人无正当理由而明确表示其在履行期内将不履行合同所约定的义务，或以自己的行为表明其在履行期内将不可能履行合同所约定的义务。当事人一方明确表示或者以自己的行为表明不履行合同义务的，对方可以在履行期限届满之前要求其承担违约责任。

预期违约包括明示违约和默示违约。

（1）明示违约是指合同履行期限前，一方当事人无正当理由，明确地向另一方当事人表示其不履行合同所约定的义务。

（2）默示违约是指履行期限前，一方当事人以自己的行为表示其将在履行期内不履行合同所约定的义务；且另一方有足够的证据证明一方将不履行合同，而另一方也不愿意提供必要的担保。

2. 实际违约

实际违约是指履行期限内，当事人不履行或不完全履行合同的义务。其表现形式主要有如下几种。

1）拒绝履行

当事人一方不履行合同义务或者履行合同义务不符合约定的，应当承担继续履行义务、采取补救措施或者赔偿损失等违约责任。

2）迟延履行

迟延履行指合同当事人的履行违反了履行期限的规定。当事人一方迟延履行主要债务，经催告后在合理期限内仍未履行，当事人可以解除合同。

3）不适当履行

不适当履行指当事人交付的标的物不符合合同规定的质量要求。质量不符合约定的，应当按照当事人的约定承担违约责任。

3. 双方违约

双方违约指合同当事人双方都违反了合同约定的所应尽的义务。当事人双方都违反合同的，应当各自承担相应的责任。

4. 第三人违约

第三人违约指合同成立后，由于第三人行为所造成的违约。当事人一方因第三人的原因造成违约的，应当向对方承担违约责任。当事人一方和第三人之间的纠纷，依照法律规定或者按照约定解决。

6.9.3 承担违约责任的主要形式

1. 继续履行

继续履行是指违反合同的当事人不论是否承担了赔偿金或者承担了其他形式的违约责

任，都必须根据对方的要求，在自己能够履行的条件下，对合同未履行的部分继续履行。这包括这两种情况：一是债权人要求债务人按合同的约定履行合同；二是债权人向法院提出诉讼，由法院判决强迫违约一方具体履行其合同义务。

当事人一方违反金钱债务，一般不能免除其继续履行的义务，因为金钱是一般等价物，没有别的方式可以替代履行。《合同法》规定，当事人一方未支付价款或者报酬的，对方可以要求其支付价款或者报酬。

当事人一方不履行非金钱债务或者履行非金钱债务不符合约定的，对方也可以要求继续履行。但有下列情形之一的除外。

(1) 法律上或者事实上不能履行。

(2) 债务的标的不适于强制履行或者履行费用过高。

(3) 债权人在合理期限内未要求履行。

2. 采取补救措施

在当事人违反合同的事实发生后，为防止损失发生或者扩大，而由违反合同一方依照法律规定或者约定采取的修理、更换、重新制作、退货、减少价款或者报酬等措施，以给权利人弥补或者挽回损失的责任形式。

采取补救措施的责任形式，主要发生在质量不符合约定的情况下。《合同法》规定，质量不符合约定的，应当按照当事人的约定承担违约责任。对违约责任没有约定或者约定不明确，依照《合同法》的规定仍不能确定的，受损害方根据标的的性质以及损失的大小，可以合理选择要求对方承担修理、更换、重新制作、退货、减少价款或者报酬等违约责任。

3. 赔偿损失

当事人一方不履行合同义务或者履行合同义务不符合约定，给对方造成损失的，应当赔偿对方的损失。损失赔偿额应当相当于因违约所造成的损失，包括合同履行后可以获得的利益，但不得超过违反合同一方订立合同时预见或者应当预见的因违反合同可能造成的损失。这种方式是承担违约责任的主要方式。因为违约一般都会给当事人造成损失，赔偿损失是守约者避免损失的有效方式。

当事人一方不履行合同义务或者履行合同义务不符合约定的，在履行义务或采取补救措施后，对方还有其他损失的，应承担赔偿责任。当事人一方违约后，对方应当采取适当措施防止损失的扩大，没有采取适当措施致使损失扩大的，不得就扩大的损失请求赔偿，当事人因防止损失扩大而支出的合理费用，由违约方承担。

4. 支付违约金

所谓违约金是合同当事人双方在合同中约定的，在合同履行中，由于一方违约而向另一方支付的金钱。

当事人可以约定一方违约时应当根据违约情况向对方支付一定数额的违约金，也可以约定因违约产生的损失赔偿额的计算方法。在合同实施中，只要一方有不履行合同的行为，就得按合同规定向另一方支付违约金，而不管违约行为是否给对方造成损失。

违约金同时具有补偿性和惩罚性，违约金与赔偿损失不能同时采用。《合同法》规定，约定的违约金低于违反合同所造成的损失的，当事人可以请求人民法院或者仲裁机构予以增加；约定的违约金过分高于所造成的损失的，当事人可以请求人民法院或者仲裁机构予以适当减少。

5. 定金罚则

所谓定金是指为保证合同的履行，合同当事人在合同中约定，由一方预先给付另一方一定数量的金钱或其他替代物。

当事人可以约定一方向对方给付定金作为债权的担保。债务人履行债务后定金应当抵作价款或收回。给付定金的一方不履行约定债务的，无权要求返还定金；收受定金的一方不履行约定债务的，应当双倍返还定金。

当事人既约定违约金，又约定定金的，一方违约时，对方可以选择适用违约金或定金条款。但是，这两种违约责任不能合并使用。

6.9.4 免责事由

免责事由是指当事人在合同中约定，在合同履行中如果出现了法定和约定的免责条件而导致合同不能履行时，债务人将被免除履行责任。

因不可抗力不能履行合同的，根据不可抗力的影响，部分或者全部免除责任，但法律另有规定的除外。当事人迟延履行后发生不可抗力的，不能免除责任。

不可抗力发生后可能引起3种法律后果：一是合同全部不能履行，当事人可以解除合同，并免除全部责任；二是合同部分不能履行，当事人可以部分履行合同，并免除其不履行部分的责任；三是合同不能按期履行，当事人可延期履行合同，并免除其迟延履行的责任。

当事人一方因不可抗力不能履行合同的，应当及时通知对方，以减轻可能给对方造成的损失，并应当在合理期限内提供证明。

小提示

不可抗力是指不能预见、不能避免并不能克服的客观情况。

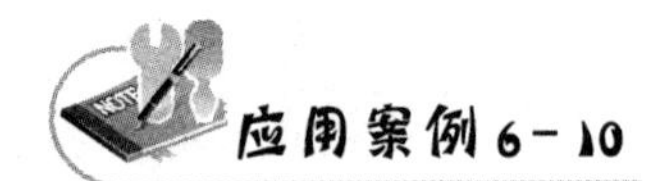

应用案例6-10

由于设计失误和违约应承担责任

背景

甲公司与乙勘察设计单位签订了一份工程勘察设计合同，合同约定：乙为甲筹建中的商业大厦进行勘察、设计，按照国家颁布的收费标准支付勘察设计费；乙应按甲的设计标准、技术规范等提出勘察设计要求，进行工程测量、工程地质和水文地质等勘察设计工作，并在2005年5月1日前向甲提交勘察成果和设计文件，合同还约定了双方的违约责任、争议的解决方式。甲同时与丙建筑公司签订了建设工程承包合同，在合同中规定了开工日期，丙按建设工程承包合同的约定做好了开工准备，并如期进驻施工场地。但是，乙迟迟不能按合同约定的时间提交出勘察设计文件，在甲的再三催促下，乙迟延36天提交勘察设计文件，此时，丙已窝工18天。在施工期间，丙又发现设计图纸中的多处错误，不得不停工等候设计图纸的修改。丙由于窝工、停工要求甲赔偿损失，否则不再继续施工。甲将乙起诉到法院，要求乙赔偿损失。法院认定乙应承担违约责任。

问题

乙应否赔偿甲的损失？

案例评析

本案是一起工程的反索赔案。工程索赔是正常的事情，也是双向的。一般将承包商向业主提起的索赔称为索赔，而业主向承包商提起的索赔称为反索赔。

本案中，由于乙不仅没有按照合同的约定提交勘察设计文件，致使甲的建设工期受到延误，造成丙的窝工，而且勘察设计的质量也不符合要求，致使丙因修改设计图纸而停工、窝工。《合同法》第二百八十条规定："勘察、设计的质量不符合要求或者未按照期限提交勘察、设计文件拖延工期给发包人造成损失的，勘察人、设计人应当继续完善勘察、设计，减收或者免收勘察、设计费并赔偿损失。"据此，乙应负赔偿甲损失的责任。

6.10 合同争议的解决

合同争议也称合同纠纷，是指合同当事人对合同规定的权利和义务产生了不同的理解，最终导致对合同的履行或不履行的后果和责任的分担产生争端。由于当事人之间的合同是多样而复杂的，从而因合同引起相互间的权利和义务的争议是在所难免的。选择适当的解决方式，及时解决合同争议，不仅关系到维护当事人的合同利益和避免损失的扩大，而且对维护社会经济秩序也有重要作用。

合同争议的解决方式主要有和解、调解、仲裁和诉讼等。

1. 和解

和解是指合同争议的当事人，依据有关法律规定和合同约定，在互谅互让的基础上，经过谈判和磋商，自愿对纠纷事项达成协议，从而解决合同争议的一种方法。和解的特点在于无须第三者介入，简便易行，能经济、及时地解决争议，并有利于双方的合作和合同的继续履行。但由于和解必须以双方自愿为前提，因此，当双方分歧严重及一方或双方不愿协商解决争议时，和解方式往往受到局限。

2. 调解

调解是指合同当事人对合同所约定的权利、义务发生争议，不能达成和解协议时，在第三方的主持下，通过其劝说引导，在互谅互让的基础上自愿达成协议，以解决合同争议的一种方式。调解以合法、自愿和平等为原则。实践中，依调解人的不同，合同争议的调解有民间调解、仲裁机构调解和法庭调解三种。

调解解决合同争议，可以不伤和气，使双方当事人互相谅解，有利于促进合作。但这种方式受当事人自愿的局限，如果当事人不愿调解，或调解不成时，则应及时提请仲裁或诉讼以最终解决合同争议。

特别提示

（1）民间调解是指当事人临时选任的社会组织或者个人作为调解人对合同争议进行调解。通过调解人的调解，当事人达成协议的，双方签署调解协议书。调解协议书对当事人具有与合同一样的法律约束力。

（2）仲裁机构调解是指当事人将其争议提交仲裁机构后，经双方当事人同意，将调解纳入仲裁程序中，由仲裁庭主持进行；仲裁庭调解成功，制作调解书，双方签字后生效；只有调解不成才进行仲裁。调解书与裁决书具有同等的效力。

(3) 法庭调解是指由法院主持进行的调解。当事人将其争议提起诉讼后，可以请求法庭调解，调解成功的，法院制作调解书。调解书经双方当事人签收后生效。调解书与生效的判决书具有同等的效力。

3. 仲裁

仲裁也称“公断”，是指发生争议的双方当事人，根据其在争议发生前或争议发生后所达成的协议，自愿将争议提交中立的第三者(仲裁机构)做出裁决，并负有履行裁决义务的一种解决争议的方式。仲裁具有自愿性、专业性、灵活性、保密性、快捷性、经济性和独立性等特点。

知识链接

第一，从受案依据看，仲裁机构受理案件的依据是双方当事人的仲裁协议，在仲裁协议中，当事人应对仲裁事项的范围、仲裁机构等内容做出约定，因此具有一定的自治性。第二，从办案速度看，合同争议往往涉及许多专业性或技术性的问题，需要有专门知识的人才能解决，而仲裁人员一般都是各个领域和行业的专家和知名人士，具有较高的专业水平，熟悉有关业务，能迅速查清事实，做出处理。而且仲裁是一裁终局，从而有利于及时解决争议，节省时间和费用。

4. 诉讼

诉讼作为一种合同争议的解决方式，是指人民法院在当事人和其他诉讼参与人的参加下，审理和解决民事案件的活动以及在这种活动中产生的各种民事关系的总和。在诉讼过程中，法院始终居于主导地位，代表国家行使审判权，是解决争议案件的主持者和审判者，而当事人则各自基于诉讼法所赋予的权利，在法院的主持下为维护自己的合法权益而活动。诉讼不同于仲裁的主要特点在于，它不必以当事人的相互同意为依据，只要不存在有效的仲裁协议，任何一方都可以向有管辖权的法院起诉。由于合同争议往往具有法律性质，涉及当事人的切身利益，通过诉讼，当事人的权利可得到法律的严格保护。尤其是当事人发生争议后，缺少或达不成仲裁协议的情况下，诉讼也就成了必不可少的补救手段。

知识链接

建设工程教育网：www.jianshe99.com

本章小结

本章简要讲述了建设工程合同管理、合同法律关系的相关知识；重点讲述了合同的担保方式、合同的订立、合同的效力、合同的履行、合同的变更、转让和终止、合同的违约责任及合同争议的解决等内容。

习　题

1. 选择题

(1) 下列关于代理的叙述，(　　)是不正确的。

A. 无权代理行为的后果由被代理人决定是否有效

B. 无权代理在被代理人追认前相对人可以撤销

C. 无权代理的法律后果由被代理人承担

D. 代理人只能在代理权限内实施代理行为

(2) 合同担保方式中，既可以用当事人自己的财产又可以用第三人的财产作担保的方式是(　　)。

A. 保证　　B. 定金　　C. 留置　　D. 质押

(3) 依据有关“建筑工程一切险”的规定，下列描述中正确的是(　　)。

A. 保险对象包括各类工业与民用建筑工程，而不包括公共工程

B. 投保人和被保险人是保险合同的当事人

C. 发包人未经过竣工验收即提前使用部分工程，保险公司不再对该部分工程承担保险义务

D. 保险合同的有效期至工程保修期满为止

(4)《合同法》中规定的合同履行抗辩权，是指合同履行过程中当事人任何一方因对方的违约而(　　)的行为。

A. 解除合同　　B. 变更合同

C. 转让合同　　D. 中止履行合同义务

(5) 法律规范是由(　　)制定或认可，并由国家强制力保证实施的行为规则。

A. 国家机关　　B. 统治阶段　　C. 社会公众　　D. 司法机关

(6) 公正和鉴定的主要区别之一是(　　)。

A. 只有进行公证后，才能满足经济合同有效的条件

B. 只有进行鉴证后，才能满足经济合同有效的条件

C. 经过公证的合同，在国内和国际均具有法律效力

D. 经过鉴证的合同，在国内和国际均具有法律效力

(7) 陈某已信件发出要约，信件未载明承诺开始日期，仅规定承诺期限为10天。5月8日，陈某将信件投入邮箱。邮局将信件加盖5月9日邮戳发出，5月11日信件送达受要约人李某的办公室；李某因外出，直至5月15日才知悉信件内容，根据《合同法》的规定，该承诺期限的起算日为(　　)。

A. 5月8日　　B. 5月9日　　C. 5月11日　　D. 5月15日

(8) 不属于《合同法》调整范围的合同是(　　)。

A. 技术合同　　B. 买卖合同　　C. 委托合同　　D. 监护合同

(9) 根据《合同法》的规定，下列各项中，不属于无效合同的是(　　)。

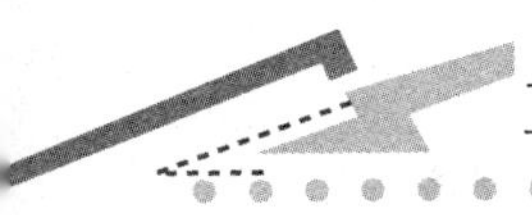

A. 违反国家限制经营规定而订立的合同

B. 恶意串通，损害第三方利益的合同

C. 显失公平的合同

D. 损害社会公共利益的合同

(10) 甲欠乙1万元到期借款，经乙催讨后一直未还。下列情形中，乙可以向人民法院提出请求行使代位权的是(　　)。

A. 甲有1万元到期存款，甲一直不去取

B. 甲有每月1500元的退休费，甲一直不去领取

C. 丙欠甲1万元到期借款，甲一直不去催讨

D. 甲将价值1万元一台的钢琴无偿赠与亲戚丁

(11) 甲公司与乙公司签订了一份购货合同，总货款50万元。合同约定，违约金为总货款的5%。合同签订后，甲公司收到乙公司8万元定金和10万元预付款。在合同约定的期限内，甲公司没有交货。若乙公司提起诉讼，最多可以请求的金额是(　　)万元。

A．18　　B. 18.5　　C. 20.5　　D. 26

(12) 在《担保法》规定的担保方式中，不能作为抵押的财产包括(　　)。

A. 土地使用权　　B. 社会团体的教育设施

C. 土地所有权　　D. 抵押人所有的交通工具

E. 依法被监管的财产

(13) 按照《合同法》规定，与合同转让中的“债权转让”比较，“由第三人向债权人履行债务”的主要特点表现为(　　)。

A. 合同当事人没有改变

B. 第三人可以向债权人行使抗辩权

C. 第三人可以与债权人重新协商合同条款

D. 第三人履行债务前，债务人需首先征得债权人同意

E. 第三人履行债务后，由债务人与债权人办理结算手续

(14) 诉讼时效法律制度规定，诉讼时效期间的起算自(　　)起。

A. 权利人的权利受到限制之日　　B. 权利人义务人订立合同之日

C. 权利人知道权利受到侵害之日　　D. 诉讼时效中断事由消除之日

E. 权利人应当知道权利受到侵害之日

(15) 依据《民法通则》的规定，法人成立应具备下列条件。(　　)

A. 依法成立　　B. 有必要的财产和经费

C. 有自己的名称、组织机构和场所　　D. 有符合法定条件的法定代表人

E. 能独立承担法律责任

2. 简答题

(1) 试述合同的概念和合同法调整的范围。

(2) 试述合同的形式和合同的一般条款。

(3) 要约和承诺的概念及其含义是什么?

(4)《合同法》中关于缔约过失责任有哪些规定?

(5) 试述合同生效的概念及法律规定。

(6) 试述合同无效的概念及法律规定。
(7) 可变更或可撤销的合同的概念和法律规定是什么?
(8) 试述合同履行的概念和履行的原则。
(9) 什么是合同履行中的债务履行变更和当事人的抗辩权?
(10) 什么是合同履行中债权人的代位权和撤销权?
(11) 试述合同变更的概念和法律规定。
(12) 试述债权转让和债务转移的概念和有关法律规定。
(13) 试述合同终止的概念和法律规定。
(14) 试述合同解除的概念和法律规定。
(15) 试述违约责任的概念及有关法律规定。

第7章

建设工程施工合同管理

学习目标

(1) 了解建设工程施工合同的概念及施工合同订立和履行中承发包双方的一般权利和义务。

(2) 熟悉建设工程施工合同示范文本中与工程质量、投资、进度等有关的条款。

(3) 掌握建设工程施工合同示范文本的组成及施工合同的监督管理。

(4) 能初步运用法律法规规范施工合同的签订和履行。

学习要求

能力目标	知识要点	权重
了解建设工程施工合同的概念及施工合同订立和履行中承发包双方的一般权利和义务	建设工程施工合同的概念，施工合同订立和履行中承发包双方的一般权利和义务	20%
熟悉建设工程施工合同示范文本中与工程质量、投资、进度等有关的条款	建设工程施工合同示范文本中与工程质量、投资、进度等有关的条款	30%
掌握建设工程施工合同示范文本的组成及施工合同的监督管理	建设工程施工合同示范文本的组成	30%
能初步运用法律法规规范施工合同的签订和履行	建设法律法规体系	20%

引例

某工程，建设单位与甲施工单位按照《建设工程施工合同(示范文本)》签订了施工合同。经建设单位同意，甲施工单位选择了乙施工单位作为分包单位。在合同履行中，发生了如下事件。

事件1：在合同约定的工程开工日前，建设单位收到甲施工单位报送的《工程开工报审表》后即予处理。考虑到施工许可证已获政府主管部门批准且甲施工单位的施工机具和施工人员已经进场，便审核签订了《工程开工报审表》，并通知了项目监理机构。

事件2：在施工过程中，甲施工单位的资金出现困难，无法按分包合同约定支付乙施工单位的工程款。乙施工单位向项目监理机构提出了支付申请。项目监理机构受理并征得建设单位同意后，即向乙施工单位签发了付款凭证。

事件3：专业监理工程师在巡视中发现，乙施工单位施工的某部位存在质量隐患，专业监理工程师随即向甲施工单位签发了整改通知。甲施工单位回函称，建设单位已直接向乙施工单位付款，因而本单位对乙施工单位施工的工程质量不承担责任。

事件4：甲施工单位向建设单位提交了工程竣工验收报告后，建设单位于2003年9月20日组织勘察、设计、施工、监理等单位竣工验收，工程竣工验收通过，各单位分别签署了质量合格文件。建设单位于2004年3月办理了工程竣工备案。因使用需要，建设单位于2003年10月初要求乙施工单位按其示意图在已验收合格的承重墙上开车库门洞，并于2003年10月底正式将该工程投入使用。2005年2月该工程给排水管道大量漏水，经监理单位组织检查，确认是因开车库门洞施工时破坏了承重结构所致。建设单位认为工程还在保修期，要求甲施工单位无偿修理。建设行政主管部门对责任单位进行了处罚。

以上事件中存在很多问题，如何解决，本章会介绍很多的方法和依据。

7.1 建设工程施工合同概述

7.1.1 建设工程施工合同的概念

建设工程施工合同即建筑安装工程承包合同，是发包人与承包人之间为完成商定的建设工程项目，确定双方权利和义务的协议。施工合同的当事人称为发包方和承包方。依照施工合同，承包方应完成一定的建筑、安装工程任务，发包方应提供必要的施工条件并支付工程价款。施工合同是建设工程合同的一种，它与其他建设工程合同一样是双务有偿合同，在订立时应遵循自愿、公平、诚实信用等原则。

建设工程施工合同是建设工程的主要合同之一，是工程建设质量控制、进度控制、投资控制的主要依据。在市场经济条件下，建设市场主体之间相互的权利义务关系主要是通过合同确立的，因此，在建设领域加强对施工合同的管理具有十分重要的意义。国家立法机关、国务院、国家建设行政管理部门都十分重视施工合同的规范工作，专门制定了一系列的示范文本、法律、法规等，用以规范建设工程施工合同的签订和履行。

施工合同的当事人是平等的民事主体。承发包双方签订施工合同，必须具备相应的资质条件和履行施工合同的能力。对合同范围内的工程实施建设时，发包人必须具备组织协调能力；承包人必须具备有关部门核定的资质等级并持有营业执照等证明文件。

7.1.2 建设工程施工合同的特点

1. 合同标的的特殊性

施工合同的标的是指各类建筑产品，建筑产品是不动产，其基础部分与大地相连，不能移动。这就决定了每份施工合同的标的都是特殊的，相互间具有不可替代性。这还决定了施工生产的流动性。建筑物所在地就是施工生产场地，施工队伍、施工机械必须围绕建筑产品不断移动。另外，建筑产品的类别庞杂，其外观、结构、使用目的、使用人都各不相同，这就要求每一个建筑产品都需单独设计和施工(即使可重复利用的标准设计或重复使用图纸，也应进行必要的修改设计才能施工)，即建筑产品是单体性生产，这也决定了施工合同标的的特殊性。

2. 合同履行期限的长期性

建筑物的施工由于结构复杂、体积大、建筑材料类型多、工作量大，使得工期都较长(与一般工业产品的生产相比)，而合同履行期限肯定要长于施工工期，因为工程建设的施工应当在合同签订后才开始，且需加上合同签订后到正式开工前的较长的施工准备时间和工程全部竣工验收后办理竣工结算及保修期的时间，在工程项目的施工过程中，还可能因为不可抗力、工程变更、材料供应不及时等原因而导致工期顺延。所有这些情况，决定了施工合同的履行期限具有长期性。

3. 合同内容的多样性和复杂性

虽然施工合同的当事人只有两方，但其涉及的主体却有许多种。与大多数合同相比较，施工合同的履行期限长、标的额大，涉及的法律关系则包括了劳动关系、保险关系、运输关系等，具有多样性和复杂性。这就要求施工合同的内容尽量详尽。施工合同除了应当具备合同的一般内容外，还应对安全施工、专利技术使用、发现地下障碍物和文物、工程分包、不可抗力、工程设计变更、材料设备的供应、运输、验收等内容做出规定。在施工合同的履行过程中，除承包人与发包人的合同关系外，还涉及与劳务人员的劳动关系、与保险公司的保险关系、与材料设备供应商的买卖关系、与运输企业的运输关系等。所有这些都决定了施工合同的内容具有多样性和复杂性的特点。

4. 合同监督的严格性

由于施工合同的履行对国家的经济发展、公民的工作和生活都有重大的影响，因此，国家对施工合同的监督是十分严格的，具体体现在以下几个方面。

1) 对合同主体监督的严格性

建设工程施工合同主体一般是法人。发包人一般是经过批准进行工程项目建设的法人，必须有国家批准的建设项目，落实投资计划，并且应当具备相应的协调能力；承包人则必须具备法人资格，而且应当具备相应的从事施工的资质。无营业执照或无承包资质的单位不能作为建设工程施工合同的主体，资质等级低的单位不能越级承包建设工程项目。

2) 对合同订立监督的严格性

订立建设工程施工合同必须以国家批准的投资计划为前提，即使是国家投资以外的、以其他方式筹集的资金也要受到当年的贷款规模和批准限额的限制，纳入当年投资规模的平衡，并经过严格的审批程序。建设工程施工合同的订立还必须符合国家关于建设程序的规定。我国《合同法》对合同形式确立了以不要式为主的原则，即在一般情况下对合同形式采用书面形式还是口头形式没有限制。但是，考虑到建设工程的重要性和复杂性，在施工过程中经常会发生影响合同履行的纠纷，因此，《合同法》要求，建设工程施工合同应当采用书面形式。

特别提示

要式合同是指合同的成立须具备特定形式的合同；不要式合同则指合同的成立无须具备某种特定形式的合同。

3）对合同履行监督的严格性

在施工合同的履行过程中，除了合同当事人应当对合同进行严格的管理外，工商行政管理机构、金融机构、建设行政主管机构等，都要对施工合同的履行进行严格的监督。

7.1.3 建设工程施工合同的作用

建设工程施工合同一般具有以下作用。

(1) 施工合同明确了在施工阶段承包人和发包人的权利和义务。通过施工合同的签订使得承发包双方清楚地认识到在施工过程中各自承担的义务或应享有的权利，以及双方之间的权利和义务的相互关系；也使双方认识到施工合同的正确签订，只是履行合同的基础，而合同的最终实现，还需要发包人和承包人双方严格按照合同的各项条款和条件，全面履行各自的义务，才能享受其权利，最终完成工程任务。

(2) 施工合同是施工阶段实行监理的依据。目前我国大多数工程都实行建设监理，监理单位受发包人的委托，对承包人的施工质量、施工进度、工程投资进行监督，监理单位对承包人的监督应依据发包人和承包人签订的施工合同进行。

(3) 保护建设工程施工过程中发包人和承包人权益的依据。依法成立的施工合同，在实施过程中承包人和发包人的权益都受到法律保护。当一方不履行合同或不正确履行合同，使对方的权益受到侵害时，就可以以施工合同为依据，根据有关法律，追究违约一方的责任。

7.2 建设工程施工合同的订立及履行

7.2.1 建设工程施工合同签订前的审查分析

1. 合同审查分析的目的

工程承包经过招标——投标——授标的一系列交易过程之后，根据《合同法》规定，发包人和承包人的合同法律关系就已经建立。但是，由于建设工程标的规模大、金额高、履行时间长、技术复杂，再加上可能由于时间紧，使工程招标投标工作较仓促，从而可能会导致合同条款完备性不够，甚至合法性不足，给今后合同履行带来很大困难。因此，中标后，发包人和承包人在不背离原合同实质性内容的原则下，还必须通过合同谈判，将双方在招投标过程中达成的协议具体化或做某些增补或删减，对价格等所有合同条款进行法律认证，最终订立一份对双方均有法律约束力的合同文件。

合同签订是双方合同关系建立的最后也是最关键的一步，因此，无论是发包人还是承包人都极为重视合同的措辞和最终合同条款的制定，力争在合同条款上通过谈判全力维护自己的合法利益。

发包人愿意进一步通过合同谈判签订合同的原因可能是：通过签订合同前的进一步审查降低合同价格；评标时发现其他投标人的投标文件中某些建议非常可行，而中标人并未提出，发包人非常希望中标人能够采纳这些建议等。

承包人在合同签订前对合同的审查分析主要目的有以下几项。

(1) 澄清标书中某些含糊不清的条款，充分解释自己在投标文件中的某些建议或保留意见。

(2) 争取改善合同条件，谋求公正和合理的权益，使承包人的权利与义务达到平衡。

(3) 利用发包人的某些修改变更进行讨价还价，争取更为有利的合同价格。

2. 合同审查分析的内容

合同审查分析是一项技术性很强的综合性工作，它要求合同管理者必须熟悉与合同相关的法律法规，精通合同条款，对工程环境有全面的了解，有合同管理的实际工作经验并有足够的耐心和细心。

合同的审查包括两方面：一方面是技术条款审查；另一方面是商务条款审查。对建设工程施工合同审查分析主要包括以下几方面内容。

1) 合同效力的审查

合同必须在合同依据的法律基础范围内签订和实施，否则会导致合同全部或部分无效，从而给合同当事人带来不必要的损失。这是合同审查分析最基本也是最重要的工作。合同效力的审查与分析主要从以下几方面入手。

(1) 合同当事人资格的审查。合同当事人资格的审查即合同主体资格的审查。无论是发包人还是承包人都必须具有发包和承包工程、签订合同的资格，即具备相应的民事权利能力和民事行为能力。承包人要承包工程不仅必须具备相应的民事权利能力(营业执照、许可证)，而且还必须具备相应的民事行为能力(资质等级证书)。对发包人而言，这个工作应该在招标的资格预审阶段进行，但在正式合同签订前完全有必要再严格、仔细审查一遍，确保不出差错。

(2) 工程项目合法性审查。工程项目合法性审查即合同客体资格的审查，主要审查工程项目是否具备招标投标、签订和实施合同的一切条件，如发包方是否具备工程项目建设所需要的各种批准文件、工程项目是否已经列入年度建设计划，建设资金是否已经落实等。

(3) 合同订立过程的审查。合同订立过程的审查，如审查招标人是否有规避招标行为和隐瞒工程真实情况的现象；投标人是否有串通作弊、哄抬标价或以行贿的手段谋取中标的现象；招标代理机构是否有泄露应当保密的与招标投标活动有关的情况和资料的现象，以及其他违反公开、公平、公正原则的行为。有些合同需要公证或由政府行政管理部门批准后才能生效，这应当在招标文件中说明。在国际工程中，有些国家项目、政府工程，在合同签订后或业主向承包方发出中标通知书后，还需经过政府批准，合同才能生效。

(4) 合同内容合法性审查。合同内容合法性审查主要审查合同条款和所指的行为是否符合法律规定，如分包的规定、劳动保护的规定、环境保护的规定、赋税和免税的规定，外汇额度条款、劳务进出口等条款是否符合相应的法律规定。

2) 合同的完备性审查

根据《合同法》规定，一份完整的合同应包括合同当事人、合同标的、标的的数量和质量、合同价款或酬金、履行期限、地点和方式、违约责任和解决争议的方法。由于建设工程项目的活动内容多、涉及面广，合同履行中不确定性因素多，从而给合同履行带来很大风险。如果合同不够完备，可能会给当事人造成重大损失。因此，必须对合同的完备性进行审查。合同的完备性审查包括以下几项内容。

(1) 合同文件完备性审查。合同文件完备性审查即审查属于该合同的各种文件是否齐全。如发包人提供的技术文件等资料是否与招标文件中规定的相符，合同文件是否能够满足工程需要等。

(2) 合同条款完备性审查。合同条款完备性审查是合同完备性审查的重点，即审查合同条款是否齐全，对工程涉及的各方面问题是否都有规定，合同条款是否存在漏项等。

3) 合同条款的公正性审查

当事人无论是签订合同还是履行合同，都必须遵守《合同法》所赋予的诚信原则。但是，在实际操作过程中，由于建筑市场竞争异常激烈，而合同的起草权掌握在发包人手中，因此发包人所提供的合同条款实际上很难达到公平、公正原则的程度。所以，承包人应逐条审查合同条款是否公平、公正，对明显缺乏公平、公正原则的条款，在合同谈判时，通过寻找合同漏洞，向发包人提出自己的合理化建议，利用发包人澄清合同条款的机会，力争使发包人对合同条款做出有利于自己的修改。同时，发包人应当认真审查研究承包人的投标文件，从中分析投标报价过程中承包人是否存在欺诈等违背诚实信用原则的现象。

此外，在合同审查时，还必须注意合同中关于保险、担保、工程保修、变更、索赔、争议的解决及合同的解除等条款的约定是否完备、公平、合理。

合同审查后，对上述分析研究结果可以用合同审查表进行归纳整理。

7.2.2 建设工程施工合同的谈判

合同的谈判是工程项目执行成败的关键。谈判成功，可以得到合同，可以为合同的实施创造有利的条件，给工程项目带来可观的经济效益；谈判失误或失败，可能失去合同或给合同的实施带来无穷的隐患，甚至灾难，导致工程项目严重亏损或失败。

合同双方都希望签订一份对自己有利的、风险较小的合同，但在工程项目实施过程中许多风险是客观存在的，问题是由谁来承担。减少或避免风险，是合同谈判的重点。合同双方都希望推卸和转嫁风险，所以在合同谈判中常常几经磋商，经过多次讨价还价。

1. 合同谈判的主要内容

合同谈判的内容因项目和合同性质、招标文件规定、业主的要求等不同而有所不同。决标前的谈判主要进行两方面的谈判：技术性谈判(也叫做技术答辩)和经济性谈判(主要是价格问题)。在国际招标活动中，有时在决标前的谈判中允许招标人提出压价的要求；在利用世界银行贷款项目和我国国内项目的招标活动中，开标后不许压低标价，但在付款条件、付款期限、贷款和利率，以及外汇比率等方面是可以谈判的。候选中标单位还可以探询招标人的意图，投其所好，以许诺使用当地劳务或分包、免费培训施工和生产技术工人以及竣工后无偿赠送施工机械设备等优惠条件，增强自己的竞争力，争取最后中标。

决标后的谈判一般会涉及合同的商务和技术两方面的所有条款。下面是可能涉及的主要内容。

(1) 承包内容和范围的确认。

(2) 技术要求、技术规范和技术方案。

(3) 价格调整条款。

(4) 合同价款支付方式。

(5) 施工工期和维修期限。

(6) 合同争议的解决方法。

(7) 其他有关改善合同条款的问题。

2. 合同谈判的准备工作

在合同签订前，对合同条款审查之后，承包人应就合同审查过程中发现的不利条款与发包人尽量协商、谈判。合同谈判是发包方与承包方面对面的直接较量，谈判的结果直接关系到合同条款的订立是否于己有利，因此，在合同正式谈判前，无论是发包方还是承包方，必须深入细致地做好充分的思想准备、组织准备、资料准备等，做到知己知彼，心中有数，为合同谈判的成功奠定坚实的基础。

1) 合同谈判的思想准备

合同谈判是一项艰苦复杂的工作，只有有了充分的思想准备才能在谈判中坚持立场，适当妥协，努力达到既定目标。因此，在正式谈判之前，应对以下两个方面的问题做好充分的思想准备。

(1) 谈判目标。谈判目标是必须明确的首要问题，因为不同的目标决定了谈判方式与最终谈判结果。同时，要分析揣摩对方谈判的真实意图，从而有针对性地进行准备并采取相应的谈判方式和谈判策略。

(2) 确立己方谈判的基本原则和谈判中的态度、谈判策略。明确谈判目标后，必须确立己方谈判的基本立场和原则，从而确定在谈判中哪些问题是必须坚持的，哪些问题可以做出一定的合理让步以及让步的程度等。同时，还应具体分析在谈判过程中可能遇到的各种复杂情况及其对谈判目标实现的影响，谈判有无失败的可能，遇到实质性问题争执不下该如何解决等。应做到既保证合同谈判能够顺利进行，又保证自己能够获得于己有利的合同条款。

2) 合同谈判的组织准备

在明确谈判目标并做好应付各种复杂局面的思想准备后，就必须着手组织一个精明、强干、经验丰富的谈判班子，具体进行谈判准备和谈判工作。谈判班子成员的专业知识结构、综合业务能力和基本素质对谈判结果有着重要的影响。一个合格的谈判小组应由有实际谈判经验的技术人员、财务人员、法律人员组成，谈判组长应由思维敏捷、思路清晰、具备高度组织能力与应变能力、熟悉业务并有丰富经验的谈判专家担任。

3) 合同谈判的资料准备

合同谈判必须有理、有据，因此谈判前必须收集整理各种基础资料和背景材料，包括对方的资信状况、履约能力、项目由来及资金来源、土地获得情况、项目目前进展情况等，以及在前期接触过程中已经达成的意向书、会议纪要、备忘录等，并将资料分成以下三部分。

(1) 准备原招标文件中的合同条件、技术规范及投标文件、中标函等文件，以及向对方提出的建议等资料。

(2) 准备好谈判时对方可能索取的资料以及在充分估计对方可能提出各种问题的基础上，准备好适当的资料论据，以便对这些问题做出恰如其分的回答。

(3) 准备好能够证明自己能力和资信程度等的资料，使对方能够确信自己具备履约能力。

4) 背景材料的分析

在获得上述基础资料及背景材料后，必须对这些资料进行详细分析，具体包括以下内容。

(1) 对己方的分析。签订合同之前，必须对自己的情况进行详细分析。

对发包人来说，应按照可行性研究的有关规定，做定性和定量的分析研究，在此基础上论证项目在技术上、经济上的可行性，经过方案比较，推荐最佳方案。在此基础上，了解自己建设准备工作情况，包括技术准备、征地拆迁、现场准备及资金准备等情况，以及自己对项目在质量、工期、造价等方面的要求，以确定己方的谈判方案。

对承包人而言，在接到中标函后，应当详细分析项目的合法性与有效性；项目的自然条件和施工条件；己方承包该项目有哪些优势，存在哪些不足，以确立己方在谈判中的地位。同时，必须熟悉合同审查表中的内容，以确立己方的谈判原则和立场。

(2) 对对方的分析。对对方的基本情况的分析主要从以下几个方面入手。

① 对方是否为合法主体，资信情况如何，这是首先必须要确定的问题。如果承包人越级承包或者承包人履约能力极差，就可能会造成工程质量低劣、工期严重延误，从而导致合同根本无法顺利执行，给发包人带来巨大损失。相反，如果工程项目本身因为缺少政府批文而不合法，发包主体不合法，或者发包人的资信状况不良，也会给承包人带来巨大损失。因此在谈判前必须确认对方是履约能力强、资信情况好的合法主体，否则，就要慎重考虑是否与对方签订合同。

② 谈判对手的真实意图。只有充分了解对手的谈判诚意和谈判动机，并对此做好充分的思想准备，才能在谈判中始终掌握主动权。

③ 对方谈判人员的基本情况，包括对方谈判人员的组成，谈判人员的身份、年龄、健康状况、性格、资历、专业水平、谈判风格等，以便己方有针对性地安排谈判人员并做好思想上和技术上的准备，并注意与对方建立良好的关系，发展谈判双方的友谊，争取在到达谈判桌以前就有亲切感和信任感，为谈判创造良好的氛围。同时，还要了解对方是否熟悉己方。另外，必须了解对方各谈判人员对谈判所持的态度、意见，从而尽量分析并确定谈判的关键问题和关键人物的意见和倾向。

5) 谈判方案的准备

在确立己方的谈判目标及认真分析己方和对方情况的基础上，拟定谈判提纲。同时，要根据谈判目标，准备几个不同的谈判方案，还要研究和考虑其中哪个方案较好以及对方可能倾向于哪个方案。这样，当对方不易接受某一方案时，就可以改换另一种方案，通过协商就可以选择一个双方都能够接受的最佳方案。谈判中切忌只有一个方案，当对方拒不接受时，易使谈判陷入僵局。

6）会议具体事务的安排准备

会议具体事务的安排准备是谈判开始前必须进行的工作，包括三方面内容：选择谈判的时机、谈判的地点及谈判议程的安排。尽可能选择有利于己方的时间和地点，同时要兼顾对方能否接受。应根据具体情况安排议程，议程安排应松紧适度。

3. 谈判程序

1）一般讨论

谈判开始阶段通常都是先广泛交换意见，各方提出自己的设想方案，探讨各种可能性，经过商讨逐步将双方意见综合并统一起来，形成共同的问题和目标，为下一步详细谈判做好准备。不要一开始就使会谈进入实质性问题的争论，或逐条讨论合同条款。要先搞清基本概念和双方的基本观点，在双方相互了解基本观点之后，再逐条逐项仔细地讨论。

2）技术谈判

在一般讨论之后，就要进入技术谈判阶段，主要对原合同中技术方面的条款进行讨论，包括工程范围、技术规范、标准、施工条件、施工方案、施工进度、质量检查、竣工验收等。

3）商务谈判

商务谈判主要是对原合同中商务方面的条款进行讨论，包括工程合同价款、支付条件、支付方式、预付款、履约保证、保留金、货币风险的防范、合同价格的调整等。

需要注意的是，技术条款与商务条款往往是密不可分的，因此，在进行技术谈判和商务谈判时，不能将两者分割开来。

4）合同拟定

谈判进行到一定阶段后，在双方都已表明了观点，对原则问题双方意见基本一致的情况下，相互之间就可以交换书面意见或合同稿，然后以书面意见或合同稿为基础，逐条逐项审查讨论合同条款。先审查一致性问题，后审查讨论不一致的问题，对双方不能确定、达不成一致意见的问题，再请示上级，或留到下次谈判继续解决，直至双方对新形成的合同条款一致同意并形成合同草案为止。

4. 谈判策略和技巧

1）谈判的目标

合同谈判和其他谈判一样，都是一个双方为了各自利益说服对方的过程，而实质上又是一个双方相互让步，最后达成协议的过程。

承包方承包工程是将承包工程作为手段，其目标是获取利润；而发包方则恰好相反，是期望支付最少的工程价款，获得所希望的工程。但他们之所以能坐到一起，表明他们希望能够找出共同点，即通过谈判，增进了解，缩小距离，解决矛盾，以便最终取得一致意见，圆满地完成项目。

合同谈判是一门综合的艺术，需要经验，讲求技巧。在合同谈判中，除了做好谈判的准备外，更需要在谈判过程中确定和掌握自己一方的谈判策略和技巧，抓住重点问题，适时地控制谈判气氛，掌握谈判局势，以便最终实现谈判目标。

2）谈判策略

谈判策略就是谈判过程中，为实现自己的目标而采取的手段。谈判策略具有强烈的攻击性、唯我性和较大的灵活性，是根据客观环境变化而不断变化和丰富的。正确的策略选择主要体现在针对性、适应性和效益性三方面。

谈判能否成功取决于策略的制定与实施。商业谈判中人们最常采用的策略有强制、劝诱、教育和说服。

3）谈判技巧

所谓谈判技巧，概括地说就是说服对方的工作技巧，包括派谁去，采取什么样的方法和选择什么样的机会、什么样的地点场合等。我们通常说的谈判技巧和谈判经验，就是指对这些问题的综合处理和运用的能力。

要想取得预期的收获，技巧的运用是必不可少的。谈判多种多样，谈判的技巧更是因事而异，在合同谈判过程中，像优势重复、对等让步、调和折中、先成交后抬价等会经常用到。

在谈判中，谈判人员应敢于和善于提出问题，毕竟谈判双方各自代表自己的利益，敢于向对方提出问题，也就等于维护了自己的利益。

7.2.3 建设工程施工合同的签订

经过合同谈判，双方对新形成的合同条款一致同意并形成合同草案后，即进入合同签订阶段。这是确立承发包双方权利义务关系的最后一项工作，一个符合法律规定的合同一经签订，即对合同当事人双方产生法律约束力。因此，无论发包人还是承包人，应当抓住这最后的机会，再认真审查分析合同草案，检查其合法性、完备性和公正性，争取改变合同草案中的某些内容，以最大限度地维护自己的合法权益。工程合同的签订，应符合《合同法》的有关精神，同时应注意下列事项。

1. 符合承包方的基本目标

承包方的基本目标是取得工程并获得利润，合同谈判和签订应服从企业的整体经营战略。否则，即使丧失工程承包资格，失去合同，也不能接受责权利不平衡、明显导致亏损的合同。这是签订合同的基本方针。

承包方在签订承包合同中常常会犯以下错误。

(1) 由于长期承接不到工程而急于求成，急于使工程成交，而盲目签订合同。

(2) 初到一个地方，急于打开局面、承接工程，而草率签订合同。

(3) 由于竞争激烈，怕丧失承包资格而接受条件苛刻的合同。

(4) 由于许多企业盲目追求高的合同额，而忽视对工程利润的考察，所以希望并要求多承接工程，而忽视承接到工程的后果。

若出现上述这些情况，承包方要冒很大的风险，也很少有不失败的。

“利益原则”不仅是合同谈判和签订的基本原则，而且是整个合同管理和工程项目管理的基本原则。

2. 积极地争取自己的正当权益

《合同法》和其他经济法规赋予合同双方以平等的法律地位和权利，但在实际经济活动中，这个地位和权利还要靠承包方自己争取。如果合同一方自己放弃权利，盲目地、草率地签订合同，致使自己处于不利地位，受到损失，常常法律对他也难以提供帮助和保护。

承包方在合同谈判中应积极地争取自己的正当权益，争取主动。如有可能，应争取合同文本的拟稿权。对发包方提出的合同文本，应进行全面的分析研究。在合同谈判中，双方应对每个条款做具体的商讨，争取修改对自己不利的、苛刻的条款，增加承包方权益的保护条款。对重大问题不能客气和让步，应针锋相对。

当然，谈判策略和技巧是极为重要的。通常，在决标前，即承包方尚要与几个对手竞争时，必须慎重，如处于守势，尽量少提出对合同文本做大的修改，否则容易引起发包方的反感。在中标后，即发包方已选定承包方作为中标人，应积极争取修改风险型条款和过于苛刻的条款，对原则问题不能退让和客气。

3. 重视合同的法律性质

分析国际和国内承包工程的许多案例可以看出，许多承包合同失误是由于承包方不了解或忽视合同的法律性质，没有合同意识而造成的。

合同一经签订即成为合同双方的最高法律，它不是道德规范。合同中的每一条都与双方利害相关。签订合同是一种法律行为，所以在合同谈判和签订中，既不能用道德观念和标准要求对方，也不能用它们来束缚自己，要注意以下几点。

（1）对各种可能发生的情况和各个细节问题都要考虑到，并做明确的规定，不能存有侥幸心理。在合同签订时要多想合同中存在的不利因素及对策措施，不能仅考虑有利因素。

尽管从取得招标文件到投标截止时间很短，投标人也应将招标文件的内容，包括投标须知、合同条件、图纸、规范等弄清楚，并详细地了解合同签订前的环境，切不可期望等合同签订后再做这些工作，这方面的失误由承包方自己负责。

（2）在合同文件中一般只有确定性、肯定性的语言才有法律约束力，而商讨性、意向性用语很难具有约束力。

（3）在合同的签订和实施过程中，不要轻易相信任何口头承诺和保证，要少口头多书面。双方商讨的结果、做出的决定或对方的承诺，只有写入合同或经双方文字签署才算确定。

（4）对在标前会议上和合同签订前的澄清会议上的说明、允诺、解释和一些合同外要求，都应以书面的形式确认。

7.2.4 合同分析

合同分析是将合同目标和合同条款规定落实到合同实施的具体问题和具体事件上，用以指导具体工作，使合同能顺利地履行，最终实现合同目标。合同分析应作为工程施工合同管理的起点，在工程合同实施过程中，建设工程发包方和承包方必须以合同作为行为准则，将合同目标和责任贯彻落实在合同实施的具体问题上和各工程小组以及各分包方的具体工程活动中。若要按质、按期完成施工合同目标，承发包双方的各职能人员都必须熟练掌握合同，用合同指导工程实施。

1. 施工合同分析的必要性

进行施工合同分析具有以下必要性。

(1) 一项工程的合同少则几份，多则十几份甚至几十份，合同之间关系复杂。如果在合同实施前，不对合同做分析和统一的解释，而让各方人员在执行中按自己的理解执行，很容易导致执行过程中的混乱。

(2) 合同事件和工程活动的具体要求(如工期、质量、费用等)，合同各方的责任关系、事件和活动之间的逻辑关系极为复杂。要使工程按计划、有条理地进行，必须在工程开始前将它们落实下来，并从工期、质量、成本及相互关系等各方面予以定义。

(3) 合同条款使用的语言有时不够明了，只有在合同实施前进行合同分析，将合同规定用最容易理解的语言和形式表达出来，才能使人一目了然，方便日常管理工作。

(4) 许多工程人员所涉及的活动不是全部合同文件，而仅为合同的部分内容。因此由合同管理人员先做全面分析，再向各职能人员进行合同交底，能起到提高效率、事半功倍的效果。

(5) 在合同中依然存在问题和风险，包括合同审查时已经发现的风险和可能隐藏着的尚未发现的风险。合同中还必然存在用词含糊，规定不具体、不全面，甚至矛盾的条款。在合同实施前有必要做进一步的全面分析，对风险进行确认和商定，具体落实对策措施。

(6) 在合同实施过程中，合同双方会有许多争执。合同争执常常因合同双方对合同条款理解不一致。要解决这些争执，首先必须做合同分析，按合同条文的表达，分析它的意思，以判定争执的性质。要解决争执，双方必须就合同条文的理解达成一致。

2. 合同分析的基本要求

合同分析的基本要求如下。

1) 准确性和客观性

合同分析的结果应准确、全面地反映合同内容。如果分析中出现误差，它必然反映在执行中，导致合同实施出现更大的失误。所以不能透彻、准确地分析合同，就不能有效、全面地执行合同。对合同的风险分析，合同双方责任和权益的划分，都必须实事求是地按照合同条文，按合同精神进行，而不能依据当事人的主观愿望进行；否则，必然导致合同实施过程中双方的争执。合同争执的最终解决不是以单方对合同的理解为依据的。

2) 简易性

合同分析的结果必须采用使不同层次的管理人员、工作人员能够接受的表达方式，使用简单易懂的工程语言，对不同层次的管理人员提供不同要求、不同内容的分析资料。

3) 合同双方的一致性

合同双方、承包方的所有工程小组、分包方等对合同理解应有一致性。合同分析实质上是承包方单方面对合同的详细解释。分析中要落实各方面的责任界面，这容易引起争执，合同分析结果应能为对方认可。如有不一致，应在合同实施前，最好在合同签订前解决，以避免合同执行中的争执和损失，这对双方都有利。

4) 全面性

合同分析首先应全面地对全部的合同文件做解释。对合同中的每一条、每句话，甚至每个词都应认真推敲，细心琢磨。合同分析不能错过一些细节问题，这是一项非常细致的工作。其次是全面地、整体地理解，不能断章取义，特别当不同文件、不同合同条款之间规定不一致有矛盾时，更要注意这一点。

3. 合同分析的内容和过程

按合同分析的性质、对象和内容，可以将合同分析分为合同总体分析、合同详细分析。

1) 合同总体分析概述

合同总体分析的主要对象是合同协议书和合同条件等。通过合同总体分析，将合同条款和合同规定落实到一些带全局性的具体问题上，通常在如下两种情况下进行。

(1) 在合同签订后、实施前，承包方必须首先做合同总体分析。

分析的重点是：承包方的主要合同责任、工程范围，业主(包括工程师)的主要责任和权利，合同价格、计价方法和价格补偿条件，工期要求和顺延条件，合同双方的违约责任，合同变更方式、程序和工程验收方法，争执的解决方法等。在分析中应对合同中的风险、执行中应注意的问题做出特别的说明和提示。合同总体分析的结果是工程施工中的指导性文件，应将它以最简单的形式和最简洁的语言表达出来，交项目经理、各职能人员，并进行合同交底。

(2) 在重大的争执处理过程中，必须做合同总体分析。

总体分析的重点是合同文本中与索赔有关的条款。对不同的干扰事件，则有不同的分析对象和重点。它对整个索赔工作起如下作用。

① 索赔(反索赔)的理由和根据。

② 合同总体分析的结果直接作为索赔报告的一部分。

③ 作为索赔事件责任分析的依据。

④ 提供索赔值计算方式和计算基础的规定。

⑤ 是索赔谈判中的主要攻守武器。

2) 合同总体分析的内容

合同总体分析一般包括以下主要内容。

(1) 合同的法律基础。合同的法律基础即合同签订和实施的法律背景。通过分析，承包方了解适用于合同的法律的基本情况(范围、特点等)，用以指导整个合同的实施和索赔工作。对合同中明示的法律应重点分析。

(2) 合同类型。不同类型的合同，其性质、特点、履行方式不一样，双方的责权利关系和风险分配不一样。这直接影响合同双方责任和权利的划分，影响工程施工中的合同管理和索赔。

(3) 合同文件和合同语言。合同文件的范围和优先次序，如果在合同实施中有重大变更，应做出特别说明。合同文本所采用的语言，如果使用多种语言，则需定义“主导语言”。

(4) 承包方的主要任务。承包方的主要任务是合同总体分析的重点之一，主要分析承包方的合同责任和权利，主要包括以下内容。

① 承包方的总任务。即合同标的，包括承包方在设计、采购、生产、试验、运输、土建、安装、验收、试生产、保修期维修等方面的主要责任，施工现场的管理，给业主的管理人员提供生活和工作条件等责任。

② 工作范围。它通常由合同中的工程量清单、图纸、工程说明、技术规范定义。工程范围的界限应很清楚，否则会影响工程变更和索赔，特别是固定总价合同。

③ 关于工程变更的规定。这在合同管理和索赔处理中极为重要，要重点分析工程变更程序和工程变更的补偿范围。在合同实施过程中，变更程序非常重要，通常要做出工程变更工作流程图，并交给相关的职能人员。

(5) 发包人责任。它主要分析发包人的权利和合作责任。业主的合作责任是承包方顺利地完成合同规定任务的前提，同时又是进行索赔的理由；业主的权利是承包方的合同责任，是承包方容易产生违约行为的地方。

(6) 合同价格。应重点分析合同的种类、合同所采用的计价方法、计价依据、价格调整方法、合同价格所包括的范围及工程款结算方法和程序。

(7) 施工工期。重点分析合同规定的开竣工日期、主要工程活动的工期、工期的影响因素、获得工期补偿的条件和可能等，列出可能进行工期索赔的所有条款。

(8) 违约责任。如果合同一方未遵守合同规定，给对方造成损失，应受到相应的处罚，这是合同总体分析的重点之一，通常分析以下内容。

① 承包方不能按合同规定的工期完成工程的违约金或承担业主损失的条款。

② 由于管理上的疏忽造成对方人员和财产损失的赔偿条款。

③ 由于预谋或故意行为造成对方损失的处罚和赔偿条款。

④ 承包方不履行或不能正确地履行合同责任，或出现严重违约时的处理规定。

⑤ 业主不履行或不能正确地履行合同责任，或出现严重违约时的处理规定，特别是对业主不及时支付工程款的处理规定。

(9) 验收、移交和保修。

① 验收。验收包括许多内容，如材料和机械设备的进场验收、隐蔽工程验收、单项工程验收、全部工程竣工验收等。在合同分析中，应对重要的验收要求、时间、程序以及验收所带来的法律后果做出说明。

② 移交。竣工验收合格即办理移交。应详细分析工程移交的程序。对工程尚存在的缺陷、不足之处以及应由承包方完成的剩余工作，业主可保留其权利，并指令承包方限期完成，承包方应在移交证书上注明的日期内尽快地完成这些剩余工程或工作。

③ 保修。分析保修期限及保修责任的划分。

(10) 索赔程序和争执的解决。重点分析索赔的程序、争执的解决方式和程序及仲裁条款，包括仲裁所依据的法律、仲裁地点、方式和程序、仲裁结果的约束力等。

3) 合同详细分析

承包合同的实施由许多具体的工程活动和合同双方的其他经济活动构成。这些活动都是为了实现合同目的、履行合同责任，必须受承包合同的制约和控制。这些工程活动所确定的状态常常又被称为合同事件。对一个确定的承包合同，承包方的工程范围和合同责任是一定的，则相关的合同事件和工程活动也应是一定的。在一个工程中，这样的事件可能有几百件，甚至几千件。合同事件之间存在一定的技术上、时间上和空间上的逻辑关系，形成网络，所以又被称为合同事件网络。

为了使工程有计划、有秩序地按合同实施，必须将承包合同目标、要求和合同双方的责权利关系分解落实到具体的工程活动上，这就是合同详细分析。

(1) 合同事件表。合同事件分析的对象是合同协议书、合同条件、规范、图纸、工作量表。它主要通过合同事件表、网络图、横道图等定义各工程活动。合同详细分析结果中最重要的部分是合同事件表，见表7－1。

表7－1 合同事件表

子　项　目	编码：	日期： 变更次数：
事件名称和简要说明		
事件内容说明		
前提条件		
本事件的主要活动		
负责人(单位)		
费用 计划： 实际：	其他参加者 1. 2.	工期 计划： 实际：

① 编码。根据计算机数据处理的需要，事件的各种数据处理都靠编码识别。所以编码要能反映该事件的各种特性，如所属的项目、单项工程、单位工程、专业性质、空间位置等。通常它应与网络事件(或活动)的编码有一致性。

② 事件名称和简要说明。

③ 变更次数和最近一次的变更日期。它记载着与本事件相关的工程变更。在接到变更指令后，应落实变更，修改相应栏目的内容。最近一次的变更日期表示从这一天至今尚无新的变更。这样可以检查每个变更指令的落实情况，既防止重复，又防止遗漏。

④ 事件的内容说明。事件的内容说明是该事件的目标，如某一分项工程的数量、质量、技术及其他方面的要求，这些由合同的工程量清单、工程说明、图纸、规范等定义，是承包方应完成的任务。

⑤ 前提条件。前提条件记录着本事件的前导事件或活动，即本事件开始前应具备的准备工作或条件。它不仅确定事件之间的逻辑关系，是构成网络计划的基础，而且确定了各参加者之间的责任界限。

⑥ 本事件的主要活动。本事件的主要活动即完成该事件的一些主要活动和它们的实施方法、技术、组织措施。这完全从施工过程的角度进行分析，这些活动组成该事件的子网络，例如，设备安装由现场准备，施工设备进场、安装，基础找平、定位，设备就位、吊装、固定，施工设备拆卸、出场等活动组成。

⑦ 责任人。责任人即负责该事件实施的工程小组负责人或分包商。

⑧ 成本或费用。成本或费用包括计划成本和实际成本，有如下两种情况。

若该事件由分包商承担，则计划费用为分包合同价格；如果在总包和分包之间有索赔，则应修改这个值，而相应的实际费用为最终实际结算账单金额总和。

若该事件由承包方的工程小组承担，则计划成本可由成本计划得到，一般为直接费成本。而实际成本为会计核算的结果，在该事件完成后填写。

⑨ 计划和实际的工期。计划工期由网络分析得到，包括计划开始日期、结束日期和持续时间。实际工期按实际情况，在该事件结束后填写。

⑩ 其他参加人。其他参加人，即对该事件的实施提供帮助的其他人员。

(2) 合同详细分析。从上述内容可见，合同事件表从各个方面定义了合同事件。合同详细分析是承包方执行合同的计划，它包含了工程施工前的整个计划工作。

① 工程项目的结构分解。工程项目的结构分解即工程活动的分解和工程活动逻辑关系的安排。

② 技术会审工作。

③ 工程实施方案、总体计划和施工组织计划。在投标书中已包括这些内容，但在施工前，应进一步细化，做出详细的安排。

④ 工程的成本计划。

⑤ 各个合同的协调。合同详细分析不仅针对承包合同，而且包括与承包合同同级的各个合同的协调，包括各个分合同的工作安排和各分合同之间的协调。

合同详细分析是整个项目组的工作，应由合同管理人员、工程技术人员、预算人员共同完成。

合同事件表对项目的目标分解，任务的委托(分包)、合同交底、落实责任、安排工作，进行合同监督、跟踪、分析以及处理索赔(反索赔)等非常重要。

7.2.5 合同实施控制

1. 合同实施控制概述

施工合同签订后，承发包双方必须按合同的规定来履行各自的义务，完成合同定义的工作目标。工程实施过程中，由于各种不确定性因素的干扰，使工程实施过程偏离总目标，因此必须对合同的实施进行控制。合同实施控制就是为了保证工程实施按预定的计划进行，顺利地实现预定的目标。合同实施控制主要有施工合同的进度控制、施工合同的质量控制、施工合同的投资控制、施工合同的监督管理(见 7.3 节)。

2. 施工合同的进度控制

进度控制是施工合同管理的重要组成部分。合同当事人应当在合同规定的工期内完成施工任务，发包方应当按时做好准备工作，承包方应当按照施工进度计划组织施工。为此，工程师应当落实进度控制部门的人员、具体的控制任务和管理职能分工；承包方也应当落实具体的进度控制人员，并且编制合理的施工进度计划并控制其执行，即在工程进展全过程中，进行计划进度与实际进度的比较，对出现的偏差及时采取措施。施工合同的进度控制可以分为施工准备阶段、施工阶段和竣工验收阶段的进度控制(见本章 7.3 节)。

3. 施工合同的质量控制

工程施工中的质量控制是合同履行的重要环节，涉及许多方面的因素，任何一个方面的缺陷和疏漏，都会使工程质量无法达到预期的标准。

1) 标准、规范和图纸

(1) 合同适用的标准、规范。建筑工程施工的技术要求和方法是强制性标准，施工合同当事人必须执行。建筑工程施工的质量必须符合国家有关建筑工程质量标准的要求。施工中依次序优先使用国家的标准和规范、行业标准和规范、工程所在地的地方标准和规范。双方应当在专用条款中约定适用标准、规范的名称。发包方应当按照专用条款约定的时间向承包方提供一式两份约定的标准、规范。国内没有相应的标准、规范时，可以由合同当事人约定工程适用的标准，因为购买、翻译和制定标准、规范发生的费用，由发包方承担。

(2) 图纸。如果由发包方提供图纸，发包方应当完成以下工作。

① 发包方应当按照专用条款约定的日期和套数，向承包方提供图纸。

② 承包方如果需要增加图纸套数，发包方应当代为复制。发包方代为复制意味着发包方应当为图纸的正确性负责。

③ 如果对图纸有保密要求的，应当承担保密措施费用。

对于发包方提供的图纸，承包方应当完成以下工作。

① 施工现场保留一套完整图纸，供工程师及有关人员进行工程检查时使用。

② 如果专用条款对图纸提出保密要求的，承包方应当按约定承担保密义务。

③ 承包方如果需要增加图纸套数，复制费用由承包方承担。

使用国外或者境外图纸，不能够满足施工需要时，双方在专用条款内约定复制、重新绘制、翻译、购买标准图纸等的责任及费用承担。工程师在对图纸进行管理时，重点是按照合同约定按时向承包方提供图纸，同时，根据图纸检查承包方的工程施工。

合同约定施工图纸的设计或者与工程配套的设计由承包方完成的，承包方应当在其设计资质允许的范围内，按工程师的要求完成这些设计，经工程师确认后使用，发生的费用由发包方承担。在这种情况下，工程师对图纸的管理重点是审查承包方的设计。

2) 材料设备供应的质量控制

工程建设材料、设备供应的质量控制，是整个工程质量控制的基础。建筑材料、构配件生产及设备供应单位对其生产或者供应的产品质量负责。而材料设备的采购方则应根据买卖合同的规定进行质量验收。

(1) 材料设备的质量及其他要求。

① 材料生产和设备供应单位应具备法定条件。

② 材料设备质量应符合要求。

③ 其他要求。

(2) 发包方供应材料设备时的质量控制。

① 双方约定发包方供应材料设备的一览表。

② 发包方供应材料设备的验收。发包方应当向承包方提供所供应材料设备的产品合格证明，并对这些材料设备的质量负责。发包方应在其所供应的材料设备到货前 24 小时，以书面形式通知承包方，由承包方派人与发包方共同验收。

③ 发包方供应的材料设备经双方共同验收后由承包方妥善保管，发包方支付相应的保管费用。

④ 发包方供应的材料设备与约定不符时，应当由发包方承担相关责任。

⑤ 发包方供应的材料设备进入施工现场后需要在使用前检验或者试验的，由承包方负责，费用由发包方负责。

(3) 承包方采购材料设备的质量控制。

① 承包方采购材料设备的验收。承包方按专用条款的约定及设计和有关标准，采购工程需要的材料设备，并提供产品合格证明。材料设备到货前 24 小时通知工程师验收。工程师应当严格按照合同约定及有关标准进行验收。

② 承包方采购的材料设备与要求不符时的处理。承包方采购的材料设备与设计或者标准要求不符时，工程师可以拒绝验收，由承包方按照工程师要求的时间运出施工场地，重新采购符合要求的产品，并承担由此发生的费用，由此延误的工期不予顺延。工程师不能按时到场验收，事后发现材料设备不符合设计或者标准要求时，仍由承包方负责修复、拆除或者重新采购，并承担发生的费用，由此造成工期延误可以相应顺延。

③ 承包方使用代用材料。承包方需要使用代用材料，须经工程师认可后方可使用，由此增减的合同价款由双方以书面形式议定。

④ 承包方采购材料设备在使用前应按工程师的要求进行检验或试验，不合格的不得使用，检验、试验费用由承包方承担。

3）工程验收的质量控制（见 7.3 节）

4）施工企业的质量管理

施工企业的质量管理是工程师进行质量控制的出发点和落脚点。工程师应当协助和监督施工企业建立有效的质量管理体系。建设工程施工企业的经理，要对本企业的工程质量负责，并建立有效的质量保证体系。施工企业的总工程师和技术负责人要协助经理做好质量管理工作。

施工企业应当逐级建立质量责任制。项目经理(现场负责人)要对本施工现场内所有单位工程质量负责，栋号工程要对单位工程质量负责，生产班组要对分项工程质量负责。现场施工员、工长、质量检验员和关键工种工人必须经过考核取得岗位证书后，方可上岗。企业内各级职能部门必须按企业规定对各自的工作质量负责。

施工企业必须设立质量检查、测试机构，并由经理直接领导，企业专职质量检查员应抽调有实践经验和独立工作能力的人员担任。任何人不得设置障碍，干预质量检测人员依章行使职权。

用于工程的建筑材料，必须送试验室检验，并经试验室主任签字认可后，方可使用。

实行总分包工程，分包单位要对分包工程的质量负责，总包单位对承包的全部工程质量负责。

7.3 建设工程施工合同的主要内容

7.3.1 合同文件及解释顺序

施工合同文件应能相互解释、互为说明。除专用条款另有约定外，组成施工合同的文件和优先解释顺序如下。

（1）双方签署的合同协议书。

（2）中标通知书。

（3）投标书及其附件。

（4）合同专用条款。

合同专用条款是发包人与承包人根据法律、行政法规规定，结合具体工程实际，经协商达成一致意见的条款，是对通用条款的具体化、补充或修改。

（5）合同通用条款。

合同通用条款是根据法律、行政法规规定及建设工程施工的需要订立，通用于建设工程施工的条款。它代表我国的工程施工惯例。

（6）工程所适用的标准、规范及有关技术文件。

① 适用的我国国家标准、规范的名称。

② 没有国家标准、规范，但有行业标准、规范的，则约定适用行业标准、规范的名称。

③ 没有国家和行业标准、规范的，则约定适用工程所在地的地方标准、规范的名称，发包人应按专用条款约定的时间向承包人提供一式两份约定的标准、规范。

④ 国内没有相应标准、规范的，由发包人按专用条款约定的时间向承包人提出施工技术要求，承包人按约定的时间和要求提出施工工艺，经发包人认可后执行。

⑤ 若发包人要求使用国外标准、规范的，应负责提供中文译本，所发生的购买和翻译标准、规范或制定施工工艺的费用，由发包人承担。

（7）图纸。

（8）工程量清单。

（9）工程报价单或预算书。

合同履行中，双方有关工程的洽商、变更等书面协议或文件视为本合同的组成部分，在不违反法律和行政法规的前提下，当事人可以通过协商变更合同的内容，这些变更的协议或文件的效力高于其他合同文件，且签署在后的协议或文件效力高于签署在先的协议或文件。

施工合同文件使用汉语语言文字进行书写、解释和说明。如专用条款约定使用两种以上(含两种)语言文字时，汉语应为解释和说明施工合同的标准语言文字。在少数民族地区，双方可以约定使用少数民族语言文字书写和解释、说明施工合同。

7.3.2 合同双方的一般权利和义务

1. 发包人

发包人是指在协议书中约定，具有工程发包主体资格和支付工程价款能力的当事人及其合法继承人。在我国发包人可能是工程的业主，也可能是工程的总承包单位。

发包人的首要义务就是按照合同约定的期限和方式向承包人支付合同价款及应支付的其他款项。同时，发包人还应按合同专用条款约定的内容和时间完成以下工作。

（1）办理土地征用、拆迁补偿、平整施工现场等工作，使施工场地具备施工条件。在开工后继续解决相关的遗留问题。

（2）将施工所需水、电、电信线路接至专用条款约定地点，并保证施工期间的需要。

（3）开通施工场地与城乡公共道路的通道以及由专用条款约定的施工场地内的主要交通干道，满足施工运输的需要，并保证施工期间的畅通。

（4）向承包人提供施工场地的工程地质和地下管网线路资料，对资料的正确性负责。

（5）办理施工许可证及其他施工所需的证件、批件和临时用地、停水、停电、中断交通、爆破作业等申请批准手续(证明承包人自身资质的证件除外)。

（6）确定水准点与坐标控制点，以书面形式交给承包人，并进行现场交验。

（7）组织承包人和设计单位进行图纸会审，向承包人进行设计交底。

(8) 协调处理施工现场周围地下管线和邻近建筑物、构筑物(包括文物保护建筑)、古树名木的保护工作，并承担有关费用。

(9) 由专用条款约定的其他应由发包人负责的工作。

上述这些工作也可以在专用条款中约定由承包人承担，但由发包人承担相关费用。发包人如果不履行上述各项义务，导致工期延误或给承包人造成损失，发包人应予以赔偿，延误的工期相应顺延。

合同约定由发包人供应材料设备的，发包人还应按照约定遵从以下规定。

(1) 若工程实行由发包人提供材料设备，则双方应当约定发包人供应材料设备的一览表，作为合同附件。双方在专用条款内约定发包人供应材料设备的结算方式。

(2) 发包人应按一览表内约定的内容提供材料设备，并向承包人提供其产品合格证明，对其质量负责。发包人在所供材料设备到货前 24 小时，以书面形式通知承包人，由承包人派人与发包人共同清点。

(3) 清点后由承包人妥善保管，发包人支付相应保管费用。若发生丢失损坏，由承包人负责赔偿。发包人未通知承包人验收，承包人不负责材料设备的保管，丢失损坏由发包人负责赔偿。

(4) 如果发包人供应的材料设备与一览表不符，发包人应按专用条款的约定承担有关责任。

(5) 发包人供应的材料设备使用前由承包人负责检验或试验，不合格的不得使用，检验或试验费用由发包人承担。

2. 承包人

承包人指在协议书中约定，被发包人接受的具有工程承包主体资格的当事人及其合法继承人。承包人负责工程的施工，是施工合同的实施者。

承包人按照合同规定进行施工、竣工并完成工程质量保修责任。承包人的工程范围由合同协议书约定或由工程项目一览表确定，并应按专用条款约定的内容和时间完成以下工作。

(1) 根据发包人的委托，在其设计资质允许的范围内，完成施工图设计或与工程配套的设计，经工程师确认后使用，发生的费用由发包人承担。

(2) 向工程师提供年、季、月度工程进度计划及相应进度统计报表。

(3) 按工程需要提供和维修夜间施工使用的照明设备、围栏设施，并负责安全保卫。

(4) 按专用条款约定的数量和要求，向发包人提供施工现场办公和生活的房屋及设施，费用由发包人承担。

(5) 遵守有关部门对施工场地交通、施工噪声以及环境保护和安全审查等的管理规定，按管理规定办理有关手续，并以书面形式通知发包人。发包人承担由此发生的费用，因承包人责任造成的罚款除外。

(6) 已竣工工程在未交付发包人之前，承包人按专用条款约定负责保护工作。保护期间发生损坏，承包人自费予以修复。

(7) 按专用条款的约定做好施工现场地下管线和邻近建筑物、构筑物(包括文物保护建筑)、古树名木的保护工作。

(8) 保证施工现场清洁且符合环境卫生管理的有关规定，交工前清理现场达到专用条款约定的要求，承担因自身原因违反有关规定造成的损失和罚款。

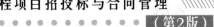

(9) 在专用条款中约定的其他工作。

承包人如果不履行上述条款各项义务，则应赔偿发包人有关损失。

如果承包人提出使用专利技术或特殊工艺，必须报工程师认可后实施，承包人负责办理申报手续并承担有关费用。

承包人在正常的施工过程中还应该履行安全施工的责任。

承包人在进行工程分包时，应按条款的约定来分包部分工程。

(1) 非经发包人同意，承包人不得将承包工程的任何部分分包出去。

(2) 承包人不得将其承包的全部工程转包给他人，也不得将其承包的全部工程肢解后以分包的名义分别转包给他人。

(3) 工程分包不能解除承包人任何责任与义务。分包单位的任何违约行为、安全事故或疏忽导致工程损害或给发包人造成其他损失，承包人承担责任。

(4) 分包工程价款由承包人与分包单位结算。未经承包人同意发包人不得以任何名义向分包单位支付各种工程款。

承包人在采购材料、设备时，应该遵从相应的约定。

3. 工程师

我国《施工合同示范文本》中的“工程师”的身份包括发包人派驻工地履行合同的代表，在实行工程监理制度的项目中监理单位委派的总监理工程师也为“工程师”。

监理单位应具有相应工程监理资质等级证书。发包人应在实施监理前将委托的监理单位名称、监理的内容及监理的权限以书面形式通知承包人。

如果发包人分别委派驻工地的代表和总监理工程师在现场共同工作，他们的职责不得相互交叉。如果发生交叉或不明确时，应由发包人以书面形式明确双方职责。

工程师负责工程现场的管理工作，行使合同规定的“工程师”的权力和职责。发包人可以在专用条款内要求工程师在行使某些职权前需经过发包人的批准。除合同明确规定或经发包人同意外，负责监理的工程师无权解除合同规定的承包人的任何权利与义务。

工程师可委派工程师代表行使合同规定的工程师的职权，并可在认为必要时撤回委派。

委派和撤回均应提前7天以书面形式通知承包人。工程师代表的行为与工程师的行为有同等效力。

合同履行中，发生影响合同双方权利或义务的事件时，负责监理的工程师应依据合同在其职权范围内客观公正地进行处理。一方对工程师的处理有异议时，按合同所确定的争执解决程序处理。

工程师在工程实施过程中发布指令时，应满足相应条款的约定。

工程师换人，发包人应至少于换人前7天以书面形式通知承包人，后任继续行使合同文件约定的前任的职权，履行前任的义务。

7.3.3 工程进度控制

1. 准备阶段

1) 合同工期的约定

工期指发包人和承包人在协议书中约定的，按总日历天数(包括法定节假日)计算的承包天数。合同工期是施工的工程从开工起到完成专用条款约定的全部内容，工程达到竣工验收标准为止所经历的时间。

承发包双方必须在协议书中明确约定工期，包括开工日期和竣工日期。开工日期指发包人和承包人在协议书中约定的，承包人开始施工的绝对或相对的日期。竣工日期指发包人和承包人在协议书中约定的，承包人完成承包范围内工程的绝对或相对的日期。工程竣工验收通过，实际竣工日期为承包人送交竣工验收报告的日期；工程按发包人要求修改后通过竣工验收的，实际竣工日期为承包人修改后提请发包人验收的日期。合同当事人应当在开工日期前做好一切开工的准备工作，承包人则应当按约定的开工日期开工。

对于群体工程，双方应在合同附件中具体约定不同单位工程的开工日期和竣工日期。

对于大型、复杂的工程项目，除了约定整个工程的开工日期、竣工日期和合同工期的总日历天数外，还应约定重要里程碑事件的开工日期与竣工日期，以确保工期总目标的顺利实现。

2）进度计划

承包人应按专用条款约定的日期将施工组织设计和工程进度计划提交工程师，工程师按专用条款约定的时间予以确认或提出修改意见，逾期不确认也不提出书面意见的，则视为已经同意。群体工程中单位工程分期进行施工的，承包人应按照发包人提供的图纸及有关资料的时间，按单位工程编制进度计划，其具体内容在专用条款中约定，分别向工程师提交。

工程师对进度计划予以确认或者提出修改意见，并不免除承包人对施工组织设计和工程进度计划本身的缺陷所应承担的责任。工程师对进度计划予以确认的主要目的，是为工程师对进度进行控制提供依据。

3）其他准备工作

在开工前，合同双方还应该做好其他各项准备工作，如发包人应当按照专用条款的约定使施工场地具备开工条件，开通通往施工场地的道路；承包人应当做好施工人员和设备的调配工作，按合同规定完成材料设备的采购准备等。工程师需要做好水准点与坐标控制点的交验。为了能够按时向承包人提供施工图纸，工程师需要做好协调工作，组织图纸会审和设计交底等。

4）开工及延期开工

承包人应当按照协议书约定的开工日期开始施工。若承包人不能按时开工，应当不迟于协议书约定的开工日期前 7 天，以书面形式向工程师提出延期开工的理由和要求。工程师应当在接到延期开工申请后的 48 小时内以书面形式答复承包人。工程师在接到申请后 48 小时内不答复，视为已同意承包人的要求，工期相应顺延。如果工程师不同意延期要求或承包人未在规定时间内提出延期开工的要求，工期不予顺延。

因发包人原因而导致不能按照协议书约定的日期开工时，工程师应以书面形式通知承包人推迟开工日期。承包人对延期开工的通知没有否决权，但发包人应当赔偿承包人因此造成的损失，并相应顺延工期。

2. 施工阶段

1）工程师对进度计划的检查与监督

工程开工后，承包人必须按照工程师批准的进度计划组织施工，接受工程师对进度的检查、监督。检查、监督的依据一般是双方已经确认的月度进度计划。一般情况下，工程师每月检查一次承包人的进度计划执行情况，由承包人提交一份上月进度计划实际执行情况和本月的施工计划。同时，工程师还应进行必要的现场实地检查。当工程实际进度与经确认的进度计划不符时，承包人应按工程师的要求提出改进措施，经工程师确认后执行。但是，对于因承包人自身的原因导致实际进度与进度计划不符时，所有的后果都应由承包人自行承担，承包人无权就改进措施提出追加合同价款，工程师也不对改进措施的效果负责。如果采用改进措施后，经过一段时间工程实际进展赶上了进度计划，则仍可按原进度计划执行。如果采用改进措施一段时间后，工程实际进展仍明显与进度计划不符，则工程师可以要求承包人修改原进度计划，并经工程师确认后执行。但是，这种确认并不是工程师对工程延期的批准，而仅仅是要求承包人在合理的状态下施工。因此，如果承包人按修改后的进度计划施工不能按期竣工的，承包人仍应承担相应的违约责任；工程师应当随时了解施工进度计划执行过程中所存在的问题，并帮助承包人解决，特别是承包人无力解决的内外关系协调问题。

2）暂停施工

工程师认为确有必要暂停施工时，应当以书面形式要求承包人暂停施工，并在提出要求后48小时内提出书面处理意见。承包人应当按工程师要求停止施工并妥善保护已完工程。承包人实施工程师做出的处理意见后，可以以书面形式提出复工要求，工程师应当在48小时内给予答复。工程师未能在规定时间内提出处理意见，或收到承包人复工要求后48小时内未给予答复的，承包人可自行复工。因发包人原因造成停工的，由发包人承担所发生的追加合同价款，赔偿承包人由此造成的损失，相应顺延工期；因承包人原因造成停工的，由承包人承担发生的费用，工期不予顺延。因工程师不及时作出答复，导致承包人无法复工，由发包人承担违约责任。

当发包人出现某些违约情况时，承包人可以暂停施工，这是合同赋予承包人保护自身权益的有效措施。如发包人不按合同约定及时向承包人支付工程预付款、工程进度款且双方未达成延期付款协议，在承包人发出要求付款通知后仍不付款的，经过一段时间后，承包人可暂停施工。这时，发包人应当承担相应的违约责任。出现这种情况时工程师应当尽量督促发包人履行合同，以求减少双方的损失。

在施工过程中出现一些意外情况时，如果需要承包人暂停施工的，承包人应该暂停施工，此时工期是否给予顺延，视风险责任应由谁承担而确定。如发现有价值的文物、发生不可抗力事件等，风险责任应由发包人承担，工期顺延。

3）工程变更

施工中发包人如果需要对原工程设计进行变更，应提前14天以书面形式向承包人发出变更通知。变更超过原设计标准或者批准的建设规模时，发包人应报规划管理部门和其他有关部门重新审查批准，并由原设计单位提供变更的相应图纸和说明。承包人按照工程师发出的变更通知及有关要求，进行相应变更。由于发包人对原设计进行变更造成合同价款的增减及承包人的损失，由发包人承担，延误的工期相应顺延。合同履行中发包人要求变更工程质量标准及发生其他实质性变更的，由双方协商解决。

承包人应当严格按照图纸施工，未经批准不得擅自对原工程设计进行变更。

4）工期延误

承包人应当按照合同工期完成工程施工，如果由于其自身原因造成工期延误，则应承担违约责任。但因以下原因造成工期延误经工程师确认，工期相应顺延。

（1）发包人未能按专用条款的约定提供图纸及开工条件。

（2）发包人未能按约定日期支付工程预付款、进度款，致使施工不能正常进行。

（3）工程师未按合同约定提供所需指令、批准等，致使施工不能正常进行。

（4）设计变更和工程量增加。

（5）一周内因非承包人原因停水、停电、停气造成停工累计超过8小时。

（6）不可抗力。

（7）专用条款中约定或工程师同意工期顺延的其他情况。

上述这些情况工期可以顺延的原因在于：这些情况属于发包人违约或者是应当由发包人承担的风险。

承包人在以上情况发生后的14天内就延误的工期以书面形式向工程师提出报告，工程师在收到报告后14天内予以确认，逾期不予确认也不提出修改意见，视为同意顺延工期。

3. 验收阶段

在竣工验收阶段，工程师进度控制的任务是督促承包人完成工程扫尾工作，协调竣工验收中的各方关系，参加竣工验收。

1）竣工验收的程序

承包人必须按照协议书约定的竣工日期或者工程师同意顺延的工期竣工。因承包人原因不能按照协议书约定的竣工日期或者工程师同意顺延的工期竣工的，承包人应当承担违约责任。

当承包人按合同要求全部完成后，具备竣工验收条件的，承包人按国家工程竣工验收的有关规定，向发包人提供完整的竣工资料和竣工验收报告。双方约定由承包人提供竣工图的，承包人应按专用条款内约定的日期和份数向发包人提交竣工图。

发包人收到竣工验收报告后28天内组织有关单位验收，并在验收后14天内给予认可或提出修改意见，承包人应当按要求进行修改，并承担因自身原因造成修改的费用。中间交工工程的范围和竣工时间，由双方在专用条款内约定。验收程序同上。

发包人收到承包人送交的竣工验收报告后28天内不组织验收，或者在验收后14天内不提出修改意见，则视为竣工验收报告已经被认可。发包人收到承包人竣工验收报告后28天内若不组织验收，从第29天起承担工程保管及一切意外责任。

2）提前竣工

施工过程中如发包人因故需工程提前竣工，业主和承包方双方协商一致后可签订提前竣工协议，作为合同文件组成部分。提前竣工协议应将要求提前的时间、承包人采取的赶工措施、发包人为提前竣工提供的条件、承包人为保证工程质量和安全采取的措施、提前竣工所需的追加合同价款等内容包括进去。

3）甩项工程

因特殊原因，发包人要求部分单位工程或工程部位需甩项竣工时，双方应另行订立甩项竣工协议，明确双方责任和工程价款的支付办法。

7.3.4 质量控制

工程施工中的质量控制是合同履行中的重要环节。施工合同的质量控制涉及许多方面的因素，任何一个方面的缺陷和疏漏，都会使工程质量无法达到预期的标准。承包人应按照合同约定的标准、规范、图纸、质量等级以及工程师发布的指令认真施工，并达到合同约定的质量等级。在施工过程中，承包人要随时接受工程师对材料、设备、中间部位、隐蔽工程、竣工工程等质量的检查、验收与监督。

1. 工程质量标准

工程质量应当达到协议书约定的质量标准，质量标准以国家或专业的质量验收标准为依据。因承包人原因工程质量达不到约定的质量标准时，由承包人承担违约责任。发包人对部分或全部工程质量有特殊要求的，应支付由此增加的追加合同价款(在专用条款中写明计算方法)，对工期有影响的应相应顺延工期。

双方对工程质量有争议时，由双方同意的工程质量检测机构鉴定，所需费用及因此而造成的损失，由责任方承担。双方均有责任，由双方根据其责任分别承担。

2. 检查及返工

在工程施工过程中，工程师及其委派人员对工程进行检查检验是其日常工作和重要职能。承包人应认真按照标准、规范和设计图纸要求以及工程师依据合同发出的指令施工，随时接受工程师的检查检验，为检查检验提供便利条件。工程质量达不到约定标准的部分，工程师一经发现，即要求承包人拆除和重新施工，承包人应按工程师的要求拆除和重新施工，直到符合约定标准。因承包人原因达不到约定标准时，由承包人承担拆除和重新施工的费用，工期不予顺延。

工程师的检查检验不应影响施工的正常进行。如影响施工正常进行，检查检验不合格时，影响正常施工的费用由承包人承担。除此之外，影响正常施工的追加合同价款由发包人承担，相应顺延工期。因工程师指令失误或其他非承包人原因发生的追加合同价款，由发包人承担。以上检查检验合格后又发现由承包人原因引起的质量问题，仍由承包人承担责任和发生的费用，赔偿发包人的直接损失，工期不予顺延。

3. 隐蔽工程和中间验收

由于隐蔽工程在施工中一旦完成隐蔽，很难再对其进行质量检查(这种检查成本很大)，因此必须在隐蔽前进行检查验收。对于中间验收，双方可在专用条款中约定验收的单项工程和部位的名称、验收的时间、操作程序和要求，以及发包人应该提供的便利条件等。

当工程具备隐蔽条件或达到专用条款约定的中间验收部位时，承包人应首先自检合格，并在隐蔽或中间验收前 48 小时以书面形式通知工程师验收。通知包括隐蔽和中间验收的内容、验收时间和地点。承包人准备验收记录，验收合格后，工程师在验收记录上签字，之后承包人方可进行隐蔽和继续施工。验收不合格，承包人在工程师限定的时间内修改后重新验收。

工程师不能按时进行验收，应在验收前 24 小时以书面形式向承包人提出延期要求，延期不能超过 48 小时。工程师未能按以上时间提出延期要求，不进行验收，承包人可自行组织验收，工程师应承认验收记录。经工程师验收，工程质量符合标准、规范和设计图纸等的要求时，验收 24 小时内工程师没有在验收记录上签字，视为工程师已经认可验收记录，承包人可进行隐蔽或继续施工。

4. 重新检验

无论工程师是否进行验收，当工程师提出对已经隐蔽的工程重新检验的要求时，承包人应按要求进行剥离或开孔，并在检验后重新覆盖或修复。检验合格，发包人承担由此发生的全部追加合同价款，赔偿承包人损失，并相应顺延工期；检验不合格，承包人承担发生的全部费用，工期不予顺延。

5. 工程试车

安装工程施工完备，双方约定需要试车的，应当组织试车。试车内容应与承包人承包的安装范围一致。

1）单机无负荷试车

设备安装工程具备单机无负荷试车条件时，由承包人组织试车，并在试车前 48 小时以书面形式通知工程师。通知内容包括试车内容、时间、地点。承包人准备试车记录。发包人根据承包人要求为试车提供必要条件。试车合格工程师在试车记录上签字。只有单机试运转达到规定要求，才能进行联试。工程师不能按时参加试车，须在开始试车前 24 小时以书面形式向承包人提出延期要求，延期不能超过 48 小时。工程师未能按以上时间提出延期要求，并且不参加试车，承包人可自行组织试车，工程师应承认试车记录。

2）联动无负荷试车

设备安装工程具备无负荷联动试车条件的，发包人组织试车，并在试车前 48 小时以书面形式通知承包人。通知内容包括试车内容、时间、地点和对承包人的要求。承包人按要求做好准备工作。试车合格，双方在试车记录上签字。

3）投料试车

投料试车应在工程竣工验收后由发包人负责。如发包人要求在工程竣工验收前进行或需要承包人配合时，应当征得承包人同意，双方另行签订补充协议。

双方责任如下。

(1) 由于设计原因试车达不到验收要求，发包人应要求设计单位修改设计，承包人按修改后的设计重新安装。发包人承担修改设计、拆除及重新安装的全部费用和追加合同价款，工期相应顺延。

(2) 由于设备制造原因试车达不到验收要求，由该设备采购一方负责重新购置或修理，承包人负责拆除和重新安装。设备由承包人采购的，由承包人承担修理或重新购置、拆除及重新安装的费用，工期不予顺延；设备由发包人采购的，发包人追加合同价款承担上述各项，工期相应顺延。

(3) 由于承包人施工原因试车达不到验收要求，承包人按工程师要求重新安装和试车，并承担重新安装和试车的费用，工期不予顺延。

(4) 试车费用除已包括在合同价款之内或专用条款另有约定的外，均由发包人承担。

(5) 工程师在试车合格后不在试车记录上签字，试车结束 24 小时后，视为工程师已经认可试车记录，承包人可继续施工或办理竣工手续。

6. 竣工验收

竣工验收是全面考核建设工作，检查工程是否符合设计要求和质量的重要环节。工程未经竣工验收或竣工验收未通过的，发包人不得使用。发包人强行使用时，由此发生的质量问题及其他问题，由发包人承担责任。但在此情况下发包人主要是对强行使用直接产生的质量问题和其他问题承担责任，不能免除承包人对工程的保修等责任。

7. 工程保修

承包人应当在工程竣工验收之前与发包人签订质量保修书，作为合同附件。质量保修书的主要内容包括工程质量保修范围和内容、质量保修期、质量保修责任、保修费用和其他约定共五部分。

1）工程质量保修范围和内容

双方按照工程的性质和特点，具体约定保修的相关内容。房屋建筑工程的保修范围包括：地基基础工程、主体结构工程、屋面防水工程、有防水要求的卫生间和外墙面的防渗漏，供热与供冷系统，电气管线、给排水管道、设备安装和装修工程，以及双方约定的其他项目。

2）质量保修期

保修期从竣工验收合格之日起计算。当事人双方应针对不同的工程部位，在保修书内约定具体的保修年限。当事人协商约定的保修期限，不得低于法规规定的标准。国务院颁布的《建设工程质量管理条例》明确规定，在正常使用条件下的最低保修期限如下。

(1) 基础设施工程、房屋建筑的地基基础工程和主体工程，为设计文件规定的该工程的合理使用年限。

(2) 屋面防水工程，有防水要求的卫生间、房间和外墙面的防渗漏，为 5 年。

(3) 供热与供冷系统，为两个采暖期或供冷期。

(4) 电气管线、给排水管道、设备安装和装修工程，为 2 年。

3）质量保修责任

质量保修责任如下。

(1) 属于保修范围、内容的项目，承包人应在接到发包人的保修通知起 7 天内派人保修。承包人不在约定期限内派人保修，发包人可以委托其他人修理。

(2) 发生紧急抢修事故时，承包人接到通知后应当立即到达事故现场抢修。

(3) 涉及结构安全的质量问题，应立即向当地建设行政主管部门报告，采取相应的安全防范措施。由原设计单位或具有相应资质等级的设计单位提出保修方案，承包人实施保修。

(4) 质量保修完成后，由发包人组织验收。

4）保修费用

保修费用由造成质量缺陷的责任方承担。

《建设工程质量管理条例》颁布后，由于保修期限较长，对承包方不能按照约定、承诺及时履行保修责任的情况规定了行政、经济处罚措施，并且合同要求承包方提供履约担保(担保的有效期至工程竣工和修补完任何缺陷为止)。为了维护承包人的合法利益，竣工结算时不宜再扣留质量保修金。

7.3.5 投资控制

1. 合同价款及调整

合同价款指发包人、承包人在协议书中约定，发包人用以支付承包人按照合同约定完成承包范围内全部工程并承担质量保修责任的款项。招标工程的合同价款由发包人和承包人依据中标通知书中的中标价格(总价或单价)在协议书中约定。非招标工程的合同价款由发包人和承包人依据工程预算书在协议书中约定。在合同协议书中约定的合同价款对双方均具有约束力，任何一方不得擅自改变，但它通常并不是最终的合同结算价格。最终的合同结算价格还包括在施工过程中发生、经工程师确认后追加的合同价款，以及发包人按照合同规定对承包方的扣减款项。

下列三种确定合同价款的方式，双方可在专用条款内约定采用其中一种。

1) 固定价格合同

双方在专用条款内约定合同价款包含的风险范围和风险费用的计算方法，在约定的风险范围内合同价款不再调整。风险范围以外的合同价款调整方法应当在专用条款内约定。如果发包人对施工期间可能出现的价格变动采取一次性付给承包人一笔风险补偿费用办法的，可在专用条款内写明补偿的金额和比例，写明补偿后是全部不予调整还是部分不予调整，以及可以调整项目的名称。

2) 可调价格合同

合同价款可根据双方的约定而调整，双方在专用条款内约定合同价款的调整方法。可调价格合同中合同价款的调整因素如下。

(1) 法律、行政法规和国家有关政策变化影响合同价款。

(2) 工程造价管理部门(指国务院有关部门、县级以上人民政府建设行政主管部门或其委托的工程造价管理机构)公布的价格调整。

(3) 一周内因非承包人原因停水、停电、停气造成停工累计超过8小时。

(4) 双方约定的其他因素。

此时，双方在专用条款中可写明调整的范围和条件，除材料费外是否包括机械费、人工费、管理费等，对通用条款中所列出的调整因素是否还有补充，如对工程量增减和工程变更的数量有限制，还应写明限制的数量；调整的依据，写明是哪一级工程造价管理部门公布的价格调整文件；写明调整的方法、程序，承包人提出调价通知的时间，工程师批准和支付的时间等。

3) 成本加酬金合同

合同价款包括成本和酬金两部分，双方在专用条款中约定成本构成和酬金的计算方法。

2. 工程预付款

预付款是在工程开工前发包人承诺预先支付给承包人用来进行工程准备的一笔款项。如果约定工程预付款的，双方应当在专用条款内约定发包人向承包人预付工程款的时间和数额，开工后按约定的时间和比例逐次扣回。预付时间应不迟于约定的开工日期前7天。发包人不按约定预付，承包人在约定预付时间7天后向发包人发出要求预付的通知，发包人收到通知后仍不能按要求预付，承包人可在发出通知后7天停止施工，发包人应从约定应付之日起向承包人支付应付款的贷款利息，并承担违约责任。

3. 工程款(进度款)

1) 工程量的确认

对承包人已完成工程量进行计量、核实与确认，是发包人支付工程款的前提。工程量的确认应符合以下规定。

(1) 承包人应按专用条款约定的时间，向工程师提交已完工程量的报告。

(2) 工程师接到报告后7天内按设计图纸核实已完工程量(计量)，并在计量前24小时通知承包人，承包人应为计量提供便利条件并派人参加。承包人收到通知后不参加计量，计量结果有效，作为工程价款支付的依据。

(3) 工程师收到承包人报告后7天内未进行计量，从第8天起，承包人报告中开列的工程量即视为已被确认，作为工程价款支付的依据。

(4) 工程师不按约定时间通知承包人，致使承包人未能参加计量，计量结果无效。

(5) 对承包人超出设计图纸范围和因承包人原因造成返工的工程量，工程师不予计量。

2) 工程款(进度款)结算方式

按月结算是国内外常见的一种工程款支付方式，一般在每个月末，承包人提交已完工程量报告，经工程师审查确认，签发月度付款证书后，由发包人按合同约定的时间支付工程款。

按形象进度分段结算是国内另一种常见的工程款支付方式。当承包人完成合同约定的工程形象进度时，承包人提出已完工程量报告，经工程师审查确认，签发付款证书后，由发包人按合同约定的时间付款。

当工程项目工期较短或合同价格较低时，还可以采用工程价款每月月中预支、竣工后一次性结算的方法。

3) 工程款(进度款)支付的程序和责任

在确认计量结果后14天内，发包人应向承包人支付工程款(进度款)。同期用于工程的发包人供应的材料设备价款、按约定时间发包人应扣回的预付款，与工程款(进度款)同期结算。合同价款调整、工程师确认增加的工程变更价款及追加的合同价款、发包人或工程师同意确认的工程索赔款等，也应与工程款(进度款)同期调整支付。

发包人超过约定的支付时间不支付工程款(进度款)，承包人可向发包人发出要求付款的通知，发包人收到承包人通知后仍不能按要求付款，可以与承包人协商签订延期付款协议，经承包人同意后可延期支付。协议应明确延期支付的时间和从计量结果确认后第15天起计算应付款的贷款利息。发包人不按合同约定支付工程款(进度款)，双方又未达成延期付款协议，导致施工无法进行时，承包人可停止施工。

4. 其他费用

1) 安全施工

承包人应遵守工程建设安全生产有关管理规定，严格按安全标准组织施工，并随时接受行业安全检查人员依法实施的监督检查，采取必要的安全防护措施消除事故隐患。由于承包人安全措施不力造成事故的责任和因此而发生的费用，由承包人承担。

发包人应对其在施工场地的工作人员进行安全教育，并对他们的安全负责。发包人不得要求承包人违反安全管理的规定进行施工。因发包人原因导致的安全事故，由发包人承担相应的责任及所发生的费用。

承包人在动力设备、输电线路、地下管道、密封防震车间、易燃易爆地段以及临街交通要道附近施工时，施工开始前应向工程师提出安全防护措施，经工程师认可后实施，由发包人承担防护措施费用。

承包人在实施爆破作业或在放射、毒害性环境中施工(含储存、运输、使用)及使用毒害性、腐蚀性物品施工时，承包人应在施工前 14 天以书面形式通知工程师，并提出相应的安全防护措施，经工程师认可后实施，由发包人承担安全防护措施费用。

发生重大伤亡及其他安全事故，承包人应按有关规定立即上报有关部门并通知工程师，同时按政府有关部门要求处理，由事故责任方承担发生的费用。双方对事故责任有争议时，应按政府有关部门的认定处理。

2）专利技术及特殊工艺

发包人要求使用专利技术或特殊工艺时，应负责办理相应的申报手续，承担申报、试验、使用等费用。承包人应按发包人要求使用，并负责试验等有关工作。承包人提出使用专利技术或特殊工艺，应取得工程师认可，承包人负责办理申报手续并承担有关费用。擅自使用专利技术侵犯他人专利权的，责任者依法承担相应责任。

3）文物和地下障碍物

在施工中发现古墓、古建筑遗址等文物及化石或其他有考古、地质研究等价值的物品时，承包人应立即保护好现场并于 4 小时内以书面形式通知工程师，工程师应于收到书面通知后报告当地文物管理部门，发包人和承包人按文物管理部门的要求采取妥善保护措施。发包人承担由此发生的费用，延误的工期相应顺延。如发现后隐瞒不报，致使文物遭受破坏，责任者依法承担相应责任。

施工中发现影响施工的地下障碍物时，承包人应于 8 小时内以书面形式通知工程师，同时提出处置方案，工程师在收到处置方案后 24 小时内予以认可或提出修正方案。发包人承担由此发生的费用，延误的工期相应顺延。所发现的地下障碍物有归属单位时，发包人应报请有关部门协同处置。

5. 变更价款的确定

承包人在工程变更确定后的 14 天内，提出变更工程价款的报告，经工程师确认后调整合同价款。变更合同价款按下列方法进行。

(1) 合同中已有适用于变更工程的价格，可以参照已有的价格变更合同价款。

(2) 合同中只有类似于变更工程的价格，可以参照类似价格变更合同价款。

(3) 合同中没有适用或类似于变更工程的价格，由承包人提出适当的变更价格，经工程师确认后执行。

6. 竣工结算

1）竣工结算程序

工程竣工验收报告经发包人认可后 28 天内，承包人向发包人递交竣工结算报告及完整的结算资料，双方按照协议书约定的合同价款及专用条款约定的合同价款调整内容，进行工程竣工结算。发包人收到承包人递交的竣工结算报告及结算资料后28天内进行核实，给予确认或者提出修改意见。发包人确认竣工结算报告后通知经办银行向承包人支付工程竣工结算价款。承包人收到竣工结算价款后14天内将竣工工程交付给发包人。

2）竣工结算相关的违约责任

发包人收到竣工结算报告及结算资料后28天内无正当理由不支付工程竣工结算价款，从第29天起按承包人同期向银行贷款利率支付拖欠工程价款的利息，并承担违约责任。

发包人收到竣工结算报告及结算资料后28天内不支付工程竣工结算价款，承包人可以催告发包人支付结算价款。发包人在收到竣工结算报告及结算资料后56天内仍不支付的，承包人可以与发包人协议将该工程折价，也可以由承包人申请人民法院将该工程依法拍卖，承包人就该工程折价或者拍卖的价款优先受偿。目前在建设领域，拖欠工程款的情况十分严重，承包人采取有力措施，保护自己的合法权利是十分重要的。

工程竣工验收报告经发包人认可后28天内，承包人未能向发包人递交竣工结算报告及完整的结算资料，造成工程竣工结算不能正常进行或工程竣工结算价款不能及时支付，发包人要求交付工程的，承包人应当交付，发包人不要求交付工程的，承包人承担保管责任。

承、发包双方对工程竣工结算价款发生争议时，按照合同约定程序处理争议。

7. 质量保修金

保修金(或称保留金、尾留款)是发包人在工程竣工后自应付承包人工程款中扣留的款项，其目的是约束承包人在竣工后履行的保修义务。有关保修项目、保修期、保修内容、保修范围、保修期限及保修金额等均应在工程质量保修书中约定。如果承包方提供履约担保，不宜再扣留质量保修金。

保修期满，承包人履行了保修义务，发包人应在质量保修期满后14天内结算，将剩余保修金和按工程质量保修书约定银行利率计算的利息一起返还承包人。

7.3.6 风险、双方的违约及合同终止

1. 不可抗力

不可抗力指合同当事人不能预见、不能避免并不能克服的客观情况。建设工程施工中的不可抗力包括因战争、动乱、空中飞行物体坠落或其他非发包人、承包人责任造成的爆炸、火灾，以及专用条款约定的风、雨、雪、地震、洪水等对工程造成损害的自然灾害。

在合同订立时应当明确不可抗力的范围。在专用条款中双方应当根据工程所在地的地理气候情况和工程项目的特点，对造成工期延误和工程灾害的不可抗力事件认定标准做出规定，可采用以下形式：n级以上的地震；n级以上持续z天的大风；p毫米以上持续m天的大雨；a年以上未发生过，持续b天的高温天气；c年以上未发生过，持续d天的严寒天气。

在施工合同的履行中，应当加强管理，在可能的范围内减少因不可抗力事件的发生而导致的损失。不可抗力事件发生后，承包人应立即通知工程师，并在力所能及的条件下迅速采取措施，此时，发包人应协助承包人采取措施。工程师认为应当暂停施工的，承包人

应暂停施工。不可抗力事件结束后 48 小时内承包人向工程师通报受害情况和损失情况，以及预计清理和修复的费用。不可抗力事件持续发生，承包人应每隔 7 天向工程师报告一次受害情况。不可抗力事件结束后 14 天内，承包人应向工程师提交清理和修复费用的正式报告及有关资料。

因不可抗力事件导致的费用及延误的工期由双方按以下方法分别承担。

(1) 工程本身的损害、因工程损害导致第三者人员伤亡和财产损失以及运至施工场地用于施工的材料和待安装设备的损害，由发包人承担。

(2) 发包人、承包人人员伤亡由其所在单位负责，并承担相应费用。

(3) 承包人机械设备损坏及停工损失，由承包人承担。

(4) 停工期间，承包人应工程师要求留在施工场地的必要的管理人员及保卫人员的费用由发包人承担。

(5) 工程所需清理、修复费用，由发包人承担。

(6) 延误的工期相应顺延。

因合同一方迟延履行合同后发生不可抗力的，不能免除迟延履行方的相应责任。

2. 保险

在施工合同中，发包人、承包人双方的保险义务按照惯例分担如下。

(1) 工程开工前，发包人为建设工程和施工场地内的自有人员及第三人人员生命财产办理保险，支付保险费用。

(2) 运至施工场地内用于工程建设的材料和待安装设备，由发包人办理保险，并支付保险费用。

(3) 发包人可以将有关保险事项委托承包人办理，但费用由发包人承担。

(4) 承包人必须为从事危险作业的职工办理意外伤害保险，并为施工场地内自有人员的生命财产和施工机械设备办理保险，支付保险费用。

(5) 保险事故发生时，发包人、承包人有责任尽力采取必要的措施，以防止或者减少损失。

(6) 具体投保内容和相关责任，由发包人、承包人在专用条款中约定。

3. 担保

市场经济秩序的建立需要履约双方提供相应的担保，以规范、约束双方的合同行为。

我国《建设工程施工合同(示范文本)》(GF—2013—0201)第 41.1 条要求：“业主和承包方为了全面履行合同，应互相提供担保：承包方向业主提供履约担保，担保承包方履行自己的各项义务；业主向承包方提供支付担保，担保业主按照合同约定支付工程进度价款及履行合同约定的其他义务。”

另外，合同约定应该由工程师完成的工作，工程师没有完成或没有按照约定完成，给承包人造成损失的，也应当由发包人承担违约责任。因为工程师是代表发包人进行工作的，其行为与合同约定不符时，视为发包人违约。合同范本规定，发包人应向承包人提供履约担保，当发包人违约后，承包人可按双方约定的担保条款，要求提供担保的第三人承担相应的责任(如支付价款)。

4. 违约责任

发包人承担违约责任的方式有以下 4 种。

（1）赔偿因其违约给承包人造成的经济损失。赔偿损失是发包人承担违约责任的主要方式，其目的是补偿发包方违约给承包人造成的经济损失。承、发包人双方应当在专用条款内约定发包人赔偿承包人损失的计算方法。损失赔偿额应相当于因违约所造成的损失，包括合同履行后可以获得的利益，但不得超过发包人在订立合同时预见或者应当预见到的因违约可能造成的损失。

（2）支付违约金。支付违约金的目的是补偿承包人的损失，双方在专用条款中约定发包人应当支付违约金的数额或计算方法。

（3）顺延。对于因为发包人违约而延误的工期，应当相应顺延。

（4）继续履行。发包人违约后，承包人要求发包人继续履行合同的，发包人应当在承担上述违约责任后继续履行施工合同。

承包人承担违约责任的方式有以下 4 种。

（1）赔偿因其违约给发包人造成的损失。承、发包人双方应当在专用条款内约定承包人赔偿发包人损失的计算方法。损失赔偿额应当相当于因违约所造成的损失，包括合同履行后可以获得的利益，但不得超过承包人在订立合同时预见或者应当预见到的因违约可能造成的损失。

（2）支付违约金。双方可以在专用条款中约定承包人应当支付违约金的数额或计算方法。发包人在确定违约金的费率时，一般要考虑的因素有：发包人的盈利损失；由于工期延长而引起的贷款利息增加；因工程拖期带来的附加监理费；由于本工程拖期而无法投入使用导致的租用其他建筑物的租赁费等。

（3）采取补救措施。对于施工质量不符合要求的违约，发包人有权要求承包人采取返工、修理、更换等补救措施。

（4）继续履行。承包人违约后，如果发包人要求承包人继续履行合同时，承包人承担上述违约责任后仍应继续履行施工合同。

如果施工合同双方当事人设定了担保方式，一方违约后，另一方可按双方约定的担保条款，要求提供担保的第三人承担相应的(连带)责任。

5. 合同解除

可以解除合同的情形有如下几种。

（1）发包人、承包人协商一致，可以解除合同。

（2）发包人不按合同约定支付工程款(进度款)，双方又未达成延期付款协议，导致施工无法进行，承包人可以停止施工，由发包人承担违约责任。如果停止施工超过 56 天，发包人仍不支付工程款(进度款)，承包人有权解除合同。

（3）承包人将其承包的全部工程转包给他人，或者肢解以后以分包的名义分别转包给他人，发包人有权解除合同。

（4）因不可抗力致使合同无法履行，发包人、承包人可以解除合同。

（5）因一方违约(包括因发包人原因造成工程停建或缓建)致使合同无法履行，发包人、承包人可以解除合同。

合同一方依据上述约定要求解除合同的，应以书面形式向对方发出解除合同的通知，并在发出通知前 7 天告知对方，通知到达对方时合同解除。对解除合同有争议的，双方可按有关争议的约定处理。

合同解除后，承包人应妥善做好已完工程和已购材料、设备的保护和移交工作，按发包人要求将自有机械设备和人员撤出施工场地。发包人应为承包人撤出提供必要条件，支付以上所发生的费用，并按合同约定支付已完工程价款。已经订货的材料、设备由订货方负责退货或解除订货合同，不能退还的货款和因退货、解除订货合同发生的费用，由发包人承担，因未及时退货造成的损失由责任方承担。除此之外有过错的一方应当赔偿因合同解除给对方造成的损失。

合同解除后，不影响双方在合同中约定的结算和清理条款的效力。

7.3.7 合同争议的解决

发生合同争议时，应按如下程序解决：双方友好协商解决；达不成一致时请第三方(如工程师)调解解决；调解不成，则需要通过仲裁或诉讼解决。因此在合同专用条款中需要明确约定双方共同接受的调解人，以及最终解决合同争议是采用仲裁还是诉讼方式，仲裁委员会或法院的名称。

应用案例7-1

背景

某开发公司的某施工项目，经有关部门批准进行公开招标，最后市建工集团一公司中标。15天以后，开发公司向一公司发送了中标通知书，并指令一公司先做好开工准备，再签订施工合同。一公司随即便按照开发公司的要求进行了施工场地平整等一系列开工准备工作，历时20天。之后开始开槽挖土。开工后，一公司多次要求签订施工合同，开发公司都借故迟迟不同意签订。开工1个月后，开发公司书面函告一公司已经另行落实了施工队伍。在双方多次协商未果的情况下，一公司将开发公司告上了法庭。

问题

(1) 合同形式有哪几种？建设工程施工合同应当采取什么形式？

(2) 此合同争议依据合同法律规范应如何处理？

案例评析

(1) 合同形式有口头形式、书面形式和其他形式。建设工程合同应当采用书面形式。

(2)《招标投标法》规定，招标人和中标人应当自中标通知书发出后30天内订立书面合同。一公司未履行应有义务，法律规定应当承担责任，但是开发公司故意不签订合同，一公司可免责。《合同法》规定，采用合同书形式订立合同，在合同签字或盖章之前，当事人一方已经履行义务并且对方接受的，该合同成立。双方虽未签订合同，但一公司按照开发公司的要求进行开工准备工作，已经实际履行了义务，故双方合同成立。开发公司改变中标结果，另确定其他中标人，应视为毁约，应承担违约责任。

应用案例7-2

背景

某施工单位根据领取的2 000平方米两层厂房工程项目的招标文件和全套施工图纸，采用低报价策略编制了投标文件，并获得中标。该施工单位(乙方)于某年某月某日与建设单位(甲方)签订了该工程项目的固定总价施工合同，合同工期为8个月。甲方在乙方进入施工现场后，因资金紧缺，无

法如期支付工程款，口头要求乙方暂停施工一个月，乙方也口头答应。工期按合同规定期限验收，甲方发现工程质量有问题，要求返工。两个月后返工完毕，结算时，甲方认为乙方延迟交付工程，应赔偿违约金；乙方认为停工是甲方要求的，乙方为抢工期，加快施工才出现了质量问题，因此不应该乙方负责。

问题

（1）该工程采用固定总价合同是否合适？

（2）该工程合同的变更形式是否妥当？此合同争议依据《合同法》法律规范如何处理？

案例评析

（1）固定总价合同适用于施工条件明确，工程量能够较准确计算，工期较短，技术不太复杂，合同总价较低且风险不大的项目，该工程基本符合这些条件，故采用固定总价合同是合适的。

（2）根据《中华人民共和国合同法》和《建设工程施工合同(示范文本)》的有关规定，建设工程合同应当采用书面形式，合同变更亦应当采用书面形式。若在应急情况下，可采取口头形式，但事后应予以书面形式确认，否则，在合同双方对合同变更内容有争议时，因口头形式协议无法举证，只能以书面协议约定的内容为准。本案例中甲方要求临时停工，乙方亦答应，是甲、乙双方的口头协议，且事后并未以书面的形式确认，所以该合同变更形式不妥。在竣工结算时双方发生了争议，对此只能以原书面合同规定为准。

在施工期间，甲方因资金紧缺要求乙方停工一个月，此时乙方应享有索赔权。乙方虽然未按规定程序及时提出索赔，丧失了索赔权，但是根据《民法通则》之规定，在民事权利的诉讼时效期内，仍享有要求甲方承担违约责任的权利。甲方未能及时支付工程款，应对停工承担责任，故应当赔偿乙方停工一个月的实际经济损失，工期顺延一个月。工程因质量问题返工，造成逾期交付，责任在乙方，故乙方应当支付逾期交工一个月的违约金，因质量问题引起的返工费用由乙方承担。

本章小结

本章简要介绍了建设工程施工合同的概念、特点、作用，详细介绍了建设工程施工合同签订前的审查分析、合同的谈判、合同的签订、合同分析的知识，重点介绍了合同履行过程中进度、质量、投资等各方面的控制和协调及建设工程施工合同的主要内容。

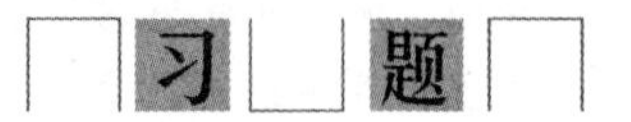

习题

1. 单选题

（1）当工程内容明确，工期较短时，发包人宜采用(　　)合同。

A. 总价可调　　B. 总价不可调　　C. 单价　　D. 成本加酬金

（2）在施工中由于(　　)原因导致工期延误，承包人应当承担违约责任。

A. 不可抗力　　B. 承包人的设备损坏

C. 设计变更　　D. 工程量变化

（3）在合同订立过程中有(　　)行为，给对方造成损失的，行为人应当承担损害赔偿责任。

A. 故意抬高价格的

B. 合同订立过程中因情况变化而退出谈判的

C. 合同谈判缺乏诚意

D. 故意隐瞒与合同有关的重要事实

(4) 建设工程合同的最基本要素是(　　)。

A. 标的　　B. 承包人和发包人

C. 时间　　D. 地点

(5) 单机无负荷试车的确认权在(　　)。

A. 工程师　　B. 承包人　　C. 设计人　　D. 发包人

(6) 根据我国《合同法》的规定，构成违约责任的核心要件是(　　)。

A. 违约方当事人客观上存在违约行为

B. 违约方当事人主观上有过错

C. 守约方当事人客观上存在损失

D. 由合同当事人在法定范围内自行约定

(7) 按照施工合同示范文本规定，当组成施工合同的各文件出现含糊不清或矛盾时，应按(　　)顺序解释。

A. 施工合同协议书、工程量清单、中标通知书

B. 中标通知书、投标书及附件、合同履行中的变更协议

C. 合同履行中的洽商协议、中标通知书、工程量清单

D. 施工合同专用条款、施工合同通用条款、中标通知书

(8) 下列不是合同价款应规定的内容是(　　)。

A. 计算方式　　B. 结算方式

C. 价款的支付期限　　D. 价款支付日期

(9) 建设工程总承包合同的履行不包括(　　)。

A. 合同应明确双方责任

B. 建设工程总承包合同订立后，双方都应按合同的规定严格履行

C. 总承包单位可以按合同规定对工程项目进行分包，但不得倒手转包

D. 建设工程总承包单位可以将承包工程中的部分工程发包给具有相应资质条件的分包单位，但是除总承包合同中约定的工程分包外，必须经发包人认可

(10) 在进行建设项目总承包时，总包单位与施工单位之间是经济合同关系，具体来说(　)。

A. 总包单位是甲方，相当于业主身份

B. 总包单位是甲方，相当于业主代理商身份

C. 施工单位是乙方，相当于业主代理商身份

D. 总包单位与施工单位都是乙方，总包单位相当于总承包商，施工单位相当于分包商

(11) 下列不属于工程合同的付款阶段的是(　　)。

A. 预付款　　B. 工程进度款

C. 退还保留金　　D. 价格调整条款

(12) 建设工程的建设合同大体上不包括(　　)阶段。

A. 勘察　　B. 设计　　C. 施工　　D. 造价

(13) 按照承包工程计价方式分类合同不包括(　　)。

A. 总价合同　　B. 单价合同

C. 成本加酬金合同　　D. 预算合同

(14) 下列不属于《建设工程施工合同(示范文本)》的是(　　)。

A.《协议书》　　B.《通用条款》

C.《专用条款》　　D.《建设工程质量管理条例》

(15) 建设工程合同实施控制的作用是(　　)。

A. 通过合同实施情况分析，找出偏离，以便及时采取措施，调整合同实施过程，达到合同总目标

B. 分析合同执行差异的原因

C. 分析合同差异的责任

D. 问题的处理

2. 多选题

(1)《建设工程施工合同(示范文本)》中，能够构成设计变更的事项包括(　　)。

A. 更改工程有关部分的标高、基线、位置和尺寸

B. 增减合同中约定的工程量

C. 改变有关工程施工时间和顺序

D. 法院要求停止施工

E. 仲裁机关要求停止施工

(2)《建设工程施工合同(示范文本)》中规定，因以下原因造成的工期延误，经工程师确认，工期相应顺延。(　　)

A. 承包人未能按合同约定质量标准施工

B. 发包人未能按约定日期支付工程预付款、进度款，致使施工不能正常进行

C. 工程师未按合同约定提供所需指令、批准等，致使施工不能正常进行

D. 设计变更和工程量增加

E. 一周内非因承包人的原因停水、停电、停气造成停工累计超过8小时

(3)《建设工程施工合同(示范文本)》中规定，属于发包人的义务有(　　)。

A. 负责土地征用、拆迁补偿、平整施工场地等工作，使施工场地具备施工条件，并在开工后继续解决以上事项的遗留问题

B. 将施工所需水、电、电信线路从施工场地外部接至专用条款约定地点，并保证施工期间的需要

C. 开通施工现场与城乡公共道路的通道以及专用条款约定的施工现场内的主要交通干道，满足施工运输的需要，保证施工期间的道路畅通

D. 向工程师提供年、季、月工程进度计划及相应统计报表

E. 按工程需要提供和维修非夜间施工使用的照明、围栏设施，并负责安全保卫

(4) 施工分包合同的当事人为(　　)。

A. 建设单位　　B. 承包人　　C. 监理单位

D. 设计单位　　　　E. 分包方

(5)《建设工程施工合同(示范文本)》的附件包括(　　)等。

A. 协议书　　　　　　　　　　　　B. 通用条款

C. 工程质量保修书　　　　　　　　D. 专用条款

E. 发包人供应材料设备一览表

(6) 下列叙述中正确的是(　　)。

A. 工程师对进度计划的认可不免除承包人的责任

B. 工程师逾期不确认承包人提交的进度计划视为同意

C. 工程师对进度进行协调和控制

D. 承包人负责设计的施工图提交工程师签认后方可使用

E. 发包人委托设计人完成的施工图，经承包人审核后使用

(7) 进行合同分析是基于(　　)原因。

A. 合同条文繁杂，内涵意义深刻，法律语言不容易理解

B. 同在一个工程中，往往几份、十几份甚至几十份合同交织在一起，有十分复杂的关系

C. 工程小组、项目管理职能人员等所涉及的活动和问题不是合同文件的全部，而仅为合同的部分内容，如何理解合同对合同的实施将会产生重大影响

D. 合同中存在问题和风险，包括合同审查时已经发现的风险和还可能隐藏着的尚未发现的风险

E. 合同分析在不同的时期，为了不同的目的，有不同的内容

(8) 承包人的主要任务有(　　)。

A. 明确承包人的总任务，即合同标的

B. 明确合同中的工程量清单、图纸、工程说明、技术规范的定义

C. 明确工程变更的索赔有效期，由合同具体规定，一般为 28 天，也有的为 14 天

D. 明确工程变更的补偿范围，通常以合同金额一定的百分比表示

E. 承包人不能按合同规定工期完成工程的违约金或承担发包人损失的条款

(9) 合同控制依据的内容包括(　　)。

A. 合同和合同分析的结果，如各种计划、方案、洽商变更文件等，它们是比较的基础，是合同实施的目标和依据

B. 各种实际的工程文件，如原始记录、各种工作报表、报告、验收结果、计量结果等

C. 对于合同执行差异的原因，对合同实施控制

D. 工程管理人员每天对现场情况的书面记录

E. 合同管理中涉及到的资料不仅目前使用，而且必须保存，直到合同结束

(10) 当发生(　　)情况时，工程承包人应承担违约责任。

A. 工程承包人违反合同的约定，不按时向劳务分包人支付劳务报酬

B. 工程承包人不履行或不按约定履行合同义务的其他情况

C. 承包人检测工程质量不符合本合同的约定，但能够达到国家规定的最低标准

D. 工程承包人由于劳务分包人的影响，而延续劳务分包人的时期

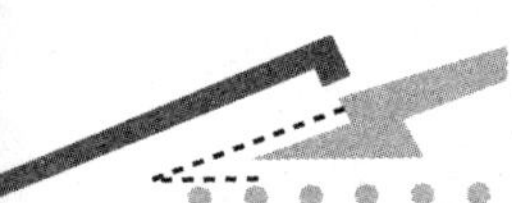

E. 工程承包人不按约定核实劳务分包人完成的工程量或不按约定支付劳务报酬或劳务报酬尾数

3. 思考题

(1) 简述施工合同签订前审查分析的内容及合同分析的内容。
(2) 工程实施控制的主要内容有哪些?
(3) 工程师如何对施工进度进行控制?
(4) 如何进行隐蔽工程的检验和验收?
(5) 工程变更的程序是什么? 工程师如何处理设计变更?
(6) 哪些情况下应给承包人合理顺延工期?
(7) 施工阶段工程师应做好哪些工作?

4. 案例题

背景:某工程项目(未实施监理),由于勘察设计工作粗糙(招标文件中对此也未有任何说明),基础工程实施过程中不得不增加了排水和加大基础的工程量,因而承包商按下列工程变更程序要求提出工程变更。

(1) 承包方书面提出工程变更书。
(2) 送交发包人代表。
(3) 与设计方联系,交由业主组织审核。
(4) 接受(或不接受),设计人员就变更费用与承包方协商。
(5) 设计人员就工程变更发出指令。

问题:

背景中的变更程序有什么不妥?

第8章 建设工程相关合同管理

学习目标

(1) 建设工程勘察设计合同的订立、履行与管理。

(2) 建设工程委托监理合同的订立、履行与管理。

(3) 建设工程材料、设备采购合同的订立、履行与管理。

(4) 学会分析解决一般的合同案例。

学习要求

能力目标	知识要点	权重
了解建筑工程勘察设计合同的主要内容和相关规定	勘察设计合同订立和履行	20%
了解建设工程委托监理合同的主要内容和相关规定	监理合同的签订、履行与管理	35%
了解建设工程材料、设备采购合同的主要内容和相关规定	物资采购合同的订立和履行	20%
学会分析解决一般的合同案例	监理案例的分析	25%

引例

某工程建设单位委托监理单位承担施工阶段和工程质量保修期的监理工作，建设单位与施工单位签订了施工合同。

基坑支护施工中，项目监理机构发现施工单位采用了一种新技术，未按已批准的施工技术方案施工。项目监理机构认为本工程使用该新技术存在安全隐患，总监理工程师下达了工程暂停令，同时报告了建设单位。施工单位认为该项新技术通过了有关部门的鉴定，不会发生安全问题，仍继续施工。于是项目监理机构报告了建设行政主管部门。施工单位在建设行政主管部门干预下才暂停了施工。

施工单位复工后，就此事引起的损失向项目监理机构提出索赔。建设单位也认为项目监理机构小题大做，致使工程延期，要求监理单位对此事承担相应责任。

该工程施工完成后，施工单位按竣工验收有关规定，向建设单位提交了竣工验收报告。建设单位未及时验收，到施工单位提交竣工验收报告后第45天时发生台风，致使工程已安装的门窗玻璃大部分损坏，建设单位要求施工单位进行无偿修复，施工单位不同意无偿修复。

建设单位、项目监理机构、施工单位的做法是否正确？依据是什么？通过本章的学习，我们将解决以上问题。

8.1 建设工程勘察设计合同管理

建设工程勘察设计合同简称勘察设计合同，是指建设单位或相关单位与勘察设计单位为完成约定的勘察设计任务，明确各方权利、义务而签订的协议。建设单位或有关单位称发包方，勘察设计单位称承包方。依据合同，承包方完成发包方委托的勘察设计项目，发包方承接符合约定的勘察设计成果并支付酬金。

勘察设计合同的当事人双方应具备法人资格，合同的订立必须符合工程项目的建设程序，同时合同也应具有建设工程合同的基本特征。

8.1.1 勘察设计合同的订立

1. 勘察设计合同的相关法律规范

建设工程勘察设计合同的法律基础，是国家及地方颁布的法律、法规，包括《中华人民共和国合同法》《中华人民共和国建筑法》《中华人民共和国注册建筑师条例》《建设工程勘察设计资质管理规定》等。勘察设计合同的订立必须符合这些法律规范的要求。

2. 勘察设计合同的订立

1）建设工程勘察设计合同订立的形式与程序

发包方的建设工程勘察设计任务通过招标或设计方案的竞标确定勘察、设计单位后，要依据工程项目建设程序与承包方签订勘察设计合同。订立勘察合同时，由建设单位、设计单位或有关单位提出委托，双方协商同意后即可签订；订立设计合同时，除了双方协商同意外，尚须有上级机关批准的设计任务书。同时，订立合同时须采用书面形式，参照示范文本来签订。

2）建设工程勘察合同的订立

双方订立的勘察合同应具备如下条款。

（1）发包方应提供的文件、资料主要包括：工程名称、规模、建设地点；工程的批准文件；用地、施工、勘察许可等的批复；工程勘察任务委托书、技术要求及拟建地段的地形图等；承包方勘察工作范围已有的技术资料及工程所需的坐标等资料；其他勘察工作所需资料等。

（2）委托任务的工作范围及工期、勘察费用主要包括：工程勘察范围；技术要求；勘察成果资料提交的份数及资料质量要求；合同约定的勘察工作开始和结束时间及勘察进度要求；勘察费的取费依据、取费标准、预算金额、支付方式等。

（3）违约责任主要包括：承担违约责任的条件；违约金的计算方法、支付方式等；合同争议的解决方式、最终解决方式、约定仲裁委员会的名称。

3）建设工程设计合同的订立

双方订立的设计合同应具备如下条款。

（1）发包方应提供的文件、资料主要包括：经批准的项目可行性研究报告或项目建议书；城市规划许可文件；工程名称、建设地点；工程设计范围；工程勘察资料等。

（2）委托任务的工作范围及工期、设计费用，主要包括如下内容。

① 设计范围。即建设规模、层数、建筑面积、建筑结构类型等。

② 建筑物的设计年限。

③ 委托的设计阶段和内容，是否包括方案设计、初步设计、施工图设计的全部过程或其中的某些阶段的设计。

④ 设计深度要求。设计标准应按照国家、地方的有关标准进行。方案设计文件应当满足编制初步设计文件和控制概算的需要；初步设计文件应当满足编制施工招标文件、主要设备材料订货和编制施工图设计文件的需要；施工图设计文件应当满足设备材料采购、非标准设备制作和施工的需要，并注明建设工程的合理使用年限。

⑤ 设计人员配合施工工作的要求，包括向发包方和施工方进行设计交底、处理设计变更问题、参加重要隐蔽工程的验收和竣工验收等。

⑥ 合同约定的设计工作开始和结束时间及设计进度要求。

⑦ 设计费用的取费依据、取费标准、预算金额、支付方式。

8.1.2 勘察设计合同的履行

建设工程勘察设计合同属于双务合同，双方当事人都享有合同规定的权利，同时也要承担和履行相应的义务。

1. 勘察合同的履行

1）发包方的义务

发包方需要负责提供资料或文件的内容、技术要求、期限以及应承担的有关准备工作和服务项目。

（1）向承包方提供开展勘察所必需的有关基础资料。委托勘察的，需在开展工作前向承包方提交工程项目的批准文件、勘察许可批复、工程勘察任务委托书、技术要求和工作范围地形图、勘察范围内已有的技术资料、工程所需的坐标与标高资料、勘察工作范围内地下埋藏物的资料等文件。在勘察工作范围内，不属于委托勘察任务而且没有资料的地段，发包方应负责清理地下埋藏物。

若因未提供上述资料、图纸或提供的资料、图纸不可靠，地下埋藏物不清，使承包方在勘察过程中发生人身伤害或造成经济损失时，由发包方承担民事责任。

(2) 工程勘察前，若属于发包方负责提供的材料，应根据承包方提出的工程用料计划按时提供(包括产品合格证明)，并负责运输费用。

(3) 在勘察人员进入现场工作时，应为其提供必要的生产、生活条件并承担费用，若不能提供，则一次性支付临时设施费。

(4) 勘察过程中的任务变更，经办理正式的变更手续后，发包方应按实际发生的工作量支付勘察费。

(5) 发包方应对承包方的投标书、勘察方案、报告书、文件、资料、图纸、数据、特殊工艺(方法)、专利技术及合理化建议进行妥善保管、保护。未经承包方同意，发包方不得复制、泄露、擅自修改、传达或向第三者转让或用于本合同之外的项目。

(6) 发包方若要求在合同约定时间内提前完工(或提交勘察成果资料)时，发包方应向承包方支付一定的加班费。由于发包方的原因而造成承包方停、窝工时，除顺延工期外，发包方应支付一定的停、窝工费。

2) 承包方的义务

承包方具有如下义务。

(1) 承包方应按照现行国家技术规范、标准、规程、技术条例，根据发包方的委托任务书和技术要求进行工程勘察，按合同规定的时间、质量要求提交勘察成果(资料、文件)，并对其负责。

若勘察成果质量不合格，承包方应负责无偿予以补充完善，达到质量合格；若承包方无力补充完善而需另行委托其他单位时，承包方应承担全部勘察费用；若因勘察质量而造成发包方重大经济损失或出现工程事故时，承包方除了免收直接受损部分的勘察费外，还要根据损失向发包方支付赔偿金并承担相应的法律责任。

(2) 勘察工作中，根据岩土工程条件(或工作现场的地形地貌、地质和水文地质条件)及技术规范要求，向发包方提出增减工作量或修改勘察工作的意见，并办理正式的变更手续。

(3) 承包方应在合同约定的时间内提交勘察成果(资料、文件)，勘察工作以发包方下达的开工通知书或合同约定的开工时间为准。

若勘察工作中出现设计变更、工作量变化、不可抗力或其他非承包方的原因而造成停工、窝工时，工期可以相应顺延。

3) 勘察费的支付

(1) 收费标准。勘察费的收费标准按国家有关规定执行，也可以采用预算包干、中标价加签证或实际完成的工作量结算等方式。

(2) 勘察费的支付。发包方应按下述要求支付勘察费：合同生效后 3 天内，发包方向承包方支付预算勘察费的 20%作为定金。勘察工作开始后，定金作为勘察费；规模较大、工期较长的勘察工程，发包方应按工程的进度向承包方支付工程进度款；承包方提交勘察成果后 10 天内，发包方应一次性付清全部勘察费用。

4）违约责任

（1）发包方的违约责任，如下。

① 发包方不履行合同时，无权要求返还定金。

② 发包方未给承包方提供必要的生产、生活条件，造成停工、窝工时，发包方应承担支付停工、窝工费和顺延工期等违约责任。

③ 合同履行期间，由于工程停建而终止合同或发包方要求结束合同时，承包方未进行勘察工作的，则不返还发包方已付定金；已进行勘察工作的，完成工作量在50%以内时，发包方应支付预算勘察费的50%；完成工作量超过50%的，则支付预算勘察费的100%。

④ 发包方未按合同规定的时间(日期)支付勘察费，每超过1天，应按未支付费用的0.1%偿付逾期违约金。

（2）承包方的违约责任，如下。

① 承包方不履行合同时，应双倍返还定金。

② 由于承包方原因造成勘察成果资料质量不合格，不能满足技术要求时，其返工费用由承包方承担。交付的资料达不到合同约定标准的部分，发包方可以要求承包方返工，直到达到约定条件。若返工后仍达不到约定条件，承包方应承担损害赔偿责任，根据造成的损失支付违约金和赔偿金。

③ 承包方未按合同规定的时间(日期)提交勘察成果，每超过1天，应减收勘察费用的0.1%。

由于不可抗力因素造成合同无法正常履行时，双方协商解决。

2. 设计合同的履行

1）发包方的义务

发包方具有如下义务。

（1）向承包方提供设计依据文件和基础资料。发包方应按照合同约定的时间，向承包方提交设计的依据文件和相关资料，以保证设计工作的顺利开展。

若发包方提供上述资料超过规定期限在15日以内的，承包方交付设计文件的时间相应顺延；发包方交付的上述资料超过规定期限15日以上时，承包方有权重新确定设计文件的交付时间。

发包方应对提供的资料的正确性负责，保证所提交的基础资料及文件的完整性、正确性和时限性等。

（2）发包方应向承包方提出明确的设计范围和设计深度要求。

（3）发包方变更设计项目、规模、条件或因提供的资料错误，或提供的资料有较大修改，造成承包方需返工时，双方需另行协商签订补充协议或另签合同，发包方还需按承包方已完成的工作量支付设计费。

（4）发包方需提供必要的现场工作条件。发包方有义务为设计人员在现场工作期间提供必要的工作、生活、交通等方面的条件及必要的劳动保护装备。

（5）外部协调工作。设计的阶段成果(初步设计、技术设计、施工图设计)完成后，应由发包方组织鉴定和验收，并负责向发包方的上级或有管理资质的设计部门完成报批手续。

施工图设计完成后，发包方应将施工图报送建设行政主管部门，由建设行政主管部门委托的审查机构进行结构安全和强制性标准、规范执行情况等内容的审查。

(6) 发包方应保护承包方的投标书、设计方案、文件、资料、图纸、数据、计算软件和专利技术，未经承包方同意，发包方对承包方交付的设计资料及文件不得擅自修改、复制或转给第三者或用于本合同之外的项目。

(7) 发包方委托配合引进项目的设计任务，从询价、对外谈判、国内外技术考察直到建成投产的各个阶段，应通知承担有关设计任务的单位参加。

发包方若要求在合同约定时间内提前交付设计成果资料及文件时，须经承包方同意。若承包方能够达到要求，双方协商一致后签订提前交付设计文件的协议，发包方应支付相应的赶工费。

2) 承包方的义务

承包方具有如下义务。

(1) 承包方应根据已批准的设计任务书(或可行性研究报告)或上一阶段设计的批准文件，以及有关设计的技术经济文件、设计标准、技术规范、规程、定额等提出勘察技术要求，进行设计；按合同规定的时间、质量要求提交设计成果(图纸、资料、文件)，并对其负责。

负责设计的建(构)筑物需注明设计的合理使用年限。设计文件中选用的材料、构配件、设备等应注明规格、型号、性能等技术指标，其质量需符合国家规定的标准。

《建设工程质量管理条例》规定，设计单位未根据勘察成果进行设计，未按照工程强制性标准进行设计等情况，均属于违法行为，应追究设计单位的责任。

(2) 设计阶段的内容一般包括初步设计、技术设计和施工图设计阶段。其中初步设计包括总体设计、方案设计、初步设计文件的编制；技术设计包括提出技术设计计划、编制技术设计文件、参加初步审查；施工图设计包括建筑设计、结构设计、设备设计、专业设计的协调、施工图文件的编制等。承包方应根据合同完成上述全部内容或部分内容。

(3) 初步设计经上级主管部门审查后，在原定任务书范围内的必需修改由设计单位负责。若原定任务书有重大变更需重新设计或修改设计时，须具有设计审批机关或设计任务书批准机关的意见书，经双方协商后另订合同。

(4) 承包方应配合所承担设计任务的建设项目的施工。施工前进行设计技术交底，解决施工中出现的设计问题，负责设计变更和修改预算，参加试车验收和竣工验收。对于大中型工业项目及复杂、重要的民用工程应派驻现场设计代表，并参加隐蔽工程的验收等。

(5) 承包方交付设计资料、文件后，按规定参加有关设计审查，根据审查结论负责对不超出原定范围内的内容做必要的修改。设计文件批准后，就具有一定的严肃性，不得任意修改和变更。若必须修改需经过有关部门批准，其批准权限视修改内容所涉及的范围而定。

(6) 若建设项目的设计任务由两个以上的设计单位配合进行，如果委托其中一个设计单位为总承包时，则签订总承包合同，总承包单位对发包方负责。总承包单位与各分包单位签订分包合同，分包单位对总承包单位负责。

3) 设计费的支付

(1) 收费标准。设计合同的收费标准，应按国家有关建设工程设计费的管理规定、工程种类、建设规模和工程的繁简程度确定，也可以采取预算包干或实际完成的工作量结算等方式。

(2) 设计费的支付。发包方应按下述要求支付设计费：合同生效后3天内，发包方应向承包方支付设计费总额的20%作为定金。设计工作开始后，定金作为设计费；承包方交付初步设计文件后3天内，发包方应支付设计费总额的30%；施工图阶段，当承包方按合同约定提交阶段性设计成果后，发包方应根据约定的支付条件、所完成的施工图工作量比例和时间，分期分批向承包方支付剩余总设计费的50%。施工图完成后，发包方结清设计费，不留尾款。

4) 违约责任

(1) 发包方的违约责任。

发包方的违约责任如下。

① 发包方不履行合同时，无权要求返还定金。

② 发包方延误设计费的支付时，每逾期1天，应承担应付金额0.2%的违约金，并顺延设计时间。逾期30天以上时，承包方有权暂停履行下一阶段的工作，并书面通知发包方。

③ 由于审批工作而造成的延误应视为发包方的责任。承包方提交合同约定的设计资料后，按照承包方已完成全部工作对待，发包方需结清全部设计费。

④ 在合同履行期间，发包方要求终止或解除合同，承包方未开始设计工作时，不返还发包方已付的定金；已经开始设计工作的，完成的实际工作量不足50%时，按该阶段设计费的一半支付；超过50%时，按该阶段设计费的全部支付。

(2) 承包方的违约责任。

承包方的违约责任如下。

① 承包方不履行合同时，应双倍返还定金。

② 因设计错误造成工程质量事故、损失的，承包方除了负责采取补救措施外，免收直接受损部分的设计费。损失严重的还应根据损失程度向发包方支付与该部分设计费相当的赔偿金。

③ 因设计成果质量低劣，施工单位已经按照此成果文件施工而导致工程质量不合格，需要返工、改建时，承包方应重新完成设计成果中不合格部分，并视造成损失的程度减收或免收设计费。

④ 承包方未按合同规定的时间(日期)提交设计成果，每超过1天，应减收设计费用的0.2%。

8.1.3 发包方对合同的管理

在建设工程勘察设计合同的履行过程中，双方都应重视合同的管理工作。发包方如没有专业合同管理人员，可以委托监理工程师负责。

1. 合同文档资料的管理

合同签订前后，有大量的文档资料，合同文档资料的管理是合同管理的一个基本业务。勘察设计合同管理中，发包方的文档资料主要包括：勘察设计招投标文件；建设工程勘察设计合同及附件；双方的会谈纪要；发包方提供的各种检测、试验、鉴定报告及提出的变更申请等；勘察设计成果资料及勘察设计过程中的各种报表、报告等；政府部门和上级机构的各种批文、文件和签证等；其他各种文件、资料等。

2. 合同实施过程中的监督管理

发包方对合同的监督是掌握承包方勘察设计工作的进度、质量是否按照合同约定的标准执行，以保证勘察设计工作能够按期保质完成；同时也及时将本方的变更指令通知对方，及时协调、解决合同履行过程中出现的问题。发包方的合同监督工作可由其委托的监理人来完成。

发包方在合同实施过程中的监督管理主要体现在4个方面：勘察设计工作的质量，勘察设计工作量，勘察设计进度控制，项目的概、预算控制等。

8.1.4 承包方对合同的管理

建设工程勘察设计单位应建立自己专门的合同管理机构，负责勘察设计合同的起草、协商和签订，同时在每个勘察设计项目中指定合同管理人员参加项目管理工作，负责合同的实施控制和管理。

1. 合同文档资料的管理

合同订立的基础资料，以及合同履行中形成的所有资料，承包方应注意收集和保存，健全合同档案管理，这些资料是解决合同争议和提出索赔的重要依据。其主要包括：勘察设计招投标文件；中标通知书；建设工程勘察设计合同及附件；双方的会谈纪要；发包方的各种指令、变更通知和变更记录等；勘察设计成果资料及勘察设计过程中的各种报表、报告；其他各种文件、资料等。

2. 合同订立和履行过程中的管理

承包方对合同的监督同样也是为了保证勘察设计工作能够按期保质完成，及时将本方的一些变更、建议通知对方，及时协调、解决合同履行过程中出现的问题。

1）订立合同时的管理

承包方设立的专门的合同管理机构对建设工程勘察设计合同的订立全面负责，实施监管、控制，特别是在合同订立前要深入了解发包方的资信、经营状况及订立合同应具备的相应条件。涉及合同双方当事人权利、义务的条款更要全面、明确。

2）合同履行时的管理

合同开始履行，双方当事人的权利、义务也开始发生效力，为保证勘察设计合同能够正确、全面履行，专门的合同管理机构需要经常检查合同履行情况，发现问题及时解决，以避免不必要的损失。

8.2 建设工程委托监理合同管理

8.2.1 监理合同概述

建设工程委托监理合同简称监理合同，是指委托人与监理人就委托的工程项目管理内容签订的明确双方权利、义务的协议。监理合同是一种委托合同。

1. 建设工程委托监理合同的基本特征

1）监理合同双方当事人的合法地位

监理合同的当事人双方是具有民事权利能力和民事行为能力、取得法人资格的企事业单位、其他社会组织，个人在法律允许的范围内也可以成为合同当事人。作为委托人必须是国家批准的建设项目、落实投资计划的企事业单位、其他社会组织和个人；作为受托方必须是依法成立的具有法人资格的监理企业，而且所承担的项目应与企业的资质等级和业务范围相符合。

2）监理合同签订程序的合法性

监理合同的订立必须符合工程项目的建设程序。监理合同以对建设工程项目实施控制和管理为主要内容，因此监理合同必须符合建设工程项目的程序，符合国家和建设行政主管部门颁发的有关建设工程的法律、行政法规、部门规章和各种标准、规范要求。

3）监理合同标的的特殊性

工程项目实施阶段所签订的其他合同，如勘察设计合同、施工合同、物资采购合同、加工合同的标的物是产生新的物质成果或信息成果，而监理合同的标的是服务，即监理人员依据自己的知识、经验和技能，受建设单位委托为其所签订的合同(勘察设计合同、施工合同等)的履行，依据法律法规、技术标准和规范以及合同文件等实施监督和管理。

此外，建设工程委托监理合同还具有其他一般委托合同的一般特征，如诺成合同、双务合同等，合同双方应采用书面形式订立委托监理合同。

2. 建设工程委托监理合同示范文本

《建设工程委托监理合同示范文本》由“工程建设委托监理合同”（以下简称“合同”)、“建设工程委托监理合同标准条件”（以下简称“标准条件”)、“建设工程委托监理合同专用条件”（以下简称“专用条件”)组成。

1）建设工程委托监理合同示范文本的内容

(1)“合同”是一个总的协议，是纲领性的法律文件。其主要内容是双方当事人确认的委托监理工程的概况(工程名称、地点、规模和总投资等)；委托人向监理人支付酬金的期限和方式；合同签订、生效的时间；双方愿意履行约定的各项义务的承诺及合同文件的组成。监理合同除“合同”内容外，还包括以下内容。

① 监理委托函或中标函。

② 建设工程委托监理合同标准条件。

③ 建设工程委托监理合同专用条件。

④ 在实施过程中双方共同签署的补充与修正文件。

(2) 建设工程委托监理合同标准条件。其内容涵盖了合同中所有词语的定义，适用范围和法规，签约双方的责任、权利和义务，合同生效、变更与终止，监理酬金，争议的解决及其他情况。标准条件为监理合同的通用文本，适用于各类建设工程项目监理，所有签约工程都应遵守该基本条件。

(3) 建设工程委托监理合同专用条件。由于标准条件适用于所有的建设工程委托监理，因此其中的某些条款规定得比较笼统，需要在签订具体的工程项目监理合同时，结合地域特点、专业特点和委托监理项目的工程特点，对标准条件中的某些条款进行补充、修正。

所谓“补充”是指标准条件中的条款明确规定，在该条款确定的原则下，专用条件的条款中进一步明确具体内容，使两个条件中相同序号的条款共同组成一条内容完备的条款。

所谓“修改”则是指标准条件中规定的程序方面的内容，如果双方认为不合适，可以协商修改。

2）建设工程委托监理合同示范文本的词语定义

(1) 合同当事人。“委托人”指承担直接投资责任和委托监理业务的一方及其合法继承人；“监理人”指承担监理业务和监理责任的一方及其合法继承人。委托人和监理人共同构成了合同的“主体”，双方具有平等的法律地位，依法享有权利和承担义务。双方不能将所签订合同约定的权利和义务转让给第三方或单方面变更合同主体。

(2) 合同的标的。监理合同的标的是监理人为委托人提供的监理服务。按照《工程建设监理规定》，工程建设监理包括工程监理的正常工作、附加工作和额外工作。“工程监理的正常工作”指双方在专用条件中约定，委托人委托的监理工作范围和内容；“工程监理的附加工作”指委托人委托监理范围之外，通过双方书面协议另外增加的工作或由于委托人的原因使监理工作受阻、延误，因增加工作量或持续时间而增加的工作；“工程监理的额外工作”指正常工作和附加工作以外或非监理人的原因造成监理业务的暂停、终止，其善后处理工作及恢复监理业务的工作。

(3) 其他词语解释。“承包人”指监理人之外委托人就工程建设有关事宜签订的合同当事人；“监理机构”指监理人派驻本工程实施监理业务的组织；“总监理工程师”指经委托人同意，监理人派驻监理机构全面履行合同的全权负责人。

8.2.2 监理合同的订立、履行与管理

1. 建设工程委托监理合同的订立

1）合同的谈判与签订

(1) 合同的谈判。不管是直接委托还是招标委托，委托人和监理人都要就监理合同的主要条款和应负责任进行具体谈判，委托人对工程的工期、质量的具体要求必须明确提出。使用示范文本时，要依据合同条件结合协议条款逐条加以谈判，对每一条款进行明确的约定。谈判过程中双方应本着诚实、信用、公平的原则，内容要具体，责任要明确。

(2) 合同的签订。经过谈判，双方就监理合同的各项条款达成一致，即可正式签订合同文件，合同文件可以参考示范文本来签订。

2）委托的监理业务

(1) 委托工作的范围。监理合同的范围是监理工程师为委托人提供服务的范围和工作量。委托人委托监理业务的范围是很广泛的，从工程建设各阶段来说，可以包括项目前期的立项咨询、勘察设计阶段、工程实施阶段、保修阶段等的全部监理工作或其中某些阶段的监理工作。在每个阶段内，又可以进行投资、质量、进度的三大控制及信息、合同两项管理。在具体项目上，应根据工程的特点、监理人的能力、建设各阶段的监理任务等因素，将委托的监理任务详细写入合同的专用条件内。如施工阶段的监理包括：协助委托人组织施工招投标及材料设备采购、运输等招投标，并协助委托人与承包人签订合同；协助

委托人完成上述合同的履行；对工程质量、设备、材料质量的技术监督和检查；施工的管理工作，包括质量控制、投资控制、计划和进度控制等。

(2) 对监理工作的要求。监理合同中明确约定的监理人执行监理工作的要求，应符合《工程建设监理规范》的规定，以保证双方的合法权益。

3) 双方的权利

(1) 委托人的权利。

① 授予监理人权限的权利。监理合同是要求监理人对委托人与第三方所签订的各种承包合同的履行实施监理的合同，因此在监理内容上需明确委托的监理任务，另外还应规定监理人的权限范围。在委托人授权的范围内，监理人可以对所监理的合同采取各种措施来实施监督，如果超出授权权限时，应首先征得委托人的同意后再发布有关指令。委托人确定授权大小时要根据自身的管理能力、建设工程项目的特点及需要等因素来考虑，同时在执行过程中可随时通过书面附加协议来扩大或缩小授权范围。

② 对其他合同承包方的选定权。委托人对勘察设计合同、施工合同、采购运输合同等的承包单位有选定权及与其签订合同的权利。

③ 对委托监理工程重大事项的决定权。委托人有对工程规模、设计标准、规划设计、生产工艺设计、设计标准和设计使用功能等要求的决定权，同时有对工程设计变更的审批权。

④ 对监理人履行合同的监督控制权。

委托人对监理人履行合同的监督权利体现在以下 3 个方面。

a. 对监理合同转让和分包的监督。除了支付款的转让外，监理人不得将涉及到的利益或规定义务转让给第三方。监理人所选择的监理工作分包单位必须事先征得委托人的认可。在没有取得委托人的书面同意前，监理人不得开始实行、更改或终止全部或部分服务的任何分包合同。

b. 对监理人员的控制监督。合同专用条款或监理人的投标书内，应明确总监理工程师人选，监理机构派驻人员计划。合同开始履行时，监理人应向委托人报送委派的总监理工程师及其监理机构主要成员名单，以保证完成监理合同专用条件中约定的监理工作范围内的任务。当监理人调换总监理工程师时，必须征得委托人的同意。

c. 对合同履行的监督权。监理人有义务按期提交月、季、年度的监理报告，委托人也可以随时要求其对重大问题提交专项报告，这些内容应在专用条款中明确约定。委托人按照合同约定检查监理工作的执行情况，如发现监理人员不按监理合同履行职责或与承包人串通，给委托人或工程造成损失的，有权要求监理人更换监理人员，直至终止合同，并要求其承担相应赔偿责任。

(2) 监理人的权利。

监理合同中涉及监理人权利的条款有两大类，一类是监理人在委托合同中应享有的权利，另一类是监理人履行委托人与第三方签订的承包合同的监理任务时可行使的权利。

① 委托监理合同中赋予监理人的权利。

a. 完成监理任务后获得酬金的权利。监理人应获得完成合同规定任务后的约定酬金，如果合同履行中由于主、客观条件的变化，监理人完成附加工作和额外工作，也有权按照专用条件中约定的计算方法得到额外工作的酬金。相关的酬金的支付方法，应在专用条件中写明；由于监理人在工作中做出显著成绩，如提出合理化建议使委托人获得实际经济利益，则应按照合同中规定的奖励方法得到委托人的奖励，奖励方法可参照国家颁布的合理化建议奖励方法，写在专用条件相应的条款中。

b. 终止合同的权利。如果由于委托人严重违约，如拖欠监理酬金，或由于非监理人的责任而使监理暂停的期限超过半年，监理人可按照终止合同的规定程序，单方面提出终止合同，以保护自己的合法权益。

② 监理人执行监理业务可以行使的权利。

a. 建设工程有关事项和工程设计的建议权，建设工程有关事项包括工程规模、设计标准、规划设计、生产工艺设计和使用功能要求。

监理人在设计标准和使用功能等方面，有向委托人和设计单位的建议权。工程设计的建议权是指按照安全和优化的要求，就某些技术问题自主向设计单位提出建议。但如果由于提出的建议提高了工程造价，或延长了工期，应事先征得委托人的同意，如发现工程设计不符合建筑工程质量标准或约定的要求，应报告委托人要求设计单位更改，并向委托人提出书面报告。

b. 对实施项目的质量、工期和费用的监督控制权。这主要表现为：对承包人报送的工程施工组织设计和技术方案，按照保证质量、保证工期、降低成本的要求，自主进行审批和向承包人提出建议；在委托人同意或授权下，发布开工令、停工令、复工令等；对工程上使用的材料和施工质量进行检验；对施工进度进行检查、监督，未经监理工程师签字，建筑材料、建筑构配件和设备不得在工地上使用，施工方不得进行下一道工序的施工；工程竣工日期提前或延误期限的鉴定；在合同约定的工程范围内，工程款支付的审核和签认权，及结算工程款的复核确认与否定权。未经监理人签字认可，委托人不支付工程款，不进行竣工验收。

c. 工程建设有关协作单位组织协调的主持权。

d. 在业务紧急情况下，为了工程和人身安全，尽管变更指令已超越了委托人授权而又不能事先得到批准时，监理人也有权发布变更指令，但应尽快通知委托人。

e. 审核承包人索赔的权利。

2. 建设工程委托监理合同的履行

监理合同在通用条款和专用条款中已明确规定了双方的权利和义务，监理人应按合同约定的内容和要求完成监理工作；委托人也应按合同约定的要求履行应尽义务、支付监理酬金，并积极配合监理人的工作。

1）委托人的义务

委托人的义务如下。

（1）委托人应做好建设工程所有外部关系的协调工作，为监理工作提供外部条件。如将全部或部分协调工作委托监理人承担时，应在合同专用条件中明确委托的工作和相应的酬金。

（2）为了不耽搁服务，委托人应在合理的时间内就监理人以书面形式提交并要求做出决定的一切事宜做出书面决定。

（3）委托人应在双方约定的时间内免费向监理人提供与工程有关的、监理工作所需的工程资料。

(4) 委托人应授权一位熟悉建设工程情况，能迅速做出决定的常驻代表，负责与监理人联系。更换常驻代表时，要提前通知对方。

(5) 委托人应将授予监理人的监理权利，以及监理人主要成员的职能分工、监理权限，及时书面通知已选定的第三方，并在与第三方签订的合同中予以明确。

(6) 委托人应免费向监理人提供合同专用条件中约定的设备、设施和必要的生活条件，包括检测试验设备、测量设备、通信设施、交通设备、办公设备、生活用房等。这些属于委托人的财产和物品，在监理任务完成后，应归还委托人。若双方协商某些设备、物品由监理人自备，则应给予监理人合理的经济补偿，在合同的专用条件中明确费用的计算方法。

(7) 委托人应及时向监理人提供必要的信息服务，包括本工程所使用的原材料、构配件、机构设备等生产厂家的名录，以便于监理人掌握产品质量信息；与本工程有关的协作单位、配合单位的名录，以便于监理工作的组织协调。

(8) 根据情况需要，委托人应免费向监理人提供人员服务，在合同专用条件中写明提供的人数和服务时间。当涉及监理服务工作时，委托人所提供的职员应对监理人负责。

2) 监理人的工作范围和义务

(1) 监理人的工作范围。监理人的工作范围包括正常监理工作、附加监理工作、额外监理工作。由于工作性质的特点，有些工作在订立合同时未能预见或未能合理预见，因此监理人除应完成正常工作之外，还应完成附加工作和额外工作。

(2) 监理人的义务。监理人的义务主要有如下几项。

① 监理人在履行合同义务期间，应运用合理的技能认真勤奋工作，公正地维护有关方面的合法权益。当委托人发现监理人员不按监理合同履行监理职责，或与承包人串通给委托人或工程造成损失时，委托人有权要求监理人更换监理人员，直到终止合同，并要求监理人承担相应的赔偿责任或连带赔偿责任。

② 合同履行期间应按合同约定派驻足够的人员从事监理工作。开始执行监理业务前向委托人报送派往该工程项目的总监理工程师及该项目监理机构的人员情况。合同履行过程中如果需要调换总监理工程师，必须首先经过委托人同意，并派出具有相应资质和能力的人员。

③ 在合同期内或合同终止后，未征得有关方面的同意，不得泄露与本工程、合同业务有关的保密资料。

④ 任何由委托人提供的供监理人使用的设施和物品都属于委托人的财产，在监理工作完成或终止后，应将设施和剩余物品归还给委托人。

⑤ 非经委托人书面同意，监理人及其职员不应接受委托监理合同约定以外的监理工程有关的酬金，以确保监理行为的公正性。

⑥ 监理人不得参与可能与合同规定的委托人利益相冲突的任何活动。

⑦ 监理过程中，不得泄露委托人申明的秘密，也不得泄露设计、承包等单位申明的秘密。

⑧ 负责合同的协调管理工作。在委托工程范围内，委托人或承包人对对方的任何意见和要求(包括索赔要求)，均必须首先向监理机构提出，由监理机构研究处置意见，再同双方协商确定。当委托人和承包人发生争议时，监理机构应根据自己的职能，以独立的身

份判断，公正地进行调解。当双方的争议由政府行政主管部门调解或仲裁机构仲裁时，应当提供作证的事实材料。

3）监理合同的有效期

双方在合同中约定的时间、期限仅指完成正常监理工作预定的时间，不一定是监理合同的有效期。监理合同的有效期是监理人的责任期，以监理人是否完成了正常监理工作、附加监理工作和额外监理工作的义务来判断。标准条件中规定，监理合同的有效期为双方签订合同后，从工程准备工作开始到监理人向委托人办理完竣工验收或工程移交手续，承包人和委托人已签订工程保修责任书，监理人收到监理酬金尾款，监理合同方才终止。若保修期仍需监理人执行相应的监理工作，双方应在专用条件中另行约定。

4）双方的违约责任

（1）委托人的责任。委托人应履行委托监理合同约定的义务，如有违反，则应承担违约责任，赔偿给监理人造成的经济损失；委托人若向监理人提出的索赔要求不能成立，则应补偿由该索赔所引起的监理人的各种费用支出。

（2）监理人的责任。在监理合同的有效期内，如果因工程建设进度的推迟或延误而超过书面约定日期，双方应进一步约定顺延的合同期；监理人在合同责任期内，应全面履行约定的义务。若因监理人的过失而造成委托人的经济损失，应向委托人赔偿，累计赔偿总额一般不应超过监理酬金总额(除去税金)；监理人对承包人违反合同规定的质量要求和完工时限，不承担责任。因不可抗力导致委托监理合同不能全部或部分履行，监理人不承担责任。但因监理人未尽自身义务而引起委托人的损失，应向委托人承担赔偿责任；监理人向委托人提出的索赔要求不能成立时，应补偿由于该索赔所导致委托人的各种费用支出。

5）合同的生效、变更与终止

（1）合同自签字之日起生效。合同约定的时间为监理工作的开始和完成时间，合同履行过程中双方可商议延长时间。自合同生效时起至合同完成时的时间为合同的有效期。

（2）任何一方申请并经双方书面同意后，可以对合同进行变更。在实际履行中，可以采取正式文件、信件协议或委托单等方式对合同实施修改，若变动范围太大，也可以考虑重新制定新的合同文件。

（3）由于委托人或第三方的原因使监理工作受到阻碍或延误，以致发生了附加工作或延长了工作时间，则监理人应将此情况及可能产生的影响及时通知委托人，完成监理业务的时间相应延长，并得到附加工作酬金。

（4）委托监理合同签订后，出现了不应由监理人负责的情况，导致监理人不能全部或部分执行监理业务时，监理人应立即通知委托人。在这种情况下，如果不得不暂停执行某些监理业务，则该监理业务的完成时间应予以延长，直到这种情况不再持续。当恢复执行监理业务时，应增加不超过 42 天的合理时间，用于恢复执行监理业务，并按双方约定的数量支付监理酬金。

（5）当事人一方要求变更或解除合同时，应在 42 日前通知对方，因变更或解除合同而造成对方损失的，除依法可免除责任者外，应由责任方负责赔偿。变更或解除合同的通知必须采用书面形式，协议未达成一致前，原合同仍然有效。

（6）若委托人认为监理人无正当理由而又未履行合同时，可向监理人发出指明其未履行义务的通知。若委托人在确认监理人收到通知的 21 日内没有得到答复，可在第一个通知发出后的35日内发出终止合同的通知，合同即行终止。

(7) 监理人由于非自身原因而暂停或终止监理业务时，其善后工作及恢复执行监理业务的工作应视为额外工作，监理人有权获得额外酬金。

(8) 监理人在应当获得监理酬金之日起的30日内仍未收到支付款，而委托人又未对监理人做出任何书面解释，或暂停监理业务期限已经超过6个月时，监理人可向委托人发出终止合同的通知。若在14日内未得到委托人的答复，可进一步发出终止合同的通知。如果第二份通知发出后42日内仍未得到委托人的答复，监理人可自行终止合同，也可以自行暂停履行部分或全部监理业务。

(9) 监理人向委托人办理完竣工验收或工程移交手续，承包人和委托人已签订工程保修合同，监理人收到监理酬金尾款结清监理酬金后，合同即告终止。

(10) 合同协议的终止不影响双方应有的权利和应承担的责任。

6) 争议的处理

因违反或终止合同而造成对方的损失，要依照合同约定负赔偿责任，或由双方协商解决。若协商未能达成一致，可提交主管部门调解。若仍不能达成一致的，根据双方约定提交仲裁机构仲裁或向人民法院起诉。

7) 监理合同的酬金

监理合同的酬金由正常监理工作酬金、附加监理工作酬金和额外监理工作酬金组成。

(1) 正常监理工作酬金。正常监理工作酬金由监理人在工程项目监理中所需的全部成本，即直接成本和间接成本，再加上合理的利润和税金构成。

直接成本包括以下内容。

① 监理人员和监理辅助人员的工资，包括津贴、附加工资、奖金等。

② 用于该工程监理人员的其他专项开支，包括差旅费、补助费、书报费等。

③ 监理期间使用与监理工作相关的计算机和其他检测仪器、设备的摊销费用。

④ 所需的其他外部协作费用。

间接成本是指全部业务经营开支和非工程项目的特定开支，主要包括以下内容。

① 管理人员、行政人员、后勤服务人员的工资。

② 经营业务费，主要包括为招揽业务而支出的广告费等。

③ 办公费，包括文具、纸张、账表、报刊、文印费用等。

④ 交通费、差旅费、办公设施费(公司使用的水、电、气、环卫、治安等费用)。

⑤ 固定资产及常用工器具、设备的使用费。

⑥ 业务培训费、图书资料购置费。

⑦ 其他行政活动经费。

(2) 附加监理工作酬金。附加监理工作包括增加监理工作时间和增加监理工作范围或内容两种情况。前者补偿酬金由双方在合同中约定；后者属于监理合同的变更，双方应另行签订补充协议，并具体商定酬金的数额或计算方法。

(3) 额外监理工作酬金。额外监理工作酬金按实际增加的工作天数计算补偿金额。

(4) 监理酬金的计算方法。我国现行的监理酬金的计算方法主要有4种，即国家物价局、住建部颁发的价费字479号文《关于发布工程建设监理费有关规定的通知》中规定的办法。根据监理业务范围、深度和工程的性质、规模、难易程度及工作条件等情况按下述方法之一计取。

① 按照监理工程的概预算百分比计收，见表 8－1。

表 8－1　工程建设监理收费标准

序号	工程概预算	设计阶段(含设计招标)	施工(含施工招标)及保修阶段
	M/万元	监理收费费率 a /(%)	监理收费费率 b/(%)
1	$M<500$	$0.20<a$	$2.50<b$
2	$500<M<1\ 000$	$0.15<a<0.20$	$2.00<b<2.50$
3	$1\ 000<M<5\ 000$	$0.10<a<0.15$	$1.40<b<2.00$
4	$5\ 000<M<10\ 000$	$0.08<a<0.10$	$1.20<b<1.40$
5	$10\ 000<M<50\ 000$	$0.05<a<0.08$	$0.80<b<1.20$
6	$50\ 000<M<100\ 000$	$0.03<a<0.05$	$0.60<b<0.80$
7	$M>100\ 000$	$a<0.03$	$b<0.60$

这种方法规定的工程建设监理收费标准是指导性价格，具体的收费标准由委托人和监理人在规定的幅度内协商确定。此方法比较简便、科学，也是国际上比较常用的方法。一般情况下，新建、改建、扩建的工程，都应采用这种方法。

② 按照参与监理工作的年度平均人数计算，一般为 3.5～5 万元/(人·年)。这种收费方法主要适用于单工种或临时性，或不宜按工程概预算的百分比计收监理费的工程项目。

③ 不宜按①、②两项方法计收的，由委托人和监理人按协商的其他方法计收。

④ 中外合资、合作、外商独资的建设工程，工程建设监理费由双方参照国际标准协商确定。

(5) 监理酬金的支付。监理酬金所采用的货币币种、汇率和具体支付方式，由双方协商确定，并在合同专用条件中注明。

3. 建设工程委托监理合同的档案管理

监理合同签订后，双方应严格履行合同，并做好合同的管理工作。

1) 委托人对合同档案的管理

在全部工程项目竣工后，委托人应将全部合同文件，包括完整的工程竣工资料等，进行系统的整理，按照国家《档案法》及相关规定，建立专门档案进行保管。为保证监理档案的完整性，委托人对合同文件及合同履行过程中与监理单位之间的各种签证、会谈纪要、记录协议、补充合同文件、函件、电报、信件、电子邮件、电传等进行系统整理，妥善保管。

2) 监理人对合同档案的管理

在全部监理工作完成后，监理单位应做好监理合同的归档工作，主要包括两个方面的内容：一是向委托人提交档案资料；二是监理单位内部归档。这些档案资料如下。

(1) 向委托人提交监理工作总结。工作总结的主要内容有：监理委托合同履行情况概述；监理任务或监理目标的完成情况评价；由委托人提供的供监理活动使用的办公用房、设备、设施等的清单；表明监理工作终结的说明等。

(2) 监理单位内部归档资料。归档资料主要包括：监理合同及合同履行中有关的各种签证、会谈纪要、记录协议、补充合同文件、函件、电报、信件、电子邮件、电传等资料；监理组织资料(监理大纲、监理规划、监理工作中的程序性文件、监理会议纪要、监理日记等)；合同监理工作的经验(可以是采用某种监理技术、方法的经验，或采用某种经济措施、组织措施的经验，或签订监理委托合同方面的经验，以及如何处理好与委托人、承包单位等关系的经验等)；监理工作中存在的问题及改进的建议，以及指导以后监理工作的建议、向政府等主管部门提出的政策性建议等。

8.3 建设工程材料、设备采购合同

建设工程材料、设备采购合同是指平等主体的自然人、法人、其他组织之间，为实现建设工程材料、设备买卖，设立、变更、终止相互权利义务关系的协议。建设工程材料、设备采购合同属于买卖合同。

工程材料和设备是工程项目顺利完成的物质保证。通过合同形式实现建设工程材料和设备的采购，使得买卖双方的经济关系成为合同法律关系，是市场发展规律在法律上的反映，也是国家运用法律手段对建设市场实现有效管理和监督的意志体现。工程材料和设备买卖合同的依法订立和履行，在工程项目建设中具有重要作用。

8.3.1 材料、设备采购合同的订立方式

根据我国的法律规定以及工程建设实际，工程材料、设备采购合同的订立方式包括竞争方式和非竞争方式。非竞争方式一般仅适用于采购价值较小的建筑材料、设备和标准规格的产品，指所需材料或设备具有专场专卖性，只能从某一家供货商获得，以及急需采购的某些材料、小型设备或工具等。竞争方式订立合同具体包括拍卖和招标两种方式，工程材料、设备的采购，一般采用招标的方式。

8.3.2 工程材料、设备采购合同的主要条款

工程材料、设备采购合同的主要条款如下。

(1) 买卖双方当事人的名称、地址，法定代表人的姓名、职务，委托代订合同的代理人姓名、职务。

(2) 合同标的。合同标的应写明标的物名称、品种、规格、型号等，应注意符合施工合同的要求。

(3) 标的数量。数量条款应明确供货方交货的数量、计量方法等。在约定数量时应考虑合理磅差、运输途中损耗，合理约定交货数量的正负尾差。

(4) 质量要求、技术标准、供货方对质量负责的条件和期限。根据采购标的性质、通用性能、耐用程度、可靠性、外观、经济性等指标，明确质量要求。技术标准应符合规定，必须写明执行的标准代号、编号和标准名称。

(5) 价款。在合同中应明确是否执行政府定价或政府指导价，列明标的物的单价及合同总金额。

(6) 交(提)货期限。交(提)货期限是标的物由供货方转移给采购方的具体时间要求，

它不仅涉及当事人合同义务的履行，而且关系到风险责任的承担。交(提)货期限的确定和计算有两种：合同约定由供货方送货或代运的，交货日期以供货方发运产品时承运部门签发的戳记日期为准；合同约定由采购方自提的，以供货方依约通知的提货日期为准，但供货方应给采购方必要的在途时间。

(7) 交(提)货地点、方式。交(提)货地点是供货方交付货物、采购方接收货物的地点，它的确定关系到运费的负担、风险的转移等问题，应由双方当事人在合同中予以明确。交(提)货方式是指买卖双方对标的物转移所采用的方式，一般有采购方到合同约定的地点自提货物和供货方负责将货物送到指定地点两大类，而供货方送货又可细分为将货物送抵现场或委托运输部门代运两种方式。由于工程材料设备数量多、体积大、品种繁杂，当事人应在签订合同时明确交(提)货的方式，以便按时、准确地履行合同。

(8) 价款的支付方式、时间、地点。价款的支付是基于货物买卖而引起的货币支付行为。采购方以现金支付的，称为现金结算；通过银行账户的资金转移支付的，称为转账结算。转账结算方式又分两类，一类是异地结算方式，另一类是同城结算方式。异地结算方式包括异地托收承付结算方式、异地委托收款、信用证结算方式、汇兑结算方式和限额结算方式。以上各种结算方式，当事人在签订合同时，应依据有关规定和实际情况适当选择，并同时明确支付的地点和时间，注明双方开户银行、账户名称和账号。

(9) 工程材料、设备的包装。根据材料、设备的性能、形状、体积、重量，在有利于生产、流通、安全和节约的原则下，有关部门制定了统一标准，形成产品的包装标准。凡有国家标准或专业(部)标准的，当事人应执行相应的标准，没有国家标准或专业(部)标准或类型、规格、容量、印刷标志、产品的盛放、衬垫、封袋方法等事项的，可按双方合同中的协议或补充条款处理，并且应对包装物的回收办法即回收品的质量、回收价格、回收期限、验收方法等予以明确。

(10) 验收标准和方法。验收是对工程材料、设备的数量、品种、规格、质量的检验。验收的方式有驻厂验收、提运验收、接运验收和入库验收等几种方法。验收的内容主要是查明产品的名称、规格、型号、数量、质量是否与合同和其他证件上的技术标准相符；设备的主机、配件、小型设备或工具等是否齐全；包装是否完整，外表有无损坏；对需要化验、试验的材料、设备进行必要的物理化学检验等。

(11) 违约责任。

(12) 纠纷解决方式。

(13) 合同的份数、使用的文字及其效力。

(14) 订立合同的时间、地点及当事人签字。

以上条款仅就一般工程材料、设备买卖合同而言，对于通过竞争方式订立的合同或从国外进口工程材料、设备的合同，应按有关规定或商业惯例明确合同内容。

8.3.3 供货方合同义务的履行

在工程材料、设备采购合同中，供货方的义务就是交付标的物并转移标的物的所有权，因此，合同依法生效后，供货方应当履行向采购方交付标的物或者交付提取标的物的单证，并转移标的物所有权的义务。具体来讲，供货方合同义务的履行，包括以下几方面的内容。

1. 交付标的物的时间、地点、方式

1）交付标的物的时间

凡当事人在合同中对交付标的物的时间有明确规定的，供货方应按合同约定的期限履行交货义务。当事人如果约定交付期的，供货方可以在该交付期间内的任何时间交付。

当事人没有约定标的物交付期限或者约定不明确的可以协议补充；不能达成补充协议的，按照合同有关条款或者交易习惯确定；按照合同有关条款或者交易习惯仍不能确定的，供货方可以随时履行，采购方也可以随时要求履行，但应当给对方必要的准备时间。

2）交付标的物的地点

供货方应当按照约定的地点交付标的物。当事人没有约定交付地点或者约定不明确的，可以协议补充；不能达成补充协议的，按照合同有关条款或者交易习惯确定，否则适用下列规定。

（1）标的物需要运输的，供货方应当将标的物交付给第一承运人，以运交给采购方。

（2）标的物不需要运输，供货方和采购方订立合同时知道标的物在某一地点的，供货方应当在该地点交付标的物；不知道标的物在某一地点的，应当在供货方订立合同时的营业地交付标的物。

3）交付标的物的方式

交付标的物的方式可分为现实交付和象征性交付。现实交付是供货方将标的物的事实管理权转移给采购方，使采购方能实际控制标的物，即由采购方直接占有标的物；象征性交付是供货方将代表标的物所有权的单证交给采购方，采购方凭单证提取标的物。根据我国《合同法》的规定，交付标的物的方式，可以是现实交付，也可以是象征性交付，但在国内工程材料、设备采购合同中多是现实交付，而在国际工程材料、设备采购合同中多是象征性交付。

4）交付其他单证和资料

供货方交付的单证有两类：一类是代表标的物所有权的单证，如提单；另一类是辅助单证，如商品检验合格证、使用说明书等。供货方交付其他单证，指的是交付辅助单证。我国《合同法》规定，供货方应当按照约定或者交易习惯向采购方交付提取标的物单证以外的有关单证和资料。

2. 权利担保

权利担保是供货方应确保对其出售的标的物享有完全的权利，任何第三者不得就该标的物向采购方主张任何权利，也没有侵犯任何第三者的权利。对此，我国《合同法》做出了明确规定。

（1）出卖的标的物应当属于出卖人所有或者出卖人有权处分。法律、行政法规禁止或者限制转让的标的物，依照其规定。

（2）出卖人就交付的标的物，负有保证第三人不得向买受人主张任何权利的义务，但法律另有规定的除外。

（3）出卖人就交付的标的物负有保证第三人不得向买卖的标的物享有权利的，出卖人不承担第(2)项规定的义务。

（4）买受人有确切证据证明第三人可能就标的物主张权利的，可以中止支付相应的价款，但出卖人提供适当担保的除外。

3. 品质担保

品质担保是供货方对其出售的工程材料、设备的质量、特性或适用性承担的责任。对此，我国《合同法》规定了以下内容。

（1）出卖人应当按照约定的质量要求交付标的物。出卖人提供有关标的物质量说明的，交付的标的物应当符合该说明的质量要求。

（2）当事人对标的物应当符合该说明的质量要求没有约定或者约定不明确的，依照本法第六十一条的规定：合同生效后，当事人就质量、价款或者报酬、履行地点等内容没有约定或者约定不明确的，可以协议补充；不能达成补充协议的，按照合同有关条款或者交易习惯确定。仍不能确定的，适用本法第六十二条第一项的规定，质量要求不明确的，按照国家标准、行业标准履行；没有国家标准、行业标准的，按照通常标准或者符合合同目的的特定标准履行。

（3）出卖人交付的标的物不符合质量要求的，买受人可以依照本法第一百一十一条的规定，要求出卖人承担违约责任。当事人一方不履行非金钱债务或者履行非金钱债务不符合约定的，对方可以要求履行，但有下列情形之一的除外：① 法律上或者事实上不能履行；② 债务的标的不适合于强制履行或者履行费用过高；③ 债权人在合理期限内未要求履行。

4. 包装义务

按照我国《合同法》的规定，供货方应当按照约定的包装方式交付标的物。对包装方式没有约定或者约定不明确的，可以协议补充；不能达成补充协议的，按照合同有关条款或者交易习惯确定。否则，应当按照通用的方式包装；没有通用方式的，应当采取足以保护标的物的包装方式。

8.3.4 采购方合同义务的履行

在工程材料、设备采购合同中，采购方的主要义务是支付价款和收取标的物，具体来讲包括以下几个方面。

1. 支付价款的数额、地点、时间

1）支付价款的数额

采购方应当按照约定的数额支付价款。当事人对价款没有约定或者约定不明确的，可以协议补充；不能达成补充协议的，按照合同有关条款或者交易习惯确定，否则，按照订立合同时履行地的市场价格履行；依法应当执行政府定价或者政府指导价的，按照规定履行。

2）支付价款的地点

采购方应当按照约定的地点支付价款。对支付地点没有约定或者约定不明确的，可以协议补充；不能达成补充协议的，按照合同有关条款或者交易习惯确定。否则，采购方应当在供货方的营业地支付，但约定支付价款以交付标的物或者交付提取标的物单证为条件的，在交付标的物或者交付提取单证的所在地支付。

3）支付价款的时间

采购方应当按照约定的时间支付价款。对支付时间没有约定或者约定不明确的，可以协议补充；不能达成补充协议的，按照合同有关条款或者交易习惯确定。否则，采购方应当在收到标的物或者提取标的物单证的同时支付。

2. 收取标的物

交付标的物是供货方的义务，收取标的物则是采购方的义务。采购方应按合同约定的时间、地点和方式收取标的物。采购方违反约定，没有收取的，标的物毁损、灭失的风险自违反约定之日起由采购方承担。

3. 检验标的物

采购方收到标的物时应当在约定的检验期间内检验。没有约定检验期间的，应当及时检验。当事人约定检验期间的，采购方应当在检验期间内将标的物的数量或者质量不符合约定的情形通知供货方。采购方怠于通知的，视为标的物的数量或者质量符合约定。

当事人没有约定检验期间的，采购方应当在发现或者应当发现标的物的数量或者质量不符合约定的合理期间内通知供货方。采购方在合理期间内未通知或者自标的物收到之日起两年内未通知供货方的，视为标的物的数量或者质量符合约定，但对标的物有质量保证期的，适用质量保证期，不适用该两年的规定。

供货方知道或者应当知道提供的标的物不符合约定的，采购方不受前两项规定的通知时间的限制。

8.3.5 工程材料、设备采购合同的管理

工程材料、设备采购合同从属于工程承包合同，加强工程材料、设备采购合同的管理，是工程承包合同管理的重要工作内容之一。因此，对工程材料、设备采购合同的管理，应纳入工程师合同管理的范畴，同时，工程材料、设备采购合同的采购方也应做好管理工作。无论是工程师还是工程材料、设备采购合同的采购方，在签订和履行工程材料、设备采购合同时，应注意以下几个问题。

(1) 工程材料、设备采购合同的内容应符合工程承包合同的要求，尤其是有关标的物的品种、规格、型号、数量、质量及检验标准、交货期限等内容，不得与工程承包合同相抵触；否则，将对工程承包合同的履行产生不利影响。

(2) 工程材料、设备采购合同的订立方式应适当选择。凡依法应以招标方式订立的，不应与法律法规的要求相抵触；否则，会影响合同的有效成立。

(3) 加强工程材料、设备的质量检验与监督。对工程材料、设备的质量检验，不应仅满足于交货后检验，应力求在工程材料、设备的生产制造过程中加强监督，避免缺陷，必要时可派独立的检验人员驻厂监督。一旦发现质量问题，及时做出处理。

(4) 承包商进行工程材料、设备采购时，订立合同后，应将合同的副本交给工程师，并获得工程师许可。在工程材料、设备的生产制造过程中，应为工程师检验、检查提供便利。当工程材料、设备交付时，应事先取得工程师认可才能进场。在施工安装时，发现有缺陷的材料、设备应服从工程师的指示，予以拆除、运出现场并重新采购。

背景

某工程，施工总承包单位依据施工合同约定，与甲安装单位签订了安装分包合同。基础工程完成后，由于项目用途发生变化，建设单位要求设计单位编制设计变更文件，并授权项目监理机构就设计变更引起的有关问题与总承包单位进行协商。项目监理机构在收到经相关部门重新审查批准的设计变更文件后，经研究对其今后工作安排如下。

(1) 由总监理工程师负责与总承包单位进行质量、费用和工期等问题的协商工作。

(2) 要求总承包单位调整施工组织设计，并报建设单位同意后实施。

(3) 由总监理工程师代表主持修订监理规划。

(4) 由负责合同管理的专业监理工程师全权处理合同争议。

(5) 安排一名监理员主持整理工程监理资料。

在协商变更单价过程中，项目监理机构未能与总承包单位达成一致意见，总监理工程师决定以双方提出的变更单价的均值作为最终的结算单价。项目监理机构认为甲安装分包单位不能胜任变更后的安装工程，要求更换安装分包单位。总承包单位认为项目监理机构无权提出该要求，但仍表示愿意接受，随即提出由乙安装单位分包。甲安装单位依据原定的安装分包合同已采购的材料，因设计变更需要退货，向项目监理机构提出了申请，要求补偿因材料退货造成的费用损失。

问题

(1) 逐项指出项目监理机构对其今后工作的安排是否妥当，若有不妥之处，写出正确做法。

(2) 指出在协商变更单价过程中项目监理机构做法的不妥之处，并按《工程建设监理规范》写出正确做法。

(3) 总承包单位认为项目监理机构无权提出更换甲安装分包单位的意见是否正确？为什么？写出项目监理机构对乙安装单位分包资格的审批程序。

(4) 指出甲安装单位要求补偿材料退货造成费用损失申请程序的不妥之处，写出正确做法。该费用损失应由谁承担?

案例评析

(1) ① 妥当；② 不妥。正确做法：调整后的施工组织设计应经项目监理机构(或总监理工程师)审核、签认；③ 不妥。正确做法：由总监理工程师主持修订监理规划；④ 不妥。正确做法：由总监理工程师负责处理合同争议；⑤ 不妥。正确做法：由总监理工程师主持整理工程监理资料。

(2) 不妥之处：以双方提出的变更费用价格的均值作为最终的结算单价。

正确做法：项目监理机构(或总监理工程师)提出一个暂定价格，作为临时支付工程进度款的依据。变更费用价格在工程最终结算时以建设单位与总承包单位达成的协议为依据。

(3) 不正确。

理由：依据有关规定，项目监理机构对工程分包单位有认可权。

程序：项目监理机构(或专业监理工程师)审查总承包单位报送的分包单位资格报审表和分包单位的有关资料；符合有关规定后，由总监理工程师予以签认。

(4) 不妥之处：由甲安装分包单位向项目监理机构提出申请。

正确做法：甲安装分包单位向总承包单位提出申请，再由总承包单位向项目监理机构提出申请。费用损失由建设单位承担。

应用案例8-2

背景

A房地产开发公司投资开发了一项花园工程。由B建筑安装工程总公司负责施工，由C建材公司供应D水泥厂生产的水泥。1995年9月15日，建材公司提供20吨水泥进入工地，B建筑安装工程总公司送检测试，结论为合格水泥。之后，C建材公司陆续组织水泥进场，共计680吨。同年10月11日，B公司从C公司供应的水泥中再次抽样送检，经检验确认为废品水泥。此时水泥已用去613吨，分别浇筑在花园工程A楼的第12～15层。经有关部门检测，第12～15层的混凝土强度不符合设计要求，市建设工程质量监督总站决定对第12～15层推倒重浇。A公司于是向人民法院起诉B公司、C公司和D厂，要求三被告赔偿经济损失。

问题

(1) 如施工合同明确约定水泥由甲方供应，责任应如何区分?

(2) 如施工合同明确约定水泥由乙方供应，责任应如何区分?

(3) 对第二种情况，监理单位是否应承担责任?

案例评析

(1) 如施工合同明确约定水泥由甲方供应，则应看乙方(B建筑安装工程总公司)是否知道C建材公司供应的水泥是分批的，如不知，则B建筑安装工程总公司无责任，应由D水泥厂承担赔偿责任，C公司承担连带责任。如果乙方知道供应的水泥是分批的，则应由B、C公司共同承担连带责任。

(2) 如施工合同明确约定水泥由乙方供应，则由B公司承担赔偿责任。

(3) 对第二种情况，监理单位应承担监理失当的责任。监理单位根据监理合同的约定承担责任。

应用案例8-3

背景

某实施监理的工程，建设单位分别与甲、乙施工单位签订了土建工程施工合同和设备安装工程施工合同，与丙单位签订了设备采购合同。工程实施过程中发生了下列事件。

事件1：甲施工单位按照施工合同约定的时间向项目监理机构提交了工程开工报审表，总监理工程师在审批施工组织设计文件后，组织专业监理工程师到现场检查时发现：施工机具已进场准备就位；施工测量人员正在进行测量控制桩和控制线的测设；拆迁工作正在进行，不会影响工程进度。为此，总监理工程师签署了同意开工的意见，并报告了建设单位。

事件2：专业监理工程师巡视时发现，甲施工单位现场施工人员准备将一种新型建筑材料用于工程。经询问，甲施工单位认为该新型建筑材料性能好、价格便宜，对工程质量有保证。项目监理机构要求其提供该新型建筑材料的有关资料，甲施工单位仅提供了使用说明书。

事件3：项目监理机构检查甲施工单位的某分项工程质量时，发现试验检测数据异常，便再次对甲施工单位试验室的资质等级及其试验范围、本工程试验项目及要求等内容进行了全面考核。

事件4：为了解设备性能，有效控制设备制造质量，项目监理机构指令乙施工单位指派专人进驻丙单位，与专业监理工程师共同对丙单位的设备制造过程进行质量控制。

事件5：工程竣工验收时，建设单位要求甲施工单位统一汇总甲、乙施工单位的工程档案后提交项目监理机构，由项目监理机构组织工程档案验收。

问题

(1) 事件1中，总监理工程师签署同意开工的意见是否妥当？说明理由。

(2) 写出项目监理机构处理事件2的程序。

(3) 事件3中，项目监理机构还应从哪些方面考核甲施工单位的试验室？

(4) 事件4中，项目监理机构指令乙施工单位派专人进驻丙单位的做法是否正确？说明理由。

(5) 指出事件5中建设单位要求的不妥之处，说明理由。

案例评析

(1) 不妥。在开工之前测量控制桩线必须查验合格。

(2) 第一步：要求施工单位提供产品合格证、质量保证书、材质化验单、技术指标报告和生产厂家生产许可证。

第二步：要求施工单位按技术规范，对材料进行有监理人员见证的取样送检。

第三步：抽样检验后，不合格的要求施工单位将材料运出施工现场，合格即批准使用。

第四步：处理结果书面通知业主。

(3) 监理工程师应检查试验室资质证明文件、试验设备、检测仪器能否满足工程质量检查要求，是否处于良好的可用状态；精度是否符合要求；法定计量部门标定资料，合格证、率定表等是否在标定的有效期内；试验室管理制度是否齐全，符合实际；试验、检测人员的上岗资质等。

(4) 不正确。监造人员原则上由设备采购单位派出。此题中业主与丙单位签订设备采购合同，因此不能指令乙单位派出人员。

(5) 建设单位不能要求甲施工单位统一汇总甲、乙施工单位的工程档案，因为建设单位分别与甲、乙施工单位签订的合同。

本章小结

本章主要讲述了建设工程勘察设计合同的订立、履行与管理的有关知识，建设工程委托监理合同的订立、履行与管理的有关知识，建设工程材料、设备采购合同的订立、履行与管理的有关知识。

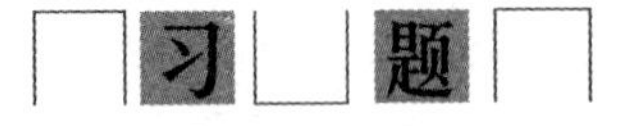

习题

1. 单选题

(1) 工程建设设计合同是一种(　　)合同。

A. 转移财产　　B. 第三者利益　　C. 诺成性　　D. 实践性

(2) 工程监理单位与承包单位串通，为承包单位谋取非法利益，给建设单位造成损失的，应(　　)。

A. 由工程监理单位承担赔偿责任

B. 由承包单位承担赔偿责任

C. 由建设单位自行承担损失

D. 由工程监理单位和承包单位承担连带赔偿责任

(3) 勘察设计合同的承包方因勘察设计质量低劣引起返工或未按期提交勘察设计文件、拖延工期造成损失时，应由(　　)。

A. 承包方继续完善勘察设计

B. 发包方与承包方解除勘察设计合同

C. 承担与受损失部分勘察设计费相当的赔偿金

D. 视造成损失浪费的大小减收或免收勘察设计费

E. 视造成损失浪费的大小赔偿发包方实际损失

(4) 下列不属于建设工程监理合同标准条件的是(　　)。

A. 监理人义务　　B. 委托人义务

C. 委托人权力　　D. 外部条件包括的内容

(5) 依据委托监理合同示范文本，当委托人严重拖欠监理酬金而又未提出任何书面解释时，监理人可(　　)。

A. 发出终止合同通知，通知发出 14 天后合同即行终止

B. 发出终止合同通知，通知发出 14 天内未得到答复，可进一步发出终止合同通知，第二个通知到达即行终止

C. 发出终止合同通知，通知发出 14 天内未得到答复，可在第一个通知发出 35 天内终止

D. 发出终止合同通知，通知发出 14 天内未得到答复，可进一步发出终止合同通知，第二个通知发出 42 天仍未得到答复可终止合同

(6) 采购工程急需的少量特殊材料，宜采用(　　)方式确定货商。

A. 公开招标　　B. 邀请招标

C. 国际竞争性招标　　D. 直接定购

(7) 执行政府定价的合同，如果当事人一方逾期交付货物，遇政府价格上调时，则应按(　　)执行。

A. 原价格　　B. 新价格

C. 原价与新价的平均价格　　D. 市场价

(8) 某建设工程物资采购合同，采购方向供货方交付定金 4 万元。由于供货方违约，按合同约定计算的违约金为 10 万元，则采购方有权要求供货方支付(　　)承担违约责任。

A. 4 万元　　B. 8 万元　　C. 10 万元　　D. 14 万元

(9) 某施工合同约定由施工单位负责采购材料，合同履行过程中，由于材料供应商违约而没有按期供货，导致施工没有按期完成。此时应当由(　　)违约责任。

A. 建设单位直接向材料供应商追究

B. 建设单位向施工单位追究责任，施工单位向材料供应商追究

C. 建设单位向施工单位追究责任，施工单位向项目经理追究

D. 建设单位不追究施工单位的责任，施工单位应向材料供应商追究

(10) 在《建设工程委托监理合同(示范文本)》中，纲领性的法律文件是(　　)。

A. 建设工程委托监理合同　　B. 建设工程委托监理合同标准条件

C. 建设工程委托监理合同专用条件　　D. 双方共同签署的修正文件

(11) 在监理合同履行过程中，发生不可抗力导致施工被迫中断，不可抗力影响消失

后恢复施工前必要的监理准备工作属于(　　)。

A. 附加工作　　B. 额外工作　　C. 正常工作　　D. 委托人工作

(12) 监理合同的有效期是指(　　)。

A. 合同约定的开始日至完成日

B. 合同签订日至合同约定的完成日

C. 合同签订日至监理人收到监理报酬尾款日

D. 合同约定的开始日至工程验收合格日

(13) 在监理合同履行过程中，委托人提供一部汽车供监理人使用。监理工作完成后，该部汽车应(　　)。

A. 无偿归监理人所有

B. 按使用前的原值付款后归监理人

C. 归还委托人，监理人无须支付费用

D. 归还委托人，监理人支付折旧等费用

(14) 在设计合同中，计算“设计期限”的开始时间是(　　)。

A. 合同签订日　　B. 设计人收到定金日

C. 开始设计日　　D. 合同约定的时间

(15) 设计合同履行过程中，设计审批部门拖延对设计文件审批的损失应由(　　)。

A. 发包人承担　　B. 设计人承担

C. 双方各自承担　　D. 设计审批部门承担

(16) 供货方供应的袋装水泥，采购方与供货方进行现场交货的数量检验时，应采用(　　)计算交货数量。

A. 查点法　　B. 理论换算法　　C. 衡量法　　D. 经验鉴别法

(17) 材料采购合同履行过程中，由供货方代运的货物，采购方在站场提货地点与运输部门共同验货。如果交货数量少于订购数量，(　　)。

A. 由供货方承担全部责任

B. 由运输部门承担全部责任

C. 属于交运前的问题由供货方承担责任，运输过程中的问题由运输部门承担责任

D. 先由运输部门承担全部责任，然后由运输部门再与供货方协商处理责任

2. 多选题

(1) 建设工程勘察设计合同中，(　　)是承包方的责任。

A. 支付勘察设计费

B. 提供开展勘察、设计工作所需的有关基础资料

C. 提交勘察设计成果

D. 勘察设计人员进入现场时，提供必要的生活条件

E. 解决施工过程中有关设计问题

(2) 按照设计合同示范文本的规定，(　　)属于发包人的责任。

A. 提供设计依据资料　　B. 提供设计预算资料

C. 向施工单位进行设计交底　　D. 对设计成果组织鉴定和验收

E. 提供设计人员需要的工作和生活条件

(3) 按照委托监理合同示范文本的规定，委托人招标选择监理人签订合同后，对双方有约束力的合同文件包括(　　)。

A. 中标函　　B. 投标保函
C. 监理合同标准条件　　D. 监理委托函
E. 标准、规范

(4) 勘察、设计合同订立时，发包方的相关工作包括(　　)。

A. 对承包方的资格审查　　B. 对承包方履行能力的审查
C. 合同形式的确定及条款的拟定　　D. 编制投标文件
E. 完成勘察、设计任务

(5) 根据《建设工程委托监理合同》规定，监理人对(　　)有建议权。

A. 生产工艺设计变更　　B. 工程分包人的资格
C. 设计标准　　D. 调换承包方工作不力的有关人员
E. 规划设计

(6) 设计阶段，监理工程师进行合同管理的法律依据是(　　)。

A. 设计阶段的监理委托合同
B. 工程设计合同
C. 批准的可行性研究报告及设计任务书
D. 工程监理规划
E. 规划设计方案

(7) 设备制造阶段的监理工作包括(　　)。

A. 原材料和元器件的进厂检验　　B. 部件的加工检验和试验
C. 出厂前的预组装检验　　D. 包装检验
E. 施工现场的到货开箱检验

(8) 建设工程监理企业应当根据建设单位的委托，(　　)地执行监理任务。

A. 公开　　B. 公正　　C. 公平
D. 客观　　E. 独立

(9) 监理单位与(　　)不得有隶属关系或者其他利害关系。

A. 被监理工程的承包单位
B. 被监理工程的建筑材料供应单位
C. 被监理工程的建筑构配件供应单位
D. 建设单位
E. 被监理工程的设计单位

(10) 材料采购合同订立的方式有(　　)。

A. 间接采购方式　　B. 直接采购方式
C. 公开招标　　D. 邀请招标
E. 非公开招标

(11) 依照《建设工程委托监理合同标准条件》的规定，监理人执行监理业务过程中可以行使的权力包括(　　)。

A. 工程设计的建议权　　B. 工程规模的认定权
C. 工程设计变更的决定权　　D. 承包人索赔要求的审核权

E. 施工协调的主持权

(12) 监理合同履行过程中，合同当事人承担违约责任的原则包括(　　)。

A. 委托人违约，赔偿监理人经济损失

B. 因监理人的过失造成工程损失时，应赔偿委托人全部损失

C. 因监理人过失造成的损失赔偿额，累计不超过扣除税金后的监理酬金总额

D. 因监理人工作失误，不赔偿委托人损失

E. 任何一方索赔要求不成立时，应当补偿对方的各种费用支出

(13) 按照设计合同示范文本的规定，在设计合同的履行中，发包人要求终止或解除合同，后果责任包括(　　)。

A. 设计人未开始设计工作的，退还发包人已付的定金

B. 设计人未开始设计工作的，不退还发包人已付定金

C. 设计工作不足一半时，按该阶段设计费的一半支付设计费

D. 设计工作超过一半时，按实际完成的工作量支付设计费

E. 设计工作超过一半时，按该阶段设计费的全部支付设计费

3. 思考题

(1) 建设工程勘察设计合同的订立方式和内容主要有哪些?

(2) 建设工程监理合同的合同双方的权利和义务分别是什么?

(3) 建设工程物资采购合同的分类是怎样的?

4. 案例题

(1) 某工程项目，业主与监理单位签订了施工阶段监理合同，与承包商签订了工程施工合同。工程施工合同规定：设备由业主供应，其他建筑材料由承包商采购。

业主经与设计单位商定，对主要装饰石料指定了材质、颜色和样品，并向承包方推荐厂家，承包商与生产厂家签订了购货合同。厂家将石料按合同采购量送达现场，进场时经检查该批材料颜色有部分不符合要求，监理工程师通知承包商该批材料不得使用。承包方要求厂家将不符合要求的石料退换，厂家要求承包方支付退货运费，承包商不同意支付，厂家要求业主在应付承包商工程款中扣出上述费用。

问题：

① 业主指定石料材质、颜色和样品是否合理?

② 监理工程师进行现场检查，对不符合要求的石料通知不许使用是否合理? 为什么?

③ 承包方要求退还不符合要求的石料是否合理? 为什么?

④ 厂家要求承包商支付退货运费，业主代扣退货运费款是否合理? 为什么?

⑤ 石料退货的经济损失应由谁负担? 为什么?

(2) 某工程，建设单位委托监理单位承担施工招标代理和施工阶段监理工作，并采用无标底公开招标方式选定施工单位。工程实施过程中发生了下列事件。

事件1：项目监理机构在组织评审A、B、C、D、E五家施工单位的投标文件时发现：A单位施工方案工艺落后，报价明显高于其他投标单位报价；B单位投标文件的关键内容字迹模糊、无法辨认；C单位投标文件符合招标文件要求；D单位的报价总额有误；E单位投标文件中某分部工程的报价有个别漏项。

事件 2：为确保深基坑开挖工程的施工安全，施工项目经理亲自兼任施工现场的安全生产管理员。为赶工期，施工单位在报审深基坑开挖工程专项施工方案的同时即开始该基坑开挖。

事件 3：施工单位对某分项工程的混凝土试块进行试验，试验数据表明混凝土质量不合格。于是委托经监理单位认可的有相应资质的检测单位对该分项工程混凝土实体进行检测，检测结果表明，混凝土强度达不到设计要求，须加固补强。

事件 4：专业监理工程师巡视时发现，施工单位采购进场的一批钢材准备用于工程，但尚未报验。

问题：

① 事件 1 中 A、B、D、E 四家单位的投标文件是否有效？分别说明理由。

② 指出事件 2 中施工单位做法的不妥之处，写出正确做法。

③ 根据《建设工程监理规范》，写出总监理工程师处理事件 3 的程序。

④ 写出专业监理工程师处理事件 4 的程序。

第9章

建设工程施工合同索赔

学习目标

(1) 了解建设工程施工索赔的概念。

(2) 了解产生施工索赔的原因及分类。

(3) 熟悉施工索赔的程序与技巧。

(4) 掌握索赔谈判与索赔费用的计算。

学习要求

能力目标	知识要点	权重
了解建设工程施工索赔的概念、索赔产生的原因及分类	建设工程施工索赔的概念	40%
熟悉施工索赔的程序与技巧	建设工程施工合同示范文本中与工程质量、投资、进度控制等有关的条款，索赔的程序	30%
能初步运用法律法规进行索赔费用的计算	建设工程施工合同示范文本与工程质量、投资、进度控制等有关的条款	30%

引例

某工程下部为钢筋混凝土基础，上部安装设备。业主分别与土建、安装单位签订了基础、设备安装工程施工合同，两个承包商都编制了相互协调的进度计划。进度计划已得到批准。基础施工完毕，设备安装单位按计划将材料及设备运进现场准备施工。经检测发现有近1/6的设备预埋螺栓位置偏移过大，无法安装设备，须返工处理。安装工作因基础返工而受到影响，安装单位提出索赔要求。

问题：

(1) 安装单位的损失由谁负责？为什么？

(2) 安装单位提出的索赔要求，监理工程师应如何处理？

9.1 建设工程施工索赔概述

9.1.1 施工索赔的概念

施工索赔是在施工合同履行过程中，一方当事人根据法律、合同规定及惯例，对并非因自身因素而造成的经济损失或权利损害，向合同的另一方当事人提出给予费用赔偿或工期补偿要求的合同管理行为。在工程建设的各个阶段，他们都有可能发生索赔，但在施工阶段索赔发生较多。

对施工合同的双方来说，他们都有通过索赔维护自己合法利益的权利，依据双方约定的合同责任，构成正确履行合同义务的制约关系。

9.1.2 施工索赔的特征

施工索赔具有以下特征。

(1) 索赔是要求给予赔偿(或补偿)的权利主张，是一种合法的正当权利要求，不是无理争利。

(2) 索赔是双向的。合同当事人(含发包人、承包人)双方都可以向对方提出索赔要求，被索赔方可以对索赔方提出异议，阻止对方的不合理的索赔要求。

(3) 经济损失或权利损害是索赔的前提条件。只有实际发生了经济损失或权利损害，一方才能向另一方索赔。经济损失是指发生了合同以外的额外支出，如人工费、材料费、机械费、管理费等额外支出；权利损害是指虽然没有经济上的损失，但造成了权利上的损害，如由于恶劣气候条件对工程进度的不利影响，承包人有权要求工期延长等。

(4) 索赔的依据是所签订的合同、法律法规、工程惯例及其他证据，但重要的是合同文件。

(5) 索赔发生的前提是自身没有过错，但自己在合同履行过程中遭受损失，其原因是合同另一方不履行合同义务或不适当履行合同义务，或者是发生了合同约定由对方承担的风险。

(6) 索赔是一种未经对方确认的单方行为。索赔要求能否得到最终实现，必须通过相应程序来确认。

9.1.3 施工索赔成立的条件

监理工程师判定承包人施工索赔成立时，必须同时具备下列3个条件。

(1) 索赔事件已造成承包人施工成本的额外支出或者工期延长。

(2) 产生索赔事件的原因属于非承包人之故。

特别提示

所谓“非承包人之故”是指建设单位的原因、不可抗力原因等，或者按合同约定不属于承包人应承担的责任，如行为责任、风险责任等。

(3) 承包人在规定的时间范围内提交了索赔意向通知。

特别提示

“承包人在规定的时间范围”是指索赔事件发生后的28天内(对持续发生的索赔事件除外)。

9.1.4 施工索赔的作用

施工索赔的作用主要有以下几方面。

(1) 索赔能够保证合同的实施。索赔是合同法律效力的具体体现，对合同双方形成约束条件。

(2) 索赔是合同和法律赋予正确履行合同者免受意外损失的权利，索赔是当事人一种保护自己、避免损失、提高效益的重要手段。

(3) 索赔是落实和调整合同双方经济责任关系的有效手段，也是合同双方风险分担的又一次合理再分配。

(4) 索赔有利于提高企业和工程项目的管理水平。

(5) 索赔有助于承发包双方更快地熟悉国际惯例，熟练掌握索赔和处理索赔的方法与技巧，有助于对外开放和对外承包工程项目。

9.2 建设工程施工索赔的起因及分类

9.2.1 施工索赔的起因

施工索赔的起因很多，归纳起来主要有以下几方面。

1. 勘察、设计方面

工程地质与合同规定不一致，出现异常情况，如未标明地下管线、古墓或其他文物等；现场条件与设计图纸不符合，造成工程报废、返工、窝工等，这些都会导致工程项目的建设费用、建设工期发生变化，从而产生了费用、工期等方面的索赔。

2. 发包人和监理工程师方面

发包人不按规定提供施工场地、材料、设备，不按时支付工程款；监理工程师不能及时解决问题、工作失误、苛刻检查等，干扰了正常施工，造成了费用、工期的变化，从而产生了费用、工期等方面的索赔。

3. 第三方原因

由于和工程有关的与发包人签订或约定的第三方(材料供应商、设备供应商、分包商、交通运输部门等)所发生的问题，造成对工程工期或费用的影响，所产生的索赔。

4. 合同文件的缺陷

合同双方对合同权利和义务的范围、界限的划定理解不一致，对合同的组成和文字的理解有差异；合同文件规定不严谨甚至自相矛盾或合同内容有遗漏、错误等引起的索赔。

5. 工程变更

工程施工过程中，监理工程师发现设计、质量标准和施工顺序等问题时，往往会指令增加新的工作，改换建筑材料，暂停施工或加速施工等。这些变更指令必然引起新的施工费用，或需要延长工期。所有这些情况，都迫使承包人提出索赔要求，以弥补自己所不应承担的经济损失。

6. 意外风险和不可预见因素

在施工过程中发生了如地震、台风、洪水、火山爆发、地面下陷、火灾、爆炸、泥石流、地质断层、天然溶洞和地下文物遗址等人力不可抗拒、无法控制的自然灾害和意外事故，都可能产生因工程造价变化或工期延长方面的索赔事件。

7. 政策、法规的变化

这主要是指与工程造价有关的政策、法规。工程造价具有很强的时间性、地域性，因此国家及各地有关部门都会出台相关的政策、法规，有些是强制执行的，而且会随着市场、技术的变化而经常变化，所以会造成工期与费用的变化，成为索赔的重要起因。

8. 工程建设项目承发包管理模式的变化

当前的建筑市场，工程建设项目采用招标投标制，有总承包、专业分包、劳务分包、设备材料供应分包等承包方式，使工程建设项目承发包变得复杂，管理难度增大。当任何一个承包合同不能顺利履行或管理不善时，都会影响工程项目建设的工期和质量，继而引起在工期和费用等方面的索赔。

9.2.2 施工索赔的分类

1. 按索赔目的分类

1) 工期索赔

由于非承包人责任的原因而导致施工进程延误，要求批准顺延合同工期的索赔，称为工期索赔。工期索赔形式上是对权利的要求，以避免承包人在原定合同竣工日不能完工时，被发包人追究拖期违约责任。一旦获得批准合同工期顺延后，承包人不仅可免除承担拖期违约赔偿费的严重风险，而且可能因提前工期得到奖励，最终仍反映在经济收益上。

2) 费用索赔

费用索赔即承包人向业主要求补偿不应该由承包人自己承担的经济损失或额外开支，

也就是取得合理的经济补偿。其取得的前提是：一是施工受到干扰，导致工作效率降低；二是业主指令工程变更或产生额外工程，导致工程成本增加。由于这两种情况所增加的新增费用或额外费用，承包人有权索赔。

2. 按索赔事件的性质分类

1）工程延期索赔

因发包人未按合同要求提供施工条件，如未及时交付设计图纸、相关技术资料、应有的施工条件(场地、道路等)等，造成工期延误，承包人由此提出索赔。

2）工程变更索赔

由于发包人或监理工程师指令增加或减少工程量以及增加附加工程、修改设计、变更施工顺序等，造成工期延长和费用增加，承包人对此提出索赔。

3）工程加速索赔

由于发包人或监理工程师指令承包人加快施工速度，缩短工期，引起承包人的人、财、物的额外开支而提出的索赔。

4）工程终止索赔

由于发包人违约或发生了不可抗力事件等造成工程非正常终止，承包人因蒙受经济损失而提出索赔。

5）意外风险和不可预见因素索赔

在工程实施过程中，因人力不可抗拒的自然灾害、特殊风险以及一个有经验的承包人通常不能合理预见的不利施工条件或外界障碍，如地下水、地质断层、地面沉陷、地下障碍物等引起的索赔。

6）其他索赔

因货币贬值、物价与工资上涨、政策法令变化、银行利率变化、外汇利率变化等原因引起的索赔。

3. 按索赔的依据分类

1）合同内索赔

索赔涉及内容可在合同内找到依据。

2）合同外索赔

索赔涉及内容和权利难以在合同条款中找到依据，但可以从合同引申含义和合同适用法律或政府颁发的有关法规中找到索赔的依据。

3）道义索赔

这种索赔无合同和法律依据，承包人认为自己在施工中确实遭到很大损失，要向发包人寻求优惠性质的额外付款，只有在遇到通情达理的发包人时才有希望成功。一般在承包人的确克服了很多困难，使工程圆满完成，而自己却蒙受重大损失时，若承包人提出索赔要求，发包人可出自善意，给承包人一定经济补偿。

4. 按索赔的处理方式分类

1）单项索赔

单项索赔是指采取一事一索赔的方式，即在每一件索赔事件发生后，索赔人报送索赔通知书，编报索赔报告，要求单项解决支付，不与其他的索赔事项混在一起。工程索赔通常采用这种方式，它能有效避免多项索赔的相互影响和制约，解决起来比较容易。

2）总索赔

总索赔又称为一揽子索赔，是指承包人在工程竣工决算前，将施工过程中未得到解决的和承包人对发包人答复不满意的单项索赔集中起来，提出一份索赔报告，综合在一起解决。在实际工程中，总索赔方式应尽量避免采用，因为它涉及的因素十分复杂，且纵横交错，不太容易索赔成功。

9.3 建设工程施工索赔的程序与技巧

9.3.1 承包人的索赔

1. 发出索赔意向通知

索赔事件发生后，承包人应在索赔事件发生后的28天内向监理工程师递交索赔意向通知，声明将对此事件提出索赔。该意向通知是承包人就具体的索赔事件向监理工程师和发包人表示的索赔愿望和要求。如果超过这个期限，监理工程师和发包人有权拒绝承包人的索赔要求。索赔事件发生后，承包人有义务做好现场施工的同期记录，并加大收集索赔证据的管理力度，以便于监理工程师随时检查和调阅，为判断索赔事件所造成的实际损害提供依据。

2. 递交索赔报告

承包人应在索赔意向通知提交后的28天内，或监理工程师可能同意的其他合理时间内递送正式的索赔报告。索赔报告的内容应包括：索赔的合同依据、事件发生的原因、对其权益影响的证据资料、此项索赔要求补偿的款项和工期展延天数的详细计算等有关材料。如果索赔事件的影响持续存在，28天内还不能算出索赔额和工期展延天数，承包人应按监理工程师合理要求的时间间隔(一般为28天)，定期陆续提交各个阶段的索赔证据资料和索赔要求。在该项索赔事件的影响结束后的28天内，提交最终详细报告，提出索赔论证资料和累计索赔额。

3. 评审索赔报告

接到承包人的索赔意向通知后，监理工程师应建立自己的索赔档案，密切关注事件的影响，检查承包人的同期记录时，随时就记录内容提出不同意见或希望应予以增加的记录项目。

监理工程师在接到承包人的索赔报告后，应仔细分析承包人报送的索赔资料，并对不合理的索赔进行反驳或提出疑问，监理工程师根据自己掌握的资料和处理索赔的工作经验可能就以下问题提出质疑。

(1) 索赔事件不属于发包人和工程师的责任，而是第三方的责任。

(2) 事实和合同依据不足。

(3) 承包人未能遵守索赔意向通知的要求。

(4) 合同中的免责条款已经免除了发包人补偿的责任。

(5) 索赔是由不可抗力引起的，承包人没有划分和证明双方责任的大小。

(6) 承包人没有采取适当措施避免或减少损失。

(7) 承包人必须提供进一步的证据。

(8) 损失计算夸大。

(9) 承包人以前已明示或暗示了放弃此次索赔的要求。

在评审过程中，承包人应对监理工程师提出的各种质疑做出完整的答复。

监理工程师对索赔报告的审查主要包括以下几个方面。

(1) 事态调查。通过对合同实施的跟踪、分析了解事件经过、前因后果，掌握事件详细情况。

(2) 损害事件原因分析。即分析索赔事件是由何种原因引起，责任应由谁来承担。在实际工作中，损害事件的责任有时是多方面原因造成的，故必须进行责任分解，划分责任范围，按责任大小承担损失。

(3) 分析索赔理由。主要依据合同文件判明索赔事件是否属于未履行合同规定义务或未正确履行合同义务导致，是否在合同规定的赔偿范围之内。只有符合合同规定的索赔要求才有合法性，才能成立。如某合同规定，在工程总价5%范围内的工程变更属于承包人承担的风险。则按发包人指令增加的工程量在这个范围内时，承包人不能提出索赔。

(4) 实际损失分析。即分析索赔事件的影响，主要表现为工期的延长和费用的增加。如果索赔事件不造成损失，则无索赔可言。损失调查的重点是分析、对比实际和计划的施工进度、工程成本和费用方面的资料，在此基础上核算索赔值。

(5) 证据资料分析。主要分析证据资料的有效性、合理性、正确性，这也是索赔要求有效的前提条件。如果监理工程师认为承包人提出的证据不足以说明其要求的合理性时，可以要求承包人进一步提交索赔的证据资料，否则索赔要求是不成立的。

4. 确定合理的补偿额

经过监理工程师对索赔报告的评审，与承包人进行较充分的讨论后，监理工程师应提出索赔处理的初步意见，并参加发包人与承包人进行的索赔谈判，通过谈判，做出索赔的最后决定。

(1) 监理工程师与承包人协商补偿。监理工程师核查后初步确定应予以补偿的额度往往与承包人的索赔报告中要求的额度不一致，甚至差额较大。其主要原因大多为对承担事件损害责任的界限划分不一致，索赔证据不充分，索赔计算的依据和方法分歧较大等，因此双方应就索赔的处理进行协商。

对于持续影响时间超过28天的工期延误事件，当工期索赔条件成立时，对承包人每隔28天报送的阶段索赔临时报告审查后，每次均应做出批准临时延长工期的决定，并于事件影响结束后28天内承包人提出最终的索赔报告后，批准顺延工期总天数。应当注意的是，最终批准的总顺延天数不应少于以前各阶段已同意顺延天数之和。承包人在事件影响期间必须每隔28天提出一次阶段索赔报告，可以使监理工程师能及时根据同期记录批准该阶段应予顺延工期的天数，避免事件影响时间太长而不能准确确定索赔值。

(2) 监理工程师索赔处理决定。在经过认真分析研究，与承包人、发包人广泛讨论后，监理工程师应该向发包人和承包人提出自己的“索赔处理决定”。当监理工程师确定的索赔额超过其权限范围时，必须报请发包人批准。监理工程师在“工程延期审批表”和“费用索赔审批表”中应该简明地叙述索赔事项、理由、建议给予补偿的金额及延长的工期，论述承包人索赔的合理方面及不合理方面。监理工程师收到承包人送交的索赔报告和有关资料后，于28天内给予答复或要求承包人进一步补充索赔理由和证据。监理工程师收到承包人递交的索赔报告和有关资料后，如果在28天内既未予以答复，也未对承包人做进一步要求的话，则视为承包人提出的该项索赔要求已经认可。但是，监理工程师的处理决定不是终局性的，对发包人和承包人都不具有强制性的约束力。承包人对监理工程师的决定不满意，可以按合同中的争议条款提交约定的仲裁机构仲裁或诉讼。

5. 发包人审查索赔处理

当监理工程师确定的索赔额超过其权限范围时，必须报请发包人批准。发包人首先根据事件发生的原因、责任范围、合同条款审核承包人的索赔申请和监理工程师的处理报告，再依据工程建设的目的、投资控制、竣工投产日期要求以及针对承包人在施工中的缺陷或违反合同规定等的有关情况，决定是否同意监理工程师的处理意见。例如，承包人的某项索赔理由成立，监理工程师根据相应条款规定，既同意给予一定的费用补偿，也批准顺延相应的工期。但发包人权衡了施工的实际情况和外部条件的要求后，可能不同意顺延工期，而宁可给承包人增加费用补偿额，要求他采取赶工措施，按期或提前完工。这样的决定只有发包人才有权做出。索赔报告经发包人同意后，监理工程师即可签发有关证书。

6. 承包人是否接受最终索赔处理

承包人接受最终的索赔处理决定，索赔事件的处理即告结束。如果承包人不同意，就会导致合同争议。通过协商双方达到互谅互让的解决方案，是处理争议的最理想方式。如达不成谅解，承包人有权提交仲裁或诉讼解决。

索赔程序如图9.1所示。

9.3.2 发包人的索赔

依据《建设工程施工合同(示范文本)》规定，因承包人原因不能按照协议书约定的竣工日期或监理工程师同意顺延的工期竣工，或因承包人原因工程质量达不到协议书约定的质量标准，或承包人不履行合同义务或不按合同约定履行义务或发生错误而给发包人造成损失时，发包人也应按合同约定的索赔时限要求，向承包人提出索赔。

9.3.3 索赔的技巧

要做好索赔工作，除了认真编写好索赔文件，使提出的索赔项目符合实际，内容充实，证据确凿，有说服力，索赔计算准确，并严格按索赔的规定和程序办理外，必须掌握索赔技巧。这对索赔的成功十分重要。同样性质和内容的索赔，如果方法不当，技巧不高，容易给索赔工作增加新的困难，甚至导致事倍功半的结果。反之，如果方法得当，技巧高明，一些看来似乎很难索赔的项目，也能获得比较满意的结果。因此要做好索赔工作除了做到有理、有据、按时外，掌握一些索赔的技巧是很重要的。

1. 要及时发现索赔机会

有经验的承包人，在投标报价时就应考虑将来可能要发生的索赔事件，要仔细研究招标文件中合同条款和规范，仔细勘察施工现场，探索可能出现的索赔机会，在报价时要考虑索赔的需要，利用不平衡报价法，将未来可能会发生索赔的工作单价保高。还可在进行

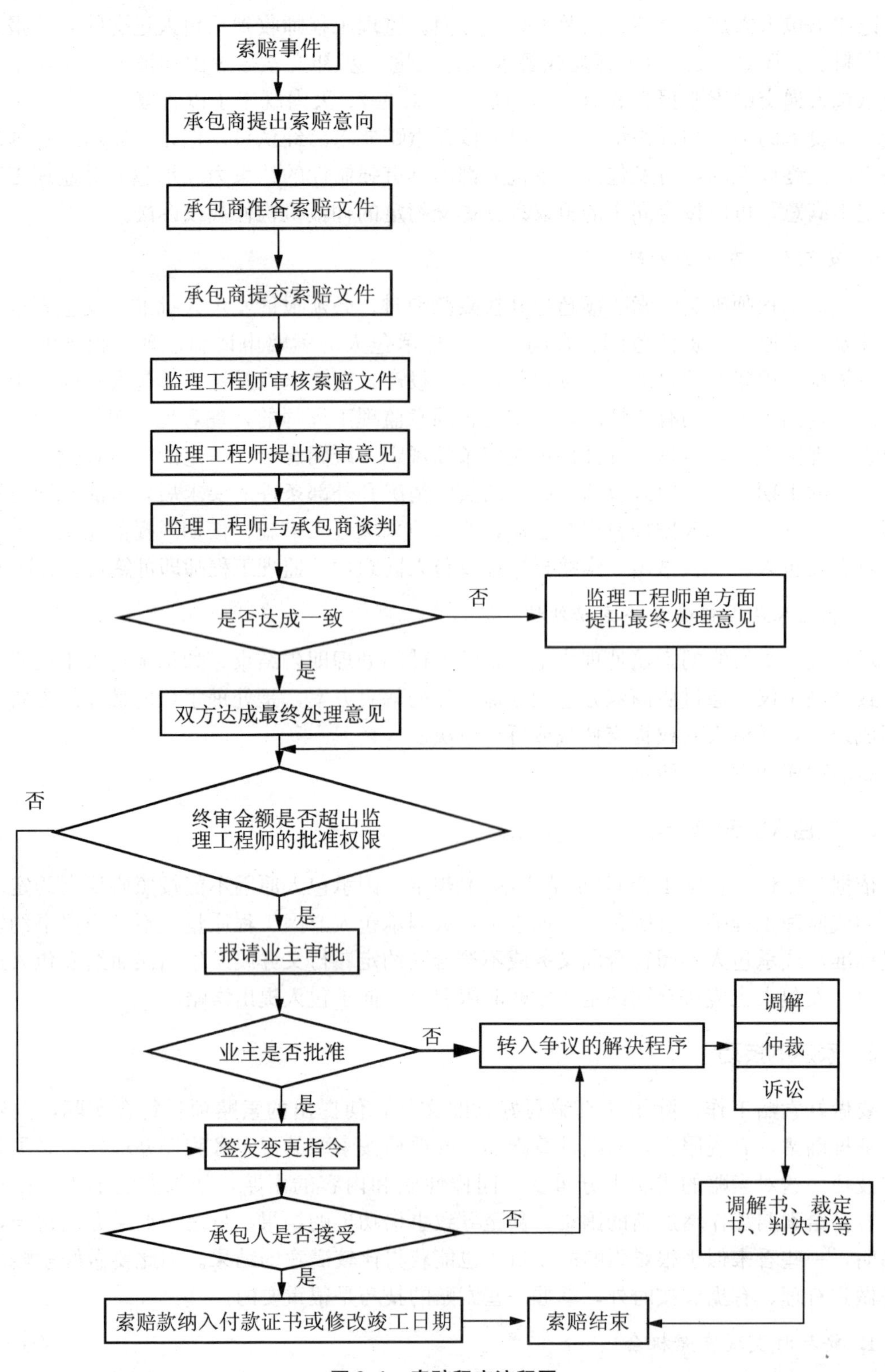

图 9.1　索赔程序流程图

单价分析时列入生产工效，把工程成本与投入资源的工效结合起来。这样，在施工过程中论证索赔原因时，可引用工效降低来论证索赔的根据。在索赔谈判中，如果没有生产工效降低的资料，则很难说服工程师和发包人，索赔不仅无取胜的可能，反而可能被认为生产工效的降低是承包人施工组织不好而导致的。

2. 商签好合同协议

在商签合同过程中，承包人应对明显把重大风险转嫁给承包人的合同条件提出修改的要求，对其达成修改的协议应以“谈判纪要”的形式写出，作为该合同文件的有效组成部分。对发包人免责的条款应特别注意，如：合同中不列索赔条款；拖期付款无时限，无利息；没有调价公式；发包人认为对某部分工程不够满意，即有权决定扣减工程款；发包人对不可预见的工程施工条件不承担责任等。如果这些问题在签订合同协议时不谈判清楚，承包人就很难有索赔机会。

3. 对口头变更指令要得到确认

监理工程师常常用口头指令变更，但一切口头承诺或口头协议都不具有法律效力，只有书面文件才能作为索赔的证据。如果承包人不对监理工程师的口头指令予以书面确认，就进行变更工程的施工，此后，如果有的监理工程师矢口否认，拒绝承包人的索赔要求，将使承包人有苦难言。

4. 及时发出“索赔通知书”

一般合同规定，索赔事件发生后的一定时间内，承包人必须送出“索赔通知书”，过期无效。

5. 索赔事件论证要充足

承包合同通常规定，承包人在发出“索赔通知书”后，每隔一定时间(28天)，应报送一次证据资料，在索赔事件结束后的28天内报送总结性的索赔计算及索赔论证，提交索赔报告。索赔报告一定要令人信服，经得起推敲。索赔的成功很大程度上取决于承包人对索赔做出的解释和强有力的证据材料。因此，承包人在正式提出索赔报告前，必须保证索赔证据详细完整，这就要求承包人注意记录和积累保存以下资料：施工日志；来往文件；气象资料；备忘录；会议纪要；工程照片；工程声像资料；工程进度计划；工程核算资料；工程图纸；招投标文件等。

6. 索赔计价方法和款额要适当

索赔计算时采用“附加成本法”容易被对方接受，因为这种方法只计算索赔事件引起的计划外的附加开支，计价项目具体，可使经济索赔能较快得到解决。索赔计价不能过高，要价过高容易让对方发生反感，使索赔报告束之高阁，长期得不到解决。另外还有可能让发包人准备周密的反索赔计价，以高额的反索赔对付高额的索赔，使索赔工作更加复杂化。

7. 力争单项索赔，避免总索赔

单项索赔事件简单，容易解决，而且能及时得到支付。总索赔问题复杂，数额大，不易解决，往往到工程结束后还得不到付款。对于不能及时解决的总索赔，要注意资料的积累和保存。

8. 坚持采用“清理账目法”

承包人往往只注意接受发包人对某项索赔的当月结算索赔款，而忽略了该项索赔款的余额部分，没有以文字的形式保留自己今后获得余额部分的权利，等于同意并承认了发包人对该项索赔的付款，以后对余额再无权追索。因为在索赔支付过程中，承包人和监理工程师对确定新单价和工程量方面经常存在不同意见。按合同规定，监理工程师有决定单价的权利，如果承包人认为监理工程师的决定不尽合理，而坚持自己的要求时，可同意接受监理工程师决定的“临时单价”或“临时价格”付款，确保先拿到一部分索赔款，对其余不足部分，则应书面通知监理工程师和发包人，作为索赔款的余额，保留自己的索赔权利，否则将失去将来要求付款的权利。

9. 力争友好解决，防止对立情绪

在索赔时争端是难免的，如果遇到争端不能理智协商讨论问题，有可能导致发包人拒绝谈判，使谈判旷日持久，这是最不利于索赔问题解决的。因此，在索赔谈判时，承包人要头脑冷静，营造和谐的谈判气氛，防止对立情绪，力争友好解决索赔争端。

10. 注意同监理工程师搞好关系

监理工程师是处理解决索赔问题的公正的第三方，索赔必须取得监理工程师的认可，注意同监理工程师搞好关系，争取监理工程师的公正裁决，竭力避免仲裁或诉讼。

9.4 建设工程施工索赔的计算

索赔的计算包括工期的延长和费用增加的计算，是索赔的核心问题。只有根据实际情况选择适当的方法，准确合理地计算，才能具有说服力，以达到索赔的目的。

9.4.1 工期索赔的计算

在工程施工中，常常会发生一些未能预见的干扰事件使施工不能顺利进行，造成工期延长，这样对合同双方都会造成损失。承包人提出工期索赔的目的通常有两个：一是免去自己对已产生的工期延长的合同责任，使自己不支付或尽可能不支付工期延长的罚款；二是进行因工期延长而造成的费用损失的索赔。在工期索赔中，首先要确定索赔事件发生对施工活动的影响及引起的变化，其次分析施工活动变化对总工期的影响。工期索赔的计算主要有网络分析法和比例计算法两种。

1. 网络分析法

网络分析法是利用进度计划的网络图，分析其关键线路，如果延误的工作为关键工作，则延误的时间为索赔的工期；如果延误的工作为非关键工作，当该工作由于延误超过时差限制而成为关键工作时，可以索赔延误时间与时差的差值；若该工作延误后仍为非关键工作，则不存在工期索赔问题。可以看出，网络图分析法要求承包人切实使用网络技术进行进度控制，才能依据网络计划提出工期索赔。按照网络图分析法得出的工期索赔值是科学合理的，容易得到认可。

2. 比例计算法

比例计算法是用工程的费用比例来确定工期应占的比例，往往用在工程量增加的情况下。比例计算法的计算公式为：索赔工期＝(新增工程量价格/原合同价格)×原合同总工期。比例计算法简单方便，但有时不符合实际情况。

9.4.2 费用索赔的计算

承包人通过费用损失索赔，要求发包人对索赔事件引起的直接损失和间接损失给予合理的经济补偿。费用项目构成、计算方法与合同报价中基本相同，但具体的费用构成内容却因索赔事件的性质不同而有所不同。在确定赔偿金额时，应遵循下述两个原则：第一，所有赔偿金额，都应该是承包人为履行合同所必须支出的费用；第二，按此金额赔偿后，应使承包人恢复到未发生事件前的财务状况。即承包人不致因索赔事件而遭受任何损失，但也不得因索赔事件而获得额外收益。常用的费用索赔的计算方法主要有以下几种。

1. 总费用法和修正的总费用法

总费用法又称总成本法，就是计算出该项工程的总费用，再从这个已实际开支的总费用中减去投标报价时的成本费用，即为要求补偿的索赔费用额。计算公式为

索赔金额＝实际总费用－投标报价总费用

这种计算方法简单但不尽合理，因为实际完成工程的总费用中，可能包括由于承包人的原因(如管理不善、材料浪费、效率太低等)所增加的费用，而这些费用是不该索赔的；另一方面，原合同价也可能因工程变更或单价合同中的工程量变化等原因而不能代表真正的工程成本。这些原因，使得采用此法往往会引起争议，遇到障碍。但是在某些特定条件下，当需要具体计算索赔金额很困难，甚至不可能时，则也有采用此法的。在这种情况下，应具体核实已开支的实际费用，取消其不合理部分，以求接近实际情况。

一般认为在具备以下条件时采用总费用法是合理的。

(1) 已开支的实际总费用经过审核，认为是比较合理的。

(2) 承包人的原始报价是比较合理的。

(3) 费用的增加是由于对方原因造成的，其中没有承包人管理不善的责任。

(4) 由于该项索赔事件的性质和现场记录的不足，难于采用更精确的计算方法。

修正总费用法是指对难于用实际总费用进行审核的，可以考虑是否能计算出与索赔事件有关的单项工程的实际总费用和该单项工程的投标报价。若可行，可按其单项工程的实际费用与报价的差值来计算其索赔的金额。

修正的总费用法的计算公式为

索赔金额＝某项工作调整后的实际总费用－该项工作的报价费用

2. 分项法

分项法是将索赔的损失费用分项进行计算，其内容如下。

1) 人工费索赔

人工费索赔包括额外雇佣劳务人员、加班工作、工资上涨、人员闲置和劳动生产率降低的工时所花费的费用。

对于额外雇佣劳务人员和加班工作，用投标时的人工单价乘以工时数即可；对于人员闲置费用，发包人通常认为不应计算闲置人员奖金、福利等报酬，折算系数一般为人工单价的0.75倍；工资上涨是指由于工程变更，使承包人的大量人力资源的使用从前期推到后期，而后期工资水平上调，因此应得到相应的补偿。

对于监理工程师指令进行的计日工作，人工费按计日工作表中的人工单价计算。

对于劳动生产率降低导致的人工费索赔，一般可用如下方法计算。

(1) 实际成本与投标报价成本比较法。这种方法是对受到干扰影响的工作的实际成本与投标报价成本进行比较，索赔其差额。这种方法需要有正确合理的估计体系和详细的施工记录。

(2) 正常施工期与受影响期比较法。这种方法是在承包人的正常施工受到干扰，生产率降低的情况下，通过比较正常条件下的生产率和干扰状态下的生产率，得出生产率降低值，以此为基础进行的索赔。

2) 材料费索赔

材料费索赔包括材料消耗量和材料价格的增加而增加的费用。追加额外工作、变更工程性质、改变施工方案等，都可能造成材料用量的增加或使用不同的材料，从而造成材料消耗量增加和材料价格增加。材料价格增加的原因包括材料价格上涨、手续费增加、运输费用增加(运距加长、二次倒运等)、仓储保管费增加等。

材料费索赔需要提供准确的数据和充分的证据。首先要根据变更通知准确计算变更后的材料用量，然后再计算材料的价格，最后材料用量和材料价格相乘得出材料费用，再减投标报价中的此项材料费，即为材料费的索赔。

3) 施工机械费索赔

机械费索赔包括增加台班数量、机械闲置或工作效率降低、台班费率上涨等费用。

对于增加台班数量，台班费按照有关定额和标准手册取值，或按实取值，台班增加量来自机械使用记录。

对于机械闲置费，如系租赁设备，一般按实际台班租金加上每台班分摊的机械进出场费计算；如系承包人自有设备，一般按台班折旧费计算，或是按定额标准的计算方法，将其中的不变费用和可变费用分别扣除一定的百分比进行计算。

对于工作效率降低，一般可用实际成本与投标报价成本比较法。

索赔费用的计算公式为

索赔费用=计划台班×(劳动生产率降低值/预期劳动生产率)×台班单价

对于监理工程师指令进行的计日工作，按计日工作表中的机械设备单价计算。

4) 现场管理费索赔

现场管理费包括工地的临时设施费、通信费、办公费、现场管理人员和服务人员的工资等。

现场管理费索赔计算的方法一般为

现场管理费索赔值=索赔的直接成本费用×现场管理费率

现场管理费率的确定选用下面的方法。

(1) 合同百分比法，即管理费比率在合同中规定。

(2) 行业平均水平法，即采用公开认可的行业标准费率。

(3) 原始估价法，即采用投标报价时确定的费率。

(4) 历史数据法，即采用以往相似工程的管理费率。

5) 总部管理费索赔

总部管理费是承包人的上级部门提取的管理费，如公司总部办公楼折旧、总部职员工资、交通差旅费、通信费、广告费等。

总部管理费与现场管理费相比，数额较为固定，一般仅在工程延期和工程范围变更时才允许索赔总部管理费。

停工损失与质量纠纷案

背景

上诉人：某建筑工程总公司

被上诉人：济南市某行政单位

某建筑工程总公司(以下简称建筑公司)因与济南市某行政单位(以下简称行政单位)建筑工程承包合同纠纷一案，不服山东省高级人民法院(1997年)鲁高法民初字第4号民事判决，向最高人民法院提起上诉。

经审理查明：

1990年3月7日，某建筑公司与某行政单位签订《建筑安装工程承包合同》。合同约定行政单位将拟建工程委托给建筑公司施工，建筑面积为3 539m^2，承包方式为包工包料，工程实行预决算制，执行87定额，工程造价暂定200万元，工期300天。付款方法约定为：合同生效后10日内，发包方一次拨付50万元作为开工备料款，以后按工程进度拨付工程进度款，工程进度款拨付到90%时停付工程价款。工程竣工交验10天内，发包方以决算额为依据，付清尾款。发包方收到工程竣工结算书10日后仍不结算工程款，应按工程结算总额付给对方贷款利息。合同另外约定，工程中途停建、缓建或由于设计错误造成的返工，发包方应赔付对方因此造成的损失，并顺延工期。以后在施工过程中，应行政单位要求，增加了修建行政办公大楼工程，但未签订书面合同。1991年7月，因行政单位资金不足，工程停工。停工期间，建筑公司在工地留有少量人员和部分设备。1992年10月，工程复工。1993年9月，工程竣工。同年9月28日，工程未经验收，行政单位即搬入使用。此后，行政单位根据需要，对部分工程进行了更改。该项工程经中国建设银行济南市分行营业部审定，工程总结算价值为4 553 935.82元。截至1994年4月14日，行政单位共计向建筑公司支付工程款3 229 529.13元，尚欠工程款1 324 343.69元。建筑公司多次催要未果，遂向山东省高级人民法院提起诉讼。另查明：工程竣工后，建筑公司陆续向行政单位提交施工结算书，于1993年12月3日全部提交完毕。行政单位迟至1995年3月22日才将双方结算书送交中国建设银行济南市分行审核。该行于1995年4月21日作出审定结论。

一审法院认为：

双方当事人签订的建筑安装工程承包合同系当事人的真实意思表示，内容合法，已实际履行，合同有效。行政单位未及时给付工程欠款，构成违约，除立即向建筑公司支付工程欠款外，还应支付工程欠款的违约金(从1995年4月22日起计算到给付之日止)。行政单位提出工程质量不好，不支付工程欠款利息的主张，因工程未按程序验收，行政单位即搬入使用，并对该工程部分做了更改，且诉讼中并未提出反诉，故其主张不成立。建筑公司要求行政单位支付迟延给付材料、进度款的违约利息，因合同没有明确约定迟延给付材

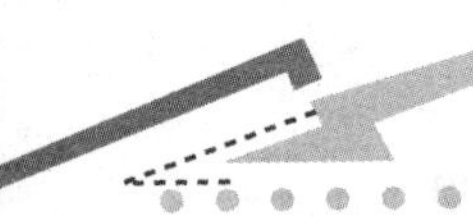

料、进度款是否承担违约责任，且建筑公司垫付材料、进度款属自愿行为，故建筑公司此主张不应支持。关于建筑公司主张停工损失问题，停工期间，建筑公司虽有相应损失，但复工前后没有向行政单位提出损失的计算和商议赔偿有关事宜，现建筑公司举证不充分，难以查证具体损失，加之建筑公司在法院组织调解时也自愿放弃该项诉讼请求，故此诉讼不予支持。一审法院据此判决如下。

(1) 由行政单位支付建筑公司工程欠款 1 324 343.69 元，并支付所欠工程款的违约金(自 1995 年 4 月 22 日起至 1996 年 5 月 16 日止每日按万分之三计算，1996 年 5 月 17 日至给付之日止每日按万分之五计算)。

(2) 驳回建筑公司其他诉讼请求。

案件受理费 30 000 元，由行政单位负担 25 000 元，建筑公司负担 5 000 元。

建筑公司不服一审判决，提出以下上诉请求。

(1) 行政单位应依约承担逾期给付进度款的违约金 805 719.80 元。

(2) 行政单位应赔偿停工损失 314 474.99 元。

(3) 行政单位不支付工程欠款，按合同约定应以工程结算总额为基数支付违约金，自工程竣工之日起 10 日后起算(即 1993 年 10 月 8 日起)至支付之日止。

(4) 原一审判决没有判令给付欠款和违约金的时间，请求二审法院予以明确。

行政单位答辩同意一审判决，请求予以维持。

最高人民法院认为：

建筑公司与行政单位签订的建筑安装工程承包合同合法有效。行政单位应按合同约定给付工程尾款，逾时不付，应承担违约责任。对于建筑公司提出行政单位应支付迟延给付进度款违约金的请求，合同中对迟延给付进度款如何计算违约金约定不明，且建筑公司并未因此造成损失，故此请求不予支持。建筑公司要求行政单位赔偿停工损失的主张，应予支持。由于行政单位未能提供资金，致使工程中途停工，确给建筑公司造成一定的经济损失，应酌情判令行政单位给予适当赔偿。建筑公司提出工程欠款违约金应按合同约定以工程结算总额计算，该项约定显失公平，不应保护。原审判令按工程欠款数额计算违约金是正确的，应予维持。关于违约金的起算日期，考虑到行政单位确有故意拖延审核结算的情节，根据公平原则，以 1993 年 12 月 3 日建筑公司提交完竣工结算书之日扣除建设银行审核结算实际花费的时间(1995 年 3 月 22 日至 4 月 21 日，共计 30 天)，即从 1994 年 1 月 3 日起开始计算。一审判决未判令行政单位给予付工程欠款及违约金的时间，二审中应予明确。

根据《中华人民共和国民事诉讼法》一百五十三条第一款第(二)项之规定，最高人民法院判决如下。

(1) 变更山东省高级人民法院(1997 年)鲁高法民初字第 4 号民事判决第 1 项为：行政单位支付建筑公司工程欠款 1 324 343.69 元，并支付所欠工程款的违约金(从 1994 年 1 月 3 日起至 1996 年 5 月 16 日每日按万分之三计算，1996 年 5 月 17 日至给付之日止每日按万分之五计算)。

(2) 撤销山东省高级人民法院(1997 年)鲁高法民初字第 4 号民事判决第 2 项。

(3) 行政单位赔偿建筑公司停工损失 20 万元。

(4) 驳回建筑公司其他诉讼请求。

上述判决某行政单位应给付的款项于本判决生效后30日内一次付清。

一审、二审案件受理费共60 000元均由行政单位负担。

案例评析

通过本案当事人应当牢记及时主张自己权利或及时提出索赔要求的重要性。

本项工程1991年7月停工到1992年10月复工，期间15个月，造成承包人，即建筑公司人员和设备闲置损失是很明显的。一审法院判决认为："关于建筑公司主张停工损失问题，停工期间，建筑公司虽有相应损失，但复工前后没有向行政单位提出损失的计算和商议赔偿有关事宜，现建筑公司举证不充分，难以查证具体损失，加之建筑公司在法院组织调解时也自愿放弃该项诉讼请求，故此诉讼不予支持。"应当指出：一审法院的这一认定绝非罕见，最高人民法院继续坚持这一认定而不给承包商停工赔偿也是说得通的。1992—1998年本案二审，期间已经有6年之久，损失确实难以查证。更重要的是，本项工程的工程款已经由建设银行济南市分行于1995年4月审定。在这之前不提出索赔要求，法院完全可以据此认定为承包商弃权，自然，最高人民法院根据承包商提供的证据判决给予赔偿20万元是公平的。但当事人必须充分认识自己不及时主张自己权利或不及时索赔的风险。建筑工程合同是一种复杂的合同，技术性强，涉及的当事人多，跨越的时间比较长。当事人应当格外注意保留证据并及时提出索赔要求。

行政单位提出工程质量不好，不支付工程欠款利息的主张没有被法院支持，同样也是没有及时主张权利造成的。行政单位提前占有工程就应认定为接受了工程，放弃了质量索赔的请求，这符合国际上建筑工程合同的惯例。

应用案例9-2

背景

某市建筑工程公司(需方)与市水泥厂(供方)签订了两份水泥购销合同，其中一份是300t水泥的现货合同，每吨单价109.5元，总金额为32 850元，约定5月10日交货；另一份是400t水泥的期货合同，初步议定每吨109.5元。但合同上又注明："所定价格若需调整，供方应及时通知需方，征得需方同意即按协商价执行；如需方不同意，则合同停止。"两份合同还规定，如供方不能按时交货，应承担需方的经济损失，按未交货货款总额的5%偿付违约金。300t现货合同，经工商行政部门鉴证后，需方按合同规定交预付款16 425元。由于当时是5月份，正值建筑旺季，市场对水泥大量需求，供方认为有利可图，在供给需方100t水泥后，便以高价私自将水泥卖给其他一些单位，以致不能按合同向需方如期如数交货，造成需方直接经济损失2万元。同年10月，需方向法院起诉，提出如下诉讼请求。

(1) 将预付款16 425元双倍返还。

(2) 赔偿全部经济损失。

(3) 按两份合同的总金额的5%偿付违约金。

(4) 继续履行合同。

问题

分析此案并提出处理意见。

案例评析

(1) 本案中水泥购销现货合同依法成立，且为有效经济合同；水泥购销期货合同当事人双方需就价格进一步协商，因而未成立。

(2) 根据案情提供的事实，本案属于合同履行方面的纠纷，因供方未按合同约定按期如数向需方交付水泥而引起。

导致纠纷的责任方是供方，由于供方认为有利可图，便以高价将水泥卖给其他单位，从而造成违约。

(3) 根据《合同法》有关规定提出以下处理意见。

① 供方向需方支付违约金，违约金数额为109.5×200×5%=1 095(元)。

② 供方向需方支付赔偿金，赔偿金数额为20 000−1 095=18 905(元)。

③ 合同继续履行，供方向需方交付余下的200t水泥。

④ 诉讼费由供方承担。

本章小结

本章主要讲述了施工索赔的概念、特征、成立的条件、作用，建设工程施工索赔的起因及分类，建设工程施工索赔的程序及其规定，建设工程施工索赔的计算方法，施工索赔案例及分析等。

习题

1. 单选题

(1) 索赔必须以(　　)为依据。

A. 工程预算　　B. 结算资料　　C. 工程变更　　D. 合同

(2) 施工合同约定，风力超过8级的停工应给予工期顺延。某承包人在5月份一水塔高空作业的施工中遇7级风，按照安全施工管理规定的要求，停工5天，为此提出工期索赔的要求。其理由是当地多年气候资料表明5月份没有大风，此次连续大风属于不可预见的情况。该承包人的索赔理由属于(　　)。

A. 工程变更索赔　　B. 工程加速索赔

C. 合同被迫终止索赔　　D. 合同中默示的索赔

(3) 在施工中出现非承包商原因的窝工现象，承包商自有设备可按(　　)计算索赔费用。

A. 施工机械台班费　　B. 施工机械台班折旧和设备使用费

C. 施工机械台班折旧费　　D. 施工机械市场租赁费

(4) 工程反索赔是指(　　)。

A. 承包商向发包商提出的索赔　　B. 分包商向总包商提出的索赔

C. 承包商向供货商提出的索赔　　D. 业主向承包商提出的索赔

(5) 依据施工合同示范文本的规定，下列关于承包商索赔的说法错误的是(　　)。

A. 只能向有合同关系的对方提出索赔

B. 工程师可以对证据不充分的索赔报告不予理睬

C. 工程师的索赔处理决定不具有强制性的约束力

D. 索赔处理应尽可能协商达成一致

(6) 承包人在索赔事项发生后的(　)天以内，应向工程师正式提出索赔意向通知。

A. 14　　B. 7　　C. 28　　D. 21

(7) 下列关于建设工程索赔的说法正确的是(　　)。

A. 承包人可以向发包人索赔，发包人不可以向承包人索赔

B. 索赔按处理方式的不同分为工期索赔和费用索赔

C. 工程师在收到承包人送交的索赔报告的有关资料后 28 天未予答复或未对承包人做进一步要求，视为该项索赔已经认可

D. 索赔意向通知发出后的 14 天内，承包人必须向工程师提交索赔报告及有关资料

(8) 索赔是指在合同的实施过程中，(　　)因对方不履行或未能正确履行合同所规定的义务或未能保证承诺的合同条件实现而遭受损失后，向对方提出的补偿要求。

A. 发包方　　B. 第三方　　C. 承包方　　D. 合同中的一方

(9) 在施工过程中，由于发包人或工程师指令修改设计、修改实施计划、变更施工顺序，造成工期延长和费用损失，承包商可提出索赔。这种索赔属于(　)引起的索赔。

A. 地质条件的变化　　B. 不可抗力

C. 工程变更　　D. 业主风险

(10) (　　)是索赔处理的最主要依据。

A. 合同文件　　B. 工程变更　　C. 结算资料　　D. 市场价格

2. 多选题

(1) 索赔是当事人在合同实施过程中，根据(　　)对不应由自己承担责任的情况造成的损失，向合同的另一方当事人提出给予赔偿或补偿要求的行为。

A. 法律　　B. 合同规定　　C. 惯例

D. 法院判决　　E. 仲裁决定

(2) 索赔的特征是(　　)。

A. 索赔是单向的

B. 索赔是双向的

C. 只有一方实际发生了经济损失或权利损害，才能向对方索赔

D. 索赔只是对费用的主张

E. 索赔是未经对方确认的单方行为

(3) 按索赔的合同依据进行分类，索赔可以分为(　　)。

A. 工程加速索赔　　B. 工程变更索赔

C. 合同中明示的索赔　　D. 合同中默示的索赔

E. 合同外的索赔

(4) 引起索赔的原因有(　　)。

A. 工程变更索赔

B. 意外风险和不可预见因素索赔

C. 工程项目的特殊性

D. 工程项目内外环境的复杂性和多变性

E. 参与工程建设主体的多元性

(5) 工程师可以对承包商索赔提出质疑的情况有(　　)。

A. 业主和承包商共同负有责任

B. 损失计算不足

C. 合同依据不足

D. 承包商没有采取适当措施减少损失

E. 承包商以前已经暗示放弃索赔要求

(6) 建设工程索赔按所依据的理由不同可分为(　　)。

A. 合同内索赔　　B. 工期索赔　　C. 费用索赔

D. 合同外索赔　　E. 道义索赔

(7) 承包商向业主索赔成立的条件包括(　　)。

A. 由于业主原因造成费用增加和工期损失

B. 由于工程师原因造成费用增加和工期损失

C. 由于分包商原因造成费用增加和工期损失

D. 按合同规定的程序提交了索赔意向

E. 提交了索赔报告

(8) 承包商可以就下列事件的发生向业主提出索赔。(　　)

A. 施工中遇到地下文物被迫停工

B. 施工机械大修，误工 3 天

C. 材料供应商延期交货

D. 业主要求提前竣工，导致工程成本增加

E. 设计图纸错误，造成返工

3. 思考题

(1) 如何理解施工索赔的概念？产生索赔的原因有哪些？施工索赔有哪些分类？

(2) 承包人的索赔程序有哪些步骤？索赔的技巧有哪些？

(3) 监理工程师处理索赔应遵循哪些原则？监理工程师审查索赔应注意哪些问题？

(4) 监理工程师如何预防和减少索赔？

(5) 索赔费用如何计算？

4. 案例题

(1) 某建筑公司与某学校签订建筑工程施工合同，明确承包方(建筑公司)保质、保量、按期完成发包方(学校)的教学楼施工任务。工程竣工后，承包方向发包方提交了竣工报告，发包方认为双方合作愉快，为不影响学生上课，还没有组织验收便直接使用了。使用中，校方发现教学楼存在质量问题，要求承包方修理。承包方则认为工程未经验收，发包方提前使用，出现质量问题，承包商不承担责任。

问题：

① 依据有关法律、法规，该质量问题的责任由(　　)承担。

A. 承包方　　　　B. 业主

C. 承包方与业主共同　　　　　　　　　D. 现场监理工程师

② 工程未经验收，业主提前使用，可否视为工程已交付，承包方不再承担责任？

③ 如果该工程委托监理，出现上述问题应如何处理，监理工程师是否承担一定责任？

④ 发生上述问题，承包方的保修责任应如何履行？

⑤ 上述纠纷，业主和承包方可以通过何种方式解决？

(2) 某厂与某建筑公司于×年×月×日签订了建造厂房的建设工程承包合同。开工后一个月，厂方因资金紧缺，口头要求建筑公司暂停施工，建筑公司亦口头答应停工一个月。工程按合同规定期限验收时，厂方发现工程质量存在问题，要求返工。两个月后，返工完毕。结算时，厂方认为建筑公司延迟交付施工，应偿付逾期违约金。建筑公司认为：厂方要求临时停工并不得顺延完工日期，建筑公司为抢工期才出现了质量问题，因此迟延交付的责任不在建筑公司。厂方则认为：临时停工和不顺延工期是当时建筑公司答应的，其应当履行承诺，承担违约责任。

问题：

此争议依据合同法律规范应如何处理？

习题答案

第1章　建筑市场

1. 判断题

(1) 对　(2) 对　(3) 对　(4) 对　(5) 对
(6) 对　(7) 对　(8) 对　(9) 错　(10) 对

2. 单选题

(1) C　(2)B　(3)C　(4)B　(5)A
(6)A　(7)C　(8) C　(9)B

3. 多选题

(1) A、B、D　(2) A、B、C、D　(3) A、B、C
(4) A、B、C、D、E　(5) A、B、C、D、E、F　(6) B、C、D
(7) B、C、D、F　(8) A、B、C、D　(9) A、C、D、E
(10) A、B、C、D

4. 思考题(略)

第2章　建设工程施工招标

1. 判断题

(1) 对　(2) 错　(3) 错　(4) 对　(5) 错
(6) 错　(7) 对

2. 单选题

(1) C　(2) B　(3) A　(4) A　(5) D
(6) A　(7) C　(8) D　(9) A　(10) A

3. 多选题

(1) B、C、D、E　(2) A、C、D　(3) A、E
(4) B、D　(5) A、B、C、E　(6) A、B、C、E
(7) A、B、D、E

4. 思考题(略)

第3章　建设工程施工投标

1. 判断题

(1) 对　(2) 错　(3) 对　(4) 对　(5) 错

(6) 对　(7) 错

2. 选择题

(1) A　(2) C　(3) B　(4) D　(5) B
(6) D　(7) A　(8) C　(9) B　(10) C
(11) B　(12) C　(13) D　(14) B　(15) B
(16) C　(17) D　(18) C　(19) C　(20) D

3. 思考题(略)

第4章　建设工程施工开标、评标与定标

1. 单选题

(1) A　(2) A　(3) A　(4) A　(5) A
(6) B　(7) D　(8) C　(9) B　(10) A
(11) B　(12) C　(13) A

2. 多选题

(1) A、B、C、D　(2) A、B　(3) A、B、C、D、E
(4) A、B　(5) A、B、C、D、E、F　(6) A、B、C
(7) A、B、C、D、E、F　(8) A、B、C、D　(9) A、C
(10) C、D、E　(11) B、C、D　(12) A、C、D、E

3. 思考题(略)

4. 案例题

(1)

问题①

甲投标单位综合得分=96.8分

乙投标单位综合得分=97.2分

丙投标单位综合得分=97.0分

问题②

乙投标单位为中标单位。

(2)

问题①(略)

问题②

不违反（或者说符合）有关规定。因为根据有关规定，对于技术复杂的工程，允许采用邀请招标方式，邀请参加投标的单位不得少于3家。

问题③

计算各投标单位的技术标得分，见下表。

各投标单位的技术标得分

投标单位	施工方案	总工期/月	工程质量	得分
A	10	4+（36−33）×1=7	6+2+1=9	26
B	10	4+（36−31）×1=9	6+2×1=8	27
C	10	4+（36−32）×1=8	4+1×1=5	23

计算各投标单位的商务标得分，见下表。

各投标单位的商务标得分

投标单位	报价/元	报价与标底的比例	扣分	得分
A	35 642	35 642/35 500=100.4	（100.4−98）×2≈5	70−5=65
B	34 364	34 364/35 500=96.8	（98−96.8）×1≈1	70−1=69
C	33 867	33 867/35 500=9 504	（98−95.4）×1≈3	70−3=67

各投标单位的综合得分

投标单位	技术标得分	商务标得分	综合得分
A	26	65	91
B	27	69	96
C	23	67	90

因为投标单位B的综合得分最高，故应选择B为中标单位。

各投标单位的综合得分

投标单位	技术标得分	商务标得分	综合得分
A	26	65	91
B	27	69	96
C	23	67	90

由上表知：B公司综合得分最高，故应选择B公司为中标公司。

第5章　国际工程招投标

1. 单选题

(1) A　(2) C　(3) A　(4) C　(5) D
(6) D　(7) C　(8) A　(9) D　(10) A
(11) A　(12) C　(13) D　(14) B　(15) C

2. 多选题

(1) A、C　(2) B、C、E　(3) B、C、D
(4) A、C、D　(5) A、B、C、D　(6) A、B、E
(7) A、B、D　(8) A、B、E　(9) A、B、D

(10) B、D

3. 思考题(略)

第 6 章　建设工程合同管理法律基础与合同法律制度

1. 选择题

(1) C　(2) D　(3) C　(4) D　(5) A
(6) C　(7) B　(8) D　(9) C　(10) C
(11) D　(12) B、C、E　(13) A、E　(14) C、D、E
(15) A、B、C、E

2. 简答题(略)

第 7 章　建设工程施工合同管理

1. 单选题

(1) B　(2) B　(3) D　(4) A　(5) A
(6) A　(7) C　(8) D　(9) A　(10) B
(11) D　(12) D　(13) D　(14) D　(15) A

2. 多选题

(1) A、B、C　(2) B、C、D、E　(3) A、B、C
(4) B、E　(5) C、E　(6) A、B、C、D
(7) A、B、C、D　(8) A、B、C、D　(9) A、B、D
(10) A、B

3. 思考题(略)

4. 案例题

(1) 妥当。
(2) 妥当。
(3) 不妥。应由发包人代表与设计单位联系，商讨变更事宜。
(4) 不妥。应由发包人代表（或监理工程师）与承包商就变更价格进行协商。
(5) 不妥。应由发包人代表（或监理工程师）发出变更指令。

第 8 章　建设工程相关合同管理

1. 单选题

(1) C　(2) D　(3) A　(4) D　(5) D
(6) D　(7) A　(8) C　(9) B　(10) A
(11) B　(12) C　(13) C　(14) B　(15) A
(16) A　(17) C

2. 多选题

(1) C、E　(2) A、D、E　(3) A、C、D

(4) A、B、C　(5) A、C、E　(6) A、B、C
(7) A、B、C、D　(8) B、D　(9) A、B、C
(10) B、C、D　(11) A、D、E　(12) A、C、E
(13) B、C、E

3. 思考题（略）

4. 案例题

(1)

① 业主指定石料材质、颜色和样品是合理的。

② 合理，这是监理工程师的职责与职权。

③ 要求厂家退货是合理的，因厂家供货不符合购货合同的质量要求。

④ 厂家要求承包商支付退货运费不合理，退货是因厂家违约，故厂家应承担责任；业主代扣退货费款不合理，因购货合同关系与业主无关。

⑤ 应由厂家承担，因责任在厂家。

(2)

① 有效的投标文件包括 A，D，E 单位。B 单位无效，B 单位文件中关键内容字迹模糊，无法辨认，为无效投标文件。

② 不妥之处：施工项目经理不能兼任现场安全管理员；深基坑开挖专项施工方案审批的同时就开始开挖。

正确的做法：施工现场应配备专职的安全生产管理员；深基坑开挖专项施工方案应报监理单位审批，论证之后方可组织施工。

③ 处理程序：须下达监理工作通知单，责令施工单位进行返工，返工之后的混凝土必须达到设计要求方可进行验收。

④ 专业监理工程师处理该事件的程序：报总监理工程师，并下达监理工作通知单，立即停工，待钢材报验之后方可进行施工。

第 9 章　建设工程施工合同索赔

1. 单选题

(1) D　(2) D　(3) C　(4) D　(5) B
(6) C　(7) C　(8) C　(9) C　(10) A

2. 多选题

(1) A、B、C　(2) B、C、E　(3) C、D
(4) C、D、E　(5) A、C、D、E　(6) A、D、E
(7) A、B、D、E　(8) A、D、E

3. 思考题(略)

4. 案例题

(1)

① B

② 可视为业主已接收该项工程，但不能免除承包方负责保修的责任。

③ 监理工程师应及时为业主和承包方协调解决纠纷，出现上述问题属于监理工程师履行职责失职，应根据监理合同承担责任。

④ 承包方保修责任，应根据建设工程保修规定履行。

⑤ 业主和承包方可通过协商、调解解决，或按合同条款规定进行仲裁或诉讼。

(2)

①《合同法》规定，变更合同应当采取书面形式，本案中厂方要求临时停工并不得顺延工期，是厂方与建筑公司的口头协议；其变更协议的形式违法，是无效的变更，双方仍应按原合同规定执行。

② 施工期间，厂方未能及时支付工程款，应对停工承担责任，故应当赔偿建筑公司停工一个月的实际损失。

③ 工程因质量问题返工，造成逾期交付，责任在建筑公司，故建筑公司应当支付逾期违约金。

参 考 文 献

[1] 成虎．建筑工程合同管理与索赔[M].4 版．南京：东南大学出版社，1999.
[2] 黄文杰．建设工程合同管理[M]. 北京：高等教育出版社，2004.
[3] 李坚．建设工程合同管理[M]. 北京：知识产权出版社，2008.
[4] 朱永祥．工程招投标与合同管理[M].2 版．武汉：武汉理工大学出版社，2011.
[5] 危道军．招投标与合同管理实务[M].2 版．北京：高等教育出版社，2009.
[6] 林密．工程项目招投标与合同管理[M].3 版．北京：中国建筑工业出版社，2013.
[7] 李启明．建设工程合同管理[M].2 版．北京：中国建筑工业出版社，2009.
[8] 陈茂明．建筑企业经营管理[M]. 北京：中国建筑工业出版社，2003.
[9] 刘伊生．建设工程招投标与合同管理[M].2 版．北京：机械工业出版社，2013.
[10] 生青杰．建设工程法[M]. 武汉：武汉理工大学出版社，2007.
[11] 张国华．建设工程招标投标实务[M]. 北京：中国建筑工业出版社，2005.
[12] 刘钦．工程招投标与合同管理[M].2 版．北京：高等教育出版社，2008.
[13] 刘三会，何少平．合同管理[M]. 北京：人民交通出版社，2006.
[14] 汪洋．工程招投标与合同管理[M]. 北京：中国水利水电出版社，2008.
[15] 赵来彬．建设工程招投标与合同管理[M].2 版．武汉：华中科技大学出版社，2014.
[16] 高群，张素菲．建设工程招投标与合同管理实务[M]. 北京：机械工业出版社，2010.
[17] 武育秦，景星融．建设工程招投标与合同管理[M]. 北京：中国建筑工业出版社，2011.
[18] 吴冬平．工程招投标与合同管理[M]. 北京：机械工业出版社，2012.
[19] 李春亭，李燕．工程招投标与合同管理[M]. 北京：中国建筑工业出版社，2004.
[20] 杨锐，王兆．工程招标投标与合同管理[M]. 北京：中国建筑工业出版社，2010.

北京大学出版社高职高专土建系列规划教材

序号	书名	书号	编著者	定价	出版时间	印次	配套情况
			基础课程				
1	工程建设法律与制度	978-7-301-14158-8	唐茂华	26.00	2008.8	6	ppt/pdf
2	建设法规及相关知识	978-7-301-22748-0	唐茂华等	34.00	2013.9	2	ppt/pdf
3	建设工程法规(第2版)	978-7-301-24493-7	皇甫婧琪	40.00	2014.8	3	ppt/pdf/素材
4	建筑工程法规实务(第2版)	978-7-301-19321-1	杨陈慧等	43.00	2011.8	6	ppt/pdf
5	建筑法规	978-7-301-19371-6	董伟等	39.00	2011.9	6	ppt/pdf
6	建设工程法规	978-7-301-20912-7	王先恕	32.00	2012.7	4	ppt/ pdf
7	AutoCAD 建筑制图教程(第2版)	978-7-301-21095-6	郭　慧	38.00	2013.3	20	ppt/pdf/素材
8	AutoCAD 建筑绘图教程(第2版)	978-7-301-24540-8	唐英敏等	44.00	2014.7	6	ppt/pdf
9	建筑 CAD 项目教程(2010 版)	978-7-301-20979-0	郭　慧	38.00	2012.9	3	pdf/素材
10	建筑工程专业英语(第二版)	978-7-301-26597-0	吴承霞	26.00	2016.2	12	ppt/pdf
11	建筑工程专业英语	978-7-301-20003-2	韩薇等	24.00	2012.2	2	ppt/ pdf
12	★建筑工程应用文写作(第2版)	978-7-301-24480-7	赵立等	50.00	2014.8	5	ppt/pdf
13	建筑识图与构造(第2版)	978-7-301-23774-8	郑贵超	40.00	2014. 2	17	ppt/pdf/答案
14	☆建筑构造(第二版)	978-7-301-24680-5	肖　芳	42.00	2016.1	5	ppt/ pdf
15	房屋建筑构造	978-7-301-19883-4	李少红	26.00	2012.1	4	ppt/pdf
16	建筑识图	978-7-301-21893-8	邓志勇等	35.00	2013.1	2	ppt/ pdf
17	建筑识图与房屋构造	978-7-301-22860-9	贠禄等	54.00	2013.9	2	ppt/pdf /答案
18	建筑工程识图实训教程	978-7-301-26057-9	孙　伟	32.00	2015.11	1	ppt/ pdf
19	建筑构造与设计	978-7-301-23506-5	陈玉萍	38.00	2014.1	1	ppt/pdf /答案
20	房屋建筑构造	978-7-301-23588-1	李元玲等	45.00	2014.1	2	ppt/pdf
21	房屋建筑构造习题集	978-7-301-26005-0	李元玲	26.00	2015.8	1	pdf
22	建筑构造与施工图识读	978-7-301-24470-8	南学平	52.00	2014.8	2	ppt/pdf/答案
23	建筑工程制图与识图(第2版)	978-7-301-24408-1	白丽红	29.00	2014.7	14	ppt/pdf
24	建筑制图习题集(第2版)	978-7-301-24571-2	白丽红	25.00	2014.8	12	pdf
25	建筑制图(第2版)	978-7-301-21146-5	高丽荣	32.00	2013.3	11	ppt/pdf
26	建筑制图习题集(第2版)	978-7-301-21288-2	高丽荣	28.00	2013.2	12	pdf
27	建筑工程制图(第2版)(附习题册)	978-7-301-21120-5	肖明和	48.00	2012.8	6	ppt/pdf
28	建筑制图与识图(第2版)	978-7-301-24386-2	曹雪梅	38.00	2015.8	6	ppt/pdf
29	建筑制图与识图习题册	978-7-301-18652-7	曹雪梅等	30.00	2011.4	4	pdf
30	建筑制图与识图	978-7-301-20070-4	李元玲	28.00	2012.2	9	ppt/pdf
31	建筑制图与识图习题集	978-7-301-20425-2	李元玲	24.00	2012.3	6	ppt/pdf
32	新编建筑工程制图	978-7-301-21140-3	方筱松	30.00	2012.8	2	ppt/ pdf
33	新编建筑工程制图习题集	978-7-301-16834-9	方筱松	22.00	2012.8	2	pdf
34	☆建筑工程概论	978-7-301-25934-4	申淑荣等	40.00	2015.8	1	ppt
35	建筑结构与识图	978-7-301-26935-0	相秉志	37.00	2016.3	1	pdf
			建筑施工类				
1	建筑工程测量	978-7-301-16727-4	赵景利	30.00	2010.2	13	ppt/pdf /答案
2	建筑工程测量(第2版)	978-7-301-22002-3	张敬伟	37.00	2013.2	14	ppt/pdf /答案
3	建筑工程测量实验与实训指导(第2版)	978-7-301-23166-1	张敬伟	27.00	2013.9	9	pdf/答案
4	建筑工程测量	978-7-301-19992-3	潘益民	38.00	2012.2	3	ppt/ pdf
5	建筑工程测量	978-7-301-13578-5	王金玲等	26.00	2008.5	4	pdf
6	建筑工程测量实训(第2版)	978-7-301-24833-1	杨凤华	34.00	2015.3	6	pdf/答案
7	建筑工程测量(含实验指导手册)	978-7-301-19364-8	石　东等	43.00	2011.10	4	ppt/pdf/答案
8	建筑工程测量	978-7-301-22485-4	景　铎等	34.00	2013.6	1	ppt/pdf
9	建筑施工技术(第2版)	978-7-301-25788-3	陈雄辉	48.00	2015.6	3	ppt/pdf
10	建筑施工技术	978-7-301-12336-2	朱永祥等	38.00	2008.8	10	ppt/pdf
11	建筑施工技术	978-7-301-16726-7	叶　雯等	44.00	2010.8	6	ppt/pdf /素材
12	建筑施工技术	978-7-301-19499-7	董伟等	42.00	2011.9	3	ppt/pdf
13	建筑施工技术	978-7-301-19997-8	苏小梅	38.00	2012.1	3	ppt/pdf
14	建筑工程施工技术(第2版)	978-7-301-21093-2	钟汉华等	48.00	2013.1	15	ppt/pdf
15	数字测图技术	978-7-301-22656-8	赵　红	36.00	2013.6	1	ppt/pdf
16	数字测图技术实训指导	978-7-301-22679-7	赵　红	27.00	2013.6	1	ppt/pdf

序号	书名	书号	编著者	定价	出版时间	印次	配套情况
17	基础工程施工	978-7-301-20917-2	董伟等	35.00	2012.7	3	ppt/pdf
18	建筑施工技术实训(第 2 版)	978-7-301-24368-8	周晓龙	30.00	2014.7	8	pdf
19	建筑力学(第 2 版)	978-7-301-21695-8	石立安	46.00	2013.1	12	ppt/pdf
20	★土木工程实用力学(第 2 版)	978-7-301-24681-8	马景善	47.00	2015.7	5	pdf/ppt/答案
21	土木工程力学	978-7-301-16864-6	吴明军	38.00	2010.4	3	ppt/pdf
22	PKPM 软件的应用(第 2 版)	978-7-301-22625-4	王　娜等	34.00	2013.6	7	pdf
23	建筑结构(第 2 版)(上册)	978-7-301-21106-9	徐锡权	41.00	2013.4	5	ppt/pdf/答案
24	建筑结构(第 2 版)(下册)	978-7-301-22584-4	徐锡权	42.00	2013.6	5	ppt/pdf/答案
25	建筑结构	978-7-301-19171-2	唐春平等	41.00	2011.8	5	ppt/pdf
26	建筑结构基础	978-7-301-21125-0	王中发	36.00	2012.8	2	ppt/pdf
27	建筑结构原理及应用	978-7-301-18732-6	史美东	45.00	2012.8	2	ppt/pdf
28	建筑力学与结构(第 2 版)	978-7-301-22148-8	吴承霞等	49.00	2016.1	18	ppt/pdf/答案
29	建筑力学与结构(少学时版)	978-7-301-21730-6	吴承霞	34.00	2013.2	5	ppt/pdf/答案
30	建筑力学与结构	978-7-301-20988-2	陈水广	32.00	2012.8	1	pdf/ppt
31	建筑力学与结构	978-7-301-23348-1	杨丽君等	44.00	2014.1	1	ppt/pdf
32	建筑结构与施工图	978-7-301-22188-4	朱希文等	35.00	2013.3	2	ppt/pdf
33	生态建筑材料	978-7-301-19588-2	陈剑峰等	38.00	2011.10	2	ppt/pdf
34	建筑材料(第 2 版)	978-7-301-24633-7	林祖宏	35.00	2014.8	1	ppt/pdf
35	建筑材料与检测(第 2 版)	978-7-301-25347-2	梅　杨等	33.00	2015.2	10	ppt/pdf/答案
36	建筑材料检测试验指导	978-7-301-16729-8	王美芬等	18.00	2010.10	7	pdf
37	建筑材料与检测	978-7-301-19261-0	王　辉	35.00	2011.8	6	ppt/pdf
38	建筑材料与检测试验指导	978-7-301-20045-2	王　辉	20.00	2012.2	3	ppt/pdf
39	建筑材料选择与应用	978-7-301-21948-5	申淑荣等	39.00	2013.3	3	ppt/pdf
40	建筑材料检测实训	978-7-301-22317-8	申淑荣等	24.00	2013.4	2	pdf
41	建筑材料	978-7-301-24208-7	任晓菲	40.00	2014.7	1	ppt/pdf /答案
42	建设工程监理概论(第 2 版)	978-7-301-20854-0	徐锡权等	43.00	2012.8	12	ppt/pdf /答案
43	★建设工程监理(第 2 版)	978-7-301-24490-6	斯　庆	35.00	2015.1	9	ppt/pdf /答案
44	建设工程监理概论	978-7-301-15518-9	曾庆军等	24.00	2009.9	8	ppt/pdf
45	工程建设监理案例分析教程	978-7-301-18984-9	刘志麟等	38.00	2011.8	2	ppt/pdf
46	地基与基础(第 2 版)	978-7-301-23304-7	肖明和等	42.00	2013.11	9	ppt/pdf/答案
47	地基与基础	978-7-301-16130-2	孙平平等	26.00	2010.10	4	ppt/pdf
48	地基与基础实训	978-7-301-23174-6	肖明和等	25.00	2013.10	1	ppt/pdf
49	土力学与地基基础	978-7-301-23675-8	叶火炎等	35.00	2014.1	1	ppt/pdf
50	土力学与基础工程	978-7-301-23590-4	宁培淋等	32.00	2014.1	1	ppt/pdf
51	建筑工程质量事故分析(第 2 版)	978-7-301-22467-0	郑文新	32.00	2013.9	8	ppt/pdf
52	建筑工程施工组织设计	978-7-301-18512-4	李源清	26.00	2011.2	9	ppt/pdf
53	建筑工程施工组织实训	978-7-301-18961-0	李源清	40.00	2011.6	4	ppt/pdf
54	建筑施工组织与进度控制	978-7-301-21223-3	张廷瑞	36.00	2012.9	4	ppt/pdf
55	建筑施工组织项目式教程	978-7-301-19901-5	杨红玉	44.00	2012.1	2	ppt/pdf/答案
56	钢筋混凝土工程施工与组织	978-7-301-19587-1	高　雁	32.00	2012.5	2	ppt/pdf
57	钢筋混凝土工程施工与组织实训指导	978-7-301-21208-0	高　雁	20.00	2012.9	1	ppt
58	建筑材料检测试验指导	978-7-301-24782-2	陈东佐等	20.00	2014.9	1	ppt
59	★建筑节能工程与施工	978-7-301-24274-2	吴明军等	35.00	2015.5	2	ppt/pdf
60	建筑施工工艺	978-7-301-24687-0	李源清等	49.50	2015.1	1	pdf/ppt/答案
61	土力学与地基基础	978-7-301-25525-4	陈东佐	45.00	2015.2	1	ppt/ pdf/答案
	工程管理类						
1	建筑工程经济(第 2 版)	978-7-301-22736-7	张宁宁等	30.00	2013.7	21	ppt/pdf/答案
2	★建筑工程经济(第 2 版)	978-7-301-24492-0	胡六星等	41.00	2014.9	5	ppt/pdf/答案
3	建筑工程经济	978-7-301-24346-6	刘晓丽等	38.00	2014.7	2	ppt/pdf/答案
4	施工企业会计(第 2 版)	978-7-301-24434-0	辛艳红等	36.00	2014.7	8	ppt/pdf/答案
5	建筑工程项目管理	978-7-301-12335-5	范红岩等	30.00	2008.2	15	ppt/pdf
6	建设工程项目管理(第 2 版)	978-7-301-24683-2	王　辉	36.00	2014.9	7	ppt/pdf/答案
7	建设工程项目管理	978-7-301-19335-8	冯松山等	38.00	2011.9	4	pdf/ppt
8	★建设工程招投标与合同管理(第 3 版)	978-7-301-24483-8	宋春岩	40.00	2014.9	24	ppt/pdf/ 答 案 / 试题/教案

序号	书名	书号	编著者	定价	出版时间	印次	配套情况
9	建筑工程招投标与合同管理	978-7-301-16802-8	程超胜	30.00	2012.9	3	pdf/ppt
10	工程招投标与合同管理实务	978-7-301-19035-2	杨甲奇等	49.00	2011.8	4	ppt/pdf/答案
11	工程招投标与合同管理实务	978-7-301-19290-0	郑文新等	43.00	2011.8	2	ppt/pdf
12	建设工程招投标与合同管理实务	978-7-301-20404-7	杨云会等	42.00	2012.4	2	ppt/pdf/答案
13	工程招投标与合同管理	978-7-301-17455-5	文新平	37.00	2012.9	1	ppt/pdf
14	工程项目招投标与合同管理(第 2 版)	978-7-301-24554-5	李洪军等	42.00	2014.8	3	ppt/pdf/答案
15	工程项目招投标与合同管理(第 2 版)	978-7-301-22462-5	周艳冬	35.00	2013.7	11	ppt/pdf
16	建筑工程商务标编制实训	978-7-301-20804-5	钟振宇	35.00	2012.7	1	ppt
17	建筑工程安全管理(第 2 版)	978-7-301-25480-6	宋　健等	42.00	2015.8	6	ppt/pdf
18	建筑工程质量与安全管理	978-7-301-16070-1	周连起	35.00	2010.8	8	ppt/pdf/答案
19	施工项目质量与安全管理	978-7-301-21275-2	钟汉华	45.00	2012.10	2	ppt/pdf/答案
20	工程造价控制(第 2 版)	978-7-301-24594-1	斯　庆	32.00	2014.8	13	ppt/pdf/答案
21	工程造价管理	978-7-301-20655-3	徐锡权等	33.00	2012.7	5	ppt/pdf
22	工程造价控制与管理	978-7-301-19366-2	胡新萍等	30.00	2011.11	4	ppt/pdf
23	建筑工程造价管理	978-7-301-20360-6	柴　琦等	27.00	2012.3	4	ppt/pdf
24	建筑工程造价管理	978-7-301-15517-2	李茂英等	24.00	2009.9	10	pdf
25	工程造价案例分析	978-7-301-22985-9	甄　凤	30.00	2013.8	2	pdf/ppt
26	建设工程造价控制与管理	978-7-301-24273-5	胡芳珍等	38.00	2014.6	1	ppt/pdf/答案
27	建筑工程造价	978-7-301-21892-1	孙咏梅	40.00	2013.2	5	ppt/pdf
28	★建筑工程计量与计价(第 3 版)	978-7-301-25344-1	肖明和等	65.00	2015.7	14	pdf/ppt
29	建筑工程计量与计价	978-7-301-26570-3	杨建林等	46.00	2016.1	1	pdf/ppt
30	★建筑工程计量与计价实训(第 3 版)	978-7-301-25345-8	肖明和等	29.00	2015.7	12	pdf
31	建筑工程计量与计价综合实训	978-7-301-23568-3	龚小兰	28.00	2014.1	2	pdf
32	建筑工程估价	978-7-301-22802-9	张　英	43.00	2013.8	1	ppt/pdf
33	建筑工程计量与计价——透过案例学造价(第 2 版)	978-7-301-23852-3	张　强	59.00	2014.4	12	ppt/pdf
34	安装工程计量与计价(第 3 版)	978-7-301-24539-2	冯　钢等	54.00	2014.8	24	pdf/ppt
35	安装工程计量与计价综合实训	978-7-301-23294-1	成春燕	49.00	2013.10	3	pdf/素材
36	建筑安装工程计量与计价	978-7-301-26004-3	景巧玲等	56.00	2016.1	1	pdf/ppt
37	建筑安装工程计量与计价实训(第 2 版)	978-7-301-25683-1	景巧玲等	36.00	2015.7	5	pdf
38	建筑水电安装工程计量与计价(第二版)	978-7-301-26329-7	陈连姝	51.00	2016.1	4	ppt
39	建筑与装饰工程工程量清单(第 2 版)	978-7-301-25753-1	翟丽旻等	36.00	2015.5	5	ppt
40	建筑工程清单编制	978-7-301-19387-7	叶晓容	24.00	2011.8	2	ppt/pdf
41	建设项目评估	978-7-301-20068-1	高志云等	32.00	2012.2	3	ppt/pdf
42	钢筋工程清单编制	978-7-301-20114-5	贾莲英	36.00	2012.2	2	ppt/pdf
43	混凝土工程清单编制	978-7-301-20384-2	顾　娟	28.00	2012.5	1	ppt/pdf
44	建筑装饰工程预算(第 2 版)	978-7-301-25801-9	范菊雨	44.00	2015.7	3	pdf/ppt
45	建设工程安全监理	978-7-301-20802-1	沈万岳	28.00	2012.7	1	pdf/ppt
46	建筑工程安全技术与管理实务	978-7-301-21187-8	沈万岳	48.00	2012.9	3	pdf/ppt
47	建筑工程资料管理	978-7-301-17456-2	孙　刚等	36.00	2012.9	6	pdf/ppt
48	建筑施工组织与管理(第 2 版)	978-7-301-22149-5	翟丽旻等	43.00	2013.4	13	ppt/pdf/答案
49	建设工程合同管理	978-7-301-22612-4	刘庭江	46.00	2013.6	1	ppt/pdf/答案
50	★工程造价概论	978-7-301-24696-2	周艳冬	31.00	2015.1	2	ppt/pdf/答案
建筑设计类							
1	中外建筑史(第 2 版)	978-7-301-23779-3	袁新华等	38.00	2014.2	16	ppt/pdf
2	建筑室内空间历程	978-7-301-19338-9	张伟孝	53.00	2011.8	1	pdf
3	建筑装饰 CAD 项目教程	978-7-301-20950-9	郭　慧	35.00	2013.1	2	ppt/素材
4	室内设计基础	978-7-301-15613-1	李书青	32.00	2009.8	3	ppt/pdf
5	☆建筑装饰构造(第二版)	978-7-301-26572-7	赵志文等	39.50	2016.1	8	ppt/pdf/答案
6	建筑装饰材料(第 2 版)	978-7-301-22356-7	焦　涛等	34.00	2013.5	5	ppt/pdf
7	★建筑装饰施工技术(第 2 版)	978-7-301-24482-1	王　军	37.00	2014.7	10	ppt/pdf
8	设计构成	978-7-301-15504-2	戴碧锋	30.00	2009.8	3	ppt/pdf
9	基础色彩	978-7-301-16072-5	张　军	42.00	2010.4	2	pdf
10	设计色彩	978-7-301-21211-0	龙黎黎	46.00	2012.9	1	ppt
11	设计素描	978-7-301-22391-8	司马金桃	29.00	2013.4	2	ppt
12	建筑素描表现与创意	978-7-301-15541-7	于修国	25.00	2009.8	3	Pdf

序号	书名	书号	编著者	定价	出版时间	印次	配套情况
13	3ds Max 效果图制作	978-7-301-22870-8	刘 晗等	45.00	2013.7	1	ppt
14	3ds max 室内设计表现方法	978-7-301-17762-4	徐海军	32.00	2010.9	1	pdf
15	Photoshop 效果图后期制作	978-7-301-16073-2	脱忠伟等	52.00	2011.1	4	素材/pdf
16	建筑表现技法	978-7-301-19216-0	张 峰	32.00	2011.8	2	ppt/pdf
17	建筑速写	978-7-301-20441-2	张 峰	30.00	2012.4	1	pdf
18	建筑装饰设计	978-7-301-20022-3	杨丽君	36.00	2012.2	1	ppt/素材
19	装饰施工读图与识图	978-7-301-19991-6	杨丽君	33.00	2012.5	1	ppt
20	建筑装饰工程计量与计价	978-7-301-20055-1	李茂英	42.00	2012.2	4	ppt/pdf
21	3ds Max & V-Ray 建筑设计表现案例教程	978-7-301-25093-8	郑恩峰	40.00	2014.12	1	ppt/pdf
规划园林类							
1	城市规划原理与设计	978-7-301-21505-0	谭婧婧等	35.00	2013.1	3	ppt/pdf
2	居住区景观设计	978-7-301-20587-7	张群成	47.00	2012.5	2	ppt
3	居住区规划设计	978-7-301-21031-4	张 燕	48.00	2012.8	3	ppt
4	园林植物识别与应用	978-7-301-17485-2	潘利等	34.00	2012.9	1	ppt
5	园林工程施工组织管理	978-7-301-22364-2	潘利等	35.00	2013.4	1	ppt/pdf
6	园林景观计算机辅助设计	978-7-301-24500-2	于化强等	48.00	2014.8	1	ppt/pdf
7	建筑・园林・装饰设计初步	978-7-301-24575-0	王金贵	38.00	2014.10	1	ppt/pdf
房地产类							
1	房地产开发与经营(第 2 版)	978-7-301-23084-8	张建中等	33.00	2013.9	9	ppt/pdf/答案
2	房地产估价(第 2 版)	978-7-301-22945-3	张 勇等	35.00	2013.9	5	ppt/pdf/答案
3	房地产估价理论与实务	978-7-301-19327-3	褚菁晶	35.00	2011.8	3	ppt/pdf/答案
4	物业管理理论与实务	978-7-301-19354-9	裴艳慧	52.00	2011.9	2	ppt/pdf
5	房地产测绘	978-7-301-22747-3	唐春平	29.00	2013.7	1	ppt/pdf
6	房地产营销与策划	978-7-301-18731-9	应佐萍	42.00	2012.8	2	ppt/pdf
7	房地产投资分析与实务	978-7-301-24832-4	高志云	35.00	2014.9	1	ppt/pdf
市政与路桥类							
1	市政工程计量与计价(第 2 版)	978-7-301-20564-8	郭良娟等	42.00	2012.8	9	pdf/ppt
2	市政工程计价	978-7-301-22117-4	彭以舟等	39.00	2013.3	2	ppt/pdf
3	市政桥梁工程	978-7-301-16688-8	刘 江等	42.00	2010.8	3	ppt/pdf/素材
4	市政管道工程施工	978-7-301-26629-8	雷彩虹	46.00	2016.4	1	ppt/pdf/素材
4	桥梁施工与维护	978-7-301-23834-9	梁 斌	50.00	2014.2	2	ppt/pdf
5	市政工程材料	978-7-301-22452-6	郑晓国	37.00	2013.5	1	ppt/pdf
6	道桥工程材料	978-7-301-21170-0	刘水林等	43.00	2012.9	1	ppt/pdf
7	路基路面工程	978-7-301-19299-3	偶昌宝等	34.00	2011.8	1	ppt/pdf/素材
8	道路工程技术	978-7-301-19363-1	刘 雨等	33.00	2011.12	1	ppt/pdf
9	☆市政管道工程施工	978-7-301-26629-8	雷彩虹	45.00	2016.2	1	ppt/pdf
10	城市道路设计与施工	978-7-301-21947-8	吴颖峰	39.00	2013.1	1	ppt/pdf
11	建筑给排水工程技术	978-7-301-25224-6	刘 芳等	46.00	2014.12	1	ppt/pdf
12	建筑给水排水工程	978-7-301-20047-6	叶巧云	38.00	2012.2	1	ppt/pdf
13	市政工程测量(含技能训练手册)	978-7-301-20474-0	刘宗波等	41.00	2012.5	1	ppt/pdf
14	市政工程施工图案例图集	978-7-301-24824-9	陈忆琳等	45.00	2015.2	1	pdf
15	公路工程任务承揽与合同管理	978-7-301-21133-5	邱 兰等	30.00	2012.9	1	ppt/pdf/答案
16	★工程地质与土力学(第 2 版)	978-7-301-24479-1	杨仲元	41.00	2014.7	1	ppt/pdf
17	数字测图技术应用教程	978-7-301-20334-7	刘宗波	36.00	2012.8	1	ppt
18	水泵与水泵站技术	978-7-301-22510-3	刘振华	40.00	2013.5	1	ppt/pdf
19	道路工程测量(含技能训练手册)	978-7-301-21967-6	田树涛等	45.00	2013.2	1	ppt/pdf
20	铁路轨道施工与维护	978-7-301-23524-9	梁 斌	36.00	2014.1	2	ppt/pdf
21	铁路轨道构造	978-7-301-23153-1	梁 斌	32.00	2013.10	2	ppt/pdf
22	道路工程识图与 CAD	978-7-301-26210-8	王容玲等	35.00	2016.1	1	ppt/pdf
建筑设备类							
1	建筑设备基础知识与识图(第 2 版)	978-7-301-24586-6	靳慧征等	47.00	2014.8	18	ppt/pdf/答案
2	建筑设备识图与施工工艺(第 2 版) (新规范)	978-7-301-25254-3	周业梅	44.00	2015.12	5	ppt/pdf
3	建筑施工机械	978-7-301-19365-5	吴志强	30.00	2011.10	6	pdf/ppt
4	智能建筑环境设备自动化	978-7-301-21090-1	余志强	40.00	2012.8	2	pdf/ppt
5	流体力学及泵与风机	978-7-301-25279-6	王 宁等	35.00	2015.1	1	pdf/ppt/答案

★为“十二五”职业教育国家规划教材；☆为互联网+创新规划教材。